我的第一本Python编程与面试书

Python

编程
完全自学教程

朱春旭◎编著

掌握一种语言，学会5种能力，
剑指名企Offer

北京大学出版社
PEKING UNIVERSITY PRESS

内 容 提 要

本书共分5篇,第1篇为入门篇(1章~5章),讲解了 Python 编程的基础知识,包括 Python 简介与安装、基本语法、常用语句与运算、字符串、列表、元组、字典与集合等;第2篇为进阶篇(6章~10章),讲解了 Python 编程的进阶知识,包括函数、模块与包的应用、文件操作、异常处理、面向对象编程等;第3篇为高级篇(11章~16章),讲解了 Python 编程的相关高级应用知识,包括时间和日期、正则表达式、多任务编程、网络编程、数据库等;第4篇为爬虫应用篇(17章~18章),主要讲解了 Python 在网络数据采集、页面内容提取等爬虫相关的技术知识;第5篇为 Web 开发篇(19章~20章),主要讲解了 Django 框架与 Flask 框架的应用,帮助读者掌握 Web 开发技术。

本书轻理论,重实践,目的是用最低的学习成本,让读者快速上手 Python 编程与应用开发。

本书既适合非计算机专业出身的编程初学者,也适合即将走上工作岗位的广大毕业生,或已经有编程经验但想转行做 Python 应用开发的专业人士。同时,本书还可以作为广大职业院校、计算机培训班的教学参考用书。

图书在版编目(CIP)数据

Python编程完全自学教程 / 朱春旭编著. — 北京:北京大学出版社,2021.1
ISBN 978-7-301-31840-9

Ⅰ.①P… Ⅱ.①朱… Ⅲ.①软件工具–程序设计–教材 Ⅳ.①TP311.561

中国版本图书馆CIP数据核字(2020)第226000号

书　　　名	Python编程完全自学教程	
	Python BIANCHENG WANQUAN ZIXUE JIAOCHENG	
著作责任者	朱春旭　编著	
责 任 编 辑	张云静　吴秀川	
标 准 书 号	ISBN 978-7-301-31840-9	
出 版 发 行	北京大学出版社	
地　　　址	北京市海淀区成府路205号　100871	
网　　　址	http://www.pup.cn　　　新浪微博:@北京大学出版社	
电 子 信 箱	pup7@pup.cn	
电　　　话	邮购部010-62752015　发行部010-62750672　编辑部010-62580653	
印 刷 者	北京宏伟双华印刷有限公司	
经 销 者	新华书店	
	889毫米×1194毫米　16开本　19.5印张　589千字	
	2021年1月第1版　2021年1月第1次印刷	
印　　　数	1–4000册	
定　　　价	99.00 元	

前　言

人生苦短，我用 Python

在 Python 开发领域流传着这样一句话：人生苦短，我用 Python! 可见在开发编程领域，Python 受开发者欢迎的程度之高。

为什么写这本书？

Python 是一门非常流行的计算机编程语言，至今已经有二十多年的历史，目前广泛应用在科学计算、游戏编程、Web 应用开发、爬虫开发、数据挖掘与分析、黑客工具开发、计算机与网络安全、人工智能等领域。最近几年，随着大数据与人工智能产业的发展，Python 编程得到了广大开发者的青睐，在编程语言排行中，一直排在前三名，并保持不断上升态势。

在 Python 的发展历程当中，其自身在不断完善，生态也在逐步丰富。Python 的数据分析库、图形处理库、爬虫库、Web 框架、人工智能框架等，都扮演着越来越重要的角色。

为了让Python初学者快速而又轻松地学习并掌握Python编程技术，我们精心策划并编写了这本书。本书轻理论、重实践，目的是让读者以最低的学习成本，快速上手 Python 编程与应用开发。

本书的特点是什么？

本书力求简单、实用，坚持以实例为主、理论为辅的路线。全书分 5 个篇章，从基础语言，到爬虫程序设计及最后的 Web 应用开发，覆盖了 Python 自带的组件及重要的三方组件。整体上说，本书有如下特点。

（1）没有高深的理论，每一章都是以实例为主，读者可参考源码修改实例，就能得到自己想要的结果。目的就是让读者看得懂、学得会、做得出。

（2）因为专注，所以专业。并行编程、网络编程略带难度；数据库、Django 框架功能强大，内容丰富。然而，本书并没有将这些组件的每一个细节都介绍到。因为笔者发现，只要牢牢掌握基础和项目开发中最常用的部分，就能触类旁通，顺利推进项目。

（3）每章都配备常见面试题。目的是让读者看完讲解之后，尽快巩固知识，举一反三，学以致用，并为未来求职面试打下基础，少走弯路。

（4）从小白到高手的捷径指南。本书既适合非计算机专业出身的编程初学者，也适合刚刚毕业或即将毕业走上工作岗位的广大学生，或已经有编程经验但想转行做 Python 应用开发的专业人士。同时，本书还可以作为广大职业院校、计算机培训班的教学参考用书。

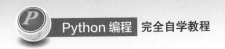

通过这本书能收获什么？

通过掌握 Python 的环境搭建，认识并学会 Python 的运行原理及数据容器等复杂结构的应用。

（1）面向对象程序设计能力：了解面向对象思想，设计面向对象程序。

（2）程序优化能力：掌握多任务编程，提高程序性能。

（3）系统集成能力：掌握网络编程，了解消息队列，集成不同类型终端，构建分布式应用。

（4）数据采集能力：掌握爬虫与分布式组件，大规模采集数据。

（5）应用设计能力：掌握数据库、Web 框架，设计可交互的业务系统。

除了书，您还能得到什么？

赠送：案例源码。提供与书中相关案例的源代码，方便读者学习参考。

温馨提示：以上资源，请用微信扫一扫下方二维码关注公众号，输入代码 ww2961，即可获取下载地址及密码。

官方微信公众号

资源下载

本书由凤凰高新教育策划，朱春旭老师编写。在本书的编写过程中，我们竭尽所能地为您呈现最好、最全的实用内容，但仍难免有疏漏和不妥之处，敬请广大读者不吝指正。

读者信箱：2751801073@qq.com

读者交流群：725510346

编　者

目　录

第1篇　入门篇

Python 是一门非常流行的计算机编程语言。在编程语言流行趋势排行榜中，Python 长期保持上升趋势，并一度夺冠。

由于有丰富的三方库支持，Python 成为大数据与人工智能开发的首选语言。另外，目前 Python 也被纳入了高考体系，在未来，其竞争力也会进一步提高。

本篇主要介绍 Python 的基本语法和常用对象的操作。这一部分内容是进入 Python 编程世界的基础。学习完本篇后，读者将了解 Python 的语法特点、程序结构、运行原理，还可以掌握 PyCharm 工具的使用，达到基本的脚本化程序开发水平。

第2篇 进阶篇

学习完第1篇的基础知识，读者就可以利用 Python 着手开发脚本程序了。大多数能够使用脚本解决问题的应用场景，其程序设计都相对简单，但是如果要开发一套软件系统，就需要了解更多的技术。

本篇详细介绍了函数定义与调用方式。函数的参数拥有多种传递方式，相互之间容易混淆。同时，本篇也介绍了模块和包，掌握这一部分内容，读者就具备了模块化程序设计的能力。

在此之前，我们开发的示例程序，运行结果都是直接输出到控制台上，这样导致查看运行结果时都需要去执行一遍代码。为避免此问题，本篇介绍了如何读写文件。

在实际生产环境中，随着系统的代码量逐步增加，程序出现异常容易导致系统崩溃。为了提高系统的健壮性，本篇也介绍了如何进行异常捕获。

Python 是一门脚本语言，也是一门面向对象的语言，因此本篇介绍了面向对象的设计思路和实现方式。

学习完本篇后，读者将会对 Python 语言有更全面的了解，并且能够利用 Python 进行复杂程序的开发。

第 3 篇 高级篇

本篇主要介绍的是 Python 常用的第三方库和配套工件。

在应用系统中，记录用户行为、打印系统日志等场景，都会用到日期和时间。因此本篇首先介绍了日期和时间组件。

在处理复杂字符串方面，正则表达式是不错的选择。为提高系统的运行效率，改善系统的用户体验，往往需要系统同时执行多个任务。当一个大型的系统具有多个子系统，这些子系统运行在不同的节点上，为使这些子系统能够协同工作，就需要它们通过网络进行连通。在生产系统中，存储数据一般都会使用数据库，因为数据库比文件更稳定、更可靠、更安全。在本篇的最后，介绍了一种行业中非常流行的消息传递工具，它主要用来构建大型分布式系统。

学习完本篇后，读者就可以利用这些技术的特点，解决不同应用场景下的问题了。

第4篇　爬虫应用篇

随着互联网技术的应用与普及，网络上的数据越来越丰富。为了尽快获取更多的、最新的网络信息，开发一款网络爬虫程序是最佳选择。

那么网络爬虫具体会在哪些场景应用到呢？

例如，股民采集股票的数据，通过分析来预测行情；考生可以采集高校的录取分数线等数据，来决定如何进行志愿填报；执法部门也可以通过爬虫采集论坛、新闻网站的数据，来监控网络舆情。

网络爬虫俨然成为行业内采集网络数据的通用做法。随着技术的发展，爬虫由最初的单线程演变为现在的分布式，其性能更好，也更智能。

因此，本篇主要介绍了单线程的爬虫框架 Requests 和支持分布式的多线程爬虫框架 Scrapy。读者可以根据爬取数据规模选择合适的框架。

第 5 篇　Web 开发篇

随着网络技术的发展，互联网的应用领域越来越广泛。由于其免安装的特点，在使用上也越来越方便。本篇根据使用场景，主要介绍两个著名的 Web 应用程序开发框架，即 Django 和 Flask。

Django 是一个诞生在新闻行业的优秀框架，近年来发展迅速，其社区拥有 12000 多个开发者，分布在 170 余个国家，累积了 4000 多个包和项目。Django 正越来越流行。Flask 是一个轻量级的"微"框架，以 Flask 为核心的三方库已达数十种。

Django 大而全，Flask 小而美。通过学习本篇的内容，读者可以根据项目需求，灵活选择合适的框架，快速进行项目开发。

## 第 1 篇

入门篇

Python 是一门非常流行的计算机编程语言。在编程语言流行趋势排行榜中，Python 长期保持上升趋势，并一度夺冠。

由于有丰富的三方库支持，Python 成为大数据与人工智能开发的首选语言。另外，目前 Python 也被纳入了高考体系，在未来，其竞争力也会进一步提高。

本篇主要介绍 Python 的基本语法和常用对象的操作。这一部分内容是进入 Python 编程世界的基础。学习完本篇后，读者将了解 Python 的语法特点、程序结构、运行原理，还可以掌握 PyCharm 工具的使用，达到基本的脚本化程序开发水平。

第 **1** 章　Python 简介

★本章导读★

本章主要介绍 Python 的历史背景与发展现状、应用场景、环境搭建、常用开发工具、软件包的安装与卸载。学习 Python 需要先打好基础，对它有一个初步的了解，才能进一步往上攀登。

★知识要点★

通过本章内容的学习，读者能掌握以下知识。

➡ 了解 Python 的历史与发展状况

➡ 了解 Python 的应用范围

➡ 掌握 Python 的开发环境搭建

➡ 掌握 Python 的软件包管理

1.1 初识 Python

Python 是一门计算机编程语言，至今已经有二十多年的历史，目前广泛应用在科学计算、游戏编程、Web 应用开发、爬虫开发、黑客工具开发、计算机与网络安全、人工智能等领域。了解 Python 的发展历程及其生态，可以建立起对 Python 的基本认知。

1.1.1 Python 版本

Python 的创始人是 Guido van Rossum。1991 年，第一个用 C 语言开发的 Python 编译器诞生。1996 年，Python 发行了第一个公开版本。由于其简单、易用、可以移植等特点，Python 得到了飞速发展。

Python 版本发布进程如下。

（1）1996 年至 2000 年，发布的 Python 版本是 1.4 ～ 1.6。

（2）2000 年至 2018 年，发布的 Python 版本是 2.0 ～ 2.7。

（3）2008 年至 2019 年，发布的 Python 版本是 3.0 ～ 3.7。

请注意，2008 年后，Python 开始同时维护 2.X 和 3.X 两个版本。这是因为当时很多系统都不能正常升级到 3.0，于是后来开发了 2.7 版本作为过渡。

Python 从诞生起就具有类、函数、异常处理、表、字典等核心数据类型，同时支持用模块来扩展功能。在 Python 的发展进程中，开发者不断加入 lambda、map、filter 和 reduce 等高阶函数，极大地丰富了 Python 的 API，同时引入了垃圾回收器等高级功能，简化了程序员对内存的手动管理操作。

在当前的版本中，Python 已经具备了以下语言特性。

（1）有多种基本数据类型可供选择，如数字（浮点数、复数和无限长整数）、字符串（ASCII 和 Unicode）、列表和字典。

（2）支持使用类和多继承的面向对象编程。

（3）代码可以分为模块和包。

（4）支持引发和捕获异常，从而实现更清晰的错误处理。

（5）数据类型是强类型和动态类型。混合不兼容的类型，如尝试添加字符串和数字会导致异常，从而更快地捕获错误。

（6）包含高级编程功能，如生成器和列表推导。

（7）自动内存管理功能，用户不必在代码中手动分配和释放内存。

1.1.2 Python 的应用

在 Python 成熟、简洁、稳定、易用、可移植等特点的基础上，Python 生态也逐渐建立了起来。下面简要介绍 Python 生态方面的几种应用。

1. 在 Web 方面的应用

Django：一个采用 MVC 架构的框架，自带一个大而全的后台管理系统。只需建好 Python 类与数据库表之间的映射关系，就能自动生成对数据库的管理功能。

Flask：一个用 Python 编写的轻量级 Web 应用框架，没有太多复杂功能，开箱即用，上手快。

Web2py：免费的开源全栈框架，用于快速开发可扩展、可移植的 Web 应用程序。

2. 在爬虫方面的应用

Requests：一个易于使用的 Http 请求库，主要用来发送 Http 请求，如 get、post、put、delete 等。

Scrapy：一个快速的、高层次的 Web 框架，利用简洁的 XPath 语法从页面中提取结构化数据。

Scrapy 用途广泛，可用于自动化测试、检测、数据挖掘等。

Selenium：一个用于 Web 测试的工具。Selenium 测试直接在浏览器中运行，可以模拟用户操作页面，主要测试页面的兼容性和功能性，并支持自动录制和自动生成测试脚本。

3. 在科学计算方面的应用

NumPy：可用来处理大型矩阵，多用在数值计算场景。

Pandas：一个基于 NumPy 的工具，主要是为了解决数据分析任务。Pandas 引入了大量计算库和一些标准的数学模型，并提供了高效操作大型数据集所需的工具。Pandas 广泛用于金融、神经科学、统计学、广告学、网络缝隙等领域。

Matplotlib：一个 Python 的 2D 绘图库，它以各种硬拷贝格式和跨平台的交互式环境生成高质量图形。通过 Matplotlib，开发者仅需要几行代码，便可以完成绘制直方图、功率谱、条形图、错误图、散点图等操作。

4. 在人工智能方面的应用

在 AI 领域，Python 几乎处于绝对领导地位，PyTorch、Caffe 2、Dash、Sklearn 等都是在 Github 上非常流行的机器学习库。还有大名鼎鼎的深度学习框架 Tensorflow，其接近一半的功能通过 Python 来开发。Python 已成为 AI 开发的不二选择。

1.1.3 Python 的前景

2018 年 4 月，教育部印发的《高等学校人工智能创新行动计划》要求：到 2030 年，高校要成为建设世界主要人工智能创新中心的核心力量和引领新一代人工智能发展的人才高地，为我国跻身创新型国家前列提供科技支撑和人才保障。

从 2018 年起，浙江省将 Python 语言加入高考科目；山东省在六年级课本中加入了 Python 内容；在书店，甚至可以买到少儿的 Python 编程书；在工业界，Python 也正在被越来越多的开发者接受。

2019 年 7 月，TIOBE 榜单全球编程语言排行中 Python 位列第 3，如图 1-1 所示。

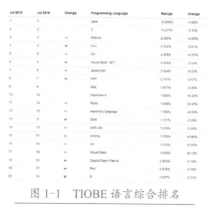

图 1-1 TIOBE 语言综合排名

2018 年，TIOBE IEEE 顶级编程语言排行榜上，Python 位列第 1，如图 1-2 所示。

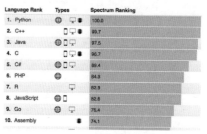

图 1-2 TIOBE IEEE 顶级编程语言排行榜

可见，Python 作为离人工智能最近的语言，正在变得越来越普遍。

1.2 Python 安装简介

Python 最初是被设计为编写 Shell 脚本程序的语言，Python 解释器是在 Linux 上运行的。随着 Python 的发展，越来越多的人开始在 Windows 平台上使用 Python。目前，两个平台上使用的最新版本都是 Python 3.7.4。接下来，本小节将介绍如何在 Windows 和 Linux 上安装 Python 程序。

所需组件如下。

➥ Python：python-3.7.4-amd64.exe
➥ Anaconda：Anaconda3-2019.03-Windows-x86_64.exe
➥ Python-3.7.4.tar.xz

1.2.1 在 Windows 系统上安装

1. 独立安装

从官网下载 python-3.7.4-amd64.exe 程序。3.7.4 是解释器的版本号，amd64 是指 64 位程序。

Step01 从官网下载安装程序后双击，打开选择安装方式界面，如图 1-3 所示。这里选中【Install launcher for all users(recommended)】复选框，然后选择【Customize installation】选项，自定义安装。

图 1-3 选择安装界面

Step02 如图 1-4 所示，可以自定义需要安装哪些功能（在需要的功能前打钩），这里保持默认设置。单击【Next】按钮，进行下一步。

图 1-4 选择要安装的功能界面

Step03 如图 1-5 所示，继续对复选框保持默认选择。单击【Browse】按钮，选择安装路径。单击【install】按钮，开始安装。

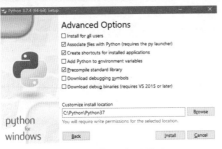

图 1-5　高级选项界面

如图 1-6 所示，等待安装完成。

图 1-6　正在安装界面

Step04 如图 1-7 所示，表示安装完成。单击【Close】按钮，关闭当前窗口。

图 1-7　安装完成界面

Step05 配置环境变量。右击【此电脑】图标，选择【属性】选项，如图 1-8 所示。

图 1-8　选择【属性】选项

Step06 在系统属性界面，选择【高级系统设置】选项，如图 1-9 所示。

图 1-9　电脑系统属性

Step07 弹出【系统属性】对话框，切换到【高级】选项卡，然后单击【环境变量】按钮，如图 1-10 所示。

图 1-10　【系统属性】对话框

Step08 在【环境变量】对话框中，选择系统变量中的【Path】选项，然后单击【编辑】按钮，如图 1-11 所示。

图 1-11　【环境变量】对话框

Step09 单击【新建】按钮，将 Python 安装路径填入环境变量列表，如图 1-12 所示。

Step10 完成后单击【确定】按钮，系统自动关闭当前对话框。前面步骤弹出的对话框全部都需要单击【确定】按钮，使修改生效。

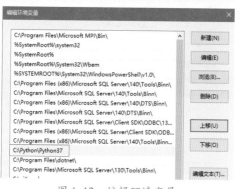

图 1-12　编辑环境变量

Step⑪ 验证环境变量设置，同时按下【Win】+【R】键，输入"cmd"，然后按下【确定】键，如图 1-13 所示。

图 1-13　运行窗口

Step⑫ 如图 1-14 所示，在命令行窗口输入"python"。

图 1-14　命令行窗口

正常情况下，屏幕中会输出 Python 版本号、发布时间等信息，如图 1-15 所示。

图 1-15　Python 安装信息

至此，完成安装。

2. Anaconda 安装

从官网下载 Anaconda3-5.3.1-Windows-x86_64.exe 程序。

Step① 双击文件名，打开欢迎界面，如图 1-16 所示，然后单击【Next】按钮。

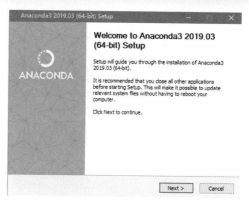

图 1-16　Anaconda 欢迎界面

Step② 弹出安装协议确认界面，如图 1-17 所示，单击【I Agree】按钮。

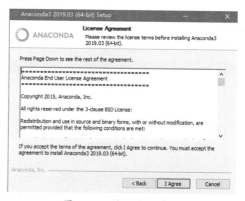

图 1-17　协议确认界面

Step③ 在选择安装类型界面，保持默认选项即可，然后单击【Next】按钮，如图 1-18 所示。

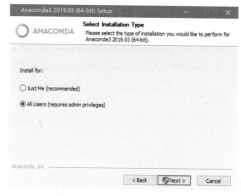

图 1-18　选择安装类型界面

Step④ 在安装位置设置界面，单击【Browse】按钮，选择一个路径，单击【Next】按钮，如图 1-19 所示。

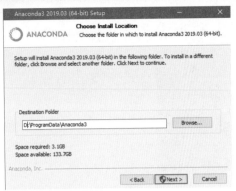

图 1-19　安装位置设置界面

Step05 在高级安装选项界面，选中第一个复选框表示将 Anaconda 自动设置到环境变量，选中第二个复选框表示将 Anaconda 设置为默认的 Python 执行环境。在此保持默认选项即可，然后单击【Install】按钮，如图 1-20 所示。

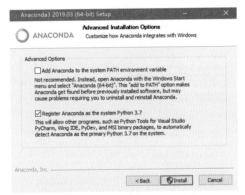

图 1-20　高级安装选项界面

等待 Anaconda 安装完成，如图 1-21 所示。

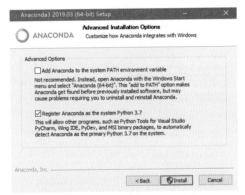

图 1-21　Anaconda 安装界面

Step06 安装完成后，单击【Next】按钮，如图 1-22 所示。

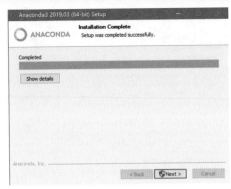

图 1-22　安装完成界面

Step07 如图 1-23 所示，提示 Anaconda 与 JetBrains 组合使用，开发体验会更好，这仅仅是一个广告而已，直接单击【Next】按钮。

图 1-23　广告界面

Step08 最终的安装完成界面如图 1-24 所示。这里取消已勾选的复选框，单击【Finish】按钮，关闭当前窗口。

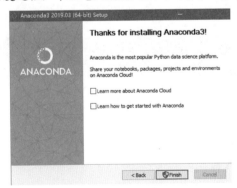

图 1-24　Anaconda
最终安装完成界面

Step09 在安装完毕后，配置环境变量，如图 1-25 所示。单击【确定】按钮，关闭窗口。

图 1-25　配置 Anaconda 环境变量

Step⑩ 验证安装。如图 1-26 所示，仍然在 cmd 窗口输入 "python"，可看到对应的 Python 版本。

```
C:\WINDOWS\system32\cmd.exe - python
Microsoft Windows [版本 10.0.16299.125]
(c) 2017 Microsoft Corporation. 保留所有权利。

C:\Users\Administrator>python
Python 3.7.3 (default, Mar 27 2019, 17:13:21) [MSC v.1915 64 bi
```

图 1-26　验证 Anaconda 安装

> **温馨提示**
>
> Anaconda 是一个开源的 Python 发行版，包含了 Python 解释器，同时还包含了一百多个科学包和依赖项。在本书的后续章节，需要使用 Python 的科学计算库，因此建议读者采用 Anaconda 安装。需要注意的是，Python 和 Anaconda 的安装路径中尽量不要有空格和特殊字符，更不能有中文，否则可能会导致意外错误。
>
> 本章采用 Windows10 操作系统，如果读者设置环境变量后没有生效，建议重启计算机。其他 Windows 版本中设置变量的方式亦参考本提示进行。
>
> 若未特殊说明，本书后续章节将使用 Anaconda 版本开发。

1.2.2　在 Linux 系统上安装

Linux 有多个发行版本，这里以在 CentOS 系统上安装 Python 为例。

从官网下载 Python-3.7.4.tar.xz Python 源码包，上传到 CentOS 系统，编译并安装。

Step① 输入以下命令，更新系统。

```
yum update
```

Step② 安装必备的组件。

```
yum install gcc make openssl-devel ncurses-devel sqlite-devel zlib-devel bzip2-devel readline-devel tk-devel libffi-devel
```

Step③ 将 Python-3.7.4.tar.xz 上传到 Linux 虚拟机，解压文件。

```
tar -xvJf /root/tools/Python-3.7.4.tar.xz
```

Step④ 进入 Python 目录，执行编译配置。

```
cd Python-3.7.4
./configure --prefix=/usr/local/python3
./configure --enable-optimizations
```

Step⑤ 编译安装。

```
make && make install
```

Step⑥ 输入以下命令，验证安装结果。

```
python3
```

如图 1-27 所示，正常显示 Python 版本，则表示安装完成。

```
[root(         Python-3.7.4]# python3
Python 3.7.4 (default, Jul 15 2019, 20:42:36)
[GCC 4.8.5 20150623 (Red Hat 4.8.5-36)] on linux
Type "help", "copyright", "credits" or "license" for more information.
>>>
```

图 1-27　Python 安装验证

1.3　PyCharm 安装与使用介绍

Python 有多种开发环境。采用 Python 独立安装后，在【开始】菜单会看到命令行工具 IDLE。采用 Anaconda 安装后，在【开始】菜单会看到工具 Jupyter Notebook。相比 PyCharm，这两个工具的功能要单薄得多，因此本书采用 PyCharm 作为开发环境。

1.3.1 安装 PyCharm

工欲善其事，必先利其器。PyCharm 是一个综合的集成开发工具，能够提供代码智能感知、项目管理等众多功能，可提高开发效率。接下来介绍如何安装 PyCharm。

所需组件如下。

➡ PyCharm：pycharm-professional-2019.1.3.exe

从官网下载组件，并进行安装。

Step01 双击程序名称，打开欢迎界面，如图 1-28 所示，单击【Next】按钮。

图 1-28　欢迎界面

Step02 在安装路径设置界面，单击【Browse】按钮，选择安装位置，如图 1-29 所示。配置完路径后，单击【Next】按钮。

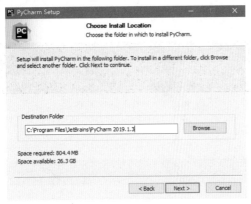

图 1-29　安装路径设置界面

Step03 在安装选项界面，选择【64-bit launcher】和【.py】两个复选框，如图 1-30 所示，然后单击【Next】按钮。

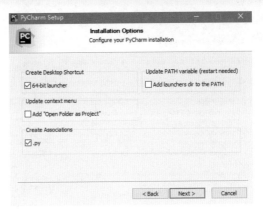

图 1-30　安装选项界面

Step04 如图 1-31 所示，设置在开始菜单中的名称，这里保持默认，单击【Install】按钮。

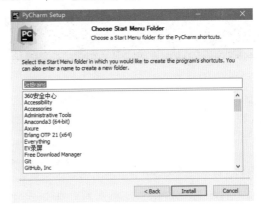

图 1-31　选择开始菜单文件夹

如图 1-32 所示，等待安装完成。

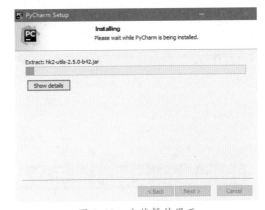

图 1-32　安装等待界面

Step05 如图 1-33 所示，单击【Finish】按钮，完成安装。

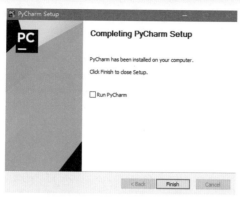

图 1-33 最终安装完成界面

1.3.2 基本使用

安装完毕后，就可以使用 PyCharm 来开发本书的第一个程序。

Step01 打开 PyCharm，如图 1-34 所示，选择【+Create New Project】选项，创建新项目。

图 1-34 PyCharm 开始界面

Step02 在新建项目界面，左边选择【Pure Python】选项，在【Location】框中输入项目存放路径和名称，如图 1-35 所示，单击【Create】按钮。

图 1-35 新建项目界面

Step03 在 PyCharm 主界面，单击【New】菜单，可以看到【Python File】菜单项，如图 1-36 所示，单击【Python File】菜单。

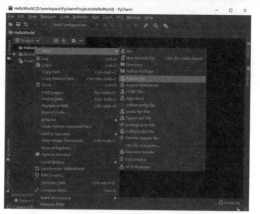

图 1-36 PyCharm 主界面

Step04 在新建 Python 文件对话框中，输入文件名称，如图 1-37 所示。

图 1-37 新建 Python 文件

Step05 在源码文件中输入以下内容，如图 1-38 所示。这里并不需要指定变量的类型，直接将字符串赋给 s 即可。

图 1-38 代码编辑

Step06 执行源码文件，输入以下指令。

```
python D:\workspace\PycharmProjects\HelloWorld\
HelloWorld.py
```

如图 1-39 所示，直接使用 Python 解释器执行源码文件，即可得到结果。

图 1-39 执行源码文件

1.4 Python 软件包的管理

安装 Python 解释器时会自动安装 pip 工具，pip 是 Python 软件包管理工具。安装 Anaconda 的同时会自动安装 pip.exe 和 conda.exe。pip.exe 和 conda.exe 功能类似，但软件安装源不同。它们都提供了软件包的搜索、安装、卸载、更新、查看已安装列表的功能。一般情况下，Python 软件包的安装操作都是在 cmd 环境下进行的。

1.4.1 搜索软件

以 pip 工具为例，在线搜索软件，搜索的语法格式如下。

pip search 软件名称

这里以搜索 xml 工具为例，打开 cmd，输入以下命令。

pip search xml

如图 1-40 所示，展示了软件名称包含 xml 关键字的软件列表。

图 1-40 pip 软件列表

1.4.2 安装软件

使用 install 命令安装软件，其语法格式如下。

pip install 软件名称

这里以安装 django-xml 工具为例，仍然在 cmd 窗口中输入以下命令。

pip install django-xml

要安装的软件全称，如图 1-41 所示。

图 1-41 pip 安装软件

1.4.3 卸载软件

使用 uninstall 命令卸载软件，其语法格式如下。

pip uninstall 软件名称

这里以卸载 django-xml 工具为例，在 cmd 窗口中继续输入以下命令。

pip uninstall django-xml

在命令执行过程中，会提示是否确定卸载。这里输入"y"，完成卸载，如图 1-42 所示。

图 1-42 pip 卸载软件

1.4.4 更新软件

使用 --upgrade 参数更新已安装的软件，其语法格式如下。

pip install --upgrade 软件名称

其中，软件名称是可选的。若是在输入命令时，未指定软件名称，则将已安装的软件全部更新一次。

这里以更新 numpy 工具为例，在 cmd 窗口中输入以下命令。

pip install --upgrade numpy

执行结果如图 1-43 所示。

图 1-43 pip 更新软件

1.4.5 显示已经安装软件包

使用 list 命令，窗口中会列出已安装的所有软件和对应的版本号，具体用法如下。

pip list

执行结果如图 1-44 所示。

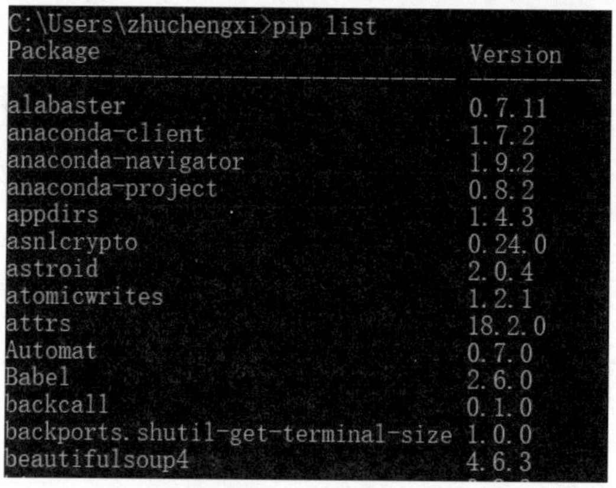

```
C:\Users\zhuchengxi>pip list
Package                              Version
----------------------------------   --------
alabaster                            0.7.11
anaconda-client                      1.7.2
anaconda-navigator                   1.9.2
anaconda-project                     0.8.2
appdirs                              1.4.3
asn1crypto                           0.24.0
astroid                              2.0.4
atomicwrites                         1.2.1
attrs                                18.2.0
Automat                              0.7.0
Babel                                2.6.0
backcall                             0.1.0
backports.shutil-get-terminal-size   1.0.0
beautifulsoup4                       4.6.3
```

图 1-44　pip 已安装软件列表

温馨提示

除了使用 pip、Anaconda 安装 Python 包外，还可以使用 easy_install，其功能与前两个工具类似。若 Python 包是源代码，没有编译成二进制文件，则在源码包 setup.py 文件的目录下，直接使用 python setup.py install 进行安装。

本章小结

本章介绍了 Python 的发展历程和应用领域、在 Windows 和 Linux 平台安装 Python 的方式、Python 集成开发工具 PyCharm 的安装和 Python 软件包的管理。在实际生产环境中，Windows 平台上推荐使用 Anaconda 安装，因为 Anaconda 自带大量的三方库，读者若是用到某个三方库，就可以不必单独安装，这同时也避免了因为安装某些三方库而带来的兼容性问题。

第2章 Python 基本语法

★本章导读★

本章主要介绍 Python 的基本语法、变量、标识符的使用和基本的数据类型。Python 语法和代码组织结构与 C、C++ 等静态语言差别较大，因此掌握本章内容有助于后续的学习。

★知识要点★

通过学习本章内容，读者能掌握以下知识。

➡ 了解 Python 的基本语法
➡ 了解 Python 代码组织规范
➡ 掌握如何定义变量
➡ 了解 Python 语言特性
➡ 了解 Python 内存管理
➡ 了解 Python 垃圾回收机制

2.1 Python 基本语法

学习任何一门编程语言都需要从语法开始。Python 是一门面向对象的脚本语言，既具有面向对象编程语言的语法特点，又可以直接书写脚本，编程语法非常灵活。

2.1.1 缩进

C、C++、Java、C# 等编程语言都是使用"{}"来表达语句块，而 Python 使用的是代码缩进的方式。

如示例 2-1 所示，在第 1 行使用 def 关键字定义了一个名为 func 的函数，后面的"()"是函数的参数列表，参数列表后面是一个冒号。第 2 行、第 3 行表示这个函数的函数体，前面使用 4 个空格或者按一下【Tab】键。函数的代码组织方式是，从冒号后的一行，以 4 个空格为准，依次对齐的语句属于当前函数这个层级的代码块。

示例 2-1 代码缩进

```
1.  def func():
2.      a=5
3.      print(a)
```

温馨提示

一般情况下，按一下【Tab】键表示 4 个空格，但不同的开发环境配置不同，因此建议读者使用 4 个空格作为缩进。

2.1.2 注释

Python 中使用"#"表示注释，如示例 2-2 所示。Python 注释语句从"#"开始，开发者可以在代码中任何地方编写注释，解释器会自动忽略"#"之后的内容。

示例 2-2 注释

```
1.  def func():
2.      #a=5
3.      #print(a)
4.
5.      #def func2():
6.      #    b=5
7.      #    print(b)
8.
9.      return func2
```

2.1.3 换行

在 Python 中，定义多个变量可以写在同一行，中间用分号隔开，如示例 2-3 所示。在实际编程中，并不推荐这样使用，每一行只定义一个变量并移除分号更符合规范。

示例 2-3 在一行定义多个变量

```
1.  a=5;b=6;c="Make an iterator that computes the function
2.  using arguments from.Make an iterator that computes
3.  the function using arguments from."
4.  print(c)
```

当一个变量内容过长，如变量 c 已经超出当前屏幕显示范围的时候，就应该将该变量写成多行语句，每行用 "\" 结尾，表示该段内容还没结束，如示例 2-4 所示。

示例 2-4 换行

```
1.  a=5
2.  b=6
3.  c="Make an iterator that computes the function using
4.  arguments from." \
5.      "Make an iterator that computes the function using
6.  arguments from."
7.  print(c)
```

除此之外，还有两种情况可以支持换行。

1. 写在集合对象中

如示例 2-5 所示，分别写在列表（[]）、元组（()）、字典（{}）中时，可以跨行。列表、元组和字典的具体内容，将在后续章节中进行详细介绍。

示例 2-5 在集合对象中创建字符串

```
1.  a = ("Make an iterator that computes the "
2.       "function using arguments from.")
3.  b = ["Make an iterator that computes the "
4.       "function using arguments from."]
5.  c = {"Make an iterator that computes the "
6.       "function using arguments from."}
```

2. 多行字符串

在成对的三个单引号或者三个双引号之间也可以直接换行，如示例 2-6 所示，这种变量称为多行字符串。一般在给类、函数添加描述，或者表示一个很长的字符文本时使用。

示例 2-6 多行字符串

```
1.  a="""Make an iterator that computes the function using
2.  arguments from.
3.          Make an iterator that computes the function using
4.  arguments from.
5.          Make an iterator that computes the function using
6.  arguments from.
7.  """
```

2.2 变量

学习一门编程语言，首先应知道什么是变量、如何创建变量与使用变量，同时还需要了解变量的内存分配和程序的运行过程。

2.2.1 什么是变量

变量一词来源于数学，是编程语言中能表示某个数值或者计算结果的抽象概念。变量是数据内存地址的一个引用，开发者可以将一段数据赋值给一个变量，这样方便记忆和使用。

2.2.2 变量与类型

Python 是一门动态类型的语言，与 C、C++ 等静态编程语言不同，在创建变量时不需要指定变量类型。如示例 2-7 所示，在第 1 行创建整型变量 a，同时赋值为数值 5；在第 3 行创建字符串类型变量 name，同时赋值为字符串 "ivy"。

示例 2-7 创建变量

```
1.  a = 5
2.  b = 10.0
3.  name = "ivy"
4.  c = a + 1
5.  d = a + b
6.  hello_name = "hello " + name
```

示例中，变量的类型将会在程序运行时确定，Python 包含如下多种数据类型。

（1）整型。

（2）长整型。

（3）浮点型。

（4）复数型。

（5）布尔型。

（6）字符串类型。

（7）元组。

（8）列表。

（9）字典。

2.2.3 变量赋值

Python 是一门纯面向对象语言，所有的标识在 Python 中都是对象。对象通过引用传递，赋值操作并不是直接将一个值赋给变量。在赋值的时候，不管这个对象是新创建的还是已经存在，都是将该对象的引用赋给对应变量。

在示例 2-7 中，演示了变量的赋值方式。第一个是整数类型赋值，第二个是浮点数类型赋值，第三个是字符串类型赋值。

除了直接使用 "=" 赋值外，Python 还支持多种不同的赋值方式。

1. 增量赋值

Python 也支持增量赋值，如示例 2-8 所示。

示例 2-8 增量赋值

```
1.  a = 10
2.  a = a + 1
3.  a += 1
```

增量赋值使用赋值运算符，将数学运算过程包含其中，除了 "+=" 这种写法还有其他方式。

例如，"-=" "*=" "/=" "%=" "**=" "<<="。

2. 链式赋值

在一个表达式中，可以同时给多个变量进行赋值。如示例 2-9 所示，将表达式 "1+2" 赋值给 b，然后将 b 赋值给 a，而不用单独另起一行给 a 赋值。

示例 2-9 链式赋值

```
1.  a = b = 1 + 2
2.  print(a, b)
```

3. 多元赋值

将多个变量同时赋值的方法称为多元赋值。采用这种方式赋值时，要求等号两边的对象都是元组类型。

如示例 2-10 所示，get_tuple 方法返回了 3 个数值，并将其赋值给变量 d，输出变量 d 类型为 "<class 'tuple'>"。变量 d 的 3 个值依次按顺序赋值给变量 a、b、c。

示例 2-10 多元赋值

```
1.  def get_tuple():
2.      return 1,2,3
3.
4.  d=get_tuple()
5.  print(type(d))
6.  a,b,c= get_tuple()
```

执行结果如图 2-1 所示。

图 2-1 输出结果

直接给多个变量赋值时，代码如下。

```
a,b,c=1,2,3
```

这种写法是允许的，但是为了程序有更强的可读性，仍然建议将等号两边的内容用小括号括起来，表示这是元组。

```
(a,b,c)=(1,2,3)
```

2.2.4 动态类型

在 Python 中，对象的类型和内存在运行时是确定的，在编程时无须提前指定，这种形式称为动态类型。当执行程序的时候，Python 解释器会根据运算符右侧的数据类型来确定对象的类型，同时将其赋值给左侧变量。

如示例 2-11 所示，输出各变量类型。

示例 2-11 输出变量类型

```
1.  def get_tuple():
2.      return 1, 2, 3
3.
4.
5.  a = 123
6.  print(" 变量 a 的类型：", type(a))
7.  b = 10.5
8.  print(" 变量 b 的类型：", type(b))
9.  c = "hello python"
10. print(" 变量 c 的类型：", type(c))
11. d = get_tuple
12. print(" 变量 d 的类型：", type(d))
```

执行结果如图 2-2 所示。Python 脚本在执行时，变量才被赋予类型。

图 2-2 示例 2-11 输出结果

2.2.5 内存管理

计算机执行命令需要 CPU，程序的运行需要内存。在给变量分配内存的时候，其实是在向计算机申请资源，程序用完之后需要释放资源。Python 不像 C、C++ 那样需要手动申请和释放内存，而是由 Python 解释器自动进行内存管理。这里有一个潜在的好处，Python 可以避免当代码规模非常庞大的时候，忘记释放内存，最终导致内存耗尽的问题。

Python 解释器采用引用计数来跟踪内存中的对象状态。Python 记录着所有使用对象的引用数目，每个对象被引用了多少次称为引用计数。当对象被创建时，就设置一个引用计数，不再使用时，就将其计数归 0，然后在合适的时候被垃圾回收器回收。

如图 2-3 所示，创建一个对象，并赋值给变量，该对象的计数就设置为 1。当同一个对象被赋值给其他变量，或者当作参数传递进某个函数，该对象的引用又会自动加 1。图中"Hello World"对象被两个变量同时引用。

图 2-3　对象引用

如示例 2-12 所示，演示了对象的引用。

在第 1 行创建了一个字符串对象"Hello World"，并将其引用赋值给 a。这里是将对象的引用给了 a，并不是将"Hello World"值本身给了 a，因此该对象的引用计数设置为 1。在第 3 行，创建了一个变量 b，该变量通过 a 也指向了"Hello World"，此时并没有为 b 创建新的对象，而是将对象的引用计数又加了 1。这种传递赋值的方式只是使计数增加的方式之一。在第 2 行和第 4 行，将变量传递给了 print 函数，这也导致变量计数增加。

示例 2-12 对象引用

```
1.  a="Hello World"
2.  print("a 的内存地址是：",a)
3.  b=a
4.  print("b 的内存地址是：",b)
```

id 函数可以查看一个变量所引用的对象的地址。为了确定 a 和 b 是否为同一个对象，在第 2 行和第 4 行分别输出变量内存地址，如图 2-4 所示。可以看出，a 和 b 指向了同一个地址，它们代表同一个对象。

a的内存地址是：1460226881200
b的内存地址是：1460226881200

图 2-4　变量的内存地址

对象使用完毕，引用被销毁时，对应的引用计数就会减少。最常见的情况就是处在函数内的局部变量，当函数执行完毕，所有局部变量都会被销毁，对象的引用计数也对应减少。

如示例 2-13 所示，a 作为函数 f 的局部变量，当 f 执行结束后，对象"Hello World"的引用计数也会归 0，等待垃圾回收器在合适的时候将其回收。

示例 2-13 局部变量

```
1.  def f():
2.      a = "Hello World"
3.      print(a)
```

当一个变量引用了一个新的变量，原来对象的引用计数也会减少。如示例 2-14 所示，在第 5 行，变量 a 引用了"Hello Python"，原来对象"Hello World"的计数就减少 1 个。

示例 2-14 变量引用新对象

```
1.  a = "Hello World"
2.  print("a 的内存地址是：", id(a))
3.  b = a
4.  print("b 的内存地址是：", id(b))
5.  a = "Hello Python"
6.  print("a 的内存地址是：", id(a))
```

执行结果如图 2-5 所示，重新引用后的 a 的内存地址和初始地址已经不一样了。

a的内存地址是：1780969305776
b的内存地址是：1780969305776
a的内存地址是：1780971713840

图 2-5　对象引用状态变化

温馨提示

内存的分配是由系统决定的，因此同一个程序在不同时刻运行，其中变量地址不一定会相同。

Python 包含一个 del 关键字，其作用是删除变量。删除对应变量后，其对对象的引用关系也被随之消除。如示例 2-15 所示，在第 7 行删除变量 a，那么 a 对"Hello World"的引用关系就会被消除，变量 a 就不存在了，第 8 行再次使用该变量则报错。

示例 2-15 删除变量

```
1.  a = "Hello World"
2.  print("a 的内存地址是：", id(a))
3.  b = a
4.  print("b 的内存地址是：", id(b))
5.  a = "Hello Python"
6.  print("a 的内存地址是：", id(a))
7.  del a
8.  print("a 的内存地址是：", id(a))
```

如图 2-6 所示，提示变量 a 未定义。

```
D:\ProgramData\Anaconda3\python.exe
Traceback (most recent call last):
a的内存地址是: 1893493847472
b的内存地址是: 1893493847472
a的内存地址是: 1893493872816
 File "D:/workspace/PycharmProjects
   print("a的内存地址是: ", id(a))
NameError: name 'a' is not defined
```

图 2-6　使用删除的变量

在 Python 中，列表、元组、字典和集合都是数据容器。一个容器中的对象被移除，该对象的引用计数也会被减少。如示例 2-16 所示，创建一个列表，里面包含 4 个对象，移除其中一个，那么该对象将不能再被访问。

示例 2-16　移除一个对象

```
1.  a = ["hello", "World", "Python",
2.  "BigData"]
3.  print(" 移除对象前: ",a[0])
4.  a.remove("hello")
5.  print(" 移除对象后: ",a[0])
```

执行结果如图 2-7 所示，在第 3 行引用第 0 个元素，显示"Hello"，移除之后再次访问第 0 个元素，显示"World"。

```
移除对象前: hello
移除对象后: World
```

图 2-7　示例 2-16 输出结果

2.2.6　垃圾回收器

不再被引用的内存会被垃圾回收器（Garbage Collection，GC）自动回收。垃圾回收器是独立的代码，专门用来寻找和销毁引用计数为 0 的对象，同时也会检查引用计数大于 0，但也应该被销毁的对象。在某些情况下，光靠引用计数来管理内存是不够的，如循环引用。

如示例 2-17 所示，变量 a 和 b 相互引用，执行完 del 操作后，a、b 不能再被访问，对 GC 来说，两个非活动的列表（Python 中，将"[]"表示的数据称为列表）对象就应该被回收。因为 ["Hello"] 和 ["World"] 对象的引用计数并没有归 0，所以它们会一直驻留在内存中，造成内存溢出。

示例 2-17　循环引用

```
1.  a = ["hello"]
2.  b = ["world"]
3.  a.extend(b)
4.  b.extend(a)
5.  del a
6.  del b
```

为了解决循环引用的问题，Python 又引入了标记－清除和分代回收来辅助内存管理。

标记－清除分为两个阶段，第一阶段将所有活动对象打上标记，第二阶段将没有标记的非活动对象进行回收。那么如何判断对象是否处于活动状态呢？

如图 2-8 所示，节点 A 作为根对象（根对象一般是全局变量或寄存器上的变量），从 A 出发能到达点 B、C、D、E、F，它们在第一阶段都被标记为活动对象，不可达则为没有标记的非活动对象。在第二阶段，GC 扫描内存表的时候，就会将 G 回收掉。标记－清除一般是处理容器对象，如列表、元组、字典等。

图 2-8　有向图

标记－清除也存在一定的问题，就是每次给对象做标记时，都会将整个内存表扫描一遍，这就带来了额外的性能开销。

分代回收是一种用空间换时间的回收方式。Python 将对象分为 3 个代，和"3 代人"中的"代"一个意思。3 个代分别为 0 代、1 代、2 代，每个代对应一个集合。新创建的对象就放入 0 代，当 0 代的集合存不下新对象的时候，就触发一次 GC，能回收对象就回收掉，不能回收的就将其移动到 1 代。当 1 代的空间也存不下新移入的对象时，也触发一次回收，这次回收不了的对象就移动到 2 代。2 代是程序运行过程中存活时间最长的对象，甚至会等到程序退出，空间才会被释放。

2.3　标识符

标识符是编程语言中允许作为对象名字的字符串。一段代码中的标识符有两部分，一部分是系统自带的，称为关键字，另一部分是开发者自定义的标识符。需要注意的是，如果像使用变量一样直接使用关键字，程序会报错。Python 还有一部分内建的标识符集合，尽管不属于关键字范畴，但是也不推荐当作普通标识符使用。

2.3.1 有效的标识符

Python 标识符编写规则和 C、C++、Java 类似，要求如下。

（1）首字符必须是字母或者下画线。

（2）非首字符可以是字母、数字或下画线，可任意组合。

（3）区分大小写。

Python 标识符不能以数字开头，且除了下画线外的符号都不能使用。在字符串的其他位置也不能使用特殊符号，如 a%b 是不允许的。

区分大小写是指标识符用大写和小写是不一样的，如 test 和 TEST。

2.3.2 特殊标识符

使用下画线作为前缀和后缀定义的变量对 Python 来说具有特殊含

义，解释如下。

（1）_a：不能用 "import *" 方式导入。

（2）__a：类中的私有成员。

（3）__a__：系统定义的名字。

在实际开发中，建议开发者尽量不要定义下画线风格的变量。一般情况下，使用 _a 和 __a 都是被视为私有的，__a__ 在系统中有特殊含义，如 __init__ 就被视为构造函数。

2.3.3 关键字

关键字是系统的保留字，只能在特定条件下使用，如示例 2-18 所示，可以获取系统关键字列表。

示例 2-18 获取关键字

```
1.  import keyword
2.
3.  print(keyword.kwlist)
```

关键字列表如下。

```
['False', 'None', 'True', 'and', 'as',
'assert', 'async', 'await', 'break',
'class', 'continue', 'def', 'del', 'elif',
'else', 'except', 'finally', 'for', 'from',
'global', 'if', 'import', 'in', 'is', 'lambda',
'nonlocal', 'not', 'or', 'pass', 'raise',
'return', 'try', 'while', 'with', 'yield']
```

2.3.4 内建模块

Python 包含一些设置解释器或由解释器自己使用的 built-in（内建）的名字集合，built-in 不属于关键词，但也应该当作系统保留字，只有在某些特殊场景下才需要重写它们。Python 不支持标识符的重载，所以一个标识符只有一个绑定。内建的函数、变量等是 builtins.py 模块的成员，由解释器自动导入，可以看作类似 C 语言中的全局变量。

2.4 基本数据类型

在计算机中，以位（0 或 1）表示数据，因此计算机程序理所当然地可以处理各种数值。但是，计算机能处理的远不止数值，还可以处理文本、图形、音频、视频、网页等各种各样的数据，不同的数据需要定义不同的数据类型。数据类型根据所需内存大小不同而对数据进行分类。本小节将介绍几种 Python 中常见的基本数据类型。

2.4.1 整型数据

Python 可以处理任意大小的整数，当然包括负整数，在程序中的表示方法和数学上的写法一模一样，如 2、120、-1060、0 等。

由于计算机使用二进制，所以在很多地方可以看到用十六进制表示整数，十六进制用 0x 和 0 ~ 9、a ~ f 表示，具体如示例 2-19 所示。

示例 2-19 整型数据

```
1.  a = 1234
2.  b = 0xff00
3.  c = 0x12aa
```

2.4.2 浮点型数据

浮点数也就是小数，之所以称为浮点数，是因为按照科学计数法表示时，一个浮点数的小数点位置是可变的。浮点数可以用数学写法表示，如 12.12、3.1415、-1.02 等。对于很大或很小的浮点数，就必须用科学计数法表示，如 3.140000000 可以写成 3.14e9、0.0000123 可以写成 1.23e-5。

整数和浮点数在计算机内部存储的方式是不同的，整数运算永远是精确的，而浮点数运算则可能会有四舍五入的误差。

示例 2-20 常见的浮点型数据

```
1.  a = 3.14159
2.  b = 3.14e5
3.  c = 0.008
```

2.4.3 字符串类型

字符串是以单引号 """ 或双引号 """" 括起来的任意文本，如

'hello'、"world" 等。注意，单引号"''"或双引号"''''''"本身只是一种表示方式，不是字符串的一部分，因此字符串 'abc' 只包含 a、b、c 这 3 个字符。如果"''"本身也是一个字符，那就可以用"''''''"括起来，如 "I'm a man" 包含的是 I、'、m、空格、m、a、n 这 7 个字符。

如果字符串内部既包含单引号又包含双引号，就可以用转义字符"\"来标识，如果不想将"\"作为转义字符，就需要在字符串前加"r"，表示原始字符串，如示例 2-21 所示。

示例 2-21 包含转义字符的字符串

```
1.  print("1.", 'I\'am man')
2.  print("2.", "I'm \"man\"")
3.  print("3.", r"I'm \"man\"")
```

执行结果如图 2-9 所示，输出字符串。

图 2-9 示例 2-21 输出结果

2.4.4 复数数据

复数由一个实数和一个虚数构成，一个复数是一对有序的浮点数，表示如下。

```
real + imag*j
```

其中 x 是实数部分，y 是虚数部分。Python 中复数有以下几个特点。

（1）虚数不能独立存在。

（1）虚数部分需要有后缀 j 或 J。

（2）实数和虚数部分都是浮点数。

以下是标准浮点数的示例。

```
50.5+5j 40.0+2.5J 23-8.1j -38+16J
-.666+0J
```

复数也有其内建函数和属性，如示例 2-22 所示，real 是指复数的实数，imag 是虚数。共轭复数是指实数部分相同，虚数部分相反的复数。

示例 2-22 复数与共轭复数

```
1.  a = 50.5 + 5j
2.  print(" 实数部分： ", a.real)
3.  print(" 虚数部分： ", a.imag)
4.  b = a.conjugate()
5.  print("a 的共轭复数： ", b)
```

执行结果如图 2-10 所示。

```
实数部分：50.5
虚数部分：5.0
a的共轭复数：(50.5-5j)
```

图 2-10 示例 2-22 输出结果

2.4.5 常量数据

Python 不能像 C、C++ 那样使用 const 关键字定义常量，一般使用大写变量名来标识其为常量，但本质上还是变量。常量用于表示一个固定不变的、约定俗成的或项目中达成共识的变量。

如示例 2-23 所示，定义了一个圆周率的常量 PI、表示男士的常量 MALE、星期一的常量 Monday 等。

示例 2-23 常量的定义

```
1.  PI = 3.14
2.  CITY = "bei jing"
3.  MALE = "M"
4.  FEMALE = "F"
5.  Monday = "Mon"
```

2.4.6 布尔型数据

布尔值和布尔代数的表示完全一致，一个布尔值只有 True、False 两种值，要么是 True，要么是 False。在 Python 中，可以直接用 True、False 表示布尔值（请注意大小写），也可以通过布尔运算计算出来，如示例 2-24 所示。

示例 2-24 布尔运算

```
1.  print("1>2=", 1 > 2)
2.  print("3<4=", 3 < 4)
```

执行结果如图 2-11 所示，输出布尔运算结果。

```
1>2= False
3<4= True
```

图 2-11 示例 2-24 输出结果

布尔值可以用 and、or 和 not 运算。and 运算是与运算，只有所有都为 True，and 运算结果才是 True，如示例 2-25 所示。

示例 2-25 与运算

```
1.  print("True and True=", True
2.  and True)
3.  print("False and True=", False
4.  and True)
5.  print("False and False=", False
6.  and False)
```

执行结果如图 2-12 所示，输出与运算结果。

```
True and True= True
False and True= False
False and False= False
```

图 2-12 示例 2-25 输出结果

or 运算是或运算，只要其中有一个为 True，or 运算结果就是 True，如示例 2-26 所示。

示例 2-26 或运算

```
1.  print("True or True=", True or
2.  True)
3.  print("False or True=", False or
4.  True)
5.  print("False or False=", False or
6.  False)
```

执行结果如图 2-13 所示，输出或运算结果。

```
True or True= True
False or True= True
False or False= False
```

图 2-13　示例 2-26 输出结果

not 运算是非运算，它是一个单目运算符，把 True 变成 False，把 False 变成 True，表示对后面的布尔表达式进行取反运算，如示例 2-27 所示。

示例 2-27　非运算

```
1.  print("not True=", not True)
2.  print("not False=", not False)
3.  print("not (1>2)=", not (1 > 2))
4.  print("not ((1>2) and (5>4))=",
5.  not ((1 > 2) and (5 > 4)))
```

执行结果如图 2-14 所示，输出非运算结果。

```
not True= False
not False= True
not (1>2)= True
not ((1>2) and (5>4))= True
```

图 2-14　示例 2-27 输出结果

2.4.7　空值

空值是 Python 里一个特殊的值，用 None 表示。但是 None 不能理解为 0，因为 0 是有意义的，而 None 是一个特殊的空值。此外，Python 还提供了列表、字典、元组等多种数据类型，还允许创建自定义数据类型，这些相对复杂的数据类型在后面会详细讲解。

常见面试题

1. 请问在 Python 中使用什么方式标识代码块？

答：Python 使用【Tab】键或者 4 个空格标识代码块，在语法上只要同一级别的代码保持 4 个空格对齐，就表示在同一个代码块内。

2.Python 文件如何支持中文？

答：Python 最初只能处理 8 位的 ASCII 值，后来在 Python 1.6 版本中，使 Unicode 得到了支持。Unicode 是使程序能支持多种语言的编码工具，一般使用 16 位来存储字符，正好支持双字节的中文，但是一个文本中若是英文居多，中文偏少，则会浪费存储空间，于是出现了 UTF-8。UTF-8 存英文就用一个字节，存中文就用两个字节，但是这种变长的编码方式在内存中使用时很不方便。因此将数据存到文件就使用 UTF-8，将数据放到内存就使用 Unicode。使 .py 文件在各类操作系统（平台）上都支持中文的方式就是在文件开头设置编码格式为 UTF-8，如示例 2-28 中的第 1 行所示。# -*- coding: UTF-8 -*- 也是注释，读者只需记住即可。

示例 2-28　设置编码

```
1.  # -*- coding: UTF-8 -*-
2.  a=1+2*3-10/(2*5)
3.  print(a)
```

本章小结

本章重点介绍了 Python 语法，这是学习 Python 编程语言的基础。除此之外，还介绍了变量和标识符的使用，这是构成一段程序的基本要素。在编程过程中，不同的数据类型有不同的使用场景，因此本章在最后介绍了基本的数据类型。本章还介绍了动态类型、内存管理的一些概念，了解这些内容，将会对 Python 有进一步的认识。

第3章 常用语句和运算

★本章导读★

本章主要介绍 Python 中的常用运算符和流程控制语句。不同的运算符有各自的适用场景，流程控制语句可以根据不同的运算结果来实现代码的逻辑跳转。灵活运用本章的知识，可以编写复杂的代码。

★知识要点★

通过本章内容的学习，读者能掌握以下知识。

➥ 了解常用运算符

➥ 掌握代码的流程控制

3.1 常见运算符

计算机程序最重要的工作就是执行运算，运算种类包括算术运算、赋值运算、比较运算、逻辑运算等，运算由变量和运算符构成，本小节将着重介绍这几种运算符的用法及适用类型。

3.1.1 算术运算符

Python 支持多种算术运算，如表 3-1 所示。

表 3-1 运算符

序号	运算符	描述
1	*	输出其参数的乘积
2	/	两个对象相除
3	//	除法，向下取整
4	%	输出第一个参数除以第二个参数的余数
5	+	输出参数的和，两个参数必须为数字或者类型相同的序列
6	–	输出参数的差
7	**	幂运算符

如示例 3-1 所示，演示了各算术运算符的用法，这里详细介绍如下。

（1）乘法：第 5 行、第 8 行是乘法运算，运算符"*"将输出其参数的乘积。参与运算的两个参数必须都为数字，或者一个参数为整数，而另一个参数为序列。在前一种情况下，两个数字将被转换为相同类型然后相乘；在后一种情况下，序列元素进行重复生成。参与计算的整数称为重复因子，如果重复因子为负数，将输出空序列。

（2）除法：第 12 行、第 14 行是除法运算，运算符"/"和"//"将输出其参数的商。两个数字参数先被转换为相同类型。整数相除会输出一个 float 值，整数相整除的结果仍是整数；整除的结果就是使用 floor 函数进行算术除法的结果，简单地说就是向下取整。除以零的运算将引发 ZeroDivisionError 异常。

（3）取模：第 18 行、第 20 行是取模运算，运算符"%"和函数 divmod 将输出第一个参数除以第二个参数的余数。两个数字参数将先被转换为相同类型。运算符"%"右边的参数为零，将引发 ZeroDivisionError 异常。

（4）加法：第 25 行、第 29 行是加法运算，运算符"+"将输出其参数的和。两个参数必须都为数字，或者都为相同类型的序列。在前一种情况下，两个数字将被转换为相同类型然后相加；在后一种情况下，将执行序列拼接操作。

（5）减法：第 34 行是减法运算，运算符"–"将输出其参数的差。两个参数需要先被转换为相同类型。

（6）幂运算：第 37 行、第 39

行是幂运算，运算符"**"和函数 pow 将输出其参数的平方值。对于 int 类型的操作数，结果将具有与操作数相同的类型，除非第二个参数为负数。在那种情况下，所有参数会被转换为 float 类型并输出 float 类型的结果。例如，10**2 返回 100，而 10**-2 返回 0.01。对 0 进行负数次幂运算将导致 ZeroDivisionError 异常。对负数进行分数次幂运算将返回 complex 数值，在早期版本中，这将引发 ValueError 异常。

示例 3-1 算术运算符

```
1.  # -*- coding: UTF-8 -*-
2.
3.  a = 3
4.  b = 20
5.  c = a * b
6.  print(" 两个整数相乘：{}*{}={}".format(a, b, c))
7.  b = [1, 2, 3]
8.  c = a * b
9.  print(" 整数与列表相乘：{}".format(c))
10.
11. b = 12.15
12. c = b / a
13. print(" 两个数字相除：{}/{}={}".format(b, a, c))
14. c = b // a
15. print(" 两个数字相除并向下取整：{}/{}={}".format
16. (b, a, c))
17.
18. c = b % a
19. print(" 两个数字相除取模：{}/{}={}".format(b, a, c))
20. c = divmod(b, a)
21. print(" 两个数字相除取模：divmod({}, {})={}".format
22. (b, a, c))
23.
24. b = 20
25. c = a + b
26. print(" 两个整数相加：{}+{}={}".format(a, b, c))
27. a = [4, 5, 6]
28. b = [1, 2, 3]
29. c = a + b
30. print(" 两个列表相加：{}".format(c))
31.
32. a = 2
33. b = 5.5
34. c = a - b
35. print(" 两个列表相减：{}".format(c))
36.
37. c = b ** a
38. print(" 幂计算：{}**{}={}".format(b, a, c))
39. c = pow(b, a)
40. print(" 幂计算：pow({}, {})={}".format(b, a, c))
```

执行结果如图 3-1 所示，输出各种计算的结果。

```
两个整数相乘：3*20=60
整数与列表相乘：[1, 2, 3, 1, 2, 3, 1, 2, 3]
两个数字相除：12.15/3=4.05
两个数字相除并向下取整：12.15/3=4.0
两个数字相除取模：12.15/3=0.15000000000000036
两个数字相除取模：divmod(12.15, 3)=(4.0, 0.15000000000000036)
两个整数相加：3+20=23
两个列表相加：[4, 5, 6, 1, 2, 3]
两个列表相减：-3.5
幂计算：5.5**2=30.25
幂计算：pow(5.5, 2)=30.25
```

图 3-1 示例 3-1 输出结果

3.1.2 比较运算符

Python 支持常见的比较运算符，具体如表 3-2 所示。

表 3-2 比较运算符

序号	运算符	描述
1	>	大于
2	>=	大于等于
3	<	小于
4	<=	小于等于
5	!=	不等于
6	==	等于

如示例 3-2 所示，演示了各比较运算符的用法及对应的输出结果。

示例 3-2 比较运算符

```
1.  # -*- coding: UTF-8 -*-
2.
3.  a = 10
4.  b = 20
5.  c = a > b
6.  print(" 表达式：{}>{}={}".format(a, b, c))
7.  c = b > a
```

```
8.   print(" 表达式：{}>{}={}".format(b, a, c))
9.
10.  c = a >= b
11.  print(" 表达式：{}>={}={}".format(a, b, c))
12.
13.  c = a < b
14.  print(" 表达式：{}<{}={}".format(a, b, c))
15.
16.  c = a <= b
17.  print(" 表达式：{}<={}={}".format(a, b, c))
18.
19.  c = a == b
20.  print(" 表达式：{}=={}={}".format(a, b, c))
21.
22.  c = a != b
23.  print(" 表达式：{}!={}={}".format(a, b, c))
```

执行结果如图 3-2 所示，可以看到比较运算符返回的结果都是 True 或者 False。

```
表达式：10>20=False
表达式：20>10=True
表达式：10>=20=False
表达式：10<20=True
表达式：10<=20=True
表达式：10==20=False
表达式：10!=20=True
```

图 3-2　示例 3-2 输出结果

3.1.3　逻辑运算符

Python 语言支持 3 种逻辑运算符，具体如表 3-3 所示。

表 3-3　逻辑运算符

序号	运算符	描述
1	and	与运算
2	or	或运算
3	not	取反

如示例 3-3 所示，演示了各逻辑运算符的用法，介绍如下。

（1）and：参与运算的参数都为 True，则结果为 Ture，否则为 False。

（2）or：任意一个参与运算的参数为 True，则结果为 Ture，否则为 False。

（3）not：将运算布尔值取反。

示例 3-3　比较运算符

```
1.   # -*- coding: UTF-8 -*-
2.
3.   x = 10
4.   y = 20
5.
6.   def compute_and(a, b):
7.     if a and b:
8.       print(" 表达式：{} and {} 为 True".format(a, b))
9.     else:
10.      print(" 表达式：{} and {} 为 False".format(a, b))
11.
12.  compute_and(x, y)
13.  y = -20
14.  compute_and(x, y)
15.  y = 0
16.  compute_and(x, y)
17.
18.  def compute_or(a, b):
19.    if a or b:
20.      print(" 表达式：{} or {} 为 True".format(a, b))
21.    else:
22.      print(" 表达式：{} or {} 为 False".format(a, b))
23.
24.  y = 20
25.  compute_or(x, y)
26.  y = 0
27.  compute_or(x, y)
28.  x = 0
29.  compute_or(x, y)
30.
31.  def compute_not(a, b):
32.    if not (a or b):
33.      print(" 表达式: not ({} or {}) 为 False".format(a, b))
34.    else:
35.      print(" 表达式: not ({} or {})为 True".format(a, b))
36.
37.  y = 20
38.  compute_not(x, y)
39.  y = 0
40.  compute_not(x, y)
```

执行结果如图 3-3 所示，可以看到逻辑运算的结果为 True 或者 False。

```
表达式：10 and 20 为True
表达式：10 and -20 为True
表达式：10 and 0 为False
表达式：10 or 20 为True
表达式：10 or 0 为True
表达式：0 or 0 为False
表达式：not (0 or 20)为True
表达式：not (0 or 0)为False
```

图 3-3 示例 3-3 输出结果

3.1.4 位运算符

Python 语言支持多种位运算符，具体如表 3-4 所示。

表 3-4 位运算符

序号	运算符	描述
1	|	按位或
2	^	按位异或
3	&	按位与
4	<<	左移位运算符
5	>>	右移位运算符
6	~	按位取反

如示例 3-4 所示，演示了各位运算符的用法。在执行位运算之前，Python 解释器会将变量转为二进制数据，然后让相同位的数据进行计算，具体介绍如下。

（1）按位或：在第 8 行，变量 a 与变量 b 执行按位或运算。

（2）按位异或：在第 11 行，变量 a 与变量 b 执行按位异或运算。

（3）按位与：在第 14 行，变量 a 与变量 b 执行按位与运算。

（4）左移位运算符：在第 18 行，变量 a 向左移动两位。

（5）右移位运算符：在第 21 行，变量 a 向右移动两位。

（6）按位取反：在第 25 行，变量 a 按位取反。

示例 3-4 位运算符

```
1. # -*- coding: UTF-8 -*-
2.
3. a = 10
4. print("{} 二进制为：{}".format(a, format(a, 'b')))
5. b = 12
6. print("{} 二进制为：{}".format(b, format(b, 'b')))
7.
8. c = a | b
9. print(" 表达式：{}|{}={}( 二进制为 {})".format(a, b, c,
10. format(c, 'b')))
11. c = a ^ b
12. print(" 表达式：{}^{}={}( 二进制为 {})".format(a, b,
13. c, format(c, 'b')))
14. c = a & b
15. print(" 表达式：{}&{}={}( 二进制为 {})".format(a, b,
16. c, format(c, 'b')))
17.
18. c = a << 2
19. print(" 表达式：{}<<2={}( 二进制为 {})".format(a, c,
20. format(c, 'b')))
21. c = a >> 2
22. print(" 表达式：{}>>2={}( 二进制为 {})".format(a, c,
23. format(c, 'b')))
24.
25. c = ~a
26. print(" 表达式：~a ={}( 二进制为 {})".format(a, c,
27. format(c, 'b')))
```

执行结果如图 3-4 所示，输出各类位运算的结果。

```
10二进制为：1010
12二进制为：1100
表达式：10|12=14(二进制为1110)
表达式：10^12=6(二进制为110)
表达式：10&12=8(二进制为1000)
表达式：10<<2=40(二进制为101000)
表达式：10>>2=2(二进制为10)
表达式：~a =10(二进制为-11)
```

图 3-4 示例 3-4 输出结果

3.1.5 成员检测

Python 语言使用 in 和 not in 运算符来判断某个对象是否为序列的成员，如表 3-5 所示。

表 3-5　成员检测

序号	运算符	描述
1	in	判断对象是否在序列中，如果是则返回 True
2	not in	判断对象是否不在序列中，如果是则返回 True

如示例 3-5 所示，演示了 in 与 not in 运算符的用法。

示例 3-5　成员检测

```
1.  # -*- coding: UTF-8 -*-
2.
3.  tmp_list = [1, 2, 3, 4, 5, 6]
4.
5.  result = 4 in tmp_list
6.  print(" 判断：数字 4 是否在 tmp_list 中，结果为：{}".
7.  format(result))
8.
9.  result = 24 not in tmp_list
10. print(" 判断：数字 24 是否不在 tmp_list 中,结果为：{}".
11. format(result))
12.
13. result = "hello" in "hello world!"
14. print(" 判断：字符串 hello 是否在 tmp_str 中，结果为：
15. {}".format(result))
```

执行结果如图 3-5 所示，可以看到使用 in 运算符时，如果对象在序列中返回 True；使用 not in 运算符时，如果对象不在序列中，则返回 True。in 与 not in 运算符可以用在序列中，也适用于字符串。

```
判断：数字4是否在tmp_list中，结果为：True
判断：数字24是否不在tmp_list中，结果为：True
判断：字符串hello是否在tmp_str中，结果为：True
```

图 3-5　示例 3-5 输出结果

3.1.6　标识号检测

Python 语言使用 is 和 is not 运算符来判断某两个对象是否相同，如表 3-6 所示。

表 3-6　标识号检测

序号	运算符	描述
1	is	判断对象是否相同
2	is not	判断对象是否不相同

如示例 3-6 所示，演示了 is 和 is not 运算符的用法。

示例 3-6　标识号检测

```
1.  # -*- coding: UTF-8 -*-
2.
3.  a = "hello"
4.  b = "world"
5.
6.  result = a is b
7.  print(" 判断：对象 a 是否与对象 b 相同，结果为：{}".
8.  format(result))
9.
10. result = a is not b
11. print(" 判断：对象 a 是否与对象 b 不相同，结果为：
12. {}".format(result))
13.
14. b = "hello"
15. result = a is b
16. print(" 对象 a 标识号：{}".format(id(a)))
17. print(" 对象 b 标识号：{}".format(id(b)))
18. print(" 判断：对象 a 是否与对象 b 相同，结果为：{}".
19. format(result))
```

执行结果如图 3-6 所示，可以看到使用 is 运算符时，如果两个对象相同，则返回 True；使用 is not 运算符时，如果两个对象不同，则返回 True。在第 3 行和第 4 行，输出了对象的标识号，类似于人的身份证编号，若是标识号相同，使用 is 运算符判断的结果就为 True。

```
判断：对象a是否与对象b相同，结果为：False
判断：对象a是否与对象b不相同，结果为：True
对象a标识号：2745118576800
对象b标识号：2745118576800
判断：对象a是否与对象b相同，结果为：True
```

图 3-6　示例 3-6 输出结果

3.1.7　运算符优先级

如表 3-7 所示，对 Python 中运算符的优先顺序进行了总结，顺序为从最低优先级到最高优先级。相同单元格内的运算符具有相同优先级。

表 3-7 运算符优先级

序号	运算符	描述
1	lambda	lambda 表达式
2	if … else …	条件表达式
3	or	布尔逻辑或
4	and	布尔逻辑与
5	not	布尔逻辑非
6	in, not in, is, is not, <, <=, >, >=, !=, ==	比较运算, 包括成员检测和标识号检测
7	|	按位或

续表

序号	运算符	描述
8	^	按位异或
9	&	按位与
10	<<, >>	移位
11	+, -	加和减
12	*, /, //, %	乘, 除, 整除, 取余
13	~	按位非
14	**	乘方

3.2 流程控制语句

流程控制语句是用来实现对程序的选择、循环、跳转、返回等逻辑进行控制的, 是一门编程语言中最重要的部分之一。相对于其他语言, Python 的流程控制比较简单, 主要有两大类, 即循环和条件。

3.2.1 循环

实现循环有两个关键词: for 和 while。

1. for

如示例 3-7 所示, for 循环用来遍历集合, 通过不使用下标的方式来实现对集合中每一个元素的访问。

示例 3-7 使用 for 遍历序列

```
1.  # -*- coding: UTF-8 -*-
2.
3.  data_list = ["hello", [1, 2, 3, 4, 5, 6, 7, 8], ("abc",), 123,
4.  5.888]
4.  print(" 遍历列表与嵌套: ")
5.  for i in data_list:
6.      print("data_listd 的直接元素: ", i)
7.      if isinstance(i, list):
8.          print(" 遍历内部列表: ", end="\t")
9.          for j in i:
10.             print(j, end="\t")
11.
12.         print("")
13.
14. print("")
15. data_dic = {"key1": "hello", "key2": "world"}
```

```
16. print(" 遍历字典: ")
17. for key, val in data_dic.items():
18.     print("key:", key, "value:", val)
```

执行结果如图 3-7 所示。

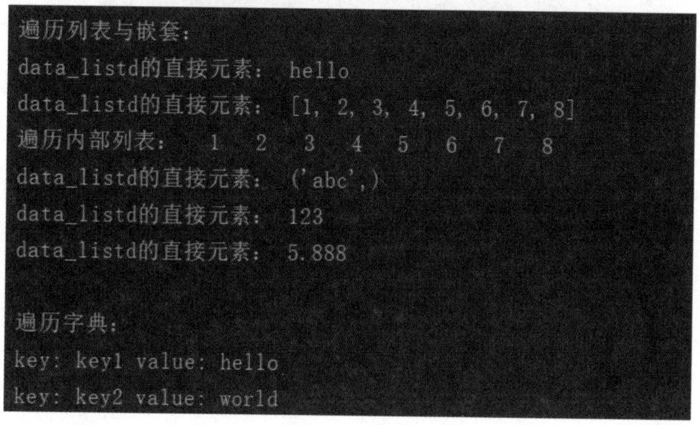

图 3-7 示例 3-7 输出结果

2. while

while 循环中, 代码块的程序会被一直执行, 直到循环条件为 0 或者 False。这里需要注意, 若是循环条件一直为 True, 则程序无法跳出循环, 称为死循环。如示例 3-8 所示, while 关键词后面紧跟循环条件, 第一个 while 会在 i 小于 4 时终止循环, 第二个 while 则会一直输出结果, 直到程序关闭。

示例 3-8 使用 while 遍历序列

```
1.  # -*- coding: UTF-8 -*-
2.
3.  data_list = ["hello", [1, 2, 3, 4, 5, 6, 7, 8], ("abc",), 123,
4.  5.888]
5.  i = 0
6.  print(" 第 1 个 while 循环：")
7.  while i < 4:
8.     print(" 当前元素是：",data_list[i])
9.     i = i + 1
10.
11. j = 0
12. print(" 第 2 个 while 循环：")
13. while j < 4:
14.    print(data_list[i])
15.    print(" 此处无法跳出循环！")
```

执行结果如图 3-8 所示。

```
第1个while循环：
当前元素是： hello
当前元素是： [1, 2, 3, 4, 5, 6, 7, 8
当前元素是： ('abc',)
当前元素是： 123
第2个while循环：
5.888
此处无法跳出循环！
5.888
此处无法跳出循环！
5.888
此处无法跳出循环！
5.888
此处无法跳出循环！
```

图 3-8　示例 3-8 输出结果

3.2.2　条件

Python 的条件语句有两种写法：if…else…分支语句和条件表达式。if…else…分支语句适用于分支逻辑相对复杂的情况，条件表达式适用于分支逻辑比较简单的情况。

1. if…else…分支语句

与大多数语言一样，Python 也使用 if…else…分支语句来实现条件流程的控制。不同的是，Python 具有

elif 关键字，来简化条件语句的编写，具体用法如示例 3-9 所示。

示例 3-9 条件语句

```
1.  # -*- coding: UTF-8 -*-
2.
3.  data_list = [1, 2, 3, 4, 5, 6, 7, 8, 9, 10, 11, 12]
4.  i = 0
5.
6.  total = len(data_list)
7.  while i < total:
8.     if data_list[i] == 10:
9.        print(" 退出 while 循环 ")
10.       break
11.    elif data_list[i] == 8:
12.       print(" 执行 elif 语句 ")
13.    else:
14.       print(" 执行 else 语句，输出当前元素：", data_
15. list[i])
16.
17.    i = i + 1
```

执行结果如图 3-9 所示。

```
执行else语句，输出当前元素： 1
执行else语句，输出当前元素： 2
执行else语句，输出当前元素： 3
执行else语句，输出当前元素： 4
执行else语句，输出当前元素： 5
执行else语句，输出当前元素： 6
执行else语句，输出当前元素： 7
执行elif语句
执行else语句，输出当前元素： 9
退出while循环
```

图 3-9　示例 3-9 输出结果

> **温馨提示**
>
> 当 if 中同时需要满足多个条件时，使用 and 连接，否则使用 or 连接。

2. 条件表达式

条件表达式也称为三元运算符，是 Python 中 if…else…分支语句的一种简化用法，如示例 3-10 所示。

示例 3-10　条件表达式

```
1.  # -*- coding: UTF-8 -*-
2.
3.  a = "hello"
4.  b = "world"
5.  result = "a 与 b 是相同的 " if a is b else "a 与 b 不相同 "
6.  print(result)
7.
8.  tmp_list = [1, 2, 3, 4, 5, 6]
9.  result = " 数字 4 在列表中 " if 4 in tmp_list else " 数
10. 字 4 不在列表中 "
11. print(result)
```

执行结果如图 3-10 所示，条件表达式取值的方式是，如果满足 if 条件，则返回 if 左边的值；如果不满足条件，则返回 else 右边的值，并且 if 左边的数据类型与 else 右边的数据类型相同。

```
a与b不相同
数字4在列表中
```
图 3-10　示例 3-10 输出结果

常见面试题

1. 请问 Python 加法运算的限制条件有哪些？

答：Python 中加法的两个参数必须都为数字，或者都为相同类型的序列。在前一种情况下，两个数字将被转换为相同类型然后相加；在后一种情况下，将执行序列拼接操作。

2. 请问在进行幂操作时，若对 0 进行负数次幂运算会是正确的吗，为什么？

答：对 0 进行负数次幂运算将导致 ZeroDivisionError 异常。

3. 请问三元运算符是否有返回值？

答：有。在三元运算符中，如果满足 if 条件，则返回 if 左边的值；如果不满足条件，则返回 else 右边的值，并且 if 左边的数据类型与 else 右边的数据类型相同。

本章小结

本章主要介绍了 Python 语言中的算术运算符、比较运算符、逻辑运算符、位运算符、成员检测、标识号检测、流程控制语句等。这些内容都是 Python 的基本语法，掌握这些知识，方能利于后续的学习。

第4章 字符串

★本章导读★

本章介绍了字符串的定义、转义字符的处理、字符串切片、输入与输出、字符串的运算、字符串常用的内建函数，以及执行字符串的 exec 和 eval 函数。掌握本章内容，可以实现不同情况下的字符串处理。

★知识要点★

通过本章内容的学习，读者能掌握以下知识。

➡ 掌握字符串的创建

➡ 了解如何处理转义字符

➡ 掌握交互式的输入和输出

➡ 了解字符串的运算规则

➡ 掌握字符串格式化方式

➡ 掌握常用的内建函数

➡ 执行字符串

4.1 字符串的基本操作

在 Python 中，字符串使用成对的单引号、双引号、三个单引号、三个双引号，包含数字或字符。在 C、C++ 等语言中，使用单引号来表示字符，而在 Python 中没有字符类型，单引号和双引号效果是相同的。

4.1.1 创建、修改和删除字符串

字符串是不可变类型，对字符串的修改会创建新的字符串对象，如示例 4-1 所示，演示了如何创建、修改和删除字符串。在第 3 行，使用成对双引号创建字符串类型的对象 a。在第 4 行，调用 id 函数输出对象 a 的唯一标识。在第 5 行，由于字符串不可变的特性，给字符串对象 a 加上 "World" 后需要重新对其赋值，才能进行修改。在第 8 行，使用 del 关键字可以删除对象 a。在第 16 行、第 19 行分别使用三个单引号、三个双引号创建字符串。

示例 4-1 创建、修改和删除字符串

```
1.  # -*- coding: UTF-8 -*-
2.
3.  a = "Hello"
4.  print(" 原始字符串对象 a： ", id(a))
5.  a = a + " World"
6.  print(" 修改后的对象 a： ", id(a))
7.  try:
8.      del a
9.      print(id(a))
10. except Exception as e:
11.     print(" 访问删除后的对象，触发异常： ", e)
12.
13. a = "Hello World"
14. print(" 这里相当于重新创建了对象 a： ", id(a))
15.
16. a = '''Hello World'''
17. print(" 三个单引号字符串： ", a)
18.
19. a = """Hello World"""
20. print(" 三个双引号字符串： ", a)
```

执行结果如图 4-1 所示。

```
原始字符串对象a: 2080178131104
修改后的对象a: 2080432342320
访问删除后的对象,触发异常; name 'a' is not defined
这里相当于重新创建了对象a: 2080430808496
三个单引号字符串: Hello World
三个双引号字符串: Hello World
```

图 4-1　示例 4-1 输出结果

4.1.2　转义字符

一个斜杠加上一个字符,表示一个特殊字符,通常情况下是不可打印的字符。在非原始字符串中,这些字符一般是用来转义的,常用的转义字符如表 4-1 所示。

表 4-1　转义字符

符号	转换逻辑
\a	响铃字符
\b	退格
\n	换行
\t	横向制表符
\v	纵向制表符
\r	回车
\	续行符
\\	反斜杠符号
\'	单引号
\"	双引号

如示例 4-2 所示,演示了在字符串中使用转义字符。在第 3 行,创建一个普通的字符串对象,其中"it's"包含一个单引号。那么在使用成对的单引号创建的字符串中,如何将单引号作为整个字符串的一部分呢?第 7 行,需要使用"\"符号来进行转义,表明"\"紧挨着的符号是字符串的一部分。在第 11 行,创建的字符串中包含换行符"\n",直接输出该字符串,就会换行输出。如果要将"\n"作为字符串的一部分输出,就需要在字符串的前面加上"r"字符,表示"\n"是原始字符串的一部分。其余的符号,如"\r""\v"需要进

行直接输出,都在字符串前面加"r"即可。

示例 4-2 转义字符

```
1.  # -*- coding: UTF-8 -*-
2.
3.  a = "where it's working on 5G in ways you may not be
4.  expecting"
5.  print(" 原始字符串:", a)
6.
7.  a = 'where it\'s working on 5G in ways you may not be
8.  expecting'
9.  print(r" 使用 \ 转义:", a)
10.
11. a = 'where it\'s working on 5G in ways, \n you may not
12. be expecting'
13. print(r" 包含换行符(\n)的字符串:", a)
14.
15. a = r"where it's working on 5G in ways, \n you may not
16. be expecting"
17. print(" 使用 r 表示原始字符串:", a)
```

执行结果如图 4-2 所示。

```
原始字符串: where it's working on 5G in ways you may not be expecting
使用\转义: where it's working on 5G in ways you may not be expecting
包含换行符(\n)的字符串: where it's working on 5G in ways,
 you may not be expecting
使用r表示原始字符串: where it's working on 5G in ways, \n you may not be expecting
```

图 4-2　示例 4-2 输出结果

4.1.3　字符串切片

通过切片可以获取字符串的子串,具体用法与介绍如示例 4-3 所示。

示例 4-3 字符串切片

```
1.  # -*- coding: UTF-8 -*-
2.
3.  a = "hello world"
4.  print(" 输出第 1 个字符:", a[0])
5.  print(" 输出第 2 个字符:", a[1])
6.  print(" 输出所有字符:", a[:])
7.  print(" 输出第 1 个之后的字符:", a[1:])
8.  print(" 输出第 1-6 个字符:", a[1:7])
9.  print(" 输出第 6 个之前的字符:", a[:7])
10. print(" 输出 1-9 之间,相距 3 个长度的字符:",
11. a[1:10:3])
```

```
12. print(" 输出倒数第 2 个字符： ", a[-2])
13. print(" 输出第 1 到倒数第 2 个之间的字符： ", a[1:-2])
14. print(" 输出第 1 到倒数第 3 个之间，相距长度为 2
15. 的字符： ", a[1:-3:2])
```

执行结果如图 4-3 所示。

```
输出第1个字符： h
输出第2个字符： e
输出所有字符： hello world
输出第1个之后的字符： ello world
输出第1-6个字符： ello w
输出第6个之前的字符： hello w
输出1-9之间，相距3个长度的字符： eoo
输出倒数第2个字符： l
输出第1到倒数第2个之间的字符： ello wor
输出第1到倒数第3个之间，相距长度为2的字符： el o
```

图 4-3 示例 4-3 输出结果

4.2 输入与输出

一个交互式的程序，需要支持用户输入和输出。输入是指程序能接收用户输入的内容，输出是指程序运行之后，保存或显示相应的结果。

4.2.1 输入

Python 使用 input 方法接收用户的输入，如示例 4-4 所示，参数列表中可以指定输入提示内容。执行程序后，就可以在底部控制台中输入内容，输入完毕后单击【Enter】键完成本次交互，然后程序正常退出。若是用户想输入多次，调用多次 input 方法即可。这里在第 3 行和第 7 行分别让用户输入两次，然后输出用户输入内容及类型。

示例 4-4 输入

```
1.  # -*- coding: UTF-8 -*-
2.
3.  content = input(" 请输入任意内容： ")
4.  print(" 用户输入的内容： ", content)
5.  print(" 输入数据的类型： ", type(content))
6.
7.  content = input(" 请输入任意内容： ")
8.  print(" 用户输入的内容： ", content)
9.  print(" 输入数据的类型： ", type(content))
```

执行结果如图 4-4 所示，可以看出不管用户输入的是字符串还是数字，input 方法都会将接收的数据转换为字符串类型。

```
请输入任意内容： hello world
用户输入的内容： hello world
输入数据的类型： <class 'str'>
请输入任意内容： 888
用户输入的内容： 888
输入数据的类型： <class 'str'>
```

图 4-4 示例 4-4 输出结果

4.2.2 输出

Python 程序的输出有多种形式，如输出到文本、数据库等。这里介绍如何将数据输出到控制台及各种格式化输出。

1. print 函数

print 函数的功能是将内容输出到控制台上，如示例 4-5 所示。print 函数的输出默认会自动换行，解决方法是将参数 "end" 设置为空或 "\t" 这样的制表符。

示例 4-5 输出到控制台

```
1.  # -*- coding: UTF-8 -*-
2.
3.  print("hello")
4.  print("world")
5.
6.  print("hello", end="\t")
7.  print("python")
```

执行结果如图 4-5 所示。

图 4-5　示例 4-5 输出结果

2. 格式化输出

如表 4-2 所示，显示了 Python 格式化字符串的转换逻辑。

表 4-2　格式化字符串的转换逻辑

格式化符号	转换逻辑
%c	转换成字符及 ASCII 码
%s	优先使用 str 函数进行转换
%d 或 %i	转换成有符号十进制数
%f 或 %F	转换成浮点数
%u	转换成无符号十进制数
%o	转换成无符号八进制数
%x 或 %X	转换成无符号十六进制数
%e 或 %E	转换成科学计数法
%g 或 %G	%f（F）和 %e（E）的简写
%%	直接输出 %

在格式化时，还可以使用辅助指令，控制最终字符显示方式，如表 4-3 所示。

表 4-3　辅助指令

符号	转换逻辑
–	左对齐
+	在正数前面显示加号
%	'%%' 输出一个单一的 '%'
*	定义宽度和小数点精度
#	在八进制数前面显示 '0'，在十六进制前面显示 '0x' 或者 '0X'
0	显示的数字前面填充 '0'，而不是默认的空格
<sp>	在正数前面显示空格
(var)	映射变量（字典参数）
m.n.	m 是显示的最小总长度，n 是小数点后的位数

具体使用方法，如示例 4-6 所示。

示例 4-6　格式化输出

```
1.  # -*- coding: UTF-8 -*-
2.
3.  a = "Hello World"
4.  print(" 格式化多个字符：", "%s" % a)
5.
6.  a = "H"
7.  print("%c 只能格式化单个字符：", "%c" % a)
8.
9.  a = 8
10. print(" 格式化整数：", "%d%%" % a)
11.
12. a = 8.888888
13. print(" 格式化浮点数，保留 2 位小数：", "%.2f" % a)
14.
15. a = 8.888888
16. print(" 格式化成整数：", "%+u" % a)
17.
18. a = 8.888888
19. print(" 转换成科学计数法：", "%e" % a)
20.
21. a = 8.888888
22. b = 9.999999
23. print(" 第一个数：%s，第二个数：%s" % (a, b))
```

执行结果如图 4-6 所示。

图 4-6　示例 4-6 输出结果

3. 字符串模板

使用字符串模板十分简单，如示例 4-7 所示。

示例 4-7　字符串模板

```
1.  # -*- coding: UTF-8 -*-
2.
3.  from string import Template
4.
```

```
5.   c = Template("${a},${b}")
6.   d = c.substitute(a="Hello", b="World")
7.   print(" 使用模板产生的字符：", d)
```

使用字符串模板的好处在于，模板中的 "${ 变量名 }" 相当于占位符，当变量非常多的时候，可以指定同名关键字参数，这可以有效避免出错。执行结果如图 4-7 所示。

D:\ProgramData\Anaconda3\python.exe
使用模板产生的字符：Hello,World

图 4-7 示例 4-7 输出结果

4. format 格式化字符串

使用 format 格式化字符串是一种常见做法。如示例 4-8 所示，在第 7 行，使用大括号作为 format 函数的 3 个参数的占位符。大括号的个数需要和 format 函数的参数个数一致。在第 8 行，大括号中的数字就是 format 函数的参数索引，使用索引可以控制参数在字符串中的排列顺序。在第 10 行，在 format 函数中，给参数取名为 var_a，那么就可以在字符串中通过参数名对参数进行引用。在第 12 行，".3" 表示字符串的长度，这里在输出时会截取 "world" 的前 3 个字符。尽管实际很少用，但这种写法是可行的。在第 13 行，".2f" 表示变量将以两位浮点数的形式输出，对于多余的小数，将进行四舍五入。

示例 4-8 格式化字符串

```
1.   # -*- coding: UTF-8 -*-
2.
3.   a = "hello"
4.   b = "world"
5.   c = 888.666
6.
7.   print(" 输出三个变量：a={},b={},c={}".format(a, b, c))
8.   print(" 输出三个变量：a={1},b={2},c={0}".format
9.   (a, b, c))
10.  print(" 输出 var_a 变量：{var_a}".format(var_a=a))
11.
12.  print(" 输出 var_b 变量：{var_b:.3}".format(var_b=b))
13.  print(" 输出 var_c 变量：{var_c:.2f}".format(var_c=c))
```

执行结果如图 4-8 所示。

输出三个变量：a=hello,b=world,c=888.666
输出三个变量：a=world,b=888.666,c=hello
输出var_a变量：hello
输出var_b变量：wor
输出var_c变量：888.67

图 4-8 示例 4-8 输出结果

4.3 字符串的内建函数

为了处理字符串，Python 提供了很多内建函数，如查找子串、统计字符串长度、大小写转换等，这里将介绍常用内建函数的用法。

4.3.1 find 函数

find 函数用于查找一个字符串的子串。找到满足条件的子串，则返回子串第一个字符在原始字符串中的索引，否则返回 -1。find 函数还支持设置查找范围，搜索指定范围内的子串，具体如示例 4-9 所示，其中第 11 行和第 14 行，find 函数的第二个参数表示查找的起始位置，第三个参数表示查找的结束位置。

示例 4-9 查找子串

```
1.   # -*- coding: UTF-8 -*-
2.
3.   content = "where it's working on 5G in ways you may
4.   not be expecting"
5.   result = content.find("5G")
6.   print(" 查找子串 5G：", result)
7.
8.   result = content.find("hello")
9.   print(" 查找子串 hello：", result)
10.
11.  result = content.find("5G", 23, 30)
12.  print(" 在指定范围内查找子串 5G：", result)
13.
14.  result = content.find("5G", 22, 24)
15.  print(" 在指定范围内查找子串 5G：", result)
```

执行结果如图 4-9 所示，输出在各种查找方式下的搜索结果。

```
查找子串5G：22
查找子串hello：-1
查找子串hello：-1
查找子串hello：22
```
图 4-9 示例 4-9 输出结果

4.3.2 count 函数

count 函数用于统计一个字符串的子串出现次数。count 函数同样支持设置查找范围，统计指定范围内的子串，具体如示例 4-10 所示。第 7 行，count 函数的第二个参数表示查找的起始位置，第三个参数表示查找的结束位置。

示例 4-10 统计子串出现次数

```
1.   # -*- coding: UTF-8 -*-
2.
3.   content = "hello world，hello python"
4.   result = content.count("hello")
5.   print(" 统计子串 hello 出现次数： ", result)
6.
7.   result = content.count("hello", 0, 15)
8.   print(" 统计指定范围内 hello 出现次数： ", result)
```

执行结果如图 4-10 所示，输出出现次数。

```
统计子串hello出现次数：2
统计指定范围内hello出现次数：1
```
图 4-10 示例 4-10 输出结果

4.3.3 replace 函数

replace 函数用于把原始字符串中的部分字符替换成新字符。replace 函数的第三个参数，用于指定最大替换次数，如示例 4-11 所示。

示例 4-11 替换字符串

```
1.   # -*- coding: UTF-8 -*-
2.
3.   content = "hello world，hello python，hello bigdata"
4.   result = content.replace("hello", " 你好 ")
5.   print(" 替换后的字符串： ", result)
6.
7.   result = content.replace("hello", " 你好 ", 2)
8.   print(" 指定最多替换次数： ", result)
```

执行结果如图 4-11 所示，输出替换结果。

```
替换后的字符串： 你好 world，你好 python，你好 bigdata
指定最多替换次数： 你好 world，你好 python，hello bigdata
```
图 4-11 示例 4-11 输出结果

4.3.4 split 函数

split 函数用于分割字符串，并将分割后的结果以列表形式返回。split 函数的第二个参数，用于指定分割多少个字符串，如示例 4-12 所示。在第 7 行，设置 split 函数的第二个参数为 1，那么在分割的时候，检测到第一个空格就开始分割，并返回。

示例 4-12 分割字符串

```
1.   # -*- coding: UTF-8 -*-
2.
3.   content = "hello world，hello python，hello bigdata"
4.   result = content.split(" ")
5.   print(" 使用空格进行分割： ", result)
6.
7.   result = content.split(" ", 1)
8.   print(" 指定分割第 1 个空格： ", result)
```

执行结果如图 4-12 所示，输出分割结果。

```
使用空格进行分割： ['hello', 'world, hello', 'python, hello', 'bigdata']
指定分割第1个空格： ['hello', 'world, hello python, hello bigdata']
```
图 4-12 示例 4-12 输出结果

4.3.5 title 函数与 capitalize 函数

title 函数与 capitalize 函数都是将字符串以标题化的方式返回，实际上就是将单词首字母大写，如示例 4-13 所示。

示例 4-13 标题化

```
1.   # -*- coding: UTF-8 -*-
2.
3.   content = "hello world，hello python"
4.   result = content.title()
5.   print(" 使用 title 标题化： ", result)
6.
7.   result = content.capitalize()
8.   print(" 使用 capitalize 标题化： ", result)
```

执行结果如图 4-13 所示，输出标题化后的字符串。

可以看到，title 函数会将字符串中的所有单词首字母转换为大写，capitalize 函数只会将第一个单词首字母转换为大写。

```
使用title标题化：Hello World，Hello Python
使用capitalize标题化：Hello world，hello python
```

图 4-13　示例 4-13 输出结果

4.3.6　startswith 函数与 endswith 函数

startswith 函数用于检测字符串是否以某个子串作为开头，endswith 函数则是用于检测是否以某个子串作为结尾。startswith 函数与 endswith 函数的第二个参数表示检测的起始位置，第三个参数表示检测的结束位置，如示例 4-14 所示。

示例 4-14　检测字符串开头和结尾

```
1.  # -*- coding: UTF-8 -*-
2.
3.  content = "hello world，hello python"
4.  result = content.startswith("hello")
5.  print(" 检测字符串是否以 hello 作为开头：", result)
6.
7.  result = content.startswith("world")
8.  print(" 检测字符串是否以 world 作为开头：", result)
9.
10. result = content.startswith("world", 6, 15)
11. print(" 检测字符串位置 6-15 之间的子串是否以
12. world 作为开头：", result)
13.
14. result = content.endswith("python")
15. print(" 检测字符串是否以 python 作为结尾：",
16. result)
```

执行结果如图 4-14 所示，输出检测结果。

```
检测字符串是否以hello作为开头：True
检测字符串是否以world作为开头：False
检测字符串位置6-15之间的子串是否以world作为开头：True
检测字符串是否以python作为结尾：True
```

图 4-14　示例 4-14 输出结果

4.3.7　lower 函数与 upper 函数

lower 函数用于将字符串全部转换为小写，upper 函

数则是将字符串全部转换为大写，如示例 4-15 所示。

示例 4-15　转换大小写

```
1.  # -*- coding: UTF-8 -*-
2.
3.  content = "hello world，hello python"
4.  result = content.lower()
5.  print(" 将字符转换为小写：", result)
6.
7.  result = content.upper()
8.  print(" 将字符转换为大写：", result)
```

执行结果如图 4-15 所示，输出转换结果。

```
将字符转换为小写：hello world，hello python
将字符转换为大写：HELLO WORLD，HELLO PYTHON
```

图 4-15　示例 4-15 输出结果

4.3.8　center 函数

center 函数用于将原始字符串扩展到指定长度并居中。字符串的其余部分使用第二个参数进行填充。若是第二个参数未指定，则使用空格填充，如示例 4-16 所示。

示例 4-16　居中与填充字符串

```
1.  # -*- coding: UTF-8 -*-
2.
3.  content = "hello"
4.  result = content.center(11)
5.  print(" 默认使用空格填充 ", result)
6.
7.  result = content.center(11, "-")
8.  print(" 使用短横线填充 ", result)
```

执行结果如图 4-16 所示，输出居中与填充结果。

```
使用短横线填充     hello
使用短横线填充 ---hello---
```

图 4-16　示例 4-16 输出结果

4.4.9　strip 函数

strip 函数用于移除字符串首尾的指定字符或子串，若是未指定参数，则默认移除空格，如示例 4-17 所示。

示例 4-17 移除字符

```
1.  # -*- coding: UTF-8 -*-
2.
3.  content = " hello "
4.  result = content.strip()
5.  print(" 移除空格：", result)
6.
7.  result = content.strip("lo ")
8.  print(" 移除末尾的 lo 和空格：", result)
```

执行结果如图 4-17 所示，删除首尾的字符。注意，要删除的"1"有两个，因此剩余的部分是" he"。

移除空格：hello
移除末尾的lo和空格：he

图 4-17　示例 4-17 输出结果

4.3.10　translate 函数

translate 函数用于替换字符。与 replace 函数不同是，replace 函数是按字符串组合进行替换，而 translate 函数则是对单个字符进行替换，因此 translate 函数的执行效率高于 replace 函数。在使用 translate 函数替换之前，需要调用 str 对象的 maketrans 方法，用于创建替换的映射表。maketrans 方法中的第一个参数是被替换的字符，第二个参数是新的字符，两者的长度需要一致。maketrans 方法创建的映射表示两个参数的各个字符对应的 Unicode 码的映射关系。maketrans 方法的第三个参数，用于指定要删除的字符串，如示例 4-18 所示。

示例 4-18 替换字符串

```
1.  # -*- coding: UTF-8 -*-
2.
3.  content = "hello,world"
4.  table = str.maketrans("lo", "ab")
5.  print("Unicode 码之间的映射关系：", table)
6.
7.  result = content.translate(table)
8.  print(" 转换结果：", result)
9.
10. table = str.maketrans("lo", "ab", ",")
11. result = content.translate(table)
12. print(" 转换结果：", result)
```

执行结果如图 4-18 所示，输出转换结果。

Unicode码之间的映射关系：　{108: 97, 111: 98}
转换结果：　heaab,wbrad
转换结果：　heaabwbrad

图 4-18　示例 4-18 输出结果

4.3.11　join 函数

join 函数用于将一个序列快速转换为一个字符串。如示例 4-19 所示，在第 5 行，使用空格将数组 a 的元素连接在一起。在第 8 行，使用逗号将元素连接在一起。注意，使用 join 函数将序列转换为字符串时，序列中的元素都应该为字符串类型。

示例 4-19 连接字符串

```
1.  # -*- coding: UTF-8 -*-
2.
3.  a = ["hello", "world", "hello", "python"]
4.
5.  result = ' '.join(a)
6.  print(" 使用空格连接数组元素：", result)
7.
8.  result = ','.join(a)
9.  print(" 使用逗号连接数组元素：", result)
```

执行结果如图 4-19 所示，输出结果。

使用空格连接数组元素：hello world hello python
使用逗号连接数组元素：hello,world,hello,python

图 4-19　示例 4-19 输出结果

4.3.12　字符串验证函数

除以上常用的字符串外，还有 isalnum、isascii、isdigit、islower、isnumeric、isupper 等 is 开头的函数。这些函数用于验证字符串是否是数字、是否为 ASCII 码、是否小写等，返回布尔类型的结果。这些函数在特定情况下使用，因此这里不再赘述。

4.4 执行字符串

Python 有一个神奇的功能，可以将字符串当作代码执行。这里将演示执行字符串的 exec 函数和 eval 函数，并介绍两者之间的区别。

4.4.1 exec 函数

exec 函数用于执行字符串形式的 Python 代码，其包含以下参数。

（1）第一个参数：待执行的字符串。

（2）第二个参数：设置全局变量，全局变量的形式是字典。

（3）第三个参数：局部变量，局部变量的形式是字典。若有与全局变量同名的键，则覆盖全局变量的同名键的值。

如示例 4-20 所示，exec 函数执行了一段简单的 Python 代码，用于输出变量 a。在第 8 行，在执行 content 字符串时，还可以通过字典的形式将参数传递到要执行的字符串中。传递的字典包含 a、b 两个键，这两个键将作为变量传递到待执行的字符串中，然后再进行运算。局部变量与全局变量有相同的键 "b"，因此在执行运算的时候，Python 解释器会优先使用传入的局部变量。

示例 4-20 exec 函数执行字符串

```
1.  # -*- coding: UTF-8 -*-
2.
3.  content = "a='hello world';print(' 执行结果：',a);"
4.  exec(content)
5.
6.  content = "c=a+b;" \
7.      "print(' 执行结果 :',c)"
8.  exec(content, {"a": " hello", "b": " python"})
9.  exec(content, {"a": " hello", "b": " python"},{"b": "
10. bigdata"})
```

执行结果如图 4-20 所示。

```
执行结果：hello world
执行结果：hello python
执行结果：hello bigdata
```

图 4-20　示例 4-20 输出结果

4.4.2 eval 函数

eval 函数也可用于执行字符串形式的 Python 代码，其参数与 exec 函数的含义一致，但有以下两点与 exec 函数不同。

（1）eval 函数有返回值，返回的是表达式计算的结果，而 exec 函数没有返回值。

（2）eval 函数只能执行单行的表达式，而 exec 函数可以执行复杂程序。

eval 函数的具体用法如示例 4-21 所示。

示例 4-21 eval 函数执行字符串

```
1.  # -*- coding: UTF-8 -*-
2.
3.  content = "1+2"
4.  print(" 计算结果：", eval(content))
5.
6.  content = "a+b"
7.  print(" 计算结果：", eval(content, {"a": 3, "b": 4}))
8.  print(" 计算结果: ", eval(content, {"a": 3, "b": 4}, {"b":
9.  14}))
```

执行结果如图 4-21 所示。

```
计算结果：  3
计算结果：  7
计算结果：  17
```

图 4-21　示例 4-21 输出结果

温馨提示

exec 函数与 eval 函数都可以动态地执行代码，这对于系统部署非常重要。但若是待执行的字符串存在恶意代码，将会引起系统崩溃。因此在生产环境中，需要谨慎使用。

常见面试题

1. 请问使用百分号与 format 函数格式化字符串应注意哪些问题？

答：使用百分号格式化字符串，在输出单个变量的情况下，可以直接在百分号后面接变量名。若是有多个变量需要格式化，则应将多个变量构成元组，然后再放到百分号后面。使用 format 函数时应注意，字符串中大括号的个数应与 format 函数的参数个数保持一致。

2. 请问如何用 Python 来进行查询和替换一个字符串的子串？

答：Python 可以使用 find 函数来查找子串，并返回子串首字母在原始字符串中的索引位置，也可以使用 count 函数来判断子串是否在原始字符串中。替换字符串可以使用 replace 函数，也可以使用 translate 函数。两者的区别是 replace 函数是替换匹配的字符串，translate 函数是替换匹配的字符。

3. exec 函数与 eval 函数的联系与区别是什么？

答：eval 函数与 exec 函数都可以执行字符串，并且参数的含义是一致的。exec 函数与 eval 不同的是，eval 函数有返回值，而 exec 函数没有。eval 函数只能执行单行的表达式，而 exec 函数可以执行复杂程序。

本章小结

本章主要介绍了字符串的基本操作、内建函数、执行字符串的 exec 函数和 eval 函数。掌握本章的知识，读者可以灵活地处理字符串。通过使用 exec 函数和 eval 函数，还可以实现动态地执行代码。

第 5 章 列表、元组、字典和集合

★本章导读★

本章介绍了 Python 语言中的常用序列，即列表、元组、字典和集合的创建、修改、删除，以及常用内建函数的使用方式。掌握本章内容，可以实现对复杂数据结构的处理。

★知识要点★

通过本章内容的学习，读者能掌握以下知识。

➥ 掌握列表、元组、字典和集合的创建、修改和删除
➥ 掌握列表推导式
➥ 掌握内建函数的使用方式

5.1 列表

列表是一种数据容器，用中括号 "[]" 表示。在一个列表中可以存放多个元素，这些元素的类型可以相同，也可以不同。在数据结构上，列表与 C 语言的数组类似，可以使用下标索引访问每一个元素。

5.1.1 创建列表

在 Python 中，可以通过一对中括号、切片及其他对象转换来创建列表，具体操作如示例 5-1 所示。

示例 5-1 创建列表

```
1.  # -*- coding: UTF-8 -*-
2.
3.  tmp_list = [1, 2, 3.5 + 1j, 0x22, "Hello", "World"]
4.  print("tmp_list 类型是：", type(tmp_list))
5.  print("tmp_list 元素是：", tmp_list)
6.
7.  tmp_list1 = tmp_list[1:5]
8.  print("tmp_list1 类型是：", type(tmp_list1))
9.  print("tmp_list1 元素是：", tmp_list1)
10.
11. tmp_list2 = list(range(5))
12. print("tmp_list2 类型是：", type(tmp_list2))
13. print("tmp_list2 元素是：", tmp_list2)
```

列表的类型是 "list"，执行结果如图 5-1 所示。

```
tmp_list类型是： <class 'list'>
tmp_list元素是： [1, 2, (3.5+1j), 34, 'Hello', 'World']
tmp_list1类型是： <class 'list'>
tmp_list1元素是： [2, (3.5+1j), 34, 'Hello']
tmp_list2类型是： <class 'list'>
tmp_list2元素是： [0, 1, 2, 3, 4]
```

图 5-1 示例 5-1 输出结果

5.1.2 修改和删除元素

要访问列表中的元素，可以通过对象名称加下标的形式，如示例 5-2 所示。列表的下标范围是 [0, 列表元素个数 -1]。同时，列表是可变类型，修改和删除列表元素也不会重新创建对象。

示例 5-2 修改和删除列表元素

```
1.  # -*- coding: UTF-8 -*-
2.
3.  tmp_list = [1, 2, 3.5 + 1j, 0x22, "Hello", "World"]
4.
5.  print(" 获取指定元素: ", tmp_list[2])
6.  print(" 元素修改前: ", id(tmp_list))
7.  tmp_list[2] = 88
8.  print(" 元素修改后: ", id(tmp_list))
9.  print(" 修改元素后的列表: ", tmp_list)
10. del tmp_list[2]
11. print(" 删除元素后的列表: ", tmp_list)
```

执行结果如图 5-2 所示。

```
获取指定元素:  (3.5+1j)
元素修改前:  1958463431176
元素修改后:  1958463431176
修改元素后的列表:  [1, 2, 88, 34, 'Hello', 'World']
删除元素后的列表:  [1, 2, 34, 'Hello', 'World']
```

图 5-2　示例 5-2 输出结果

5.1.3　列表迭代

在 Python 中，一个对象包含了 __iter__ 和 __getitem__ 函数，则称为可迭代对象，并可以用示例名 [索引] 的形式进行访问，同时还可以使用 for 循环进行遍历，如示例 5-3 所示。

示例 5-3 遍历列表

```
1.  # -*- coding: UTF-8 -*-
2.
3.  tmp_list = [1, 2, 3.5 + 1j, 0x22, "Hello", "World"]
4.  for item in tmp_list:
5.     print(" 当前元素是: ", item)
```

执行结果如图 5-3 所示。

```
当前元素是:  1
当前元素是:  2
当前元素是:  (3.5+1j)
当前元素是:  34
当前元素是:  Hello
当前元素是:  World
```

图 5-3　示例 5-3 输出结果

5.1.4　列表切片

切片是 Python 中访问集合数据的高级用法，通过切片可以取得列表中指定范围的数据，具体用法如示例 5-4 所示。

示例 5-4 列表切片

```
1.  # -*- coding: UTF-8 -*-
2.
3.  tmp_list = [1, 2, 3.5 + 1j, 0x22, "Hello", "World"]
4.  print(" 取出 2-4 范围数据: ", tmp_list[2:5])
5.  print(" 取出前 3 个数据: ", tmp_list[:3])
6.  print(" 取出第 3 个之后的数据: ", tmp_list[3:])
7.  print(" 在第 1-6 之间，每隔 2 个取一次: ", tmp_
8.  list[1:6:2])
9.  print(" 在整个列表范围内，每隔 2 个取一次: ",
10. tmp_list[::2])
11. print(" 取第 0 个到倒数第 2 个: ", tmp_list[:-2])
12. print(" 将列表反向输出: ", tmp_list[::-1])
13. print(" 在第 5 到第 1 个范围内，每隔 2 个取一次，
14. 反向取: ", tmp_list[5:1:-2])
```

执行结果如图 5-4 所示。

```
取出2-4范围数据:  [(3.5+1j), 34, 'Hello']
取出前3个数据:  [1, 2, (3.5+1j)]
取出第3个之后的数据:  [34, 'Hello', 'World']
在第1-6之间，每隔2个取一次:  [2, 34, 'World']
在整个列表范围内，每隔2个取一次:  [1, (3.5+1j), 'Hello']
取第0个到倒数第2个:  [1, 2, (3.5+1j), 34]
将列表反向输出:  ['World', 'Hello', 34, (3.5+1j), 2, 1]
在第5到第1个范围内，每隔2个取一次:  ['World', 34]
```

图 5-4　示例 5-4 输出结果

5.1.5　列表加法

多个列表可以通过加法进行拼接，如示例 5-5 所示。

示例 5-5 列表加法

```
1.  # -*- coding: UTF-8 -*-
2.
3.  tmp_list1 = [1, 2, 3, 4]
4.  tmp_list2 = [5, 6, 7, 8]
5.  tmp_list3 = tmp_list1 + tmp_list2
6.  print(" 数据类型相同的列表相加: ", tmp_list3)
7.
8.  tmp_list1 = [1, 2, 3, 4]
```

```
9.   tmp_list2 = ["hello", "world", "python"]
10.  tmp_list3 = tmp_list1 + tmp_list2
11.  print(" 数据类型不相同的列表相加：", tmp_list3)
```

执行结果如图 5-5 所示，可以看到，列表相加并非列表元素两两相加，而是将两个列表拼接在一起，并返回新的列表。

```
数据类型相同的列表相加： [1, 2, 3, 4, 5, 6, 7, 8]
数据类型不相同的列表相加： [1, 2, 3, 4, 'hello', 'world', 'python']
```
图 5-5　示例 5-5 输出结果

5.1.6　列表乘法

列表乘法是指列表与一个整数 N 相乘，这会将列表中的元素重复 N 次，并返回到一个新的列表，如示例 5-6 所示。

示例 5-6　列表乘法

```
1.   # -*- coding: UTF-8 -*-
2.
3.   tmp_list = [1, 2, 3] * 3
4.   print(" 整数列表 *3：", tmp_list)
5.
6.   tmp_list = ["hello", "world"] * 2
7.   print(" 字符串列表 *2：", tmp_list)
```

执行结果如图 5-6 所示，输出乘法运算后的结果。

```
整数列表*3： [1, 2, 3, 1, 2, 3, 1, 2, 3]
字符串列表*2： ['hello', 'world', 'hello', 'world']
```
图 5-6　示例 5-6 输出结果

5.1.7　列表推导

列表推导是 Python 中的高级用法，其原理和 for 循环类似，但是写法上更简洁，并且有返回值，如示例 5-7 所示。在第 4 行，使用中括号来对列表 tmp_list 进行推导，语法格式为 [变量 for 变量 in 列表]，列表推导执行完毕后，会将变量以列表形式返回。列表推导中还可以设置推导的条件，如 "if item % 2 == 0"。因此，第 4 行代码的含义是对列表 tmp_list 进行推导，并返回其中的偶数。列表推导实际上可以使用 for 循环表示。第 8 行到第 10 行，就是第 4 行的 for 循环写法。列表推导式也可以接外部函数。第 22 行，显示了如何在推导式中调用 get_odd 方法。

示例 5-7　列表推导

```
1.   # -*- coding: UTF-8 -*-
2.
3.   tmp_list = [1, 2, 3, 4, 5, 6]
4.   tmp_list1 = [item for item in tmp_list if item % 2 == 0]
5.   print(" 使用推导式：", tmp_list1)
6.
7.   tmp_list2 = []
8.   for item in tmp_list:
9.       if item % 2 == 0:
10.          tmp_list2.append(item)
11.
12.  print(" 使用 for 循环：", tmp_list2)
13.
14.
15.  def get_odd(item):
16.      if item % 2 == 0:
17.          return item
18.      else:
19.          return 0
20.
21.
22.  tmp_list3 = [get_odd(item) for item in tmp_list]
23.  print(" 推导式调用外部方法：", tmp_list3)
```

执行结果如图 5-7 所示。

```
使用推导式： [2, 4, 6]
使用for循环： [2, 4, 6]
推导式调用外部方法： [0, 2, 0, 4, 0, 6]
```
图 5-7　示例 5-7 输出结果

5.1.8　列表函数

为方便操作列表对象，Python 提供了多个函数。这些函数有的是给列表添加元素，有的是移除元素，有的是判断元素位置，有的是复制列表和统计元素个数。本小节将详细演示如何使用这些内建函数。

1. append 函数

append 函数用于向列表末尾添加元素。该函数没有返回值，它只是修改了当前列表，如示例 5-8 所示。

示例 5-8　append 函数

```
1.   # -*- coding: UTF-8 -*-
2.
```

```
3.  tmp_list = [1, 2, 3]
4.  tmp_list.append(4)
5.  print(" 列表元素: ", tmp_list)
6.
7.  tmp_list = ["hello", "world"]
8.  tmp_list.append("python")
9.  print(" 列表元素: ", tmp_list)
```

执行结果如图 5-8 所示，输出列表。

```
列表元素: [1, 2, 3, 4]
列表元素: ['hello', 'world', 'python']
```
图 5-8　示例 5-8 输出结果

2. insert 函数

insert 函数用于向列表中插入元素。该函数没有返回值，而是直接将元素插入当前列表。insert 函数的第一个参数是插入的位置，第二个参数是要插入的对象，如示例 5-9 所示。

示例 5-9　insert 函数

```
1.  # -*- coding: UTF-8 -*-
2.
3.  tmp_list = [1, 2, 3]
4.  tmp_list.insert(2, 10)
5.  print(" 列表元素: ", tmp_list)
6.
7.  tmp_list = ["hello", "world"]
8.  tmp_list.insert(0, "python")
9.  print(" 列表元素: ", tmp_list)
```

执行结果如图 5-9 所示。

```
列表元素: [1, 2, 10, 3]
列表元素: ['python', 'hello', 'world']
```
图 5-9　示例 5-9 输出结果

3. extend 函数

extend 函数用于在列表的末尾添加另一个列表，与 append 函数相比，extend 函数可以一次性添加多个元素，如示例 5-10 所示。

示例 5-10　extend 函数

```
1.  # -*- coding: UTF-8 -*-
2.
3.  a = [1, 2, 3]
```

```
4.  b = [4, 5, 6]
5.  a.extend(b)
6.  print(" 输出列表 a: ", a)
7.
8.  a = [1, 2, 3]
9.  b = [4, 5, 6]
10. c = a + b
11. print(" 输出列表 c: ", c)
```

执行结果如图 5-10 所示，可以看到，使用 extend 函数和列表加法的结果是一样的，但是 extend 函数会将另一个列表并入当前列表，而列表加法是返回新的列表。为节约内存空间，更推荐使用 extend 函数来实现大列表的连接操作。

```
输出列表a: [1, 2, 3, 4, 5, 6]
输出列表c: [1, 2, 3, 4, 5, 6]
```
图 5-10　示例 5-10 输出结果

4. remove 函数

remove 函数用于从列表移除元素。该函数没有返回值，直接操作原列表，如示例 5-11 所示。

示例 5-11　remove 函数

```
1.  # -*- coding: UTF-8 -*-
2.
3.  a = [1, 2, 3]
4.  a.remove(3)
5.  print(" 输出列表 a: ", a)
6.
7.  a = ["hello", "world", "hello", "python"]
8.  a.remove("hello")
9.  print(" 输出列表 a: ", a)
```

执行结果如图 5-11 所示，可以看到，若列表中有重复元素，remove 函数只会移除匹配到的第一个。

```
输出列表a: [1, 2]
输出列表a: ['world', 'hello', 'python']
```
图 5-11　示例 5-11 输出结果

5. pop 函数

pop 函数用于移除列表中指定位置的元素，并返回要移除的元素。在默认情况下，移除列表中最后一个元素，如示例 5-12 所示。

示例 5-12 pop 函数

```
1.  # -*- coding: UTF-8 -*-
2.
3.  a = ["hello", "world", "hello", "python"]
4.  elem = a.pop(1)
5.  print(" 移除的元素是：", elem)
6.  print(" 移除元素后的列表：", a)
```

执行结果如图 5-12 所示，输出移除的元素和移除元素后的列表。

```
移除的元素是：  world
移除元素后的列表：['hello', 'hello', 'python']
```
图 5-12　示例 5-12 输出结果

6. clear 函数

clear 函数用于将列表清空，如示例 5-13 所示。

示例 5-13 clear 函数

```
1.  # -*- coding: UTF-8 -*-
2.
3.  a = ["hello", "world", "hello", "python"]
4.  a.clear()
5.
6.  print(" 输出清空后的列表：", a)
7.  print(" 输出清空后的列表长度：", len(a))
```

执行结果如图 5-13 所示，可以看到清空后的列表为 []，长度为 0。

```
输出清空后的列表：  []
输出清空后的列表长度：  0
```
图 5-13　示例 5-13 输出结果

7. reverse 函数

reverse 函数用于将列表反向排列，如示例 5-14 所示。

示例 5-14 reverse 函数

```
1.  # -*- coding: UTF-8 -*-
2.
3.  a = ["hello", "world", "hello", "python"]
4.  a.reverse()
5.  print(" 输出反向排列的列表：", a)
6.
7.  a = [1, 9, 2, 8]
```

```
8.  a.reverse()
9.  print(" 输出反向排列的列表：", a)
```

执行结果如图 5-14 所示，可以看到，reverse 函数将列表进行反向排列。

```
输出反向排列的列表：['python', 'hello', 'world', 'hello']
输出反向排列的列表：[8, 2, 9, 1]
```
图 5-14　示例 5-14 输出结果

8. sort 函数

sort 函数用于将列表进行排序。如示例 5-15 所示，在默认情况下，sort 函数会将列表进行升序排列。在第 8 行，指定了参数 reverse=True，对列表进行降序排列。在第 15 行，待排序的列表元素类型是字典，需要根据字典的键来进行排列，就要使用 key 参数。key 参数后面是一个 lambda 表达式，这是一个函数对象，该函数对象返回了 item["price"]，那么 sort 函数就会使用 item["price"] 来进行排序。

示例 5-15 sort 函数

```
1.  # -*- coding: UTF-8 -*-
2.
3.  a = ["hello", "world", "hello", "python"]
4.  a.sort()
5.  print(" 对列表进行升序排列：", a)
6.
7.  a = [1, 9, 2, 8]
8.  a.sort(reverse=True)
9.  print(" 对列表进行降序排列：", a)
10.
11. a = [{"price": 10.5},
12.     {"price": 21},
13.     {"price": 15}]
14.
15. a.sort(key=lambda item: item["price"], reverse=True)
16. print(" 对列表中数据按指定条件进行降序排列：\n", a)
```

执行结果如图 5-15 所示，输出排序后的列表。

```
对列表进行升序排列：['hello', 'hello', 'python', 'world']
对列表进行降序排列：[9, 8, 2, 1]
对列表中数据按指定条件进行降序排列：
[{'price': 21}, {'price': 15}, {'price': 10.5}]
```
图 5-15　示例 5-15 输出结果

9. copy 函数

copy 函数用于创建列表的副本。注意，创建副本和赋值是不一样的，如示例 5-16 所示，在第 4 行，调用 copy 函数并赋值给 b，那么 b 就是 a 的副本。在第 11 行，将 c 赋值给 d，那么 d 是 c 的引用。

示例 5-16 copy 函数

```
1.  # -*- coding: UTF-8 -*-
2.
3.  a = ["hello", "world", "hello", "python"]
4.  b = a.copy()
5.  print(" 创建 a 的一个副本并赋值给 b：", b)
6.
7.  del a[0]
8.  print(" 删除 a[0] 元素后，再输出 b：", b)
9.
10. c = ["hello", "world", "hello", "python"]
11. d = c
12. del c[0]
13. print(" 删除 c[0] 元素后，再输出 d：", d)
```

执行结果如图 5-16 所示，可以看到，删除 a 列表元素，并未对其副本 b 造成影响。删除 c 列表元素，会影响对应的引用 d。

```
创建a的一个副本并赋值给b： ['hello', 'world', 'hello', 'python']
删除a[0]元素后，再输出b： ['hello', 'world', 'hello', 'python']
删除c[0]元素后，再输出d： ['world', 'hello', 'python']
```

图 5-16 示例 5-16 输出结果

10. index 函数

index 函数用于返回所匹配到的元素的索引。该函数的第一个参数是待查找的对象，第二个参数是查找的起始范围，第三个参数是查找的结束范围，如示例 5-17 所示。

示例 5-17 index 函数

```
# -*- coding: UTF-8 -*-

a = ["hello", "world", "hello", "python"]
result = a.index("world")
print("world 在列表中的索引位置：", result)

result = a.index("hello")
print("hello 在列表中的索引位置：", result)

result = a.index("hello", 1, 3)
print("hello 在列表中的索引位置：", result)
```

可以看到，列表中的重复元素“hello”，在没有指定查询范围时，index 函数返回匹配到的第一个索引位置。若是指定了范围，则返回范围内匹配到的第一个索引位置。执行结果如图 5-17 所示。

```
world在列表中的索引位置： 1
hello在列表中的索引位置： 0
hello在列表中的索引位置： 2
```

图 5-17 示例 5-17 输出结果

11. count 函数

count 函数用于统计某个元素在列表中出现的次数，如示例 5-18 所示。

示例 5-18 count 函数

```
# -*- coding: UTF-8 -*-

a = ["hello", "world", "hello", "python"]
result = a.count("world")
print("world 在列表中的个数：", result)

result = a.count("hello")
print("hello 在列表中的个数：", result)
```

执行结果如图 5-18 所示，输出元素的个数。

```
world在列表中的个数： 1
hello在列表中的个数： 2
```

图 5-18 示例 5-18 输出结果

5.2 元组

元组也是一种数据容器，使用小括号“()”表示，其使用场景与列表相似，这意味着能使用列表的地方，基本上都能使用元组，包括列表推导式、切片等操作。元组与列表的唯一区别是元组是不可变的。

5.2.1 创建元组与拼接元组

如示例 5-19 所示，通过小括号创建元组。作为数据容器，元组的元素类型可以不统一，并通过下标创建元素和进行切片。

示例 5-19 创建元组

```
1.  # -*- coding: UTF-8 -*-
2.
3.  tuple1 = ("hello", "world", "python", "spark", "hadoop")
4.  print(" 获取指定位置的元素: ", tuple1[0])
5.
6.  tuple2 = (-10, -20, 5.888, 888, 20000)
7.  print(" 元组正向切片: ", tuple2[1:])
8.
9.  tuple3 = ("hello", [1, 2], -20, 888, 5.888)
10. print(" 元组反向切片: ", tuple3[:-1])
11.
12. tuple4 = ([1, 2], [3, 4], [5, 6, 7, 8], [9, 10, 11, 12, 13, 14])
13. print(" 获取列表中的元素: ", tuple4[2][:-1])
```

执行结果如图 5-19 所示，对元组的遍历、访问指定位置的元素等操作与列表是相似的。

```
获取指定位置的元素: hello
元组正向切片: (-20, 5.888, 888, 20000)
元组反向切片: ('hello', [1, 2], -20, 888)
获取列表中的元素: [5, 6, 7]
```

图 5-19　示例 5-19 输出结果

使用小括号将两个元组相加，能创建新的元组。注意，这里的相加只是加法的重载，与字符串相加类似，即将两个对象的内容连接在一起并创建一个新对象，如示例 5-20 所示。

示例 5-20 拼接元组

```
1.  # -*- coding: UTF-8 -*-
2.
3.  tuple1 = ("hello", "world", "python")
4.  tuple2 = ([1, 2], [3, 4], [5, 6, 7, 8])
5.  tuple3 = tuple1 + tuple2
6.  print(" 通过加法拼接的元组: ")
7.  print(tuple3)
```

执行结果如图 5-20 所示。

```
通过加法拼接的元组:
('hello', 'world', 'python', [1, 2], [3, 4], [5, 6, 7, 8])
```

图 5-20　示例 5-20 输出结果

5.2.2 修改元组

元组是不可变类型，直接修改元组的元素会导致程序报错。但是，如果保持元组的大小不变，并且要修改的元素是可变类型，那么就能正常修改了，如示例 5-21 所示。

示例 5-21 修改元组

```
1.  # -*- coding: UTF-8 -*-
2.
3.  tuple1 = ("hello", "world", "python", "spark", "hadoop")
4.  try:
5.      tuple1[0] = "hello world"
6.  except Exception as e:
7.      print(" 修改元组数据触发异常: ", e)
8.
9.  tuple4 = ([1, 2], [3, 4], [5, 6, 7, 8])
10. tuple4[1][0] = ("hello", "world")
11. print(" 修改元组中的列表: ", tuple4)
```

执行结果如图 5-21 所示。

```
修改元组数据触发异常: 'tuple' object does not support item assignment
修改元组中的列表: ([1, 2], [('hello', 'world'), 4], [5, 6, 7, 8])
```

图 5-21　示例 5-21 输出结果

5.2.3 单元素元组

如示例 5-22 所示，对于创建单个元素的列表，直接在中括号中放置元素即可，但是对于元组，则需要在元素末尾放置一个逗号，如第 10 行和第 16 行。第 8 行和第 14 行输出的对象类型将分别是字符串和列表，而第 11 行和第 17 行输出的元素类型才是元组。

示例 5-22 单元素元组

```
1.  # -*- coding: UTF-8 -*-
2.
3.  tmp_str = "123"
4.  tmp_list = [tmp_str]
5.  print(" 单元素列表: ", type(tmp_list))
6.
7.  tmp_tuple = (tmp_str)
```

```
8.  print(" 单元素元组: ", type(tmp_tuple))
9.
10. tmp_tuple = (tmp_str,)
11. print(" 单元素元组: ", type(tmp_tuple))
12.
13. tmp_tuple = (tmp_list)
14. print(" 单元素元组: ", type(tmp_tuple))
15.
16. tmp_tuple = (tmp_list,)
17. print(" 单元素元组: ", type(tmp_tuple))
```

执行结果如图 5-22 所示。

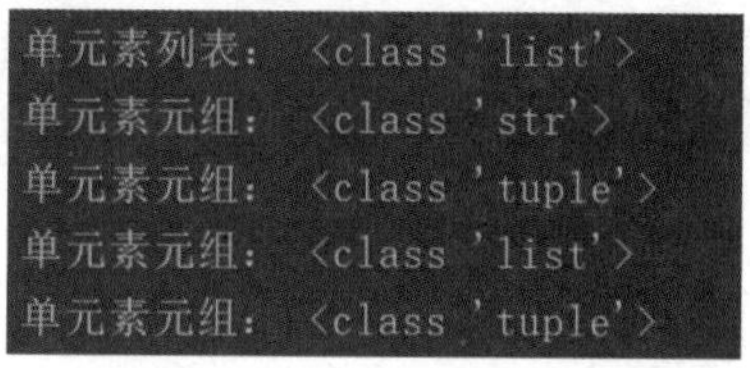

图 5-22 示例 5-22 输出结果

注意，在元素末尾放置一个逗号构成元组，只是对单个元素才有此要求。对于有多个元素的元组，末尾的逗号是可选的。

5.2.4 命名元组

namedtuple 是 collections 模块内的一个对象，称为命名元组。具体用法如示例 5-23 所示，通过 namedtuple 可以创建一个新的对象，其第一个参数就是

该对象的名称，第二个参数是一个列表，指定了该对象的字段。使用该对象创建实例，需要传入字段所对应的参数。访问实例的字段内容，可以通过索引和字段名称。

示例 5-23 namedtuple 元组

```
1.  # -*- coding: UTF-8 -*-
2.
3.  from collections import namedtuple
4.
5.  fruit = namedtuple("fruit", ["category", "price"])
6.  fruit_obj = fruit("apple", price=10.2)
7.  print(" 元组名称: ", fruit.__name__)
8.  print("fruit_obj 对象结构: ", fruit_obj)
9.  print("category 值为: fruit_obj [0]={}, fruit_obj.
10. category={}".format(fruit_obj [0], fruit_obj.category))
11. print("price 值为: fruit_obj [0]={}, fruit_obj.
12. price={}".format(fruit_obj [1], fruit_obj.price))
```

执行结果如图 5-23 所示，输出命名元组对象的信息。

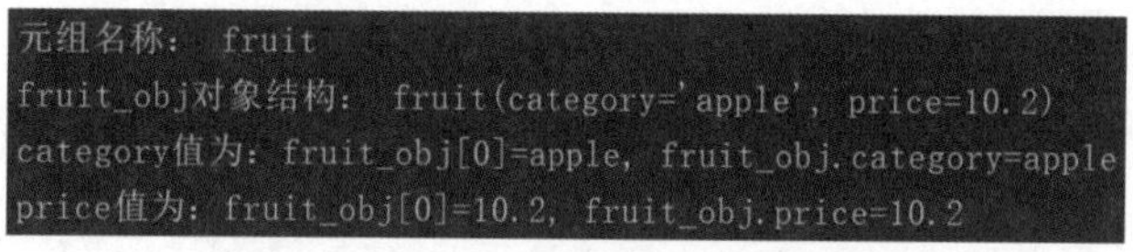

图 5-23 示例 5-23 输出结果

5.3 字典

字典是一种映射类型的数据结构，使用大括号"{}"表示哈希值和对象一一对应的关系。作为数据容器，字典可以存放任意类型的数据，甚至可以包含另一个字典。字典是可变类型，因此可以对其进行添加、修改和删除等操作。字典中的哈希值称为键，键可以是任意不可变类型，键所对应的对象称为值，字典是键值对类型的容器。

5.3.1 创建字典

Python 中有多种方式创建字典，如示例 5-24 所示，直接使用"{}"默认创建一个空字典。更规范的做法如第 5 行所示，通过键值对创建字典，还可以通过 dict 关键字创建字典。

示例 5-24 创建字典

```
1.  # -*- coding: UTF-8 -*-
2.  dic = {}
3.  print(" 字典的类型: ", type(dic))
4.  print(" 字典的内容: ", dic)
5.  dic = {"key1": "hello", "key2": "world"}
6.  print(" 创建字典时设置初始值: ", dic)
7.  dic = dict((["key3", "hello"], ["key4", "world"]))
8.  print(" 使用 dict 关键字创建字典: ", dic)
```

执行结果如图 5-24 所示。

```
字典的类型：<class 'dict'>
字典的内容：{}
创建字典时设置初始值：{'key1': 'hello', 'key2': 'world'}
使用dict关键字创建字典：{'key3': 'hello', 'key4': 'world'}
```

图 5-24   示例 5-24 输出结果

5.3.2   修改字典和删除元素

修改字典的内容，需要先找到对应元素。同列表一样，字典也可以通过下标进行访问，只是下标值是键。通过键找到对应的数据后，使用 del 关键字进行删除，如示例 5-25 所示。

示例 5-25 修改字典和删除元素

```
1.  # -*- coding: UTF-8 -*-
2.
3.  dic = {"key1": "hello", "key2": "world"}
4.  print(" 获取 key1 的值：", dic["key1"])
5.  dic["key1"] = "hello python"
6.  print(" 修改 key1 的内容：", dic)
7.  dic["key2"] = list(range(0, 5))
8.  print(" 修改 key2 的内容：", dic)
9.  dic["key3"] = "spark"
10. print(" 添加一个新键 key3：", dic)
11. del dic["key2"]
12. print(" 删除 key2 后的内容：", dic)
```

执行结果如图 5-25 所示，输出列表。

```
获取key1的值：hello
修改key1的内容：{'key1': 'hello python', 'key2': 'world'}
修改key2的内容：{'key1': 'hello python', 'key2': [0, 1, 2, 3, 4]}
添加一个新键key3：{'key1': 'hello python', 'key2': [0, 1, 2, 3, 4], 'key3': 'spark'}
删除key2后的内容：{'key1': 'hello python', 'key3': 'spark'}
```

图 5-25   示例 5-25 输出结果

5.3.3   字典推导式

列表可以推导，字典也可以推导。列表推导返回的结果是一个列表类型，字典推导返回的结果是一个字典类型。列表推导是在表达式两头使用中括号，字典推导是在表达式两头使用大括号，如示例 5-26 所示。

示例 5-26 字典推导式

```
1.  # -*- coding: UTF-8 -*-
2.
3.  dic = {"key1": "hello", "key2": "world"}
4.  result = {
5.      k: dic.get(k).upper()
```

```
6.      for k in dic.keys()
7.  }
8.  print(" 将字典值转为大写：", result)
9.
10. result = {
11.     k: "hello " + dic.get(k).upper()
12.     for k in dic.keys()
13.     if k == "key2"
14. }
15. print(" 筛选出 key2 的值并拼接 hello：", result)
```

执行结果如图 5-26 所示，输出列表。

```
将字典值转为大写：{'key1': 'HELLO', 'key2': 'WORLD'}
筛选出key2的值并拼接hello：{'key2': 'hello WORLD'}
```

图 5-26   示例 5-26 输出结果

5.3.4   内建方法

为方便操作字典对象，Python 提供了多个内建函数。这些函数用于获取字典的值、获取键、获取整个项、创建字典副本、修改字典元素等。本小节将详细演示如何使用这些内建函数。

1. get 函数

get 函数用于从字典获取指定键的值。在 get 函数中可以设置默认值，当 get 函数没有获取到对应键时，get 函数会将默认值返回，如示例 5-27 所示。

示例 5-27 get 函数

```
1.  # -*- coding: UTF-8 -*-
2.
3.  dic = {"key1": "hello", "key2": "world"}
4.  val = dic.get("key1")
5.  print(" 键 key1 的值为：", val)
6.
7.  val = dic.get("key3")
8.  print(" 键 key3 的值为：", val)
9.
10. val = dic.get("key3", "default")
11. print(" 键 key3 的值为：", val)
```

执行结果如图 5-27 所示，可以看到，字典中没有键 "key3"，此时获取 "key3" 的值将返回 None。若是在 get 函数的参数中设置了默认值 "default"，则将返回 "default"。

```
键key1的值为:  hello
键key3的值为:  None
键key3的值为:  default
```

图 5-27　示例 5-27 输出结果

2. keys 函数

keys 函数将以列表的形式返回字典中的所有键,如示例 5-28 所示。

示例 5-28　keys 函数

```
1.  # -*- coding: UTF-8 -*-
2.
3.  dic1 = {"key1": "hello", "key2": "world"}
4.  print("dic1 的所有键: ", dic1.keys())
5.
6.  dic2 = {"key1": "hello", "key2": {"key3": "world"}}
7.  print("dic2 的所有键: ", dic2.keys())
```

执行结果如图 5-28 所示,可以看到 keys 函数只会返回当前字典的所有键,并不包含所嵌套的字典的键。

```
dic1的所有键:  dict_keys(['key1', 'key2'])
dic2的所有键:  dict_keys(['key1', 'key2'])
```

图 5-28　示例 5-28 输出结果

3. items 函数

items 函数将以列表的形式返回字典中的所有项,这些项是二元组结构,如示例 5-29 所示。

示例 5-29　items 函数

```
1.  # -*- coding: UTF-8 -*-
2.
3.  dic = {"key1": "hello", "key2": "world"}
4.  items = dic.items()
5.  print("dic 的所有项: ", items)
6.  print(" 字典项为: ")
7.  for item in items:
8.      print(item)
```

执行结果如图 5-29 所示,输出列表。

```
dic的所有项: dict_items([('key1', 'hello'), ('key2', 'world')])
字典项为:
('key1', 'hello')
('key2', 'world')
```

图 5-29　示例 5-29 输出结果

4. values 函数

values 函数将以列表的形式返回字典中的所有值,如示例 5-30 所示。

示例 5-30　values 函数

```
1.  # -*- coding: UTF-8 -*-
2.
3.  dic = {"key1": "hello", "key2": "world"}
4.  values = dic.values()
5.  print("dic 的所有值: ", values)
6.  print(" 字典值为: ")
7.  for value in values:
8.      print(value)
```

执行结果如图 5-30 所示,输出字典值。

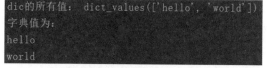

```
dic的所有值:  dict_values(['hello', 'world'])
字典值为:
hello
world
```

图 5-30　示例 5-30 输出结果

5. clear 函数

clear 函数用于将字典清空,如示例 5-31 所示。

示例 5-31　clear 函数

```
1.  # -*- coding: UTF-8 -*-
2.
3.  dic = {"key1": "hello", "key2": "world"}
4.  dic.clear()
5.
6.  print(" 输出清空后的字典: ", dic)
7.  print(" 输出清空后的字典长度: ", len(dic))
```

执行结果如图 5-31 所示,输出空字典和字典的长度,也就是字典元素个数。

```
输出清空后的字典:  {}
输出清空后的字典长度: 0
```

图 5-31　示例 5-31 输出结果

6. copy 函数

copy 函数用于创建字典的副本,如示例 5-32 所示,其与列表的 copy 函数表现出的性质一样,修改原字典对象,不会影响其副本。

示例 5-32 copy 函数

```
1.  # -*- coding: UTF-8 -*-
2.
3.  dic = {"key1": "hello", "key2": "world"}
4.  new_dic = dic.copy()
5.  del dic["key1"]
6.
7.  print(" 原字典： ", dic)
8.  print(" 副本： ", new_dic)
```

执行结果如图 5-32 所示，输出原字典和副本，可以看到，删除原字典的键，副本并没有发生变化。

```
原字典： {'key2': 'world'}
副本： {'key1': 'hello', 'key2': 'world'}
```

图 5-32   示例 5-32 输出结果

7. fromkeys 函数

fromkeys 函数用于创建一个新的字典，第一个参数是一个序列，用于作为字典的键。第二个参数也是一个序列，作为每个键的值。如示例 5-33 所示，在第 4 行，fromkeys 函数的调用没有传入第二个参数，那么每个键将使用 "None" 作为值。第 8 行的调用传入了 "default"，那么每个键将使用 "default" 作为值。

示例 5-33 fromkeys 函数

```
1.  # -*- coding: UTF-8 -*-
2.
3.  tmp_tuple = ("key1", "key2")
4.  dic = dict.fromkeys(tmp_tuple)
5.  print(" 通过元组创建字典： ", dic)
6.
7.  tmp_tuple = ("key1", "key2")
8.  dic = dict.fromkeys(tmp_tuple, "default")
9.  print(" 设置键的值： ", dic)
```

执行结果如图 5-33 所示，输出字典。

```
通过元组创建字典： {'key1': None, 'key2': None}
设置键的值： {'key1': 'default', 'key2': 'default'}
```

图 5-33   示例 5-33 输出结果

8. pop 函数

pop 函数用于从字典中移除指定键，并返回该键所对应的值，如示例 5-34 所示。

示例 5-34 pop 函数

```
1.  # -*- coding: UTF-8 -*-
2.
3.  dic = {"key1": "hello", "key2": "world"}
4.  val = dic.pop("key1")
5.
6.  print(" 键 key1 的值： ", val)
7.  print(" 删除键 key1 后的字典： ", dic)
```

执行结果如图 5-34 所示，输出删除键后的字典。

```
键key1的值： hello
删除键key1后的字典： {'key2': 'world'}
```

图 5-34   示例 5-34 输出结果

9. popitem 函数

popitem 函数用于从字典中删除最后一项，并以元组形式返回该项所对应的键和值，如示例 5-35 所示。

示例 5-35 popitem 函数

```
1.  # -*- coding: UTF-8 -*-
2.
3.  dic = {"key1": "hello", "key2": "world"}
4.  val = dic.popitem()
5.
6.  print(" 返回的项： ", val)
7.  print(" 删除最后一项的字典： ", dic)
```

执行结果如图 5-35 所示，输出删除的项和删除后的字典。

```
返回的项： ('key2', 'world')
删除最后一项的字典： {'key1': 'hello'}
```

图 5-35   示例 5-35 输出结果

10. setdefault 函数

setdefault 函数用于设置键的默认值，若在字典中该键已经存在，则忽略设置；若不存在，则添加该键和值，如示例 5-36 所示。

示例 5-36 setdefault 函数

```
1.  # -*- coding: UTF-8 -*-
2.
3.  dic = {"key1": "hello", "key2": "world"}
4.
5.  dic.setdefault("key1", None)
```

```
6.   print(" 设置 key1 的默认值: ", dic)
7.
8.   dic.setdefault("key3", "bigdata")
9.   print(" 设置 key2 的默认值: ", dic)
```

执行结果如图 5-36 所示，输出字典。

```
设置key1的默认值: {'key1': 'hello', 'key2': 'world'}
设置key2的默认值: {'key1': 'hello', 'key2': 'world', 'key3': 'bigdata'}
```
图 5-36　示例 5-36 输出结果

11. update 函数

update 函数用于将字典 2 的值更新到字典 1。若字典 2 的键在字典 1 中已存在，则对字典 1 进行修改；若不存在，则对字典 1 进行添加，如示例 5-37 所示。

示例 5-37　update 函数

```
1.   # -*- coding: UTF-8 -*-
2.
3.   dic1 = {"key1": "hello"}
4.   dic2 = {"key1": "hello world"}
5.   dic1.update(dic2)
6.   print(" 修改 key1 的值: ", dic1)
7.
8.   dic2 = {"key2": "hello python"}
9.   dic1.update(dic2)
10.  print(" 将 key2 更新到 dic1: ", dic1)
```

执行结果如图 5-37 所示，输出更新后的字典。

```
修改key1的值: {'key1': 'hello world'}
将key2更新到dic1: {'key1': 'hello world', 'key2': 'hello python'}
```
图 5-37　示例 5-37 输出结果

5.4　集合

集合是一种不包含重复元素且无序的数据结构，与字典类似，使用大括号"{}"表示。但是集合只存储键，不存储值。

5.4.1　创建集合

创建集合有两种方式，即使用大括号"{}"和 set 对象，如示例 5-38 所示。

示例 5-38　创建集合

```
1.   # -*- coding: UTF-8 -*-
2.
3.   data = {1, 1, 2, 2, 3, 3}
4.   print(" 自动去重后的数据: ", data)
5.
6.   data = [1, 1, 2, 2, 3, 3]
7.   new_data = set(data)
8.   print(" 调用 set 对数据去重: ", new_data)
```

执行结果如图 5-38 所示，输出集合。

```
自动去重后的数据:   {1, 2, 3}
调用set对数据去重:  {1, 2, 3}
```
图 5-38　示例 5-38 输出结果

5.4.2　集合运算

Python 中的集合对象遵循数学中的集合运算规则，如求差集、交集、并集等，如示例 5-39 所示。

示例 5-39　集合运算

```
1.   # -*- coding: UTF-8 -*-
2.
3.   set1 = {1, 2, 3}
4.   set2 = {1, 5, 6}
5.   set3 = set1 - set2
6.   print("set1 与 set2 求差集: ", set3)
7.
8.   set3 = set1 & set2
9.   print("set1 与 set2 求交集: ", set3)
10.
11.  set3 = set1 | set2
12.  print("set1 与 set2 求并集: ", set3)
```

执行结果如图 5-39 所示，输出运算结果。

```
set1与set2求差集:  {2, 3}
set1与set2求交集:  {1}
set1与set2求并集:  {1, 2, 3, 5, 6}
```
图 5-39　示例 5-39 输出结果

常见面试题

1. 请问 reverse 函数和 sort 函数有什么区别?

答：reverse 函数用于将序列进行反向排列，但不会对序列进行排序。sort 函数用于将序列数据按升序或降序排列。

2. 请问什么是列表推导式?

答：列表推导式是一种创建列表的简单写法，语法格式为 [变量 for 变量 in 列表]，列表推导执行完毕后，会将变量以列表形式返回。

3. 请问元组是否完全不能修改，为什么?

答：元组是不可变类型，不能修改的是元组的长度。元组中属于不可变类型的元素，如字符串。如果元组元素是可变类型，如列表，那么可以修改此列表的内容。

本章小结

本章主要介绍了列表、元组、字典、集合的创建和使用方式，列表、元组和字典最为常用。需要注意的是，推导式在不同场景下的用法和单元素元组加逗号与不加逗号之间的区别，以免使用时出错。

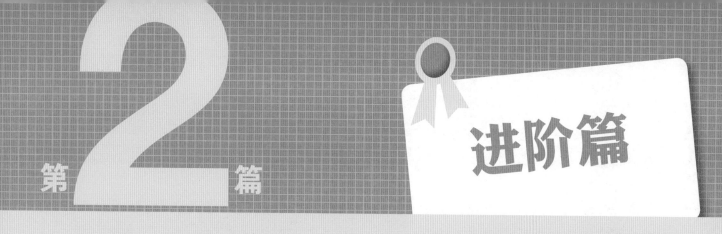

第 **2** 篇　进阶篇

学习完第 1 篇的基础知识，读者就可以利用 Python 着手开发脚本程序了。大多数能够使用脚本解决问题的应用场景，其程序设计都相对简单，但是如果要开发一套软件系统，就需要了解更多的技术。

本篇详细介绍了函数定义与调用方式。函数的参数拥有多种传递方式，相互之间容易混淆。同时，本篇也介绍了模块和包，掌握这一部分内容，读者就具备了模块化程序设计的能力。

在此之前，我们开发的示例程序，运行结果都是直接输出到控制台上，这样导致查看运行结果时都需要去执行一遍代码。为避免此问题，本篇介绍了如何读写文件。

在实际生产环境中，随着系统的代码量逐步增加，程序出现异常容易导致系统崩溃。为了提高系统的健壮性，本篇也介绍了如何进行异常捕获。

Python 是一门脚本语言，也是一门面向对象的语言，因此本篇介绍了面向对象的设计思路和实现方式。

学习完本篇后，读者将会对 Python 语言有更全面的了解，并且能够利用 Python 进行复杂程序的开发。

第6章 函数、模块和包

★本章导读★

　　Python 是一门脚本语言，在组织代码的时候可以直接创建对象、书写循环和条件语句。但是，如果代码没有清晰的结构，就会导致维护困难，因此在编程时需要使用模块等工具来规范代码。

　　本章主要介绍函数、模块和包，掌握这部分内容，就基本具备了模块化程序设计的能力，可以组织代码结构。

★知识要点★

通过本章内容的学习，读者能掌握以下知识。

➡ 掌握函数的定义和调用方式

➡ 掌握函数的参数定义和使用方式

➡ 掌握函数返回值的解包

➡ 了解全局变量与局部变量的含义

➡ 掌握匿名函数、递归函数的使用方法

➡ 了解闭包的形成原理

➡ 掌握装饰器的使用方法

➡ 了解偏函数的定义

➡ 掌握模块的导入方式

➡ 掌握模块的发布方式

6.1 定义与调用函数

　　在之前的章节中，针对各类对象调用了非常多的函数，这些都是 Python 的内建函数。这些函数的功能都是预先设计好的，但在实际生产过程中，使用最多的还是自定义函数。

6.1.1 函数的定义和调用

　　创建函数的目的是封装业务逻辑，实现代码的重用。本小节主要介绍如何创建和调用函数。

1. 创建函数

　　一个完整的函数由函数名、参数列表、返回值构成。创建函数有以下规则。

　　（1）一个函数若是没有名称，则称为匿名函数。

　　（2）Python 中使用 def 关键字定义命名函数。

　　（3）函数可以没有参数，也可以有多个不同类型的参数。

　　（4）函数可以有多个返回值，也可以不指定返回值，此时默认的返回值为 None。

　　（5）在其他语言中，有函数签名和函数定义的区别，而在 Python 中，这两个概念统一后，即一个没有具体业务逻辑的函数，在代码块中使用"pass"代替。

　　创建函数的方式，如示例 6-1 所示。

示例 6-1　创建函数

```
1.  # -*- coding: UTF-8 -*-
2.
3.  def test():
4.      """
5.      这是一个没有方法体的函数，使用 pass 占位符
6.  代替代码块
7.      :return:
8.      """
9.      pass
10.
11. def add(item):
12.     """
13.     该函数有参数 item, 并使用 return 返回函数处理结果
14.     :param item:
15.     :return:
16.     """
17.     return 5 + item
18.
19. def show(item):
20.     """
21.     该函数有方法体，但是没有指定返回值，返回 None
22.     :param item:
23.     :return:
24.     """
25.     5 + item
26.
27. test()
28. print(" 调用 add 方法的返回值：", add(5))
29. print(" 调用 show 方法的返回值：", show(5))
```

执行结果如图 6-1 所示。

```
调用add方法的返回值：  10
调用show方法的返回值：  None
```

图 6-1　示例 6-1 输出结果

2. 调用函数

与大多数编程语言一样，通过函数名加一对小括号并正常传递参数，即可完成函数调用。需要注意的是，函数调用需要在函数申明之后，否则会触发异常，如示例 6-2 所示。

示例 6-2　调用函数

```
1.  # -*- coding: UTF-8 -*-
2.
```

```
3.  def add(item):
4.      print(" 在 add 中调用 sub：", sub(item))
5.      return 5 + item
6.
7.  try:
8.      sub(5)
9.  except Exception as e:
10.     print(" 在函数申明前调用，触发异常：", e)
11.
12. def sub(item):
13.     return 10 - item
14.
15. print(" 调用 add 方法：", add(5))
```

执行结果如图 6-2 所示。为什么在第 8 行调用了 sub 报错，而第 4 行调用 sub 就能正常执行呢？原因是代码是从上往下解析的，调用 sub 时，sub 方法还未创建。sub 方法是在第 12 行创建的，在第 15 行调用 add 方法时，sub 方法已经创建完成，因此得到正确的结果。

```
在函数申明前调用，触发异常： name 'sub' is not defined
在add中调用sub： 5
调用add方法： 10
```

图 6-2　示例 6-2 输出结果

6.1.2　函数的参数

Python 函数的参数具有灵活性，其定义的方法可以接受各种形式的参数，也可以简化函数调用方的代码。

1. 位置参数

如示例 6-3 所示，func1 函数具有 1 个位置参数，func2 函数具有 2 个位置参数。在对函数进行调用的时候，有几个位置参数就需要传递几个参数，否则会触发异常。并且，传入参数与函数参数列表是一一对应的，如第 15 行，a 等于 10，b 等于 20。

示例 6-3　位置参数

```
1.  # -*- coding: UTF-8 -*-
2.
3.  def func1(a):
4.      print(" 输出位置参数 a 的值：", a)
5.      return a
6.
```

```
7.
8.  def func2(a, b):
9.      print(" 输出位置参数 a:%a,b:%s" % (a, b))
10.     return a + b
11.
12.
13. print(" 函数调用 func1(10):", func1(10))
14. print("")
15. print(" 函数调用 func2(10, 20):", func2(10, 20))
```

执行结果如图 6-3 所示。

```
输出位置参数a的值: 10
函数调用func1(10): 10

输出位置参数a:10,b:20
函数调用func2(10,20): 30
```

图 6-3　示例 6-3 输出结果

2. 可选参数

如示例 6-4 所示，可选参数是指带有默认值的参数，在对该函数进行调用的时候，可以不必显示传递该参数。当不传递默认参数，函数将使用默认值，如第 8 行；若传递默认参数，函数将使用传入的值，如第 10 行。可选参数常用于修改一个现有的函数，避免该函数在其他调用的地方出错。

示例 6-4　可选参数

```
1.  # -*- coding: UTF-8 -*-
2.
3.  def func2(a, b=5):
4.      print("输出位置参数a:%a,可选参数b:%s" % (a, b))
5.      return a + b
6.
7.
8.  print(" 调用时传递 1 个参数 func2(1):", func2(1))
9.  print("")
10. print(" 调用时传递 2 个参数 func2(1,2):", func2(1, 2))
```

执行结果如图 6-4 所示。

```
输出位置参数a:1,可选参数b:5
调用时传递1个参数func2(1): 6

输出位置参数a:1,可选参数b:2
调用时传递2个参数func2(1,2): 3
```

图 6-4　示例 6-4 输出结果

可选参数在定义的时候，需要写在位置参数的后面，否则会报错。另外，在设计多个可选参数的时候，建议将经常变化的参数写在前面，长期不变的写在后面。在调用有多个可选参数的函数时，参数的对应关系是优先根据传递位置来决定的，除非显示指定参数名。若是没有传递的参数，该参数仍然使用默认值，如示例 6-5 所示。

示例 6-5　传递可选参数

```
1.  # -*- coding: UTF-8 -*-
2.
3.  def func2(a, b=5, c=6, d=7):
4.      print(" 输出位置参数 a:%a,可选参数 b:%s,可选
5.  数 c:%s,可选参数 d:%s" % (a, b, c, d))
6.      return a + b + c + d
7.
8.
9.  print(" 参数按顺序赋值 :", func2(1, 2, 3, 4))
10. print("")
11. print(" 参数按指定名称赋值 :", func2(1, d=2, b=4))
```

执行结果如图 6-5 所示。

```
输出位置参数a:1,可选参数b:2,可选参数c:3,可选参数d:4
参数按顺序赋值: 10

输出位置参数a:1,可选参数b:4,可选参数c:6,可选参数d:2
参数按指定名称赋值: 13
```

图 6-5　示例 6-5 输出结果

对参数提供默认值，可以提高调用方代码的灵活性，但也有可能出现 bug，如示例 6-6 所示。

示例 6-6　可变类型可选参数

```
1.  # -*- coding: UTF-8 -*-
2.
3.  def func(a=[]):
4.      a.append("hello")
5.      print("a 是一个列表 ", a)
6.
7.
8.  func()
9.  func()
10. func()
```

执行结果如图 6-6 所示，调用方认为每次都只应该

输出一个 "hello"，然而实际上输出的内容会随着调用次数的增加而增加。原因是在创建函数时，a 对象就已经被创建好了，等于一个空列表。在调用过程中修改了 a 对象，那么 a 的默认值就变了，因此每次调用 a 对象都会使用上次调用改变后的值。

```
a是一个列表 ['hello']
a是一个列表 ['hello', 'hello']
a是一个列表 ['hello', 'hello', 'hello']
```

图 6-6　示例 6-6 输出结果

解决办法是将默认参数修改为不可变对象，如示例 6-7 所示。

示例 6-7　修改默认参数类型

```
1.  # -*- coding: UTF-8 -*-
2.
3.  def func(a=None):
4.     if a is None:
5.        a = []
6.     a.append("hello")
7.     print("a 是一个列表 ", a)
8.
9.
10. func()
11. func()
12. func()
```

执行结果如图 6-7 所示。

```
a是一个列表 ['hello']
a是一个列表 ['hello']
a是一个列表 ['hello']
```

图 6-7　示例 6-7 输出结果

3. 可变参数与关键字参数

可变参数是指在传递参数时，可以传递任意个数的参数；关键字参数是指可以传递任意个包含名字的参数。如示例 6-8 所示，func1 函数定义的可变参数，适用于传递列表、元组，使用 "*"；func2 函数适用于传递字典，字典中的键名即为参数名称，使用 "**"，这一点跟参数解包的逻辑是一样的。

示例 6-8　可变参数与关键字参数

```
1.  # -*- coding: UTF-8 -*-
2.
```

```
3.  def func1(*args):
4.     count = 0
5.     for i in args:
6.        count = count + i
7.     return count
8.
9.
10. def func2(**kwargs):
11.    tmp_list = []
12.    for k, v in kwargs.items():
13.       tmp_list.append("key:%s   value:%s" % (k, v))
14.    return tmp_list
15.
16.
17. data = [1, 2, 3, 4, 5]
18. print(" 传递可变参数： ", func1(*data))
19. data = (1, 3, 5)
20. print(" 传递可变参数： ", func1(*data))
21. dic = {"key1": 1, "key2": 2}
22. print(" 传递关键字参数： ", func2(**dic))
```

执行结果如图 6-8 所示。

```
传递可变参数： 15
传递可变参数： 9
传递关键字参数： ['key:key1   value:1', 'key:key2   value:2']
```

图 6-8　示例 6-8 输出结果

以上是对于已有列表、元组、字典对象进行传递，还可以不使用 "*"，直接传递，如示例 6-9 所示。

示例 6-9　直接传递可变参数与关键字参数

```
1.  print(" 传递可变参数： ", func1(1, 2, 3, 4, 5))
2.  print(" 传递可变参数： ", func1(1, 3, 5))
3.  print(" 传递关键字参数： ", func2(key1=1, key2=2))
```

如示例 6-10 所示，第 4 行参数列表中有一个 "*"，之后的参数就是关键字参数，其名称是 "c" 和 "d"，调用方式如第 14 行所示。当 "*" 后面紧接着名称，如第 9 行，则不必单独写一个 "*"。

示例 6-10　命名关键字参数

```
1.  # -*- coding: UTF-8 -*-
2.
3.
4.  def func1(a, b=5, *, c, d):
5.     print(" 输出位置参数 a:%a, 可选参数 b:%s,\n 命名关
```

```
6. 键字参数 c:%s, 命名关键字参数 d:%s" % (a, b, c, d))
7.
8.
9.  def func2(a, b=5, *args, c, d):
10.    print(" 输出位置参数 a:%a, 可选参数 b:%s,\n 命名
11. 关键字参数 c:%s,命名关键字参数 d:%s" % (a, b, c, d))
12.
13.
14. func1(10, c=11, d=12)
15. print("")
16. func2(10, c=11, d=12)
```

执行结果如图 6-9 所示。

```
输出位置参数a:10,可选参数b:5,
命名关键字参数c:11,命名关键字参数d:12

输出位置参数a:10,可选参数b:5,
命名关键字参数c:11,命名关键字参数d:12
```

图 6-9　示例 6-10 输出结果

6.1.3　函数的返回值

Python 中的函数可以使用 return 返回数据，也可以不用 return 返回，则默认返回 "None"。在 Python 中，所有事物都被当作对象，函数也是一个对象，因此函数的返回值可以是另一个函数。

1. 返回零到多个值

如示例 6-11 所示，func1 函数没有使用 return 返回数据，因此默认返回值为 "None"。func2 函数有多个返回值，默认情况下，这些返回值将构成一个元组进行返回，因此在第 16 行，变量 a 是一个元组类型。func2 函数返回了两个值，因此在第 19 行定义了两个变量，分别接收这两个值，这称为返回值解包。

示例 6-11　返回零到多个值

```
1.  # -*- coding: UTF-8 -*-
2.
3.  def func1():
4.    print(" 调用 func1 函数：")
5.
6.
7.  def func2(item1, item2):
8.    return item1 + 5, item2 + 6
```

```
9.
10.
11. a = func1()
12. print("func1 返回值 a 的值为：", a, end="\n\n")
13. p1 = {"item1": 10, "item2": 11}
14.
15. print(" 调用 func2 函数：")
16. a = func2(**p1)
17. print("func2 返回值 a 的类型为：", type(a))
18. print("func2 返回值 a 的值为：", a)
19. a, b = func2(**p1)
20. print("func2 返回值解包，a是: %s, b是: %s" % (a, b))
```

执行结果如图 6-10 所示。

```
调用func1函数：
func1返回值a的值为：  None

调用func2函数：
func2返回值a的类型为： <class 'tuple'>
func2返回值a的值为： (15, 17)
func2返回值解包，a是: 15, b是: 17
```

图 6-10　示例 6-11 输出结果

2. 返回函数

如示例 6-12 所示，在 fun1 函数中返回了 fun2 的函数名称。那么在第 9 行，变量 fun 就是一个函数对象，因此输出 fun 的类型为 <class 'function'>。既然 fun 是函数，那么在 fun 后面加一对小括号就能对其进行调用，如第 11 行。

示例 6-12　返回函数

```
1.  # -*- coding: UTF-8 -*-
2.
3.  def fun1():
4.    def fun2():
5.      return 10
6.
7.    return fun2
8.
9.  fun = fun1()
10. print("fun1 返回值类型：", type(fun))
11. result = fun()
12. print("fun() 调用结果为：", result)
```

执行结果如图 6-11 所示。

```
fun1 返回值类型：<class 'function'>
fun()调用结果为：10
```
图 6-11　示例 6-12 输出结果

6.1.4　全局变量和局部变量

全局变量和局部变量是一个相对的概念，在函数内部的变量，称为局部变量；在该函数外的变量，称为全局变量。若是需要将变量对所有函数可见，则需要加 global 关键字进行修饰。如示例 6-13 所示，global 将 var1、var2、var3 都变成了全局变量，因此在 fun 方法外，还能正常访问，访问变量 var4，程序则会触发异常。

示例 6-13 全局变量和局部变量

```
1.  # -*- coding: UTF-8 -*-
2.
3.  def fun():
4.      global var1, var2, var3
5.      var1 = 100
6.      var2 = 200
7.      var3 = 300
8.      var4 = 400
9.      print("fun 中的局部变量 var1：%s，var2：%s,
10. var3：%s，var4：%s" % (var1, var2, var3, var4))
11.
12.
13. fun()
14. print(" 全局变量 var1：%s，var2：%s，var3：%s" % (var1,
15. var2, var3))
16. try:
17.     print(" 输出变量 var4：%s" % (var4))
18. except Exception as e:
19.     print(" 异常信息：", e)
```

执行结果如图 6-12 所示。

```
fun中的局部变量var1：100，var2：200，var3：300，var4：400
全局变量var1：100，var2：200，var3：300
异常信息： name 'var4' is not defined
```
图 6-12　示例 6-13 输出结果

> **温馨提示**
>
> Python 中，使用 global 方法，可以获取当前程序内部所有的全局变量。

6.2　高级函数

这一节将介绍函数相关的几个高级用法，如创建匿名函数、递归函数、装饰器、偏函数等。

6.2.1　匿名函数

Python 中，可以不用 def 关键字创建函数，使用 lambda 表达式创建匿名函数。语法格式如下。

```
lambda param1,…paramN:expression
```

匿名函数也是函数，与普通函数一样，参数也是可选的，如示例 6-14 所示，使用 lambda 表达式创建一个函数对象。

示例 6-14 创建匿名函数

```
1.  # -*- coding: UTF-8 -*-
2.
3.  func1 = lambda x, y: x + y
4.  print("lambda 对象类型：", type(func1))
5.  result = func1(1, 2)
6.  print(" 匿名函数 func1 执行结果：", result)
7.
8.  def func2(x, y):
9.      return x + y
10.
11. result = func2(1, 2)
12. print(" 函数 func2 执行结果：", result)
```

执行结果如图 6-13 所示。

```
lambda对象类型：<class 'function'>
函数执行结果：3
```
图 6-13　示例 6-14 输出结果

可以看出，lambda 表达式不方便书写复杂的代码块。

6.2.2 递归函数

递归函数就是在一个函数内部调用自身的函数，本质上是一个循环，循环结束的点就是递归出口。如示例 6-15 所示，在第 4 行，当输入参数 item 等于 1 时，就退出当前函数。

示例 6-15 递归函数

```
1.  # -*- coding: UTF-8 -*-
2.
3.  def add(item):
4.      if item == 1:
5.          return 1
6.      return item + add(item - 1)
7.
8.
9.  try:
10.     result = add(999)
11.     print(result)
12. except Exception as e:
13.     print(" 错误信息：\n", e)
```

执行结果如图 6-14 所示，出现异常，提示程序超过了最大递归深度。要想解决该问题，首先需要理解函数的调用方式。在计算机中，函数名、参数、值类型等，都是存放在栈上的。每进行一次函数调用，就会在栈上加一层，函数返回就减一层，由于栈的大小是有限的，递归次数过多就会导致堆栈溢出。

```
错误信息：
maximum recursion depth exceeded in comparison
```
图 6-14　示例 6-15 输出结果

在 Python 3 中，默认栈的大小是 998，调用 sys.setrecursionlimit 调整栈的大小可以解决上述问题。如示例 6-16 所示，其中第 5 行将栈的大小设置为 2000，只要递归次数不超过 2000，程序执行就不会报错。

示例 6-16 修改递归深度限制

```
1.  # -*- coding: UTF-8 -*-
2.
3.  import sys
4.
5.  sys.setrecursionlimit(2000)
6.
7.  def add(item):
8.      if item == 1:
9.          return 1
10.     return item + add(item - 1)
11.
12. counter = 999
13. result = add(counter)
14. print(" 递归调用次数：", counter)
15. print(" 递归调用结果：", result)
```

执行结果如图 6-15 所示，输出递归调用次数和结果。

```
递归调用次数：  999
递归调用结果：  499500
```
图 6-15　示例 6-16 输出结果

实际上，将 counter 的值改为 "2001"，仍然会触发堆栈溢出的异常。

彻底解决堆栈溢出的方式是使用尾递归 + 生成器。尾递归是指在返回的时候，仅调用自身，不包含其他运算式，如加减乘除等，同时使用 yield 关键字返回生成器对象。如示例 6-17 所示，在第 5 行定义的 add_recursive 函数体内，使用 yield 返回时（此时该函数变成了生成器），返回的是这个函数本身，而不是一个具体的值。此时编译器内部就可以对尾递归进行优化，不论递归调用多少次，都使用一个函数栈，由此来避免堆栈溢出。

示例 6-17 尾递归 + 生成器

```
1.  # -*- coding: UTF-8 -*-
2.
3.  import types
4.
5.  def add_recursive(cur_item, cur_compute_result=1):
6.      if cur_item == 1:
7.          yield cur_compute_result
8.
```

```
9.      yield add_recursive(cur_item - 1, cur_item + cur_
10.  compute_result)
11.
12.
13.  def add_recursive_wapper(generator, item):
14.     gen = generator(item)
15.     while isinstance(gen, types.GeneratorType):
16.         gen = gen.__next__()
17.
18.     return gen
19.
20.  print(add_recursive_wapper(add_recursive, 10000))
```

执行结果如图 6-16 所示。

```
D:\ProgramData\Anaconda3\python.exe
50005000
```

图 6-16　示例 6-17 输出结果

6.2.3　装饰器

如示例 6-18 所示，在 loop 方法中创建变量 time1 和 time2，用来计算循环耗时。这种业务常见于性能测试。若是需要测试的方法特别多，那么将变量分别拷贝到不同的方法中，如示例中第 7 行和第 10 行代码，这样会造成代码冗余，也不好维护。

示例 6-18　模拟耗时操作的普通函数

```
1.   # -*- coding: UTF-8 -*-
2.
3.   import datetime
4.   import time
5.
6.   def loop():
7.       time1 = datetime.datetime.now()
8.       for i in range(count):
9.           time.sleep(1)
10.      time2 = datetime.datetime.now()
11.      print(" 循环耗时： ", (time2 - time1).seconds)
```

针对这类非业务的功能性需求，在设计模式中使用装饰器模式来改善代码。

装饰器模式的核心思想是在一个现有的方法上扩展功能，而不修改原有的代码。如果直接采用设计模式的写法来扩展函数功能，代码会稍显烦琐。基于这种思路，

在被扩展的方法上加 "@ 装饰器名称" 语法，即可完成扩展，如示例 6-19 所示。log 方法是一个高阶函数，在该函数中继续创建 decorate 函数，用来封装被装饰的 decorated 方法。

示例 6-19　装饰器

```
1.   # -*- coding: UTF-8 -*-
2.   import datetime
3.   import time
4.
5.   def log(func):
6.       def decorate(*args, **kw):
7.           print(" 被装饰的函数名称 :", func.__name__)
8.           time1 = datetime.datetime.now()
9.           func(*args, **kw)
10.          time2 = datetime.datetime.now()
11.          print(" 循环耗时： ", (time2 - time1).seconds)
12.
13.      return decorate
14.
15.  @log
16.  def decorated():
17.      print("decorated 函数被装饰后 , 函数名为：
18.  ",decorated.__name__)
19.      for i in range(count):
20.          time.sleep(1)
21.
22.  decorated()
```

执行结果如图 6-17 所示，可以看到，log 方法中的变量 func 指向了 decorated 方法，decorated 方法被装饰后指向了 decorate 函数。当在调用 decorated 方法的时候，实际上是调用了 decorate 函数，因此可以顺利完成性能检测。

```
被装饰的函数名称: decorated
decorated函数被装饰后,函数名为： decorate
循环耗时： 5
```

图 6-17　示例 6-19 输出结果

6.2.4　偏函数

偏函数是函数式编程思想和可选参数功能融合在一起的函数。多数情况下，需要利用原有代码的功能，但又不能修改原有代码，也不想编写新的代码，这时就需

要用到偏函数。使用 functools.partial 方法创建偏函数，如示例 6-20 所示。本质上，偏函数只是使用 partial 方法将 fun 方法的参数固定住，将参数变为可选参数。

示例 6-20 偏函数

```
1.  # -*- coding: UTF-8 -*-
2.  from functools import partial
3.
4.  def fun(a, b, c, d, e):
5.      return a + b + c + d + e
6.
7.  partial_fun = partial(fun, b=2, c=3, d=4, e=5)
8.  result = partial_fun(10)
9.  print(" 调用偏函数：", result)
```

执行结果如图 6-18 所示。

```
D:\ProgramData\Anaconda3\python.exe
调用偏函数： 24
```

图 6-18　示例 6-20 输出结果

温馨提示

函数式编程思想是一种程序设计范式或者方法论，核心思想是将函数作为程序的基本单元，具体表现是将函数作为参数，也可以作为返回值。

6.2.5　内建函数

在 Python 中，有一个 builtins.py 的模块，称为内建模块，里面定义了众多函数，称为内建函数。本小节将着重介绍基本的、常用的内建函数。

1. map 函数

map 函数有两个参数，一个是待执行的方法，另一个是可迭代的对象。

map(func, *iterables)

map 函数的作用是对对象（iterables）中的每一项都执行一遍设定的方法（func）。注意，调用 map 函数时，返回的是 map 类的实例，此时 func 方法并没有被执行，这被称为惰性函数。然后根据需要返回的类型，在 map 实例上调用 list、tuple、set、dict 等方法触发回调函数（func）的执行，得到最终结果，如示例 6-21 所示。

示例 6-21 map 函数

```
1.  # -*- coding: UTF-8 -*-
2.
3.  def func(item):
4.      return item + 1
5.
6.  data1 = [1, 2, 3, 4, 5, 6, 7, 8, 9, 10]
7.
8.  data2 = map(func, data1)
9.  print(" 输出 map 返回值类型：",type(data2))
10. print(" 将 map 对象转为列表：",tuple(data2))
```

执行结果如图 6-19 所示。

```
输出map返回值类型： <class 'map'>
将map对象转为元组： (2, 3, 4, 5, 6, 7, 8, 9, 10, 11)
```

图 6-19　示例 6-21 输出结果

2. reduce 函数

reduce 函数有三个参数，一个是待执行的方法，一个是序列，最后一个是初始值。

reduce(function, sequence, initial=None)

reduce 函数的作用是，在没有初始值的情况下，首次执行，则从序列中取出两个元素，传入 function 参数得到一个结果，然后再从序列中按顺序取出下一个元素，和该结果再次传入 function 参数，直到把序列中的所有元素取完；若是设置了初始值，首次执行则从序列中取出一个元素，并和初始值一起传入 function 参数，同样将得到的结果和序列中的下一个元素继续传入 function 参数，直到序列取完，如示例 6-22 所示。

示例 6-22 reduce 函数

```
1.  # -*- coding: UTF-8 -*-
2.  from functools import reduce
3.
4.  def func(item1, item2):
5.      return item1 + item2
6.
7.  data1 = [1, 2, 3, 4, 5, 6, 7, 8, 9, 10]
8.
9.  data2 = reduce(func, data1)
10. print(" 序列求和：", data2)
11. data2 = reduce(func, data1, 10000)
12. print(" 序列求和：", data2)
```

执行结果如图 6-20 所示。

序列求和： 55
序列求和： 10055

图 6-20 示例 6-22 输出结果

3. filter 函数

filter 函数有两个参数，一个是待执行的方法，另一个是可迭代的对象。

```
filter(function or None, iterable)
```

filter 函数的作用是从 iterable 参数中逐个取出元素，然后传入 function 参数进行计算，返回计算结果为 True 的元素。与 map 函数类似，该函数同样是"惰性的"，如示例 6-23 所示。

示例 6-23 filter 函数

```
1.  # -*- coding: UTF-8 -*-
2.
3.  def func(item):
4.      if item % 2 == 0:
5.          return True
6.
7.  data1 = [1, 2, 3, 4, 5, 6, 7, 8, 9, 10]
8.
9.  data2 = filter(func, data1)
10. print(" 输出 filter 返回值类型： ", type(data2))
11. print(" 将 filter 对象转为列表： ", list(data2))
```

执行结果如图 6-21 所示。

输出filter返回值类型： <class 'filter'>
将filter对象转为列表： [2, 4, 6, 8, 10]

图 6-21 示例 6-23 输出结果

4. sorted 函数

sorted 函数可以对序列进行排序。如示例 6-24 所示，默认是升序，使用 reverse 参数调整排序方向。使用 key 参数，可以将序列中的元素按 key 参数指定的方法执行，如第 7 行，对每个元素调用 abs 方法（求绝对值），然后再进行排序。

示例 6-24 sorted 函数

```
1.  # -*- coding: UTF-8 -*-
2.
```

```
3.  data1 = [6, 4, 10, 3, 9, 2, 8, 5, 7, 1]
4.  print(" 对列表排序，默认升序： ", sorted(data1))
5.  print(" 对列表降序排列： ", sorted(data1,
6.  reverse=True))
7.  data2 = [-10, -1, 0, 30, 28, 15]
8.  print(" 使用 key 参数对每个元素按绝对值排序： ",
9.  sorted(data2, key=abs))
```

执行结果如图 6-22 所示。

对列表排序,默认升序： [1, 2, 3, 4, 5, 6, 7, 8, 9, 10]
对列表降序排列： [10, 9, 8, 7, 6, 5, 4, 3, 2, 1]
使用key参数对每个元素按绝对值排序： [0, -1, -10, 15, 28, 30]

图 6-22 示例 6-24 输出结果

6.2.6 闭包

Python 是一门支持函数式编程的语言。在支持函数式编程的语言中，都会有闭包这个概念。简单来说，闭包就是在返回的内部函数中，引用了外部函数的局部变量。如示例 6-25 所示，其中内部函数 fun2 引用了外部函数 fun1 的局部变量 local_val，于是 local_val 变量就与 fun2 函数形成闭包。在第 13 行，调用 fun1 函数返回的 count 就是 fun2 函数的引用。在 for 循环中，调用 count 时就会触发 fun2 函数的执行。闭包会记住上次执行的结果，因此在循环调用时，local_val 变量会进行累加。

示例 6-25 闭包

```
1.  # -*- coding: UTF-8 -*-
2.
3.  def fun1():
4.      local_val = [0]
5.
6.      def fun2():
7.          local_val[0] += 1
8.          return local_val[0]
9.
10.     return fun2
11.
12.
13. count = fun1()
14. for i in range(5):
15.     print(" 第 %s 次调用计数器，记录值为： %s" % (i,
16. count()))
```

执行结果如图 6-23 所示。

```
第0次调用计数器，记录值为：1
第1次调用计数器，记录值为：2
第2次调用计数器，记录值为：3
第3次调用计数器，记录值为：4
第4次调用计数器，记录值为：5
```

图 6-23　示例 6-25 输出结果

6.3　Python 模块与包

模块是对程序逻辑上的划分。在一个项目特别大的情况下，需要将实现各种业务的代码分散到不同的模块中进行管理和重用。一般情况下，一个文件可以被看作是一个模块，因此文件名就是模块名。

6.3.1　导入模块

创建好模块后就需要引入，Python 提供了两种导入方式。

1. import

在项目中创建 test1.py 和 test2.py 文件，如图 6-24 所示，在 test2 模块中使用 import 导入模块名 test1，之后就可以按"模块名 . 方法名"的形式调用 test1 模块中的方法。例如，在文件 test2.py 中，通过"test1.show"来调用 show 方法，并在控制台输出数据。

```
test1.py
1   def show(item):
2       print("这是test1模块，显示调用此方法的参数：",item)
3
```

```
test2.py
1   import test1
2
3   test1.show("test2模块传递的参数")
```

图 6-24　导入模块

运行 test2.py 文件，执行结果如图 6-25 所示。

```
这是test1模块，显示调用此方法的参数：test2模块传递的参数
```

图 6-25　运行 test2.py 文件的输出结果 1

2. from import

使用"from 模块名 import 方法名或属性名"的形式，可以指定要导入的内容，若是需要导入该模块的全部内容，在 import 后面加"*"即可。

修改 test1.py 文件并添加 add 方法，然后修改 test2.py 文件的导入方式，如图 6-26 所示。

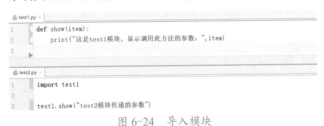

```
test1.py
1   def show(item):
2       print("这是test1模块，显示调用此方法的参数：", item)
3
4
5   def add(x, y):
6       return x + y
7

add()
```

```
test2.py
1   from DataAnalysis.test1 import show, add
2   from DataAnalysis.test1 import *
3
4   show("test2模块传递的参数")
5   print("调用test1的add方法", add(5, 6))
```

图 6-26　导入方法

运行 test2.py 文件，执行结果如图 6-27 所示。

```
这是test1模块，显示调用此方法的参数：test2模块传递的参数
调用test1的add方法 11
```

图 6-27　运行 test2.py 文件的输出结果 2

3. 模块的查找方式

在导入模块的时候，多个模块不是随意放置的。Python 解释器遵循以下优先级搜索模块位置。

（1）查看当前目录是否存在该模块。

（2）若是当前目录没有，则按操作系统配置的环境变量 PATH 指定的路径下进行查找。

（3）若是环境变量 PATH 路径下也没有，则到 Python 安装目录下查找。

（4）以上方法都找不到相应模块，则触发找不到相关模块的异常。

6.3.2　包

包是一个目录，该目录下必须存放一个 __init__.py 文件，目的是告知 Python 解释器该目录是一个包，在

首次导入该包的时候，会执行里面的代码，起到初始化该包的作用。一般情况下，将该文件内容置空。包主要用来管理模块，一个包也可以包含多个子包，如图6-28所示。

图 6-28 嵌套的包

要引用不同包内的方法，推荐使用如下两种方法。

（1）from 包名 [. 子包名（包含子包的话）]. 模块名 import 方法名，属性名称。

（2）from 包名 [. 子包名（包含子包的话）]. 模块名 import *。

6.3.3 模块的发布与安装

在模块中封装好业务逻辑后，要将模块交由其他开发者使用，这就需要发布模块。开发者拿到模块后，还需要进行安装。因此，本小节将介绍如何发布与安装模块。

1. 发布模块

延续第 6.3.1 小节的示例，将 test1.py 文件发布为一个可安装的模块。

Step① setup.py 文件中，填入以下内容，如示例 6-26 所示。在第 5 行，调用 setup 方法设置模块信息。例如，模块名称、版本、包含的模块、模块作者名称、模块描述等。

示例 6-26

```
1.  # -*- coding: UTF-8 -*-
2.
3.  from distutils.core import setup
4.
5.  setup(name="test1",
6.       version="1.1.0",
7.       py_modules=["test1"],
8.       author="sky",
9.       description=" 这是 test1 模块 ")
```

Step② 在 setup.py 文件所在目录中，打开 cmd 窗口，执行以下命令发布模块。

python setup.py sdist

执行结果如图 6-29 所示，显示发布状态。如果图中没有显示错误，就表示发布成功。

```
D:\                                              >python setup.py sdist
running sdist
running check
warning: check: missing required meta-data: url

warning: check: missing meta-data: if 'author' supplied, 'author_email' must be supplied too

warning: sdist: manifest template 'MANIFEST.in' does not exist (using default file list)

warning: sdist: standard file not found: should have one of README, README.txt, README.rst

writing manifest file 'MANIFEST'
creating test1-1.1.0
making hard links in test1-1.1.0...
hard linking setup.py -> test1-1.1.0
hard linking test1.py -> test1-1.1.0
creating dist
Creating tar archive
removing 'test1-1.1.0' (and everything under it)
```

图 6-29 发布状态

发布成功后会在当前目录下创建 MANIFEST 文件和 dist 目录。MANIFEST 文件放置了模块名称等信息；dist 目录放置了一个 test1 模块的压缩文件，这个压缩文件包含了原来模块的代码等包信息。

2. 安装模块

将发布好的模块进行安装，具体步骤如下所示。

Step① 同样在 setup.py 目录下，打开 cmd 窗口，执行如下安装命令。

python setup.py install

执行结果如图 6-30 所示，没有错误表示安装成功。

```
                                          >python setup.py install
running install
running build
running build_py
creating build
creating build\lib
copying test1.py -> build\lib
running install_lib
copying build\lib\test1.py -> D:\ProgramData\Anaconda3\Lib\site-packages
byte-compiling D:\ProgramData\Anaconda3\Lib\site-packages\test1.py to test1.cpython-37.py
running install_egg_info
Writing D:\ProgramData\Anaconda3\Lib\site-packages\test1-1.1.0-py3.7.egg-info
```

图 6-30 安装状态

Step 02 在 cmd 窗口中输入"python"，打开窗口，导入 test1 模块的 show 方法，验证是否安装成功，如图 6-31 所示。

```
D:
                                         >python
Python 3.7.0 (default, Jun 28 2018, 08:04:48) [MSC v.1912 64 bit (AMD6
Type "help", "copyright", "credits" or "license" for more information.
>>> from test1 import show
>>> show("hello")
这是test1模块，显示调用此方法的参数： hello
>>>
```

图 6-31 验证安装

常见面试题

1. 请问什么是闭包?

答：简单来说，闭包就是在某个函数内返回了另一个函数对象，该内部函数对象引用了外部函数的局部变量，于是构成了一个闭包环境。在使用闭包时一定要谨慎，由于闭包记住了外部函数的局部变量，若是闭包函数调用次数过多，可能会造成内存溢出。

2. 请问装饰器的作用是什么?

答：装饰器的作用是为现有程序添加功能，但又无须修改现有的代码。装饰器可以将新功能的代码放到单独的模块中进行管理，以提高系统的可维护性。

3. 请问 Python 如何导入模块?

答：Python 可以使用 import 关键字导入模块，也可以使用 from import 格式导入模块。导入模块时还可以使用 as 关键词重命名，代码如下。

```
from test1 import show as s
```

后续再使用 show 方法时，就需要使用 s 来代替。

本章小结

本章主要介绍了函数的定义、调用方式、递归、模块、包等。参数的传递方式非常灵活，因此在使用时需要特别注意。函数调用栈的层级数是有限制的，因此在设计递归函数的时候，需要注意避免内存溢出。闭包是一个难点，不易理解，需要反复调试程序、观察运行过程，才能理解深刻。

第7章　文件操作

★本章导读★

本章主要介绍文件的创建与读写，以及对象的序列化方式。学习完本章的内容，可以实现将程序的运行结果进行持久化存储。

★知识要点★

通过本章内容的学习，读者能掌握以下知识。

➡ 掌握文件的打开和关闭方式

➡ 了解文件的操作模式

➡ 掌握文件的创建、读写、重命名和删除

➡ 掌握文件内容的迭代方式

➡ 掌握序列化存储方式

7.1　文件的打开和关闭

用户与程序的交互都是使用 input 函数进行输入，使用 print 函数进行输出。而 print 函数是将数据输出到屏幕上，如果要将数据持久化存储，文件是有效的方式之一。

7.1.1　打开与关闭

在 Python 中，读写文件首先需要使用 open 方法获取一个文件对象，该文件对象提供了操作文件资源的接口。根据文件模式创建的文件对象，可以对磁盘文件进行访问，也可以对标准输入、标准输出、套接字、管道等进行访问。文件对象也被称为文件类对象或者流。

Python 中的文件对象类型分别是原始二进制文件、缓冲二进制文件及文本文件。它们的接口定义均在 io 模块中。创建文件对象的规范方式是使用 open 函数。

open 函数具有多个参数，最常用的参数如下。

filename：一个存在的文件路径，用字符串表示。

mode：文件打开模式，用字符串表示。mode 可以是 "r" "w" "a" "r+" 等。mode 参数是可选的，默认值为 "r"。

encoding：用于指定编码格式，用字符串表示。encoding 参数可以是 "gbk" "gb2312" "utf-8" 等。

通常，文件是以文本模式打开的，这意味着从文件中读取或写入字符串时，都会以指定的编码方式进行编码。如果未指定编码格式，则默认值与平台相关。在 mode 中追加的 'b' 则以二进制模式打开文件，以字节对象的形式进行读写。二进制模式可以用于所有不包含文本的文件，如图片、视音频、网络流等。

在打开文件时，最好使用 with 关键字。即使在某个时刻引发了异常，当 with 代码块结束后也会正确关闭文件对象。而且 with 关键字比 try-finally 代码块要简短得多，如以下代码。

```
with open(' 文件名 ') as f:
read_data = f.read()
```

如果没有使用 with 关键字，那么就需要调用 f.close 函数来关闭文件对象，并立即释放它使用的所有系统资源。如果没有显式地关闭文件，Python 的垃圾回收器最终将销毁该对象并关闭打开的文件，但这个文件可能会保持打开状态一段时间。不同类型的 Python 解释器会在不同的时间进行清理，因此这个文件打开状态的时间就不可控了。

7.1.2 文件打开模式

在上一小节提到，文件打开模式由参数 mode 指定，参数 mode 是一个可选字符串，用于指定打开文件的模式，默认值是"r"，这意味着它以文本模式打开并读取。其他常见模式包括写入"w"；排他性创建"x"；追加写"a"。在一些

Unix 系统上，无论当前的文件指针在什么位置，所有写入都会追加到文件末尾。

可用的模式如表 7-1 所示，这些模式既可以单独使用，也可以同时使用，如"wb+"表示以二进制读写模式打开。

表 7-1   文件打开模式

序号	字符	描述
1	'r'	读取（默认）
2	'w'	写入，会覆盖原有文件
3	'x'	排他性创建，如果文件已存在则失败
4	'a'	写入，如果文件存在则在末尾追加
5	'b'	二进制模式
6	't'	文本模式（默认）
7	'+'	更新磁盘文件（读取并写入）

7.2   文件的基本操作

文件对象的基本操作包括创建文件、写入内容、读取文件、将文件进行重命名、删除文件。本小节将详细演示这些操作。

7.2.1   文件的创建

如示例 7-1 所示，打开文件，指定模式为"w""w+""a""a+"时，可以创建文件。

示例 7-1   创建文件

```
1.  # -*- coding: UTF-8 -*-
2.
3.  path = r"D:\file\a.txt"
4.  with open(path, "w") as f:
5.      pass
6.
7.  path = r"D:\file\b.txt"
8.  with open(path, "w+") as f:
9.      pass
10.
11. path = r"D:\file\c.txt"
12. with open(path, "a") as f:
13.     pass
14.
15. path = r"D:\file\d.txt"
16. with open(path, "a+") as f:
17.     pass
```

执行结果如图 7-1 所示，在 D:\file 目录下创建的文件。

图 7-1   示例 7-1 输出结果

7.2.2   文件的写入

文件的写入既可以在没有该文件的情况下进行，即在创建文件时进行写入，也可以是对现有文件追加内容，如示例 7-2 所示。在第 5 行，通过"w"创建文件 a.txt，并写入内容。在第 9 行，通过"w+"创建文件 a.txt，并写入内容，这时会覆盖第 5 行创建的文件。在第 13 行通过"a"创建文件 c.txt。在第 16 行通过"a+"创建文件 c.txt。注意，"a"模式的特性是如果文件已存在，则追加内容。

示例 7-2   写入文件

```
1.  # -*- coding: UTF-8 -*-
2.
3.  path = r"D:\file\a.txt"
4.  content1 = "hello world"
5.  with open(path, "w") as f:
6.      f.write(content1)
7.
8.  content2 = ["hello", " python"]
9.  with open(path, "w+") as f:
10.     f.writelines(content2)
11.
12. path = r"D:\file\c.txt"
13. with open(path, "a") as f:
14.     f.write(content1 + "\n")
15.
16. with open(path, "a+") as f:
17.     f.writelines(content2)
```

执行结果如图 7-2 所示，可以看到写入文件后的内容。

图 7-2　示例 7-2 输出结果

7.2.3　文件的读取

读取文件使用 "r" 模式，如示例 7-3 所示。在第 5 行和第 11 行，调用 read 方法读取文件所有内容。

示例 7-3　读取文件

```
1.  # -*- coding: UTF-8 -*-
2.
3.  path = r"D:\file\a.txt"
4.  with open(path, "r") as f:
5.      content = f.read()
6.      print("a.txt 文件内容是：",
7.  content)
8.
9.  path = r"D:\file\c.txt"
10. with open(path, "r") as f:
11.     content = f.read()
12. print("c.txt 文件内容是：",
13. content)
```

执行结果如图 7-3 所示。

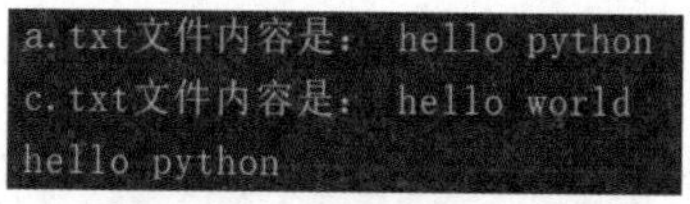

图 7-3　示例 7-3 输出结果

7.2.4　文件重命名

重命名文件不能使用文件对象，而是使用 os 模块下的 rename 函数，如示例 7-4 所示。

示例 7-4　重命名文件

```
1.  # -*- coding: UTF-8 -*-
2.  import os
3.
4.  file = r"D:\file\a.txt"
5.  file1 = r"D:\file\a1.txt"
6.  os.rename(file, file1)
7.
8.  file = r"D:\file\c.txt"
9.  file1 = r"D:\file\c1.txt"
10. os.rename(file, file1)
```

执行结果如图 7-4 所示，显示了 D:\file 目录下的新文件。

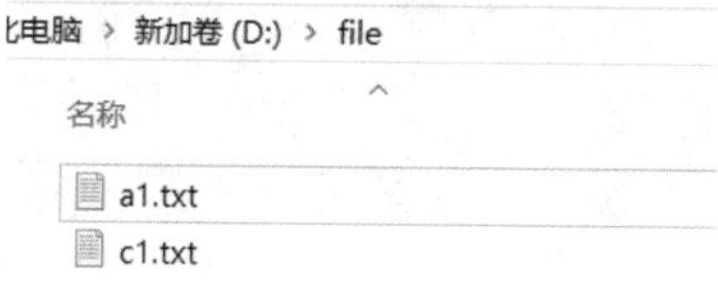

图 7-4　示例 7-4 输出结果

7.2.5　文件的删除

删除文件需要使用 os 模块下的 remove 方法，如示例 7-5 所示。

示例 7-5　删除文件

```
1.  # -*- coding: UTF-8 -*-
2.  import os
3.
4.  file = r"D:\file\a1.txt"
5.  os.remove(file)
6.
7.  file = r"D:\file\c1.txt"
8.  os.remove(file)
```

执行结果如图 7-5 所示，可以看到在 D:\file 目录下已经没有文件了。

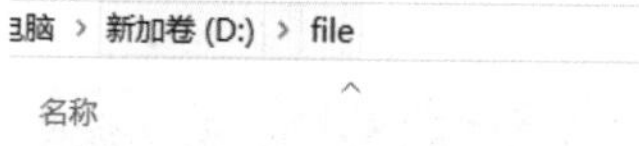

图 7-5　示例 7-5 输出结果

7.3　文件内容的迭代

了解了如何创建文件对象及利用 os 模块来管理文件之后，还需要知道如何对文件内容进行操作。本小节将详细介绍几种文件内容操作方式。

7.3.1　按字节读取

按字节操作是指打开文件后，通过文件对象的 read 方法，按字节数循环读取文件内容。如示例 7-6 所示，第 3 行的文件是由示例 7-2 产生的。在第 5 行，设置 while True 表示不断读取文件内容。第 6 行，f.read(12) 表示每次读取 12 个字节内容返回给 content 对象。读到文件末尾将返回空字符串，因此在第 7 行设置判断条件，读取到内容就打印到屏幕，没有则退出 while 循环。

示例 7-6　按字节读取

```
1.  # -*- coding: UTF-8 -*-
2.
3.  path = r"D:\file\c.txt"
4.  with open(path, "r") as f:
5.      while True:
6.          content = f.read(12)
7.          if content:
8.              print(content)
9.          else:
10.             break
```

执行结果如图 7-6 所示，输出按字节读取的文件内容。

图 7-6　示例 7-6 输出结果

7.3.2　按行读取

使用文件对象的 readline 方法，可以按行读取文件，如示例 7-7 所示。

示例 7-7 按行读取

```
1.  # -*- coding: UTF-8 -*-
2.
3.  path = r"D:\file\c.txt"
4.  with open(path, "r") as f:
5.      while True:
6.          content = f.readline()
7.          if content:
8.              print(content)
9.          else:
10.             break
```

执行结果如图 7-7 所示，输出读取到的内容，包括换行符。

图 7-7　示例 7-7 输出结果

7.3.3　读取整个文件

读取整个文件有两种方式，一是调用 read 方法不加读取长度，二是使用 readlines 方法，如示例 7-8 所示。

示例 7-8 读取整个文件

```
1.  # -*- coding: UTF-8 -*-
2.
3.  path = r"D:\file\c.txt"
4.  print("read 按字符读取：")
5.  with open(path, "r") as f:
6.      for content in f.read():
7.          print(content, end=" ")
8.
9.  print("\n\nreadlines 按行读取：")
10. with open(path, "r") as f:
11.     for content in f.readlines():
12.         print(content)
```

执行结果如图 7-8 所示，输出读取到的内容。可以看到，read 方法是按字符读取，readlines 方法是按行读取。

图 7-8　示例 7-8 输出结果

7.3.4　文件迭代器

文件对象本身就是一个迭代器，因此可以直接遍历文件对象来获取内容，如示例 7-9 所示。

示例 7-9 文件迭代器

```
1.  # -*- coding: UTF-8 -*-
2.
3.  path = r"D:\file\c.txt"
```

```
4.  with open(path, "r") as f:
5.      for content in f:
6.          print(content)
```

执行结果如图 7-9 所示，输出文件内容。

图 7-9　示例 7-9 输出结果

7.3.5　延迟读取

read 与 readlines 方法都会将文件内容直接读取到一个内存缓冲区，然后通过遍历的方式从缓冲区取得数据。对于较大的文件，这样就比较消耗内存，使用 fileinput.input 可以延迟读取数据。如示例 7-10 所示，在第 5 行，for 循环一次，就读取一次数据，而不是一次性将所有数据加载到内存中。

示例 7-10 延迟读取

```
1.  # -*- coding: UTF-8 -*-
2.  import fileinput
3.
4.  path = r"D:\file\c.txt"
5.  for content in fileinput.input(path):
6.      print(content)
```

执行结果如图 7-10 所示，输出读取的文件内容。

图 7-10　示例 7-10 输出结果

7.4　序列化和反序列化

大多数时候，为了节省存储空间，都需要将数据进行序列化后再进行存储。另外，对于复杂结构，如某个类的实例，需要存储到文件，也需要进行序列化。同理，若是需要将序列化后的内容进行还原，还需要反序列化。

7.4.1 pickle 序列化与反序列化

pickle 是 Python 特有的序列化模块，它会将数据序列化成字节。pickle 模块提供了 dumps、dump 来序列化，loads 与 load 来反序列化。

1. 使用 dumps 序列化和 loads 反序列化

如示例 7-11 所示，在第 6 行，dumps 方法将字符串序列化成字节。在第 9 行，loads 方法则将字节反序列化成字符串。

示例 7-11 dumps 序列化和 loads 反序列化

```
1.  # -*- coding: UTF-8 -*-
2.  import pickle
3.
4.  content = "hello world"
5.
6.  data = pickle.dumps(content)
7.  print("dumps 序列化后的数据：", data)
8.
9.  content = pickle.loads(data)
10. print("loads 反序列化后的数据：", data)
```

执行结果如图 7-11 所示。

```
dumps序列化后的数据： b'\x80\x03X\x0b\x00\x00\x00hello worldq\x00.'
loads反序列化后的数据： hello world
```

图 7-11　示例 7-11 输出结果

2. 使用 dump 序列化和 load 反序列化

dump 和 load 方法同样是将数据序列化成字节，然后再反序列化成字符串，只是 dump 方法可以一步到位，将序列化后的结果存到文件，load 方法则需要从文件读取内容进行反序列化。如示例 7-12 所示，第 8 行使用"wb"模式写入文件，第 11 行使用"rb"模式读取文件，第 12 行使用 load 文件对象，直接获取文件内容。

示例 7-12 dump 序列化和 load 反序列化

```
1.  # -*- coding: UTF-8 -*-
2.  import pickle
3.
4.  content = "hello world"
5.
6.  path = r"D:\file\c.txt"
7.  print(" 使用 dump 将数据序列化到文件！ ")
8.  with open(path, 'wb') as f:
9.  pickle.dump(content, f)
10.
11. with open(path, 'rb') as f:
12. content = pickle.load(f)
13. print(" 从文件读取数据：", content)
```

执行结果如图 7-12 所示，a 是序列化到文件的内容，b 是反序列化后打印到屏幕的内容。

a 序列化到文件的内容

```
使用dump将数据序列化到文件！
从文件读取数据： hello world
```

b 反序列化后打印到屏幕

图 7-12　示例 7-12 输出结果

7.4.2 json 序列化与反序列化

json 是一种通用的数据存储格式，由于其良好的可读性和性能优势，广泛应用于 Web 系统传输数据。Python 中的 json 模块，可以将字典类型的数据序列化成字符串，也可以将字符串反序列化为字典类型。如示例 7-13 所示，演示了使用 json 将字典进行序列化与反序列化。

示例 7-13 json 序列化与反序列化

```
1.  # -*- coding: UTF-8 -*-
2.  import json
3.
4.  fruit = {"name": "apple", "price": 12.5}
5.  data = json.dumps(fruit)
6.  print("dumps 序列化后的数据类型：", type(data))
7.  obj = json.loads(data)
8.  print("loads 反序列化后的数据类型：", type(obj))
9.  print("loads 反序列化后的数据：", obj)
```

执行结果如图 7-13 所示。

```
dumps序列化后的数据类型： <class 'str'>
loads反序列化后的数据类型： <class 'dict'>
loads反序列化后的数据： {'name': 'apple', 'price': 12.5}
```

图 7-13　示例 7-13 输出结果

常见面试题

1. 请问 Python 如何操作文件？

答：Python 使用 open 方法打开文件，并返回文件对象。操作文件需要使用文件对象提供的接口，但重命名和删除文件除外。使用 with 语句打开文件，不必手动关闭，否则需要调用文件对象的 close 方法显示关闭，以释放资源。

2. 请问 Python 读取文件内容的方式有哪些？

答：调用文件对象 read、readline、readlines 方法可以按字节读取、按行读取、按整个文件读取，也可以直接遍历文件对象，还可以使用 fileinput 方法延迟读取。

3. 请问使用字节模式打开文件，是否需要指定编码？

答：文件存储的是字节码，字节码与平台是不相关的，因此不必指定编码。如果按文本模式读取，需要指定编码。

本章小结

本章介绍了文件的基本操作，还介绍了对象的序列化与反序列化方式。在生产环境中，读写文件的场景有很多，如记录用户行为、记录系统运行日志等。掌握文件读写的相关知识，对项目开发很有帮助。

第8章 异常处理

★本章导读★

本章主要介绍了 Python 内建的异常类型、自定义异常类型、异常的传递方式及异常的捕获方式。通过学习本章的内容，可以了解如何对异常进行处理。

★知识要点★

通过本章内容的学习，读者能掌握以下知识。

➡ 了解异常的类型

➡ 掌握如何自定义异常

➡ 掌握如何手动抛出异常

➡ 掌握如何捕获异常

8.1 内建异常类型

软件是人工智力工作所产生的结果，任何软件都有开发人员没考虑到的地方。当程序执行到这些地方，就可能会出现异常。Python 提供了许多内建的异常，也支持开发者自定义异常。

8.1.1 内建异常类型

Python 包含很多内建异常类型，这些类型都由 Python 内部自动触发，也可以通过 raise 关键字手动触发，其目的是阻止错误代码的执行，如表 8-1 所示。

表 8-1 内建异常类型

序号	异常类型	描述
1	BaseException	所有异常的基类，包括解释器退出、用户中断等
2	Exception	所有常规异常基类
3	ZeroDivisionError	除以 0 异常
4	NameError	未初始化对象
5	IndexError	超出索引序列
6	SyntaxError	语法错误
7	KeyError	字典中不包含该键
8	FileNotFoundError	文件未找到错误

续表

序号	异常类型	描述
9	TypeError	对某种数据类型进行无效操作，如对数字进行迭代
10	ValueError	传入的参数无效，如将单词转换为数字
11	StopIteration	迭代器终止迭代
12	GeneratorExit	生成器触发异常，退出
13	OverflowError	数据运算超出限制
14	IOError	输入和输出错误
15	ImportError	模块导入错误
16	Warning	警告

8.1.2 自定义异常

在生产环境中，出现异常的情况非常多，Python 内建的异常无法满足所有场景，因此可以自定义异常。如示例 8-1 所示，Python 所有的常规异常基类是 Exception 类，自定义异常需要从此类继承。手动抛出自定义异常，需要使用 raise 语句，如第 9 行。

示例 8-1 自定义异常

```
1.  # -*- coding: UTF-8 -*-
2.
3.  class MyException(Exception):
4.    def __init__(self, longitude, latitude):
5.      self._longitude = longitude
6.      self._latitude = latitude
7.  def get_position(longitude=None, latitude=None):
8.    if longitude is None or latitude is None:
```

```
9.      raise MyException(longitude, latitude)
10.
11. get_position()
```

执行结果如图 8-1 所示，显示异常堆栈调用信息。

```
Traceback (most recent call last):
  File "D:/untitled/test1.py", line 14, in <module>
    get_position()
  File "D:/untitled/test1.py", line 11, in get_position
    raise MyException(longitude, latitude)
__main__.MyException: (None, None)
```

图 8-1 示例 8-1 输出结果

8.2 异常处理

程序出现异常就需要进行捕获，否则会导致系统停止运行，Python 解释器退出。本小节主要介绍异常处理方式。

8.2.1 异常传递

在程序执行过程中，若异常没有被捕获，则会沿着调用栈向上传递，直到程序退出，如示例 8-2 所示。

示例 8-2 异常传递

```
12. # -*- coding: UTF-8 -*-
13.
14. def get_exception():
15.   a = 1 / 0
16.
17. def get_exception1():
18.   get_exception()
19.
20. def get_exception2():
21.   get_exception1()
22.
23. get_exception2()
```

执行结果如图 8-2 所示，可以看到在 get_exception 函数中出现的错误，会一直向上传到 get_exception2 函数中，然后程序退出。

```
Traceback (most recent call last):
  File "D:/untitled/test1.py", line 14, in <module>
    get_exception2()
  File "D:/untitled/test1.py", line 11, in get_exception2
    get_exception1()
  File "D:/untitled/test1.py", line 7, in get_exception1
    get_exception()
  File "D:/untitled/test1.py", line 3, in get_exception
    a = 1 / 0
ZeroDivisionError: division by zero
```

图 8-2 示例 8-2 输出结果

8.2.2 捕获单个异常

Python 使用 try…except…else…finally 语句来捕获异常，解释如下。

（1）try…except 之间是普通的代码。

（2）except…else 之间是捕获到的异常处理代码。

（3）else…finally 之间的是在 try…except 之间没有异常的情况下会执行的代码。

（4）finally 之后的是整个捕获结束后最终要执行的代码。

如示例 8-3 所示，捕获除以 0 异常。except 后面接具体的异常类型，如 ZeroDivisionError。

示例 8-3　捕获除以 0 异常

```
1.  # -*- coding: UTF-8 -*-
2.
3.  try:
4.      a = 1 / 0
5.  except ZeroDivisionError as e:
6.      print(" 异常信息：", e)
7.  else:
8.      print(" 程序未出现异常！")
9.  finally:
10.     print(" 程序最终会执行这一行！")
```

执行结果如图 8-3 所示。

```
异常信息：division by zero
程序最终会执行这一行！
```

图 8-3　示例 8-3 输出结果

8.2.3　捕获多个异常

Python 程序支持捕获多个异常，如示例 8-4 所示，可以在 except ZeroDivisionError 语句后继续写 except NameError。出现这类情况一般是不清楚具体会触发哪一个异常，因此需要捕获多个异常。

示例 8-4　捕获多个异常

```
1.  # -*- coding: UTF-8 -*-
2.
3.  flag = False
4.  try:
5.      if flag:
6.          a = 1 / 0
7.      else:
8.          b
9.  except ZeroDivisionError as e:
10.     print(" 捕获 ZeroDivisionError 的异常信息：", e)
11. except NameError as e:
12.     print(" 捕获 NameError 的异常信息：", e)
13. else:
14.     print(" 程序未出现异常！")
15. finally:
16.     print(" 程序最终会执行这一行！")
```

执行结果如图 8-4 所示。

```
捕获NameError的异常信息：name 'b' is not defined
程序最终会执行这一行！
```

图 8-4　示例 8-4 输出结果

8.2.4　捕获所有异常

当不知道异常范围的时候，可以捕获所有异常来避免程序退出，如示例 8-5 所示。

示例 8-5　捕获所有异常

```
1.  # -*- coding: UTF-8 -*-
2.
3.  try:
4.      a = 1 / 0
5.  except Exception as e:
6.      print(" 捕获 Exception 的异常信息：", e)
7.  else:
8.      print(" 程序未出现异常！")
9.  finally:
10.     print(" 程序最终会执行这一行！")
```

执行结果如图 8-5 所示。

```
捕获Exception的异常信息：division by zero
程序最终会执行这一行！
```

图 8-5　示例 8-5 输出结果

8.2.5　异常捕获顺序

异常的捕获是有顺序的。程序中可能会既出现捕获基类异常，也出现捕获子类异常。如果 try…except 中触发的异常确实是该子类异常，则进行捕获。如果所有子类异常都不匹配，则捕获基类异常。如果捕获基类异常的代码写在了其他子类异常的前面，则只捕获基类异常，如示例 8-6 所示。Exception 异常写在了子类 ZeroDivisionError 异常前面，因此最终会输出捕获到了 Exception 异常信息。

示例 8-6　异常捕获顺序

```
1.  # -*- coding: UTF-8 -*-
2.
3.  try:
4.      a = 1 / 0
5.  except Exception as e:
6.      print(" 捕获 Exception 的异常信息：", e)
```

```
7.    except ZeroDivisionError as e:
8.        print(" 捕获 ZeroDivisionError 的异常信息：", e)
9.    finally:
10.       print(" 程序最终会执行这一行！ ")
```

执行结果如图 8-6 所示，可以看到，程序首先捕获了 Exception 异常。

捕获Exception的异常信息： division by zero
程序最终会执行这一行！

图 8-6　示例 8-6 输出结果

常见面试题

1. 请问异常类型的公共基类是什么？

答：异常、错误的所有基类是 BaseException。BaseException 包含程序退出、用户终端等。常规的程序异常公共基类是 Exception。

2. 请问如何手动抛出异常？

答：使用 raise 关键字手动抛出异常，如 raise NameError 抛出 NameError 类型异常。

3. 请问异常的捕获顺序是怎么样的？

答：若是程序中既出现了捕获基类异常，也出现了捕获子类异常，此时捕获顺序如下。

（1）如果 try…except 中触发的异常确实是该子类异常，则进行捕获。

（2）如果所有子类异常都不匹配，则捕获基类异常。

（3）如果捕获基类异常的代码写在了其他子类异常的前面，则只捕获基类异常。

本章小结

本章介绍了 Python 的内建异常类型与自定义异常类型，还介绍了多种捕获异常的方式。异常的目的是阻止错误代码的执行，通过对异常的了解，可以开发健壮性更高的程序，使系统更稳定。

第 9 章　面向对象编程 1

9.1　面向对象简介

C 语言是一门面向过程开发的语言。面向过程是指根据业务，按顺序依次编写代码，遇到需要重用的代码，就封装成函数或方法。在早期，大多数开发者使用 C 语言编程，设计的程序就是面向过程的。后来出现了 C++、Java、C# 等高级的、面向对象开发的语言，开发者进而开始设计面向对象的程序。

面向过程设计是将事物发展过程用程序表示出来，强调的是过程化思想；而面向对象不同，强调的是模块化思想。

9.1.1　何为面向对象编程

面向对象的基本思想是，任何事物都是对象，这些对象都是该类别的一个实例。每个对象都是一个确定的类型，并拥有该类型的所有特征和行为。对于更复杂的对象，还可以由多个对象嵌套而成，也可以从不同类别继承而来。

面向对象有三大特征：封装、继承、多态。

（1）封装：对事物的抽象，表现形式上是将其定义成类（Python 中的关键词是 class）。类包含了该事物的特征和行为。注意，类是对一类事物的封装，是一个宽泛的概念。

（2）继承：对封装的扩展。当新的类别具备现有类别的特征和行为，并且还有更多属于自身的特点，那么一般认为新类别是现有类别的一种子类别，现有类成为父类别，在程序设计上使用继承来体现父子关系。

（3）多态：子类别虽与父类别有相同行为，但是表现形式不同。

面向对象的程序设计流程大致如下。

（1）确定一个事物的类别，分析类别的特征和行为，封装成类。

（2）对于业务中有多个事物，需要分析事物之间的共性，确定继承关系。

（3）若是不同事物之间存在依赖，就还需要设计类之间的通信方式。

> **温馨提示**
>
> 在 Python 中，类和对象并没有太明确的界限。所有的类、方法都被当作对象。

9.1.2 类和对象的关系

类，是对一类事物的抽象描述，如图 9-1 所示，家禽是一个大类，下面的鸡、鸭、鹅是属于家禽中的一个小类。

图 9-1　家禽

大街上的汽车有大众、丰田、路虎、奥迪等品牌，因此抽象出汽车的分类，如图 9-2 所示。

图 9-2　汽车

对象，是指某一个类下面的具体事物，也称为实例。注意这里的区别，实例是具体的，代表指定的事物；类是抽象的，是对事物类别的描述。如图 9-3 所示，养殖户给每个小鸡设计了编号，小鸡 1 ～ 100；小鸭子也有编号，小鸭 1 ～ 20。那么小鸡 Num1 就是鸡这个类别下的一个实例，也被称为一个对象；小鸭 Num1 就是鸭这个类别下的一个实例。

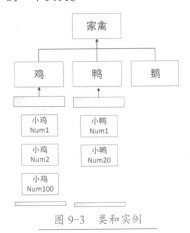

图 9-3　类和实例

如图 9-4 所示，对于汽车下面的类型，京 AF00000 是具体的车，该车是大众牌，因此该车是大众车的一个实例；粤 BC88888 也是具体的车，是一辆路虎，因此该车是路虎车的一个实例。

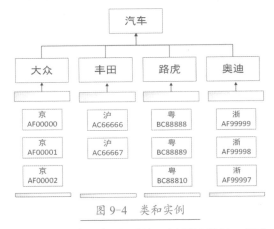

图 9-4　类和实例

理解类和对象的概念后就可以设计类了。图中小鸡有编号"Num*"，另外小鸡还有颜色，如白色、黄色、黑色，这些都是小鸡的特征，称为对象的属性；小鸡还能跑，也能吃东西，这些称为小鸡的行为。将属性和行为抽象出来，封装成类的过程，就是面向对象设计过程，如图 9-5 所示。

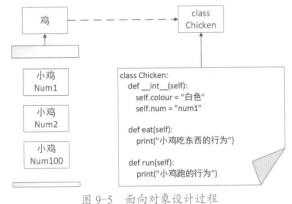

图 9-5　面向对象设计过程

9.2　创建类

Python 安装完毕后释放了大量的文件，列表、元组等都是 builtins.py 模块中定义的类。除此之外，开发者还可以使用 class 关键字创建类。类有两种类型，一种是可以实例化的类，另一种称为抽象类，在包含抽象方法的时候，不能实例化。

9.2.1　创建普通的类

与创建自定义函数类似，创建类也要使用关键词加类名、参数列表的形式。

```
class 类名 ([ 基类列表 ]):
    属性名称
    方法名称
```

如示例 9-1 所示，使用 class 创建普通的类。

示例 9-1　创建类

```
1.  # -*- coding: UTF-8 -*-
2.
3.  class Chicken:
4.      colour = " 白色 "
5.      num = "num1"
```

创建该类型的实例，只需使用类名加括号的形式，如示例 9-2 所示。

示例 9-2　创建实例

```
1.  chicken = Chicken()
2.  print(" 对象地址： ", id(chicken))
3.  print(" 对象类型： ", type(chicken))
```

输出对象内存地址和对象类型，如图 9-6 所示。

```
对象地址：　1992578782096
对象类型：　<class '__main__.Chicken'>
```

图 9-6　示例 9-2 输出结果

9.2.2　创建抽象类

创建抽象类需要从 ABCMeta 类继承，该类定义在 abc 模块中，该模块包含创建抽象类的修饰符。普通的抽象类可以实例化，如示例 9-3 所示。

示例 9-3　创建抽象类

```
1.  # -*- coding: UTF-8 -*-
2.
3.  from abc import ABCMeta
4.
5.  class Poultry(metaclass=ABCMeta):
```

```
6.      colour = " 白色 "
7.      num = "num1"
8.
9.  poultry = Poultry()
10. print(" 对象地址： ", id(poultry))
11. print(" 对象类型： ", type(poultry))
```

执行结果如图 9-7 所示。

```
对象地址：　2591027319696
对象类型：　<class '__main__.Poultry'>
```

图 9-7　示例 9-3 输出结果

若是该抽象类包含了抽象方法，则不能示例化，如示例 9-4 所示。

示例 9-4　使用抽象类创建对象

```
1.  # -*- coding: UTF-8 -*-
2.
3.  from abc import ABCMeta, abstractmethod
4.
5.  class Poultry(metaclass=ABCMeta):
6.      colour = " 白色 "
7.      num = "num1"
8.
9.      @abstractmethod
10.     def eat(self):
11.         pass
12.
13.     @abstractmethod
14.     def run(self):
15.         pass
16.
17. poultry = Poultry()
18. print(" 对象地址： ", id(poultry))
19. print(" 对象类型： ", type(poultry))
```

执行结果如图 9-8 所示，出现类型错误异常。

```
Traceback (most recent call last):
  File "D:/untitled/test1.py", line 16, in <module>
    poultry = Poultry()
TypeError: Can't instantiate abstract class Poultry with abstract methods eat, run
```

图 9-8　示例 9-4 输出结果

9.3 类的深入讲解

与大多数面向对象语言类似，Python 的类也可以定义构造方法。销毁该类型的某个对象时，也可以自动调用析构方法。在应用方面，Python 比其他编程语言的功能更为丰富，关键在于 Python 有大量的魔法方法与魔法属性。

9.3.1 构造方法与析构方法

构造方法用于控制创建对象的方式，一般给对象设置初始值；析构方法用于控制销毁对象的方式，一般需要手动释放的系统资源。

如示例 9-5 所示，创建文件操作类。在第 5 行，使用 __init__ 定义构造方法，并指定参数 path。在 __init__ 方法中，self 是所有实例方法的第一个参数，也是默认参数，表示当前对象。因此第 7 行的含义就是给当前对象的 _path 属性设置初始值为 path。__init__ 方法会在创建对象时自动调用。在第 8 行，调用 open 方法，打开 path 所指向的文件，并将返回的文件对象赋值给 _f 属性。在第 10 行，使用 __del__ 定义析构方法，在该方法中判断文件对象是否关闭，若未关闭，则调用 close 方法。当使用 del 关键字删除该对象时，__del__ 方法也会自动调用。

示例 9-5 构造方法与析构方法

```
1.  # -*- coding: UTF-8 -*-
2.
3.  class FileOperate:
4.
5.      def __init__(self, path):
6.          print(" 自动调用 __init__ 方法！ ")
7.          self._path = path
8.          self._f = open(path)
9.
10.     def __del__(self):
11.         print(" 自动调用 __del__ 方法！ ")
12.         if not self._f.closed:
13.             self._f.close()
14.
15. file_operate_obj = FileOperate(r"D:\file\c.txt")
16. del file_operate_obj
```

执行结果如图 9-9 所示，输出构造方法与析构方法的执行过程。

```
自动调用__init__方法！
自动调用__del__方法！
```

图 9-9　示例 9-5 输出结果

9.3.2 魔法方法

Python 内置了许多方法，这些方法在执行特定操作时会自动调用，这些方法称为魔法方法或者魔术方法。__init__ 与 __del__ 也是魔法方法。魔法方法的名称前后有两根下画线，表示这些方法由 Python 解释器专用。开发者在定义普通方法时，需要避免使用两根下画线来命名。以下为目前最常见的模式方法。

1. __new__ 与 __init__

Python 中的类有两种，即经典类与新式类。经典类是指直接申明的，不显示从 object 继承，具体如下所示。

```
class MyClass:

    def __init__(self, val):
        self._val = val
```

在 Python 3 中已经将经典类移除，所有的类都默认从 object 继承，这些类称为新式类。在新式类中，__new__ 方法是静态方法，至少传递一个参数 cls，表示当前定义的类型。

在创建某个类型的实例时，首先会调用 __new__ 方法，__new__ 方法会返回该类型的实例，并自动调用 __init__ 方法，同时将实例作为 self 参数传递到 __init__ 方法中。

__new__ 方法负责创建实例，__init__ 方法负责初始化实例，如示例 9-6 所示。

示例 9-6 __new__ 和 __init__ 执行过程

```
1.  # -*- coding: UTF-8 -*-
2.
3.  class FileOperate:
4.
```

```
    def __init__(self, path):
        print(" 执行 __init__ 方法！ ")
        self._path = path

    def __new__(cls, *args, **kwargs):
        print(" 执行 __new__ 方法！ ")
        print("cls：", cls)
        obj = object.__new__(cls)
        if isinstance(obj, cls):
            print("obj 是 cls 的实例 ")

        return obj

file_operate_obj = FileOperate(r"D:\file\c.txt")
```

执行结果如图 9-10 所示，输出 __new__ 和 __init__ 执行过程。

```
执行__new__方法！
cls： <class '__main__.FileOperate'>
obj是cls的实例
执行__init__方法！
```

图 9-10 示例 9-6 输出结果

__new__ 方法还可以选择是否自动调用。如示例 9-7 所示，在 __new__ 方法中不返回 cls 的实例，就不会自动调用 __init__ 方法了。在第 16 行，访问实例的 _path 属性时，就会提示错误。

示例 9-7 __new__ 方法不返回实例

```
1.  # -*- coding: UTF-8 -*-
2.
3.  class FileOperate:
4.
5.      def __init__(self, path):
6.          print(" 执行 __init__ 方法！ ")
7.          self._path = path
8.
9.      def __new__(cls, *args, **kwargs):
10.         print(" 执行 __new__ 方法！ ")
11.         print("cls：", cls)
12.         pass
13.
14. try:
15.     file_operate_obj = FileOperate(r"D:\file\c.txt")
16.     print("_path 的值为：", file_operate_obj._path)
17. except Exception as e:
18.     print(" 错误信息：", e)
```

执行结果如图 9-11 所示，输出错误信息。

```
执行__new__方法！
cls： <class '__main__.FileOperate'>
错误信息： 'NoneType' object has no attribute '_path'
```

图 9-11 示例 9-7 输出结果

2. __str__、__repr__ 与 __format__

__str__、__repr__ 与 __format__ 都是将对象转换成字符串，只是调用场景不同，如示例 9-8 所示。在 FileOperate 类中，在第 8 行定义 __str__ 方法，表示将对象以字符串的形式返回。在第 11 行定义 __repr__ 方法，表示在控制台直接输出对象。在第 14 行定义 __format__ 方法，表示将对象格式化输出。

示例 9-8 将对象转为字符串

```
1.  # -*- coding: UTF-8 -*-
2.
3.  class FileOperate:
4.
5.      def __init__(self, path):
6.          self._path = path
7.
8.      def __str__(self):
9.          return " 调用 __str__ 方法！ "
10.
11.     def __repr__(self):
12.         return " 调用 __repr__ 方法！ "
13.
14.     def __format__(self, *args):
15.         return " 调用 __format__ 方法！ "
16.
17. file_operate_obj = FileOperate(r"D:\file\c.txt")
18. print(" 将对象直接打印到屏幕时：")
19. print(file_operate_obj)
20.
21. print("\n 调用 format 方法做格式化输出时：")
22. print("{}".format(file_operate_obj))
```

将此脚本文件命名为 test1.py，在 test1.py 同一目录下打开 Python 命令行窗口。如图 9-12 所示，在 Python

的 Shell 窗口中使用 import 导入 FileOperate 对象，就会执行第 17 行至第 22 行代码，此时就会自动调用 __str__ 与 __format__ 方法。在窗口中直接输出 f 对象，就会自动调用 __repr__ 方法。

```
D:\untitled>python
Python 3.7.0 (default, Jun 28 2018, 08:04:48) [MSC v.1912 64 bit (AMD
Type "help", "copyright", "credits" or "license" for more information
>>> from test1 import FileOperate
将对象直接打印到屏幕时：
调用__str__方法！

调用format方法做格式化输出时：
调用__format__方法！
>>> f=FileOperate(r"D:\file\c.txt")
>>> f
调用__repr__方法！
>>>
```

图 9-12 示例 9-8 输出结果

3. __getattr__ 与 __setattr__

动态获取对象信息、类型信息、访问对象成员等操作称为反射，在 Python 中也称为自省。如示例 9-9 所示，使用 __getattr__ 方法动态获取对象属性或方法，使用 __setattr__ 方法给该属性赋值，都属于 Python 反射功能的范畴。

示例 9-9 动态获取对象方法和给对象属性赋值

```
1.   # -*- coding: UTF-8 -*-
2.
3.   class Pig:
4.       def __init__(self):
5.           self.name = ""
6.
7.       def run(self):
8.           print("{}，快跑！".format(self.name))
9.
10.  pig = Pig()
11.  print(" 调用 setattr 方法给 name 属性赋值：", " 小猪
12.  佩奇 ")
13.  setattr(pig, "name", " 小猪佩奇 ")
14.
15.  name_val = getattr(pig, "name")
16.  print("\n 调用 getattr 方法获取 name 属性值： ",
17.  name_val)
18.
19.  print("\n 调用 getattr 方法获取 run 方法并执行 ")
20.  fun = getattr(pig, "run")
21.  fun()
```

执行结果如图 9-13 所示，输出各方法执行结果。

```
调用setattr方法给name属性赋值：  小猪佩奇

调用getattr方法获取name属性值：  小猪佩奇

调用getattr方法获取run方法并执行
小猪佩奇，快跑！
```

图 9-13 示例 9-9 输出结果

4. __enter__ 与 __exit__

在创建类时，定义了 __enter__ 与 __exit__ 方法，使该类支持上下文管理器。支持上下文管理器的类，可以使用 with 语句创建对象，如示例 9-10 所示。

示例 9-10 上下文管理器

```
1.   # -*- coding: UTF-8 -*-
2.
3.   class FileOperate:
4.
5.       def __init__(self, path):
6.           print(" 自动调用 __init__ 方法！ ")
7.           self._path = path
8.
9.       def __enter__(self):
10.          print(" 自动调用 __enter__ 方法！ ")
11.          self._f = open(self._path)
12.          return self
13.
14.      def __exit__(self, exc_type, exc_val, exc_tb):
15.          print(" 自动调用 __exit__ 方法！ ")
16.          if not self._f.closed:
17.              self._f.close()
18.
19.      def show(self):
20.          print(" 执行文件操作 ...")
21.
22.  with FileOperate(r"D:\file\c.txt") as f:
23.      f.show()
```

执行结果如图 9-14 所示，输出各方法的调用顺序。可以看到，定义了支持上下文管理器的类，在 with 语句开始时会自动调用 __enter__ 方法，结束时会自动调用 __exit__ 方法。

```
自动调用__init__方法!
自动调用__enter__方法!
执行文件操作...
自动调用__exit__方法!
```

图 9-14　示例 9-10 输出结果

5. __call__

在类中定义 __call__ 方法，可以将类的实例转换为一个可调用对象（函数是一个对象，函数名加一对小括号，就可以完成函数的调用，这个函数称为可调用对象）。如示例 9-11 所示，在第 10 行，在 wild_goose 实例后面加一对小括号，并传入参数进行调用。

示例 9-11 创建可调用对象

```
1.  # -*- coding: UTF-8 -*-
2.
3.  class WildGoose:
4.      def __call__(self, direction):
5.          print(" 自动调用 __call__ 方法！ \n 输出内容：")
6.          print(" 大雁正往 {0} 方向飞 ".format(direction))
7.
8.
9.  wild_goose = WildGoose()
10. wild_goose(" 东南 ")
```

执行结果如图 9-15 所示。

```
自动调用__call__方法!
输出内容:
大雁正往 东南 方向飞
```

图 9-15　示例 9-11 输出结果

9.3.3 魔法属性

实际上，Python 还内置了许多魔法属性，魔法属性是指类属性名前后加了两根下画线，用于控制类行为的属性。限于篇幅，这里重点介绍 __dict__ 和 __slots__ 属性，因为这两个属性控制了对象是否可变。

1. __dict__

如示例 9-12 所示，wild_goose 是一个可变对象，可以动态地添加和删除属性。使用 __dict__ 魔法属性，可以查看当前实例的属性及属性值。

示例 9-12 __dict__ 属性

```
# -*- coding: UTF-8 -*-

class WildGoose:

    def __init__(self):
        self.colour = " 白色 "
        self.weight = "12kg"

wild_goose = WildGoose()
wild_goose.name = " 鸿雁 "
print("wild_goose 对象的属性：", wild_goose.__dict__)
del wild_goose.name
print(" 删除 name 之后的属性：", wild_goose.__dict__)
```

执行结果如图 9-16 所示，输出对象各属性值。

```
wild_goose对象的属性: {'colour': '白色', 'weight': '12kg', 'name': '鸿雁'}
删除name之后的属性: {'colour': '白色', 'weight': '12kg'}
```

图 9-16　示例 9-12 输出结果

2. __slots__

在类中定义 __slots__ 属性，Python 解释器会自动用 __slots__ 替换掉 __dict__，使该类成为不可变对象。在 __slots__ 中设置了属性名后，除了在构造函数中可以创建同名属性外，在其他地方都会触发异常，如示例 9-13 所示。

示例 9-13 __slots__ 属性

```
# -*- coding: UTF-8 -*-

class WildGoose:
    __slots__ = ["direction", "colour", "weight"]

    def __init__(self):
        self.direction = []
        self.colour = " 白色 "
        self.weight = "12kg"


wild_goose = WildGoose()
print("wild_goose 对象的属性：", wild_goose.__slots__)
try:
    wild_goose.name = " 鸿雁 "
except Exception as e:
    print(" 错误信息：", e)
```

执行结果如图 9-17 所示，输出属性及错误信息。

```
wild_goose对象的属性：['direction', 'colour', 'weight']
错误信息：'WildGoose' object has no attribute 'name'
```

图 9-17 示例 9-13 输出结果

常见面试题

1. 请问 _new_ 和 _init_ 方法的区别是什么？

答：__new__ 方法负责创建实例，__init__ 方法负责初始化实例。__new__ 方法会返回要创建的类型的实例，并自动调用 __init__ 方法，同时将实例作为 self 参数传递到 __init__ 方法中。若是 __new__ 方法不返回实例，则不会调用 __init__ 方法。

2. 请问什么情况下，创建实例才能使用 with 关键词？

答：with 关键词适用于支持上下文管理器的类型，只有在类中定义了 __enter__ 和 __exit__ 方法，才可以使用 with 关键词创建该类型的实例。

3. 请问通过什么方式可以自动为对象的多个属性赋值？

答：将要赋值的属性放入一个列表，遍历该列表。在列表中调用 __setattr__ 方法，即可完成对象属性的批量赋值。

本章小结

本章主要介绍了面向对象的基本思想、对象的创建方式和魔法方法等。学习本章的内容，读者可以设计面向对象的程序，还可以通过定义魔法方法和魔法属性来修改类的行为。

第 10 章　面向对象编程 2

★ 本章导读 ★

在上一章，介绍了面向对象编程的一些基础知识，本章将进一步详细讲解关于面向对象的进阶知识。本章会介绍各种类型的属性、各种类型的方法及相对应的使用方式，还会介绍面向对象程序设计的另外两个重要特性，即继承与多态。继承与多态能极大地提高代码的可重用性和灵活性。

★ 知识要点 ★

通过本章内容的学习，读者能掌握以下知识。

➡ 掌握属性、只读属性等创建方法

➡ 掌握对象的方法设计技术

➡ 了解类的继承原理

➡ 了解多态的表现形式

➡ 掌握多态编程技术

10.1　类的属性

属性是事物特征的抽象描述，如一个西瓜的颜色、重量、形状、口感都是其属性。属性是类的成员，不能独立存在。Python 类的属性形式很多，有类属性、实例属性、动态属性等。

10.1.1　类属性

既可以使用实例名，也可以使用类名访问的属性就叫类属性。如示例 10-1 所示，colour 与 num 都是类 Chicken 的类属性，因此在使用时可以通过 Chicken.colour 进行访问，也可以通过实例 chicken. colour 进行访问。

示例 10-1　访问类属性

```
1.  # -*- coding: UTF-8 -*-
2.
3.  class Chicken:
4.      colour = " 白色 "
5.      num = "num1"
6.
7.  chicken = Chicken()
8.  print(" 通过类名访问属性 colour： ", Chicken.colour)
9.  print(" 通过类名访问属性 num： ", Chicken.num)
10.
11. print("\n 通过实例访问属性 colour： ", chicken.colour)
12. print(" 通过实例访问属性 num： ", chicken.num)
```

执行结果如图 10-1 所示。

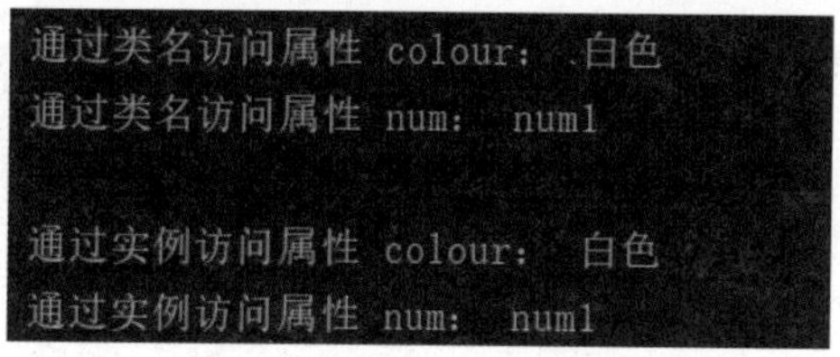

图 10-1　示例 10-1 输出结果

类属性都是指向同一个地址，修改类会影响到该类型的所有实例。如示例 10-2 所示，创建实例 chicken1 和 chicken2，分别输出两个实例 colour 和 num 的内存地址。修改类属性的值，查看 chicken1 和 chicken2 对应属性的变化。

示例 10-2 修改类属性

```
1.  # -*- coding: UTF-8 -*-
2.
3.
4.  class Chicken:
5.      colour = " 白色 "
6.      num = "num1"
7.
8.  chicken1 = Chicken()
9.  chicken2 = Chicken()
10. print("chicken1 colour 地址：", id(chicken1.colour))
11. print("chicken1 num 地址：", id(chicken1.num))
12.
13. print("\nchicken2 colour 地址：", id(chicken2.colour))
14. print("chicken2 num 地址：", id(chicken2.num))
15.
16. Chicken.colour = " 黄色 "
17. Chicken.num = "Num2"
18. print("\n 实例 chicken1 访问修改后的属性 colour：",
19. chicken1.colour)
20. print(" 实例 chicken1 访问修改后的属性 num：",
21. chicken1.num)
22.
23. print("\n 实例 chicken2 访问修改后的属性 colour：",
24. chicken2.colour)
25. print(" 实例 chicken2 访问修改后的属性 num：",
26. chicken2.num)
```

执行结果如图 10-2 所示，可以看到对于类属性，不同实例共享了同一个对象地址，因此对其修改后，会影响所有实例。

```
chicken1 colour 地址：2591807683464
chicken1 num 地址：2591809950472

chicken2 colour 地址：2591807683464
chicken2 num 地址：2591809950472

实例 chicken1 访问修改后的属性 colour：黄色
实例 chicken1 访问修改后的属性 num：Num2

实例 chicken2 访问修改后的属性 colour：黄色
实例 chicken2 访问修改后的属性 num：Num2
```

图 10-2　示例 10-2 输出结果

10.1.2　实例属性

只能通过实例名访问的属性，称为实例属性。如示例 10-3 所示，在 __init__ 方法中，给 self 对象创建属性 weight 和 price。self 对象表示当前类型的实例，因此若是通过类名访问 weight 和 price 属性，则会触发异常。

示例 10-3 通过类名访问实例属性

```
1.  # -*- coding: UTF-8 -*-
2.
3.
4.  class Chicken:
5.      colour = " 白色 "
6.      num = "num1"
7.
8.      def __init__(self, weight, price):
9.          self.weight = weight
10.         self.price = price
11.
12.
13. chicken1 = Chicken("2.5kg", " ￥80")
14. chicken2 = Chicken("3kg", " ￥100")
15. try:
16.     print(Chicken.price)
17. except Exception as e:
18.     print(" 通过类名访问实例属性，触发异常：\n", e)
```

执行结果如图 10-3 所示。

```
通过类名访问实例属性，触发异常：
type object 'Chicken' has no attribute 'price'
```

图 10-3　示例 10-3 输出结果

特别强调的是，在实例上创建的属性，仅属于该实例，对于任何不同实例来说，是相互独立的。如示例 10-4 所示，修改实例上的属性，各实例间互不影响。

示例 10-4 修改实例属性

```
1.  # -*- coding: UTF-8 -*-
2.
3.  class Chicken:
4.      colour = " 白色 "
5.      num = "num1"
6.
7.      def __init__(self, weight, price):
8.          self.weight = weight
```

```
        self.price = price

chicken1 = Chicken("2.5kg", "￥80")
chicken2 = Chicken("3kg", "￥100")

print("chicken1 weight 地址：", id(chicken1.weight))
print("chicken1 price 地址：", id(chicken1.price))

print("\nchicken2 colour 地址：", id(chicken2.weight))
print("chicken2 price 地址：", id(chicken2.price))

chicken1.weight = "3.5kg"
chicken1.price = "￥120"

chicken2.weight = "2.0kg"
chicken2.price = "￥60"

print("\n 实例 chicken1 访问修改后的属性 weight：",
chicken1.weight)
print(" 实例 chicken1 访问修改后的属性 price：",
chicken1.price)

print("\n 实例 chicken2 访问修改后的属性 weight：",
chicken2.weight)
print(" 实例 chicken2 访问修改后的属性 price：",
chicken2.price)
```

执行结果如图 10-4 所示。

```
chicken1 weight 地址： 2131096371640
chicken1 price 地址： 2131093195744

chicken2 colour 地址： 2131096371920
chicken2 price 地址： 2131094789264

实例 chicken1 访问修改后的属性 weight： 3.5kg
实例 chicken1 访问修改后的属性 price： ￥120

实例 chicken2 访问修改后的属性 weight： 2.0kg
实例 chicken2 访问修改后的属性 price： ￥60
```

图 10-4 示例 10-4 输出结果

10.1.3 动态属性

动态属性是 Python 语言的一大特色，可以直接通过“类名 . 属性名”和“实例名 . 属性名”创建相应的动态属性。如示例 10-5 所示，在第 7 行，给类动态添加属性，在第 16 行，给实例动态添加属性。

示例 10-5 动态属性

```
1.  # -*- coding: UTF-8 -*-
2.
3.  class Chicken:
4.      colour = " 白色 "
5.      num = "num1"
6.
7.  Chicken.price = " ￥150"
8.  print(" 访问类上的动态属性：", Chicken.price)
9.  chicken1 = Chicken()
10. print(" 类上的动态属性会传递给实例：", chicken1.
11. price)
12. chicken2 = Chicken()
13. print("\nchicken1 和 chicken2 共享类上的动态属性
14. ：", chicken1.price == chicken2.price)
15.
16. chicken1.weight = "5kg"
17. chicken2.weight = "5kg"
18. print("chicken1 和 chicken2 实例上的动态属性是相
19. 互独立的：", chicken1.price != chicken2.weight)
```

执行结果如图 10-5 所示。

```
访问类上的动态属性： ￥150
类上的动态属性会传递给实例： ￥150

chicken1 和 chicken2 共享类上的动态属性 ： True
chicken1 和 chicken2 实例上的动态属性是相互独立的： True
```

图 10-5 示例 10-5 输出结果

温馨提示

在编程过程中，实例属性只能实例访问；类属性，类和实例都可以访问，包括对应的动态属性。

10.1.4 特性

特性是一个函数，表现形式就是一个简单的属性。使用特性修饰或创建的属性访问，会自动调用相应的代码，使调用方对属性的访问更自然。Python 使用 @property 和 property 类来创建特性。

1. 扩展属性功能

假设给实例 chicken 的 weight 属性赋值如下。

```
chicken = Chicken()
chicken.weight = "30.0kg"
```

很显然，一只小鸡在正常情况下不可能有 30 公斤。因此，在给属性赋值的时候，需要做数据或类型检查。如示例 10-6 所示，在第 14 行，定义 set_weight 方法，检查输入参数的类型和范围。同理，在获取数据的时候，需要对属性进行封装，如获取小鸡的净重，就可以定义 get_weight 方法，在获取最终数据前，先执行一次运算。

示例 10-6 扩展展性功能

```
1.  # -*- coding: UTF-8 -*-
2.
3.  class Chicken:
4.    def __init__(self):
5.      self.weight = None
6.
7.    def get_weight(self):
8.      # 毛重
9.      rough_weight = 0.2
10.     # 净重
11.     suttle_weight = self.weight - 0.2
12.     return suttle_weight
13.
14.    def set_weight(self, val):
15.      if not isinstance(val, float):
16.        raise ValueError(" 请传递一个整数或浮点数 !")
17.      if 0.1 > val or val > 8:
18.        raise ValueError(" 请确保参数范围在 0.1 到
19.  12 之间！ ")
20.
21.      self.weight = val
22.
23.
24.  chicken = Chicken()
25.  try:
26.    chicken.set_weight("abc")
27.  except Exception as e:
28.    print(" 传递字符串，触发异常：", e)
29.
30.  try:
31.    chicken.set_weight(20)
32.  except Exception as e:
```

```
33.    print(" 传递数据超出范围，触发异常：", e)
34.
35.  chicken.set_weight(6.5)
36.  print(" 获取净重： {} kg".format(chicken.get_
37.  weight()))
```

执行结果如图 10-6 所示。

```
传递字符串，触发异常： 请传递一个整数或浮点数 !
传递数据超出范围，触发异常： 请传递一个整数或浮点数 !
获取净重：6.3 kg
```

图 10-6 示例 10-6 输出结果

2. @property 装饰器

实际上，封装业务后，在调用时仍显烦琐，那么是否有一种方式可以在访问普通属性时，自动调用相关代码呢？为此，Python 提供了一个 @property 的装饰器来解决此问题。如示例 10-7 所示，第 8 行和第 12 行，定义了两个同名方法。第 8 行的方法上加 @property 装饰器修饰，表示该方法使用 getter 特性，用于获取属性值；第 12 行的方法上加 @weight.setter，表示该方法使用 setter 特性，用于给属性赋值。@weight 中，weight 指向的是第 8 行的方法。最后按访问实例属性那样设置和输出 weight 值。

示例 10-7 使用 @property 装饰器封装属性

```
1.  # -*- coding: UTF-8 -*-
2.
3.  class Chicken:
4.    def __init__(self):
5.      self._weight = None
6.
7.    @property
8.    def weight(self):
9.      return self._weight
10.
11.    @weight.setter
12.    def weight(self, val):
13.      if not isinstance(val, float):
14.        raise ValueError(" 请传递一个整数或浮点数 !")
15.      if 0.1 > val or val > 12:
16.        raise ValueError(" 请确保参数范围在 0.1 到
17.  12 之间！ ")
```

```
18.
19.      self._weight = val
20.
21.  chicken = Chicken()
22.  chicken.weight = 80.5
23.  print(" 获取正常的 weight：", chicken.weight)
```

执行时会自动调用第 12 行方法，最终结果如图 10-7 所示，抛出异常。

```
Traceback (most recent call last):
  File "D:/untitled/test1.py", line 21, in <module>
    chicken.weight = 80.5
  File "D:/untitled/test1.py", line 16, in weight
    raise ValueError("请确保参数范围在0.1到12之间！")
ValueError: 请确保参数范围在0.1到12之间！
```

图 10-7　示例 10-7 输出结果

3. property 类

property 是一个类，定义在 builtins.py 模块中。通过该类构造函数（__init__）可以封装类中的方法，并返回一个作为类属性的对象，比 @property 显得更为简洁。如示例 10-8 所示，在第 16 行和第 17 行，使用 property 封装 get_weight、set_weight 和 del_weight 方法。

当在获取属性值、设置属性值和删除实例上的属性 weight 的时候，程序会自动调用 get_weight、set_weight 和 del_weight 方法。

示例 10-8　使用 property 封装属性

```
1.  # -*- coding: UTF-8 -*-
2.
3.  class Chicken:
4.      def __init__(self):
5.          self.weight = "3.0kg"
6.
7.      def get_weight(self):
8.          return self.weight
```

```
9.
10.     def set_weight(self, val):
11.         self.weight = val
12.
13.     def del_weight(self):
14.         del self.weight
15.
16.     p_weight = property(get_weight, set_weight, del_
17. weight)
18.
19.
20.  chicken = Chicken()
21.  print(" 获取 weight 值：", chicken.p_weight)
22.  chicken.p_weight = "5.0kg"
23.  print(" 设置 weight 值：", chicken.p_weight)
24.  del chicken.weight
25.  try:
26.      print(" 获取删除 weight 属性后的值：", chicken.
27. weight)
28.  except Exception as e:
29.      print(" 访问删除后的 weight 属性，触发异常：", e)
```

执行结果如图 10-8 所示。

```
获取weight值：3.0kg
设置weight值：5.0kg
访问删除后的weight属性，触发异常：'Chicken' object has no attribute 'weight'
```

图 10-8　示例 10-8 输出结果

> **温馨提示**
>
> 在使用 property 类封装属性的时候，需要注意参数的传递顺序。其构造函数第一个参数用于获取属性值，第二个参数进行设置属性值，第三个是删除属性。参数顺序传递不恰当，会导致后续程序报错。
>
> 和 @property 配套使用的除 setter 外，还有 deleter，使用方式与 setter 一致，在删除属性时自动调用。

10.2　类的方法

类的方法和函数经常容易混淆，两者表达形式都是一样的。一般来说，面向过程写的代码块称为函数，通过面向对象的设计将函数写到类中，那么这个函数称为这个类的方法。常用的方法有实例方法、静态方法、类方法、抽象方法、动态方法等。

10.2.1 实例方法

需要通过实例名称访问的方法就是实例方法，如示例 10-9 所示。每个实例方法的第一个参数是指向当前实例的对象，一般将参数名设置为 self。方法具有与普通函数的位置参数、可选参数、函数解包等一样的使用方式。

示例 10-9 定义实例方法

```
1.  # -*- coding: UTF-8 -*-
2.
3.  class Chicken:
4.
5.    def __init__(self, num):
6.      self._num = num
7.
8.    def fly(self):
9.      print(" 小鸡 {0} 飞起来 ".format(self._num))
10.
11.   def run(self):
12.      print(" 小鸡 {0} 跑起来 ".format(self._num))
13.
14. chicken1 = Chicken("Num1")
15. chicken1.fly()
16. chicken1.run()
17. print()
18. chicken2 = Chicken("Num2")
19. chicken2.fly()
20. chicken2.run()
```

执行结果如图 10-9 所示，可以看到，实例方法中的 self 仍然代表当前实例。

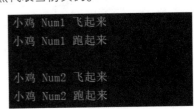

图 10-9　示例 10-9 输出结果

10.2.2 静态方法

在方法上使用 @staticmethod 修饰的称为静态方法，如示例 10-10 所示。与实例方法不同，静态方法没有必

需的参数，因此静态方法不能访问实例属性，只能使用类名访问类属性。

另外在使用上，静态方法可以直接使用"类名 . 方法名"访问，如第 18 行；也可以使用"实例名 . 方法名"访问，如第 22 行。

示例 10-10 定义静态方法

```
1.  # -*- coding: UTF-8 -*-
2.
3.
4.  class Chicken:
5.    weight = 0.5
6.
7.    def __init__(self, num):
8.      self._num = num
9.
10.   @staticmethod
11.   def get_weight():
12.      print(" 小鸡重量 {0} kg:".format(Chicken.weight))
13.
14.   @staticmethod
15.   def run(num):
16.      print(" 小鸡 {0} 跑起来 :".format(num))
17.
18. Chicken.get_weight()
19. Chicken.run("Num1")
20. print()
21. chicken1 = Chicken("Num2")
22. chicken1.get_weight()
23. chicken1.run("Num2")
24. print()
25. chicken2 = Chicken("Num3")
26. chicken2.get_weight()
27. chicken2.run("Num3")
28. print()
29. print(" 类的 run 方法：",id(Chicken.run))
30. print(" 实例 chicken1 run 方法：",id(chicken1.run))
31. print(" 实例 chicken2 run 方法：",id(chicken2.run))
```

执行结果如图 10-10 所示，一个类和不同实例的静态方法都指向了同一个地址，因此静态方法是和所有实例共享的。

```
小鸡重量 0.5 kg:
小鸡 Num1 跑起来:

小鸡重量 0.5 kg:
小鸡 Num2 跑起来:

小鸡重量 0.5 kg:
小鸡 Num3 跑起来:

类的run方法： 1939157156592
实例 chicken1 run方法： 1939157156592
实例 chicken2 run方法： 1939157156592
```

图 10-10 示例 10-10 输出结果

10.2.3 类方法

在方法上使用 @classmethod 修饰的称为类方法，如示例 10-11 所示。类方法至少需要一个参数，参数列表中的第一个参数，是指当前这个类，参数名一般设置为 cls。

类方法可以用类名访问，如第 19 行；也可以通过实例名进行访问，如第 22 行和第 25 行。

示例 10-11 定义类方法

```
1.  # -*- coding: UTF-8 -*-
2.
3.
4.  class Chicken:
5.      colour = " 黄色 "
6.      count = 0
7.
8.      def __init__(self, colour):
9.          Chicken.count = Chicken.count + 1
10.
11.     @classmethod
12.     def get_colour(cls):
13.         print("cls： ", cls)
14.         print(" 访问类属性，count 值为：{0}".
15. format(cls.count))
16.
17.
18.
19. Chicken.get_colour()
20. print()
21. chicken1 = Chicken("Num2")
22. chicken1.get_colour()
23. print()
24. chicken2 = Chicken("Num3")
25. chicken2.get_colour()
26. print()
27. print(" 类的 get_colour 方法： ",id(Chicken.get_colour))
28. print(" 实例 chicken1 get_colour 方法： ",id(chicken1.
29. get_colour))
30. print(" 实例 chicken2 get_colour 方法： ",id(chicken2.
31. get_colour))
```

执行结果如图 10-11 所示，从输出的地址上看，类方法与静态方法性质类似，类和不同的实例都使用了同一个方法对象。

```
cls： <class '__main__.Chicken'>
访问类属性，count值为：0

cls： <class '__main__.Chicken'>
访问类属性，count值为：1

cls： <class '__main__.Chicken'>
访问类属性，count值为：2

类的get_colour方法： 2523994931016
实例 chicken1 get_colour方法： 2523994931016
实例 chicken2 get_colour方法： 2523994931016
```

图 10-11 示例 10-11 输出结果

10.2.4 抽象方法

在方法上使用 @abstractmethod 修饰称为抽象方法。每个抽象方法的第一个参数是指向当前实例的对象，一般将参数名设置为 self。另外，对于可实例化的类，抽象方法的调用方式与实例方法是一致的，如示例 10-12 所示。

示例 10-12 在可实例化的类中调用抽象方法

```
# -*- coding: UTF-8 -*-

from abc import ABCMeta, abstractmethod
class Chicken:
    def __init__(self, name):
        self._name = name

```

```
8.     @abstractmethod
9.     def fly(self):
10.        print(" 小鸡 {0} 飞起来了 ".format(self._name))
11.
12.
13. chicken1 = Chicken("Num1")
14. chicken1.fly()
15.
16. chicken2 = Chicken("Num2")
17. chicken2.fly()
```

执行结果如图 10-12 所示，输出调用结果。

```
小鸡 Num1 飞起来了
小鸡 Num2 飞起来了
```

图 10-12　示例 10-12 输出结果

将 Chicken 修改为抽象类，如示例 10-13 所示。

示例 10-13 调用抽象类中的抽象方法

```
1. # -*- coding: UTF-8 -*-
2.
3. from abc import ABCMeta, abstractmethod
4.
5. class Chicken(metaclass=ABCMeta):
6.    def __init__(self, name):
7.        self._name = name
8.
9.    @abstractmethod
10.    def fly(self):
11.        print(" 小鸡 {0} 飞起来了 ".format(self._name))
12.
13. chicken1 = Chicken("Num1")
14. chicken1.fly()
```

执行结果如图 10-13 所示，以下错误表示不能在抽象类中调用抽象方法。

图 10-13　示例 10-13 输出结果

对于抽象类来说，调用抽象方法，程序将报错。解决此问题就需要使用类的继承机制。

10.2.5　动态方法

给一个类动态地添加一个方法，实现原理与动态属性一致。如示例 10-14 所示，首先给类动态添加一个属性，并将一个已有的方法赋值给该属性，即可完成方法的添加。

示例 10-14 动态添加方法

```
1. # -*- coding: UTF-8 -*-
2.
3. class Chicken:
4.    weight = 0.5
5.
6.    def __init__(self, num):
7.        self._num = num
8.
9. def run(num):
10.    print(" 小鸡 {0} 跑起来 :".format(num))
11.
12. Chicken.run = run
13. Chicken.run("Num1")
```

执行结果如图 10-14 所示。

```
小鸡 Num1 跑起来！
```

图 10-14　示例 10-14 输出结果

10.2.6　各方法适用场景

根据实例方法、静态方法、类方法、抽象方法和动态方法的运行原理，可以总结出各方法大致的适用场景。

（1）实例方法：当设计的方法在各个实例之间相互独立，操作的属性也是实例属性时，推荐使用实例方法。

（2）静态方法：设计的方法与实例、类本身都无关，属于非业务要求的功能性操作，如设计一个登录功能，需要为每次登录记录日志，那么这个日志方法就可以设计为静态方法。

（3）类方法：不同实例之间需要共享信息，那么这个信息对象就可以作为类属性。在调用类方法时，第一个参数会包含类的信息，由此实现信息共享。

（4）抽象方法：如果一系列的类都包含了相同的业务逻辑，那么将这些逻辑编写进父类。但实际上又不能保证其中某些类在未来某个时候，其逻辑不会出现变更。为了保持调用方接口稳定，在不变更方法调用方式的前提下可以使用新功能，此时推荐使用抽象方法。

（5）动态方法：设计的方法需要附加到一个类上临时使用。从面向对象的角度来看，其并不属于类的一部分，这就可以设计为动态方法。在实际生产环境中，并不推荐使用。

10.3　类的继承

继承，是一个类与另一个类之间的传承关系。像儿子继承了父亲的家产，战机歼 -11 继承了苏 -27 的优异特性，人类继承了猿类的大部分特征，在 Python 中，类与类之间也是可以继承的。

10.3.1　继承

一个现有的类继承另一个类，那么这个类就具备了被继承类的所有方法和属性。通过继承，可以扩展类的功能。对于有相同功能或相似功能的类，通过相互之间使用继承，能减少可观的代码量，使程序更容易维护。

然而继承并不是没有缺陷的，如一个类有方法 fun1、fun2、fun3，另一个类只需其中两个方法，这时候使用继承会导致子类膨胀，包含无用的方法。在程序设计过程中，类与类之间具有 "is a" 的关系，推荐使用继承。例如，鸡是家禽的一种，大众牌汽车是汽车的一种，轮渡是船的一种，香蕉是水果的一种。

在写法上，继承又分为单一继承和多重继承。

1. 单一继承

单一继承是指从单个类继承，其语法如下。

```
class 类名 ( 基类 ):
    属性名称
    方法名称
```

默认情况下，一个类都是从基类 "object" 继承下来的，此时小括号中可以不必指出 "object"。Python 中所有类的公共基类也是 "object"。

```
class Chicken(object):
    def __init__(self, name):
        self._name = name
```

若需要从非 "object" 继承，则需要指明类名称，如示例 10-15 所示。

示例 10-15 单一继承

```
1.  # -*- coding: UTF-8 -*-
2.
3.  class Poultry:
4.      def __init__(self, colour):
5.          self._colour = colour
6.
7.      def fly(self):
8.          print(" 这是父类：poultry 的方法 ")
9.
10. class Chicken(Poultry):
11.     pass
12.
13. chicken = Chicken(" 黄色 ")
14. print(" 访问 _colour 属性：", chicken._colour)
15. chicken.fly()
```

Chicken 继承了 Poultry 之后，就具备了相应的方法和属性，执行结果如图 10-15 所示。

访问_colour属性：　黄色
这是父类：poultry的方法

图 10-15　示例 10-15 输出结果

2. 多重继承

当一个类具有另外多个类的特征或方法，就可以使用多重继承，多重继承是指从多个类继承下来。如示例 10-16 所示，子类 Cock 同时从 Poultry 和 Chicken 继承下来。

示例 10-16 多重继承

```
1.  # -*- coding: UTF-8 -*-
2.
3.  class Poultry:
4.      def __init__(self, colour):
5.          self._colour = colour
6.
7.      def fly(self):
8.          print(" 这是父类：poultry 的方法 ")
9.
10. class Chicken:
11.     def eat(self):
12.         print(" 这是父类：Chicken 的方法 ")
13.
14. class Cock(Poultry, Chicken):
15.     pass
16.
17. cock = Cock(" 黄色 ")
18. print(" 访问 _colour 属性： ", cock._colour)
19. cock.fly()
20. cock.eat()
```

继承之后，子类 Cock 也就具有了两个父类的功能，执行结果如图 10-16 所示。

```
访问_colour属性：　黄色
这是父类：poultry的方法
这是父类：Chicken的方法
```

图 10-16　示例 10-16 输出结果

10.3.2　多态

多态是指同一个接口，通过不同的子类重写，表现出了不同的行为。同一个电源适配器，既可以给华为手机充电，也可以给苹果手机充电，这是适配器的多态；一个打气筒，既可以给篮球打气，也可以给自行车打气，这是打气筒的多态。在程序设计中，子类继承了父类的方法签名，但是子类的业务逻辑又与父类不同，表现上就是同一个方法名称具有不同的业务功能。简单来说就是子类覆盖了父类的同名方法。多态是面向对象的一个重要特性，是系统稳定的必备条件之一。

1. 功能覆盖

功能覆盖，是指在继承过程中，子类定义了与父类的同名方法，通过子类去调用该方法的时候，将执行子类的方法；若子类没有定义与父类的同名方法，那么子类将会执行父类的方法。功能覆盖是多态的表现形式之一。如示例 10-17 所示，在子类 Cock 中定义了父类 Poultry 的同名方法 fly，那么在第 23 行调用 fly 时，将执行 Cock 类的 fly 方法。

示例 10-17 功能覆盖

```
1.  # -*- coding: UTF-8 -*-
2.
3.  class Poultry:
4.      def __init__(self, colour):
5.          self._colour = colour
6.
7.      def fly(self):
8.          print(" 这是父类：poultry 的方法 ")
9.
10. class Chicken:
11.     def eat(self):
12.         print(" 这是父类：Chicken 的方法 ")
13.
14. class Cock(Poultry, Chicken):
15.     def fly(self):
16.         print(" 这是子类：Cock 的 fly 方法 ")
17.
18.     def eat(self):
19.         print(" 这是子类：Cock 的 eat 方法 ")
20.
21. cock = Cock(" 黄色 ")
22. print(" 访问 _colour 属性： ", cock._colour)
23. cock.fly()
24. cock.eat()
```

执行结果如图 10-17 所示，可以看到，子类覆盖了父类的方法。

图 10-17　示例 10-17 输出结果

2. "鸭子"特性

"鸭子"特性也是一种多态。"鸭子"特性是一个类，不必从另一个类继承，但在同一个过程调用中，这个类仍然有效。如示例 10-18 所示，run 函数可以同时接收

Cock 和 Duck 类型的实例。Python 并不会做类型检查，只要这些实例都包含了此次调用的同名方法即可。

示例 10-18 "鸭子"特性

```
1.  # -*- coding: UTF-8 -*-
2.
3.  class Poultry:
4.      def fly(self):
5.          print(" 这是父类：poultry 的方法 ")
6.
7.  class Chicken:
8.      def eat(self):
9.          print(" 这是父类：Chicken 的方法 ")
10.
11. class Cock(Poultry, Chicken):
12.     pass
13.
14. class Duck:
15.     def fly(self):
16.         print(" 这是类：duck 的 fly 方法 ")
17.
18. def run(poultry):
19.     poultry.fly()
20.
21. cock = Cock()
22. duck = Duck()
23. run(cock)
24. run(duck)
```

执行结果如图 10-18 所示。

```
这是父类：poultry的方法
这是类：duck的fly方法
```

图 10-18　示例 10-18 输出结果

常见面试题

问题 1. 面向对象程序设计的三大特征是什么？

答：三大特征是封装、继承、多态。封装是指对事物进行面向对象描述；继承是指对现有对象的扩展；多态是指进行不同形式的扩展之后，对同一个函数的调用，在执行时出现了不同的行为。

问题 2. 请问什么是"鸭子"特性？

答："鸭子"特性是指一个类，不必从另一个类继承，在同一个过程调用中，只要传入的对象具有该方法或者该属性，这个类仍然有效。

问题 3：在多重继承中，不同基类有同名方法，那么子类将继承哪个方法？

答：在 Java、C+ 这类语言中，不支持多重继承是为了降低继承的复杂性，避免使用子类时发生混淆。而在 Python 中就不会有这个问题，子类继承父类的方法是按基类列表的顺序来继承的，如示例 10-19 所示。

示例 10-19 继承的顺序

```
1.  # -*- coding: UTF-8 -*-
2.
3.  class Poultry:
4.      def eat(self):
5.          print(" 这是父类：poultry 的方法 ")
6.
7.  class Chicken:
8.      def eat(self):
9.          print(" 这是父类：Chicken 的方法 ")
10.
11. class Cock(Poultry, Chicken):
12.     def invoke_eat(self):
13.         self.eat()
14.
15. class Cock1(Chicken, Poultry):
16.     def invoke_eat(self):
17.         self.eat()
18.
19. cock = Cock()
20. cock.eat()
21. cock1 = Cock1()
22. cock1.eat()
```

执行结果如图 10-19 所示。

```
这是父类：poultry的方法
这是父类：Chicken的方法
```

图 10-19　示例 10-19 输出结果

本章小结

　　本章主要介绍了如何自定义实例类、抽象类，介绍了多种属性的定义方式及特性，还介绍了实例方法、静态方法、抽象方法及适用场景等，最后介绍了类的继承与多态。封装、继承、多态是面向对象程序设计的重要特征，不易理解，只有不断训练，才能灵活运用。

## 第 3 篇

高级篇

本篇主要介绍的是 Python 常用的第三方库和配套工件。

在应用系统中，记录用户行为、打印系统日志等场景，都会用到日期和时间。因此本篇首先介绍了日期和时间组件。

在处理复杂字符串方面，正则表达式是不错的选择。为提高系统的运行效率，改善系统的用户体验，往往需要系统同时执行多个任务。当一个大型的系统具有多个子系统，这些子系统运行在不同的节点上，为使这些子系统能够协同工作，就需要它们通过网络进行连通。在生产系统中，存储数据一般都会使用数据库，因为数据库比文件更稳定、更可靠、更安全。在本篇的最后，介绍了一种行业中非常流行的消息传递工具，它主要用来构建大型分布式系统。

学习完本篇后，读者就可以利用这些技术的特点，解决不同应用场景下的问题了。

第 **11** 章　时间和日期

★本章导读★

时间和日期在记录用户行为、分析系统运行状态、生成唯一标识等场景下起到非常重要的作用。Python 标准库提供了多个操作时间与日期的模块，其中包括 time、datetime 和 calendar。本章将着重介绍这些模块中各对象的结构与使用。

★知识要点★

通过本章内容的学习，读者能掌握以下知识。

➡ 了解 time、datetime、calendar 模块的结构

➡ 了解 time、calendar 模块的基本用法

➡ 掌握 datetime 模块的使用

11.1　time 模块

调用 time 模块下的方法可以生成时间戳（时间戳是指从北京时间 1970 年 01 月 01 日 08 时 00 分 00 秒到现在的总秒数），也可以获取系统时间，还可以对时间进行格式化。

续表

序号	类别	描述
9	夏令时	实行夏令时取正数，不实行取 0，不确定时取负数

11.1.1 时间元组

time 模块的大多数函数使用 9 组数据来构成时间，这种结构称为时间元组，每组数据组的含义如表 11-1 所示。

如示例 11-1 所示，调用 localtime 方法返回当前系统时间。

示例 11-1 返回系统时间

表 11-1 时间结构

序号	类别	描述
1	年	4 位整数表示年份，如 2019
2	月	1 ~ 2 位整数表示月份，范围 1 ~ 12
3	日	1 ~ 2 位整数表示日，范围 1 ~ 31
4	时	1 ~ 2 位整数表示时，范围 0 ~ 23
5	分	1 ~ 2 位整数表示分，范围 0 ~ 59
6	秒	1 ~ 2 位整数表示秒，范围 0 ~ 59
7	一周内第几日	1 位整数，范围 0 ~ 6，0 表示第一天
8	一年内第几日	1 ~ 3 位整数，范围 1 ~ 366

```
1.  # -*- coding: UTF-8 -*-
2.
3.  import time
4.
5.  localtime = time.localtime(time.time())
6.  print(" 数据类型： ", type(localtime))
7.  print(" 当前时间： \n", localtime)
```

执行结果如图 11-1 所示，可以看到变量 localtime 的类型是 time.struct_time，其参数为 tm_year、tm_mon、tm_mday、tm_hour、tm_min、tm_sec、tm_wday、tm_yday、tm_isdst。各参数含义如表 11-2 所示。

```
数据类型： <class 'time.struct_time'>
当前时间：
time.struct_time(tm_year=2019, tm_mon=8, tm_mday=13, tm_hour=8, tm_min=11, tm_sec=9, tm_wday=1, tm_yday=225, tm_isdst=0)
```

图 11-1 示例 11-1 输出结果

表 11-2 参数说明

序号	参数名	描述
1	tm_year	表示年份
2	tm_mon	表示月份
3	tm_mday	表示日
4	tm_hour	表示小时
5	tm_min	表示分
6	tm_sec	表示秒
7	tm_wday	表示一周第几天
8	tm_yday	表示一年第几天
9	tm_isdst	夏令时标志位

如下。

1. time 函数

time 函数用于获取时间戳。时间戳是一个数字序列，表示某一时刻的时间，广泛用于数字证书、知识产权、身份识别等方面，具体用法如示例 11-2 所示。

示例 11-2 获取时间戳

```
1.  # -*- coding: UTF-8 -*-
2.
3.  import time
4.
5.  timestamp = time.time()
6.  print(" 数据类型： ", type(timestamp))
7.  print(" 时间戳： ", timestamp)
```

执行结果如图 11-2 所示。可以看到，Python 中使用浮点数表示时间戳。

11.1.2 常用方法

time 模块包含了时间处理和时间转换等函数，介绍

```
数据类型：<class 'float'>
时间戳：1563079979.8089082
```
图 11-2　示例 11-2 输出结果

2. localtime 函数

localtime 函数用于将时间戳格式化为本地时间，其参数是可选的。具体用法如示例 11-3 所示，其中第 5 行，localtime 的参数 10 表示在格林尼治时间上加 10 秒。

示例 11-3　格式化时间

```
1.  # -*- coding: UTF-8 -*-
2.
```

```
3.  import time
4.
5.  localtime = time.localtime(10)
6.  print(" 设置整数为参数：\n", localtime)
7.  localtime = time.localtime(time.time())
8.  print(" 设置时间戳为参数：\n", localtime)
9.  localtime = time.localtime()
10. print(" 不设置参数：\n", localtime)
```

执行结果如图 11-3 所示。可以看到，localtime 方法不设置参数，与传入当前时间戳的结果是一致的。

```
设置整数为参数：
time.struct_time(tm_year=1970, tm_mon=1, tm_mday=1, tm_hour=8, tm_min=0, tm_sec=10, tm_wday=3, tm_yday=1, tm_isdst=0)
设置时间戳为参数：
time.struct_time(tm_year=2019, tm_mon=7, tm_mday=14, tm_hour=12, tm_min=53, tm_sec=32, tm_wday=6, tm_yday=195, tm_isdst=0)
不设置参数：
time.struct_time(tm_year=2019, tm_mon=7, tm_mday=14, tm_hour=12, tm_min=53, tm_sec=32, tm_wday=6, tm_yday=195, tm_isdst=0)
```
图 11-3　示例 11-3 输出结果

3. asctime 函数

asctime 函数接收一个时间元组作为参数，并得到一个可读的时间数据，具体用法如示例 11-4 所示。注意，手动传入的时间元组，各元素格式需要符合表 11-1 中描述的取值规范。

示例 11-4　转换时间

```
1.  # -*- coding: UTF-8 -*-
2.
3.  import time
4.
5.  localtime = time.localtime()
6.  cur_time = time.asctime(localtime)
7.  print(" 当前时间：{}".format(cur_time))
8.  cur_time = time.asctime((2019, 6, 8, 6, 8, 6, 8, 6, 8))
9.  print(" 转换时间元组：{}".format(cur_time))
```

执行结果如图 11-4，输出通过元组构造的时间数据。

```
当前时间：Sun Jul 14 12:54:03 2019
转换时间元组：Tue Jun  8 06:08:06 2019
```
图 11-4　示例 11-4 输出结果

4. ctime 函数

ctime 函数把时间戳转为一个可读的形式，其参数

是可选的，具体用法如示例 11-5 所示。在不设置参数的情况下，使用 time.time() 作为默认参数。第 7 行，参数 10 同样表示在格林尼治时间上加 10 秒。

示例 11-5　时间转换

```
1.  # -*- coding: UTF-8 -*-
2.
3.  import time
4.
5.  t = time.ctime()
6.  print(" 不设置参数：{}".format(t))
7.  t = time.ctime(10)
8.  print(" 参数设置 10 秒：{}".format(t))
9.  t = time.ctime(time.time())
10. print(" 使用时间戳作为参数：{}".format(t))
```

执行结果如图 11-5 所示。

```
不设置参数：Sun Jul 14 12:54:25 2019
参数设置10秒：Thu Jan  1 08:00:10 1970
使用时间戳作为参数：Sun Jul 14 12:54:25 2019
```
图 11-5　示例 11-5 输出结果

5. gmtime 函数

gmtime 函数用于将时间戳转换为格林尼治时间，其参数可选。具体用法如示例 11-6 所示，与 localtime

函数类似，返回的是一个 time.struct_time 类型的数据。

示例 11-6 时间转换

```
1.  # -*- coding: UTF-8 -*-
2.
3.  import time
4.
5.  t = time.gmtime()
6.  print(" 数据类型：{}".format(type(t)))
7.  t = time.gmtime(10)
8.  print(" 设置参数 10 秒：{}".format(t))
9.  t = time.gmtime(time.time())
10. print(" 使用时间戳作为参数：{}".format(t))
```

执行结果如图 11-6 所示。注意，该函数默认情况下使用 time.time() 作为参数。

```
数据类型：<class 'time.struct_time'>
设置参数10秒：
time.struct_time(tm_year=1970, tm_mon=1, tm_mday=1, tm_hour=0, tm_min=0, tm_sec=10, tm_wday=3, tm_yday=1, tm_isdst=0)
使用时间戳作为参数：
time.struct_time(tm_year=2019, tm_mon=8, tm_mday=13, tm_hour=0, tm_min=22, tm_sec=56, tm_wday=1, tm_yday=225, tm_isdst=0)
```

图 11-6　示例 11-6 输出结果

6. mktime 函数

mktime 函数的参数是一个时间元组，可以将元组和 struct_time 类型的数据作为参数，以此来生成时间戳，具体用法如示例 11-7 所示。

示例 11-7 生成时间戳

```
1.  # -*- coding: UTF-8 -*-
2.
3.  import time
4.
5.  tup = (2019, 6, 8, 6, 8, 6, 8, 6, 8)
6.  timestamp = time.mktime(tup)
7.  print(" 使用时间元组作为参数：{}".format(timestamp))
8.
9.  timestamp = time.mktime(time.gmtime())
10. print(" 使用 struct_time 作为参数：{}".format(timestamp))
```

执行结果如图 11-7，输出浮点数格式的时间戳。

```
使用时间元组作为参数：1559945286.0
使用struct_time作为参数：1561513429.0
```

图 11-7　示例 11-7 输出结果

7. sleep 函数

sleep 函数可以推迟当前线程的运行，通过设置参数，可以控制线程休眠时间，具体用法如示例 11-8 所示，设置当前线程休眠 3 秒。第 5 行是时间格式化，具体内容将在下一个小节详细介绍。

示例 11-8 休眠线程

```
1.  # -*- coding: UTF-8 -*-
2.
3.  import time
4.
5.  start = time.localtime()
6.  print(" 程序开始执行时间：{}".format(time.
7.  strftime("%Y-%m-%d %H:%M:%S", start)))
8.  time.sleep(3)
9.  cur = time.localtime()
10. print(" 程序开始执行时间：{}".format(time.
11. strftime("%Y-%m-%d %H:%M:%S", cur)))
```

执行结果如图 11-8 所示，可以看到两次输出的时间相差 3 秒。

```
程序开始执行时间：2019-07-14 12:54:57
程序开始执行时间：2019-07-14 12:55:00
```

图 11-8　示例 11-8 输出结果

11.1.3　格式化时间

目前，获取的可读的时间格式是"周、月、日、时、分、秒、年"，这种倒排的格式不符合一般人的阅读习惯。time 支持更多的格式化输出时间方式，以下是几个常见用法，如示例 11-9 所示。

示例 11-9 格式化时间

```
1.  # -*- coding: UTF-8 -*-
2.
3.  import time
4.
5.  fmt = "%Y-%m-%d %H:%M:%S"
6.  t = time.localtime()
7.  print(" 按年月日时分秒输出： ", time.strftime(fmt, t))
8.
9.  fmt = "%Y-%m-%d %H:%M:%S %a"
10. print("%a 输出当前是星期几： ", time.strftime(fmt, t))
11.
12. fmt = "%Y-%m-%d %H:%M:%S %j"
13. print("%j 输出当前一年中第多少天： ", time.strftime
14. (fmt, t))
15.
16. fmt = "%x"
17. print("%x 输出当前日期： ", time.strftime(fmt, t))
18.
19. fmt = "%X"
20. print("%X 输出当前小时： ", time.strftime(fmt, t))
21.
22. struct_time = time.strptime("20 Nov 19", "%d %b %y")
23. print(" 字符串转时间元组：\n {} ".format(struct_time))
```

执行结果如图 11-9 所示，strftime 函数是将日期时间格式转为字符串，strptime 则是将字符串转为时间元组格式。

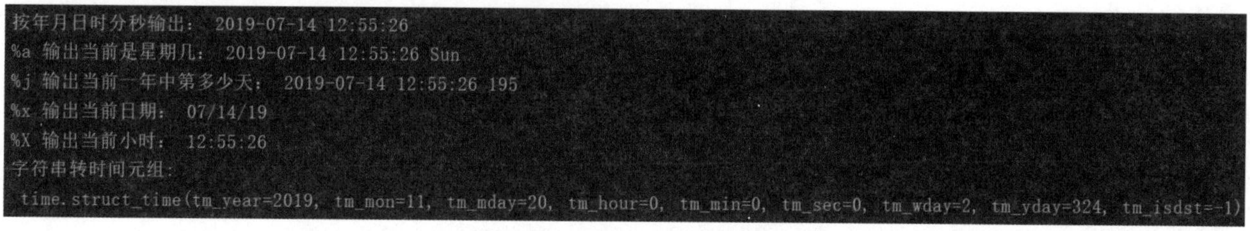

```
按年月日时分秒输出： 2019-07-14 12:55:26
%a 输出当前是星期几： 2019-07-14 12:55:26 Sun
%j 输出当前一年中第多少天： 2019-07-14 12:55:26 195
%x 输出当前日期： 07/14/19
%X 输出当前小时： 12:55:26
字符串转时间元组：
 time.struct_time(tm_year=2019, tm_mon=11, tm_mday=20, tm_hour=0, tm_min=0, tm_sec=0, tm_wday=2, tm_yday=324, tm_isdst=-1)
```

图 11-9　示例 11-9 输出结果

除此之外，还有多种格式化方式，详见表 11-3。

表 11-3　格式化日期符号

序号	符号名	描述
1	%a	英语简写的星期几的名称
2	%A	英语完整的星期几的名称
3	%b	英语简写的月份的名称
4	%B	英语完整的月份的名称
5	%c	将日期和时间进行本地化处理
6	%d	表示当月第几天
7	%H	24 小时格式的小时
8	%I	12 小时格式的小时
9	%j	表示当前日是今年第多少天
10	%m	表示月份
11	%M	表示分钟数
12	%p	表示 AM 或者 PM

续表

序号	符号名	描述
13	%S	表示秒数
14	%U	表示为本年度的第几周，第一个星期由第一个周日开始
15	%W	表示为本年度的第几周，第一个星期由第一个周一开始
16	%w	表示今天星期几
17	%x	表示日期
18	%X	表示时、分、秒
19	%y	表示年份，去掉世纪纪元表示
20	%Y	表示完整年份
21	%Z	时区名称
22	%%	% 字符

11.2 datetime 模块

datetime 模块提供了处理时间和日期的工具。datetime 支持日期和时间算法，但实现的重点是时间类型转换及格式化操作。

11.2.1 内建的类型

在使用 datetime 之前，需要了解相关的类型。datetime 提供了多种处理时间日期的类，如表 11-4 所示。

表 11-4 datetime 包含的类型

序号	类名	描述
1	datetime.date	表示日期，属性为 year、month、day
2	datetime.time	表示时间，属性为 hour、minute、second、microsecond、tzinfo
3	datetime.datetime	表示日期和时间，属性为 year、month、day、hour、minute、second、microsecond、tzinfo
4	datetime.timedelta	表示两个 date 对象、time 对象，或者 datetime 对象之间的时间间隔，精确到微秒
5	datetime.tzinfo	一个描述时区信息的抽象基类，在 datetime 类和 time 类中使用，用于自定义时间
6	datetime.timezone	一个实现了 tzinfo 抽象基类的子类，用于表示相对于世界标准时间（UTC）的偏移量

如图 11-10 所示，显示了这些类的继承关系。注意，这些类型创建的对象，都是不可变的。

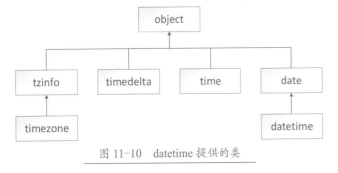

图 11-10 datetime 提供的类

11.2.2 timedelta 对象

timedelta 表示两个时间或者两个日期之间的时间间

隔，timedelta 对象是 hashable 类型的，可以作为字典 key。在判断语句中，timedelta 参数不为 0 时，都被视为 True。创建 timedelta 对象实例，可以传入 weeks 参数、days 参数、hours 参数、minutes 参数、seconds 参数、milliseconds 参数，microseconds 参数。这些参数的含义如下。

（1）weeks：表示多少星期。

（2）days：表示多少天，取值范围是 -999999999 ~ 999999999。

（3）hours：表示多少小时。

（4）minutes：表示多少分钟。

（5）seconds：表示多少秒，1 秒对应 1000 毫秒。

（6）milliseconds：表示多少毫秒，1 毫秒对应 1000 微秒。

（7）microseconds：表示多少微秒。

在创建 timedelta 实例时，以上参数默认值均为 0。这些参数在使用时都应设置为整数，因为在秒转为毫秒，毫秒转为微秒等情况下，小数部分会叠加到下一级，其间会采用 round-half-to-even 算法对微秒进行取舍，导致信息丢失。

round-half-to-even 计算方法是当前取值为 1.5，向上取整为 2，2 为偶数；当前取值为 2.5，向上取整为 3，3 为奇数，因此取值为 2。

timedelta 对象包含 min、max、resolution 类属性及 total_seconds 实例方法，同时还支持四则运算，具体用法如示例 11-10 所示。这里需要注意第 10 行和第 12 行，创建一年的时间间隔，可以使用 365 天，也可以使用数字叠加，如 40 周 +84 天 +23 小时 +50 分钟 +600 秒。

示例 11-10 timedelta 对象访问属性和进行运算

```
1.   # -*- coding: UTF-8 -*-
2.
3.   from datetime import timedelta
4.
5.   print("timedelta.min 表示时间差最小值：", timedelta.
6.   min)
```

```
7.  print("timedelta.max 表示时间差最大值: ", timedelta.
8.  max)
9.
10. year = timedelta(days=365)
11. print(" 相差一年的时间间隔，创建方式 1: ", year)
12. another_year = timedelta(weeks=40, days=84,
13. hours=23, minutes=50, seconds=600)
14. print(" 相差一年的时间间隔，创建方式 2: ",
15. another_year)
16. print(" 调用 total_seconds 获取总共多少秒: ", year.
17. total_seconds())
18.
19. ten_years = 10 * year
20. print(" 调用乘法: ", ten_years)
21. print(" 获取总共天数: ", ten_years.days)
22.
23. nine_years = ten_years - year
24. print(" 调用减法: ", ten_years)
25.
26. three_years = nine_years // 3
27. print(" 取整除: ", three_years)
28.
29. abs_data = abs(three_years - ten_years)
30. print(" 获取两个时间间隔的差: ", abs_data)
```

执行结果如图 11-11 所示。

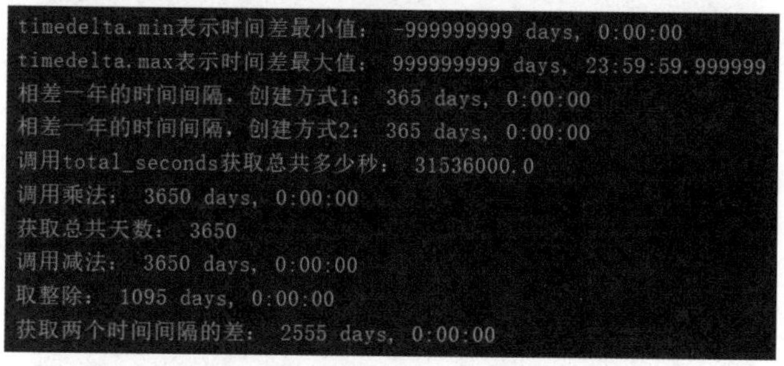

图 11-11　示例 11-10 输出结果

timedelta 对象支持多种运算，如表 11-5 所示。

表 11-5　timedelta 支持的运算规则

序号	示例	描述
1	t1=t2+t3	时间间隔相加
2	t1=t2-t3	时间间隔相减
3	t1=t2*i	乘以一个整数
5	t1=t2*f	乘以一个浮点数，小数部分使用 round-half-to-even 算法进行取舍

续表

序号	示例	描述
6	f=t2/t3	时间间隔相除，返回一个浮点数
7	t1=t2/f(i)	除以一个浮点数或者整数。小数部分采用 round-half-to-even 算法进行取舍
8	t1=t2//i	除以一个整数，然后取整除
9	t1=t2%t3	取余数
10	q,r=divmod(t1,t2)	t1 与 t2 相除，q 取商，r 取余。q 是一个整数，r 是一个 timedelta 对象
11	+t1	返回一个相同数值的 timedelta 对象
12	-t1	等价于 timedelta(-t1.days, -t1.seconds, -t1.microseconds)，在原来的数据上取反
13	abs(t)	取绝对值
14	str(t)	返回一个字符串，格式为 [D day[s], [H]H:MM:SS[.UUUUUU]
15	repr(t)	返回一个字符串

11.2.3　date 对象

date 表示日期，是一个类。创建一个日期类型实例需要传入参数 year、month、day。这些参数都是必选的，具体介绍如下。

（1）year：表示年份，取值范围是 datetime.MINYEAR ~ datetime.MAXYEAR，即 1 ~ 9999。

（2）month：表示年份，取值范围是 1 ~ 12。

（3）day：表示第几天，取值范围是 1 ~ 给定月份的对应天数。

如果这些参数的取值不在指定范围内，在运行时就会抛出 ValueError 异常。

在 date 类上可以调用 today 方法，返回当前系统日期，调用 fromtimestamp 方法，并传入默认的时间戳，同样可以返回当前系统日期。访问 min 属性，获取日期最小值；访问 max 属性，获取日期最大值；访问 resolution 属性，返回两个日期对象的最小间隔，具体用法如示例 11-11 所示。

示例 11-11 date 常用方法

```
1.  # -*- coding: UTF-8 -*-
2.
3.  import datetime
4.  import time
5.
6.  print(" 调用类方法 today 返回当前日期：", datetime.
7.  date.today())
8.
9.  date = datetime.date.fromtimestamp(time.time())
10. print(" 调用类方法 fromtimestamp 返回当前日期:",
11. date)
12.
13. date = datetime.date.fromordinal(10)
14. print(" 调用类方法 fromordinal 创建日期对象 :", date)
15.
16. print(" 访问类属性，输出日期最小值：", datetime.
17. date.min)
18. print(" 访问类属性，输出日期最大值：", datetime.
19. date.max)
20.
21. print(" 返回最小时间间隔：", datetime.date.resolution)
```

执行结果如图 11-12 所示。

```
调用类方法today返回当前日期：  2019-06-27
调用类方法fromtimestamp返回当前日期: 2019-06-27
调用类方法fromordinal创建日期对象： 0001-01-10
访问类属性，输出日期最小值： 0001-01-01
访问类属性，输出日期最大值： 9999-12-31
返回最小时间间隔： 1 day, 0:00:00
```

图 11-12 示例 11-11 输出结果

在 date 的实例上，访问 year、month、day 属性，分别返回年、月、日。使用加减法，对两个日期进行运算；使用大于、小于符号，对日期进行比较；调用 replace 方法，可以替换日期中对应字段；调用 strftime 方法，可以将日期进行格式化，具体用法如示例 11-12 所示。

示例 11-12 date 实例的常用操作

```
1.  # -*- coding: UTF-8 -*-
2.
3.  import datetime
4.
5.  date1 = datetime.date(2019, 1, 1)
6.  print(" 实例 date1 为：", date1)
7.  print(" 访问实例属性 year:", date1.year)
8.  print(" 访问实例属性 month:", date1.month)
9.  print(" 访问实例属性 day:", date1.day)
10.
11. date2 = date1 + datetime.timedelta(1)
12. print(" 在 date1 上添加 timedelta(1)：", date2)
13.
14. date3 = date1 - datetime.timedelta(3)
15. print(" 在 date1 上减去 timedelta(1)：", date3)
16.
17. timedelta = date1 - date3
18. print(" 两个时间相减：", timedelta)
19.
20. print(" 时间比较大小：", date1 < date2)
21.
22. print(" 调用 replace 方法替换部分时间：", date1.
23. replace(2018))
24.
25. print(" 调用 strftime 方法格式化时间：", date1.
26. strftime("%y/%m/%d"))
```

执行结果如图 11-13 所示。注意 strftime 方法的参数，是格式化符号的组合，需要遵循表 11-3 的规范。

```
实例date1为：  2019-01-01
访问实例属性year: 2019
访问实例属性month: 1
访问实例属性day: 1
在date1上添加timedelta(1)： 2019-01-02
在date1上减去timedelta(1)： 2018-12-29
两个时间相减： 3 days, 0:00:00
时间比较大小： True
调用replace方法替换部分时间： 2018-01-01
调用strftime方法格式化时间： 19/01/01
```

图 11-13 示例 11-12 输出结果

11.2.4 datetime 对象

datetime 对象是包含日期对象和时间对象的所有信息的单个对象。创建一个 datetime 实例，可以设置参数 year、month、day、hour、minute、second、microsecond、tzinfo、fold，各参数解释如下。

（1）year：表示年份，取值范围是 datetime.
MINYEAR ~ datetime.MAXYEAR，即 1 ~ 9999。

（2）month：表示年份，必填，取值范围是 1 ~ 12。

（3）day：表示第几天，必填，取值范围是 1 ~ 31。

（4）hour：表示小时，必填，取值范围是 1 ~ 24。

（5）minute：表示分钟，可选，默认为 0，取值范围是 0 ~ 59。

（6）second：表示秒，可选，默认为 0，取值范围是 0 ~ 59。

（7）microsecond：表示微秒，可选，默认为 0，取值范围是 0 ~ 1000000。

（8）tzinfo：表示时区，可选，默认为 None。

（9）fold：修正时间的参数，可选，默认为 0，取值 0 或 1。

datetime 类包含多个获取与操作时间的方法，这里将演示几个常用方法，如示例 11-13 所示。

示例 11-13　datetime 常用操作

```
1.  # -*- coding: UTF-8 -*-
```

```
2.
3.  import datetime
4.
5.  t = datetime.datetime.today()
6.  print(" 调用 today 输出当前时间：", t)
7.  t = datetime.datetime.now()
8.  print(" 调用 now 输出当前时间：", t)
9.
10. d = datetime.date(2005, 7, 14)
11. t = datetime.time(12, 30)
12. print(" 调用 combine 连接时间：", datetime.datetime.
13. combine(d, t))
14.
15. dt = datetime.datetime.strptime(str(datetime.datetime.
16. now()).split(" ")[0], "%Y-%m-%d")
17. print(" 格式化时间，排除时分秒：", dt)
18.
19. tt = dt.timetuple()
20. print(" 调用 timetuple 方法获取日期对象的属性：\n", tt)
```

执行结果如图 11-14 所示，

```
调用today输出当前时间： 2019-07-14 12:56:14.334495
调用now输出当前时间： 2019-07-14 12:56:14.334494
调用combine连接时间： 2005-07-14 12:30:00
格式化时间,排除时分秒： 2019-07-14 00:00:00
调用timetuple方法获取日期对象的属性：
 time.struct_time(tm_year=2019, tm_mon=7, tm_mday=14, tm_hour=0, tm_min=0, tm_sec=0, tm_wday=6, tm_yday=195, tm_isdst=-1)
```

图 11-14　示例 11-13 输出结果

11.2.5　time 对象

time 对象表示一天中的（本地）时间，与任何特定日期无关，并且可以通过 tzinfo 对象进行调整。创建一个 time 实例，可以设置参数 hour、minute、second、microsecond、tzinfo、fold，各参数含义与 datetime 参数相同。

datetime 模块下的 time 对象与 time 模块不同。datetime 模块下的 time 表达的是一个时间，具体用法如示例 11-14 所示。

示例 11-14　创建 time 对象

```
1.  # -*- coding: UTF-8 -*-
2.
3.  import datetime
4.
5.  t = datetime.time(hour=12, minute=34, second=56,
6.  microsecond=123456)
7.  print(" 创建一个 time 对象：", t)
8.
9.  t = t.isoformat(timespec='minutes')
10. print(" 输出 ISO 格式时间：", t)
```

执行结果如图 11-15 所示。

```
创建一个time对象： 12:34:56.123456
输出ISO格式时间： 12:34
```

图 11-15　示例 11-14 输出结果

11.3 calendar 模块

calendar 是 Python 中的一个日历模块，其中包含 calendar 类、TextCalendar 类、HTMLCalendar 类。LocaleTextCalendar 和 LocaleHTMLCalendar 类分别继承 TextCalendar 和 HTMLCalendar 类。

11.3.1 calendar

calendar 是 TextCalendar 和 HTMLCalendar 的基类。calendar 模块包含很多方法，如 calendar、setfirstweekday、firstweekday、weekday、isleap、leapdays、prcal、prmonth 等，具体用法如示例 11-15 所示。其中第 5 行，调用 calendar 方法创建一个 2019 年的日历表；第 9 行，setfirstweekday 方法可以将 calendar.SUNDAY 这个常量设置为星期一；第 11 行和第 12 行，firstweekday 方法可以返回每星期第一天的数字，数字取值为 0 ~ 6，对应星期一到星期天；第 13 行，isleap 方法判断 2019 年是否为闰年；第 14 行和第 15 行，leapdays 方法表示 2016 ~ 2019 年间有多少个闰年；第 16 行和第 17 行，计算 2019-1-15 是星期几；第 18 行和第 19 行，monthrange 方法计算 2019 年 1 月的天数范围；第 21 行，prmonth 方法输出 2019 年 1 月的日历。

示例 11-15 calendar 基本用法

```
1.  # -*- coding: UTF-8 -*-
2.
3.  import calendar
4.
5.  calend = calendar.calendar(2019)
6.  print(" 调用 calendar 方法创建一个日历: ")
7.  print(calend)
8.
9.  calendar.setfirstweekday(calendar.SUNDAY)
10.
11. print(" 调用 firstweekday 方法返回每星期的第一天
12. 的数值: ", calendar.firstweekday())
13. print(" 判断 2019 年是否为闰年: ", calendar.isleap(2019))
14. print(" 返回 2016-2019 期间的闰年个数: ", calendar.
15. leapdays(2016, 2019))
16. print(" 返回 2019-1-15 是星期几: ", calendar.weekday
17. (2019, 1, 15))
18. print(" 返回 2019-1 月的天数范围: ", calendar.
19. monthrange(2019, 1))
```

```
20. print(" 打印 2019-1 月的日历: ")
21. calendar.prmonth(2019, 1)
```

执行结果如图 11-16 所示，首先输出 2019 年每个月的日历，然后输出每个函数的调用结果。

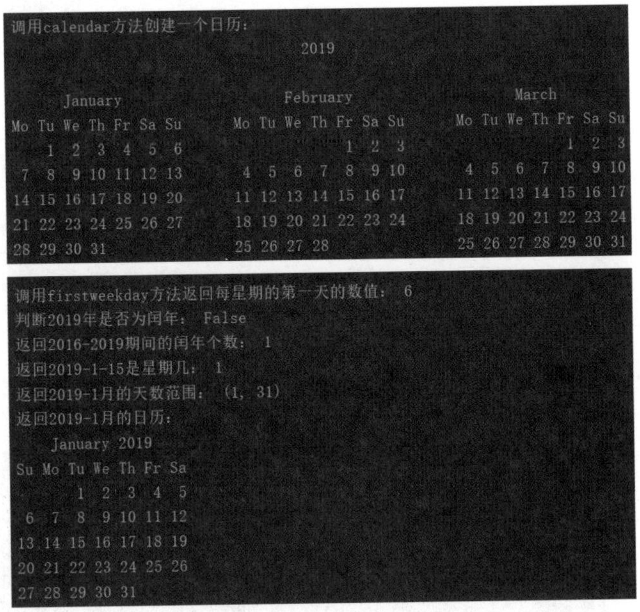

图 11-16 示例 11-15 输出结果

11.3.2 TextCalendar

TextCalendar 对象可以创建一个文本日历，具体用法如示例 11-16 所示。

示例 11-16 输出一个文本日历

```
1.  # -*- coding: UTF-8 -*-
2.
3.  import calendar
4.
5.  text_calendar = calendar.TextCalendar(calendar.SUNDAY)
6.  month = text_calendar.formatmonth(2019, 10)
7.  print(month)
```

执行结果如图 11-17 所示，输出 2019 年 10 月份的日历。

```
   October 2019
Su Mo Tu We Th Fr Sa
       1  2  3  4  5
 6  7  8  9 10 11 12
13 14 15 16 17 18 19
20 21 22 23 24 25 26
27 28 29 30 31
```

图 11-17 示例 11-16 输出结果

11.3.3 HTMLCalendar

HTMLCalendar 对象可以创建一个包含 html 元素的日历，用法如示例 11-17 所示。

示例 11-17 创建包含 html 元素的日历

```
# -*- coding: UTF-8 -*-

import calendar

text_calendar = calendar.HTMLCalendar(calendar.SUNDAY)
month = text_calendar.formatmonth(2019, 10)
print(month)
with open("a.html", "w") as f:
    f.write(month)
```

执行结果如图 11-18 所示，在控制台输出日历的 html 元素。

```
<table border="0" cellpadding="0" cellspacing="0" class="month">
<tr><th colspan="7" class="month">October 2019</th></tr>
<tr><th class="sun">Sun</th><th class="mon">Mon</th><th class="tue">
<tr><td class="noday"> </td><td class="noday"> </td><td cl
<tr><td class="sun">6</td><td class="mon">7</td><td class="tue">8</t
<tr><td class="sun">13</td><td class="mon">14</td><td class="tue">15
<tr><td class="sun">20</td><td class="mon">21</td><td class="tue">22
<tr><td class="sun">27</td><td class="mon">28</td><td class="tue">29
</table>
```

图 11-18 示例 11-17 输出结果

在文件同一目录下，会自动生成一个 a.html 文件，用浏览器打开，如图 11-19 所示。

图 11-19 Web 日历

常见面试题

1. 简述 Python 中的时间处理模块。

答：Python 有 3 个时间处理模块，分别是 time 模块、datetime 模块和 calendar 模块。time 模块主要处理 struct_time 结构的时间元组，在使用上偏底层；datetime 模块对 date、time 对象进行了封装，相关函数比较丰富，接口比较高级。

2. 简述 time 模块的 sleep 函数的作用。

答：在程序调用 time.sleep 函数，会使当前线程进入休眠状态。此时该线程会释放 GIL（全局解释锁），其他线程才有机会执行。

本章小结

本章主要介绍了 Python 时间处理的三大模块，即 time、datetime 和 calendar。通过实例还介绍了各模块的主要对象，核心类型和常用函数。time 模块提供的函数相对偏底层，而 datetime 封装的功能更丰富，因此在实践中的使用相对较多。

第12章 正则表达式

★本章导读★

正则表达式主要用于处理字符串，它是一种从字符串中查找与替换特定字符的语法。通过这种语法可以定义字符串的查找规则，以便在字符串中定位到特定字符。本章主要介绍正则表达式的查找方式、书写方式及相关的 Python 函数。

★知识要点★

通过本章内容的学习，读者能掌握以下知识。

➡ 了解正则表达式匹配的模式

➡ 了解预定义的字符集、限定符、定位符、非打印字符

➡ 了解如何进行分组，以及如何给分组添加名称

➡ 掌握 re 模块下不同函数的使用及提取结果的方式

12.1 正则表达式常用符号

在 Word、Notepad++、Windows 资源管理器等工具上，使用 "？" "*" 等写法来查找目标文本或者文件，在无形中就已经使用了正则表达式。本小节将详细阐述 "？" "*" 等更多符号的含义，以便在处理字符串时有更多的选择。

12.1.1 入门示例

设定目标字符串为 "Python 是一门动态语言，最初被设计为编写脚本，诞生于 20 世纪 90 年代！"。假设需要将目标字符串中的数字和单词提取出来，使用普通的字符串函数，并不能很好地处理这个问题，但使用正则表达式却能轻易完成，如示例 12-1 所示。

示例 12-1 提取字符串中的数字与单词

```
1.  #-*- coding:utf-8 -*-
2.  import re
3.
4.  string = "Python 是一门动态语言，最初被设计为编
5. 写脚本，诞生于 20 世纪 90 年代！ "
6.  p1 = r"(\d{1,2})"
7.  data = re.findall(p1, string)
8.  print(data)
9.  p2 = r"([A-Za-z]{6})"
```

```
10.  data = re.findall(p2, string)
11.  print(data)
```

执行结果如图 12-1 所示，分别提取了数字 20、90 和单词 Python。

图 12-1 示例 12-1 输出结果

当爬虫获取了一个网页的 Html 文档，需要提取其中的部分数据；用户在网站论坛留言，需要检测某些词语是否符合法规；用户在某个站点注册账户，输入的邮箱需要检测格式是否正确，都可以使用正则表达式进行处理。

12.1.2 字符集

在入门示例中，"(" "{" "\" 这些都称为元字符，"\d"

称为预定义字符，也是元字符的一部分。这一类的元字符还有很多，接下来详细介绍各字符含义。

1. 预定义字符

在示例程序中，使用了"\d"来匹配整数。"\d"是预定义字符，预定义字符前面使用"\"表示，这些字符在匹配过程中不匹配自身。各字符的含义如表12-1所示。

表 12-1　预定义字符

序号	类别	描述
1	\d	匹配整数，等效于 [0-9]
2	\D	匹配非整数，等效于 [^0-9]
3	\s	匹配打印字符，即空白字符，等效于 [\t\n\f\v\r]
4	\S	匹配非打印字符，等效于 [^\t\n\f\v\r]
5	\w	匹配字母、数字、下画线，等效于 [A-Za-z0-9_]
6	\W	匹配非字母、数字、下画线，等效于 [^A-Za-z0-9_]

这些字符具体用法如示例12-2所示。待匹配的文本"35050019730409XXXX_ 是 \t 一门 \n 动 \f 态 \v 编程 \r 语言"，其中包含了数字、字母、下画线及空白字符。第7行与第10行的表达式，在匹配上效果是等价的，都可以获取文本中的数字；第16行可以将文本中的空白字符捕获到；在第23行和第25行，都是为了匹配字母、数字和下画线。

示例12-2 使用预定义字符进行匹配

```
1.  #-*- coding:utf-8 -*-
2.  import re
3.
4.  string = "35050019730409XXXX_ 是 \t 一门 \n 动 \f
5.  态 \v 编程 \r 语言 "
6.  print(" 匹配数字： ")
7.  p = r"\d"
8.  data = re.findall(p, string)
9.  print(data)
10. p = r"[0-9]"
11. data = re.findall(p, string)
12. print(data)
13.
14. print("--------------------------")
15. print(" 匹配空白字符： ")
16. p = r"\s"
17. data = re.findall(p, string)
18. print(data)
19.
20. print("--------------------------")
21. print(" 匹配字母数字下画线： ")
22. p = r"\w"
23. data = re.findall(p, string)
24. print(data)
25. data = re.findall(p, string, re.A)
26. print(data)
```

执行结果如图12-2所示。从输出结果可以看到，"\w"匹配了所有的字符。"\w"设计只为匹配字母、数字和下画线，但是 Python 3 支持 Unicode 编码。汉字采用 Unicode 编码，由字母与数字组成，因此能够被匹配到。若是需要严格遵照匹配规则，应指定标志位（标志位是用来控制匹配行为的参数）。例如，在第25行，使用"re.A"标志位，这就只会匹配字母、数字和下画线了。

图 12-2　示例 12-2 输出结果

2. 限定符

限定符是指可以指定匹配次数的字符。例如，"*"表示字符串出现 0 次或多次，"?"表示字符串出现 0 次或 1 次。更多限定符如表 12-2 所示。

表 12-2　限定符

序号	类别	描述
1	*	匹配字符串出现 0 次或多次
2	\	将后续字符标记为特殊字符、转义、向后应用
3	?	匹配字符串出现 0 次或 1 次
4	+	匹配字符串出现 1 次或多次
5	|	构造或的关系
6	()	匹配一个字符串的开始和结束
7	{}	指定匹配次数
8	[]	匹配字符集合
9	.	匹配除 \n 外的任意单个字符

这些字符具体用法如示例 12-3 所示，各表达式的含义解释如下。

（1）对于字符串"hello \world,hello python，hello r"，规则"o*r"表示字母"o"匹配 0 次，就会捕获到句子中最后的字母"r"。匹配多次，就会捕获到 world 中的"or"。字符串中包含"\w"，这时的斜杠与字母"w"的组合是原字符串的一部分，与正则表达式中的预定义字符有冲突。因此若是需要将"\w"捕获到，则需要在"\w"之前再加一个斜杠进行转义。

（2）对于字符串"abcaabcbddddeeeefff"，规则"ab?"表示匹配问号前的字母"ab"，对于其中的字母"b"，有就返回，没有就返回"a"。规则"a+b"，表示匹配加号前的字母一次或多次，若是一次都没匹配到，则没有返回。

（3）对于字符串"hello123"，规则"hello|123"表示匹配"hello"或者"123"，同时返回两个对应的匹配结果，那么规则"hello123|123"会因为"hello123"部分直接匹配了原字符串，后面的"123"将不再进行匹配。

（4）对于字符串"2018 年，大数据、人工智能已上升为国家战略，2030 年达到世界领先水平"，规则"(\d+

年)"表示匹配数字与汉字"年"，"("表示开始位置，")"表示结束位置。该规则合起来的含义就是捕获以数字开始，以汉字"年"结束的字符串。因此返回的就是"2018 年"和"2030 年"。

（5）对于字符串"xyxxy ABCDABCDABCDABCD ABCDABCD xyxxABCDzzzzzYYY"，规则"(xyx){1}"表示匹配"xxx"这样的组合出现 1 次。例如，在本示例中，"xyxxy"和"xyxx"都包含了"xyx"，因此返回了 2 个子串。规则"(ABCD){2,3}"则表示匹配原字符串中最少连续出现 2 次"ABCD"，最多连续出现 3 次"ABCD"。原字符串中"ABCDABCDABCDABCD"尽管出现超过 3 次，但满足至少 2 次，因此仍然能够被捕获。

（6）对于字符串"8888_helloPYTHON@qq.com"，规则"[\d]+_[a-zA-Z]+"。中括号表示一个数字或者字符集合，中括号后面的加号表示中括号中的内容可以出现任意次。因此该表达式的含义就是匹配原字符中的数组、下画线、小写字母与大写字母。

（7）对于字符串"Spark 是 \t 分布式 \n 计 \f 算 \v 框架"，规则"."点号，表示匹配除"\n"外的单个字符。

示例 12-3 特殊字符的用法

```
1.  #-*- coding:utf-8 -*-
2.  import re
3.
4.  string = r"hello \world,hello python，hello r"
5.  p = "o*r"
6.  data = re.findall(p, string)
7.  print(" 匹配 or 与 r:", data)
8.
9.  p = r"\w"
10. data = re.findall(p, string)
11. print(" 匹配每个字母：", data)
12.
13. p = r"\\w"
14. data = re.findall(p, string)
15. print(r" 匹配 \w:", data)
16.
17. print("----------------------------")
18. string = r"abcaabcbddddeeeefff"
19. p = "ab?"
```

```
20.  data = re.findall(p, string)
21.  print(" 匹配 a 与 ab：", data)
22.
23.  p = "a+b"
24.  data = re.findall(p, string)
25.  print(" 匹配 ab 与 aab：", data)
26.
27.  print("---------------------------")
28.  string = r"hello123"
29.  p = "hello|123"
30.  data = re.findall(p, string)
31.  print(" 匹配 hello 和 123：", data)
32.
33.  p = "hello123|123"
34.  data = re.findall(p, string)
35.  print(" 匹配 hello123：", data)
36.
37.  print("---------------------------")
38.  string = r"2018 年，大数据、人工智能已上升为国家
39.  战略，2030 年达到世界领先水平 "
40.  p = r"(\d+ 年 )"
41.  data = re.findall(p, string)
42.  print(" 匹配 2018 年和 2030 年：", data)
43.
44.  print("---------------------------")
45.  string = r"xyxxy ABCDABCD
46.  ABCDABCDABCDABCD  xyxxABCDzzzzzYYY"
47.  p = "(xyx){1}"
48.  data = re.findall(p, string)
49.  print(" 匹配连续的 xyx：", data)
50.
51.  p = "(ABCD){2,3}"
52.  data = re.findall(p, string)
53.  print(" 匹配连续的 ABCD：", data)
54.
55.  print("---------------------------")
56.  string = r"8888_helloPYTHON@qq.com"
57.  p = r"[\d]+_[a-zA-Z]+"
58.  data = re.findall(p, string)
59.  print(" 匹配邮箱名称：", data)
60.
61.  print("---------------------------")
62.  string = "Spark 是 \t 分布式 \n 计 \f 算 \v 框架 "
63.  p = r"."
64.  data = re.findall(p, string)
65.  print(data)
```

执行结果如图 12-3 所示，显示了各种匹配规则下返回的内容。

图 12-3　示例 12-3 输出结果

ahet

Python

3. 定位符

定位符用于限定表达式，匹配整个原字符串的开头或者结尾，也可以指定用于在某个字符的开头或结尾。各定位符含义如表 12-3 所示。

表 12-3　定位符

序号	类别	描述
1	\b	匹配字符边界
2	\B	匹配非字符边界
3	$	匹配字符串结束的位置
4	^	匹配字符串开始的位置

这些定位符的具体用法如示例 12-4 所示。对于匹配目标字符串"hello world,hello python,hello r"，各种规则的解释如下。

（1）规则"hello\b"，表示匹配"hello"这个单词，"\b"表示在捕获前面的字符串时，遇到后面的空格就停止，然后将其返回。如果有多个字符满足这样的情况，就返回列表。

（2）规则"hello w\B"，表示匹配"hello w"这段字符，没有"\b"这样的约束，就可匹配任意段字符。

（3）规则"r$"，表示匹配结尾的字符，并获取"r"这个字符。

（4）规则"^hello"，表示从开头开始匹配，并获取"hello"这个字符串。

（5）规则"^hellor$"，本意是匹配"hello"开头，"r"结尾的内容，希望将原字符串完全匹配出来，却忽略了中间的这部分字符，因此无法获得任何结果。

（6）规则"^hello [a-z]+,[a-z]+ [a-z]+,[a-z]+ r$"，可同时匹配开头和结尾，中间的"[a-z]+"表示任意小写字母可以出现任意次，"[a-z]+ [a-z]+"则表示小写字母之间包含一个空格，这正好对应"hello python"。该规则满足原字符串的构造方式，因此可获取整个字符串。

示例 12-4 定位符

```
1.  #-*- coding:utf-8 -*-
2.  import re
3.
4.  string = r"hello world,hello python,hello r"
5.  p = r"hello\b"
6.  data = re.findall(p, string)
```

```
7.  print(" 匹配单词边界：", data)
8.
9.  p = r"hello w\B"
10. data = re.findall(p, string)
11. print(" 匹配单词边界：", data)
12.
13. p = "r$"
14. data = re.findall(p, string)
15. print(" 匹配最后一个字符 r：", data)
16.
17. p = "^hello"
18. data = re.findall(p, string)
19. print(" 匹配第一个单词 hello:", data)
20.
21. p = "^hellor$"
22. data = re.findall(p, string)
23. print(" 匹配最后一个字符 r：", data)
24.
25. p = "^hello [a-z]+,[a-z]+ [a-z]+,[a-z]+ r$"
26. data = re.findall(p, string)
27. print(" 匹配最后一个字符 r：", data)
```

执行结果如图 12-4 所示，在各种定位符下匹配出的数据。

图 12-4　示例 12-4 输出结果

4. 非打印字符

非打印字符表示在打印情况下不可见的字符，如换行、换页、制表符等，如表 12-4 所示。

表 12-4　非打印字符

序号	类别	描述
1	\r	匹配回车符
2	\n	匹配换行符
3	\t	匹配制表符
4	\f	匹配换页符，等效于 \x0c
5	\v	匹配垂直制表符，等效于 \x0b

匹配非打印字符的具体用法如示例 12-5 所示。对于匹配目标字符串"第 1 行 字符 \n 第 2 行 字符 \n 第 3 行 \t 字符 \r 第 4 行 \f 字 \v 符",各种规则的解释如下。

（1）规则"\r"，表示获取回车符。

（2）规则"\n"，表示获取字符串中的换行符。

（3）规则"\t"，表示获取字符串中的制表符。

（4）规则"\f"，表示获取字符串中的换页符。

（5）规则"\v"，表示获取字符串中的垂直制表符。

（6）规则"\s"，表示匹配所有非打印字符。

示例 12-5 获取非打印字符

```
1.  #-*- coding:utf-8 -*-
2.  import re
3.
4.  string = "第 1 行 字符 \n 第 2 行 字符 \n 第 3 行 \t 字符 \r
5.  第 4 行 \f 字 \v 符 "
6.  print(string)
7.  p = r"\r"
8.  data = re.findall(p, string)
9.  print(" 匹配回车符：", data)
10.
11. p = r"\n"
12. data = re.findall(p, string)
13. print(" 匹配换行符：", data)
14.
15. p = r"\t"
16. data = re.findall(p, string)
17. print(" 匹配制表符：", data)
18.
19. p = r"\f"
20. data = re.findall(p, string)
21. print(" 匹配换页符：", data)
22.
23. p = r"\v"
24. data = re.findall(p, string)
25. print(" 匹配垂直制表符：", data)
26.
27. p = r"\s"
28. data = re.findall(p, string)
29. print(" 匹配任意空白字符：", data)
30.
31. p = r"\S"
32. data = re.findall(p, string)
33. print(" 匹配任意非空白字符：", data)
```

执行结果如图 12-5 所示。在输出结果中可以看到，打印原字符串是"第 3 行 字符"，并未显示，因为"\r"会将前面同一行的数据当作回车符，不输出任意内容。

图 12-5 示例 12-5 输出结果

12.2 re 模块

re 模块是 Python 标准库中的一个模块，包含了使用正则表达式提取或替换原字符串内容的重要方法，如 search、match 等，下面介绍几种常见的方法。

12.2.1 search

search 方法用于搜索字符串，当遇到第一个满足条件的子串就会返回。search 包含的参数是 pattern、string、flags。各参数含义如下。

（1）pattern：用于匹配的正则表达式。

（2）string：待处理的原字符串。

（3）flags：标志位，用于指定在查找过程中是否处理大小写等。该参数是可选的，默认为 0。

如示例 12-6 所示，用 search 方法传入第 5 行的表达式，search 方法将按此规则获取数据。匹配成功，search 方法就会返回一个 Match 类型的对象，否则返回 None。span 表示匹配到的子串的开始位置和结束位置，两个数据存放在元组对象中。由于在参数中指定了 "re.I"，search 方法在执行时会忽略大小写，search 方法将匹配到整个字符串。要获取匹配到的结果就要调用 group 方法，如第 8 行。规则中的小括号，可以将匹配结果进行分组，调用 groups 获取所有组。在 group 方法中输入组序号，返回对应组数据。

示例 12-6 搜索数据

```
1.  #-*- coding:utf-8 -*-
2.  import re
3.
4.  string = "Hello World,hello Python,hello r"
5.  p = "^(hello) ([a-z]+),([a-z]+) ([a-z]+),([a-z]+) r$"
6.  data = re.search(p, string, re.I)
7.  print(" 返回一个 Match 类型的对象：\n ", data)
8.  print(" 获取匹配到的字符：", data.group())
9.  print(" 所有匹配的组：", data.groups())
10. print(" 获取第一组的值：", data.group(1))
11. print(" 获取第四组的值：", data.group(4))
```

执行结果如图 12-6 所示。

```
返回一个Match类型的对象:
    <re.Match object; span=(0, 32), match='Hello World,hello Python,hello r'>
获取匹配到的字符: Hello World,hello Python,hello r
所有匹配的组: ('Hello', 'World', 'hello', 'Python', 'hello')
获取第一组的值: Hello
获取第四组的值: Python
```

图 12-6 示例 12-6 输出结果

温馨提示

标志位除了 "re.I" 之外，还有 "re.M" 支持匹配多行，"re.S" 匹配任意字符，"re.U" 匹配 Unicode 模式等。由于使用场景少，这里不再赘述。

12.2.2 match

match 方法同样用于匹配字符串，在调用方式、传递参数、获取返回值等方面与 search 方法相同，具体用法如示例 12-7 所示。

示例 12-7 匹配数据

```
12. #-*- coding:utf-8 -*-
13. import re
14.
15. string = "Hello World," \
16.     "hello Python,hello r"
17. p = "^(hello) ([a-z]+),([a-z]+) ([a-z]+),([a-z]+) r$"
18. data = re.match(p, string, re.I | re.M)
19. print(" 返回一个 Match 类型的对象：\n ", data)
20. print(" 所有匹配的组：", data.groups())
21.
22. print("----------------------------")
23. p = "World"
24. data = re.match(p, string)
25. print(" 调用 match 方法匹配 World：", data)
26.
27. p = "World"
28. data = re.search(p, string)
29. print(" 调用 search 方法搜索 World：", data)
```

执行结果如图 12-7 所示，可以看到，match 方法会从字符串开头进行匹配，为满足条件直接返回 None，search 方法会搜索整个字符串，遇到第一个满足条件的就返回，始终未匹配到才返回 None。

图 12-7　示例 12-7 输出结果

12.2.3　sub

sub 方法用于替换原字符中的子串，参数分别是 pattern、repl、string、count、flags。各参数含义如下。

（1）pattern：用于匹配的正则表达式。

（2）repl：一个字符串或者一个函数表达式。

（3）string：待处理的原字符串。

（4）count：表示匹配次数。如果在一次替换中，查找到了多个组的数据满足条件，通过指定 count，可以替换对应个数的数据。该参数是可选的，默认为 0。

（5）flags：标志位，用于指定在查找过程中是否处理大小写等。该参数是可选的，默认为 0。

具体用法如示例 12-8 所示，给 sub 方法传递规则 "\D"，第二个参数设置为空字符串，最后会将原字符串中所有非数字部分使用空字符串代替；传递规则 "#.*："会匹配到井号注释，然后将注释替换为空。

在第 20 行，"(?P<name>)"定义了一个命名组，当匹配到合适的数据，就可以调用 group(name) 来获取具体的内容。将 repl 参数指定为一个函数，每当 sub 方法按规则匹配到一个组的时候，就会自动调用 repl 参数对应函数。例如，在示例中，匹配每个车牌号中的数字，同时指定了组名为 "LicensePlate"，调用 convert_zero 方法。convert_zero 方法接收的是一个 re.Mathch 对象，在 re.Mathch 对象上调用 group（"LicensePlate"）即可获取每个组内容。count 参数用于限定匹配到的次数，在第 23 行指定了 count 为 1，那么只有第一个匹配到的组，sub 才去调用 convert_zero 方法，对子串进行替换。

示例 12-8　替换子串

```
1.  #-*- coding:utf-8 -*-
2.  import re
3.
4.  info = "# QQ 邮箱： " \
5.      "888888888@qq.com 999999999@qq.com"
6.
7.  p = r'\D'
8.  num = re.sub(p, "", info)
9.  print(" 提取数字： ", num)
10.
11. p = r'#.*: '
12. data = re.sub(p, "", info)
13. print(" 移除注释： ", data)
14.
15. def convert_zero(item):
16.     license_plate = item.group("LicensePlate")
17.     return license_plate[0] + "0000"
18.
19. string = " 京 A9999X, 京 A9998X, 京 A9997X"
20. p = r'(?P<LicensePlate>\d+)'
21. data = re.sub(p, convert_zero, string)
22. print(" 将车牌后四位数字替换为 0000： ", data)
23. data = re.sub(p, convert_zero, string, 1)
24. print(" 将第一个车牌后四位数字替换为 0000： ", data)
```

执行结果如图 12-8 所示，输出被替换后的数据。

图 12-8　示例 12-8 输出结果

12.2.4　findall 与 finditer

findall 与 finditer 方法都是用于查找子串，包含的参数分别是 pattern、string、flags。各参数含义如下。

（1）pattern：用于匹配的正则表达式。

（2）string：待处理的原字符串。

（3）flags：标志位，用于指定在查找过程中是否处理大小写等。该参数是可选的，默认为0。

具体用法如示例12-9所示，其中findall方法返回满足条件数据的列表，finditer方法返回一个迭代器。

示例12-9 查找子串

```
1.  #-*- coding:utf-8 -*-
2.  import re
3.
4.  string = " 京 A9999X, 京 A9998X, 京 A9997X"
5.  p = r'(?P<LicensePlate>\d+)'
6.  data = re.findall(p, string)
7.  print("findall 查找所有分组： ", data)
8.
9.  data = re.finditer(p, string)
10. print("finditer 返回迭代器： ", data)
11. for i in data:
12.     print("\t 车牌上的数字： ", i.group("LicensePlate"))
```

执行结果如图12-9所示，可以看到如下结果。

```
findall查找所有分组： ['9999', '9998', '9997']
finditer返回迭代器： <callable_iterator object at 0x0000024B770A5080>
        车牌上的数字： 9999
        车牌上的数字： 9998
        车牌上的数字： 9997
```

图 12-9 示例 12-9 输出结果

12.2.5 split

split方法用于分割捕获到的子串，并以列表形式返回。其参数maxsplit表示最大分割次数，默认为0，表示不限制分割次数；设置为2就分割1次，返回的列表中就包含2个元素；设置为2就分割2次，返回的列表中就包含3个元素，依次类推，具体用法如示例12-10所示。

示例12-10 分割子串

```
1.  #-*- coding:utf-8 -*-
2.  import re
3.
4.  string = " 京 A9999X, 京 A9998X, 京 A9997X"
5.  print(" 不限次数分割： ", re.split('X', string))
6.  print(" 最多分割 1 次： ", re.split('X', string, 1))
7.  print(" 最多分割 2 次： ", re.split('X', string, 2))
```

执行结果如图12-10所示，输出了各种分割下的数据结果。

```
不限次数分割： ['京A9999', ', 京A9998', ', 京A9997', '']
最多分割1次： ['京A9999', ', 京A9998X, 京A9997X']
最多分割2次： ['京A9999', ', 京A9998', ', 京A9997X']
```

图 12-10 示例 12-10 输出结果

常见面试题

1.match 和 search 方法有哪些区别？

答：match 和 search 方法都能实现字符串的匹配，在调用形式上都相同。不同的是 match 方法在执行匹配时，发现原字符串第一个字符不匹配就返回 None，search 方法会搜索整个字符串，发现没有匹配到合适的数据才返回 None。

2. 如何利用编程实现提取文本中电话号码和 qq 邮箱？

答：在设计表达式的时候，需要观察原字符串的结构。例如，电话号码前有 "+86"，表示地区，这个数据和后续的电话是一起的，因此将 "+" 与数字用小括号括起来。由于加号是元字符，在设计表达式时需要转义。对于 qq 邮箱，就是普通的数字与字母的组合，提取相对容易，具体实现如示例 12-11 所示。

示例12-11 匹配电话号码与邮箱

```
1.  #-*- coding:utf-8 -*-
2.  import re
3.
4.  string = " 用户的电话号码是 +86 18888899999,
5.  qq 邮箱是 6677889900_lvy@qq.com"
6.  p = r"(\+\d+ \d+)"
7.  data = re.findall(p, string)
```

8.　　print(data)

9.

10.　p = r"(\d+_[a-z]+@[a-z]+\.[a-z]+)"

11.　data = re.findall(p, string)

12.　print(data)

执行结果如图 12-11 所示，输出完整的电话号码和邮箱。

```
['+86 18888899999']
['6677889900_1vy@qq.com']
```

图 12-11　示例 12-11 输出结果

本章小结

　　本章主要介绍正则表达式的原理与语法，同时还介绍了不同场景下的编写方式。通过运用本章的知识，可以实现对任意文本中的特定内容进行提取和修改。

第13章 多任务编程

★本章导读★

多任务编程是提高应用程序响应能力、提升用户体验的一种常见方式。本章主要介绍多线程编程、多进程编程、进程间通信和利用协程开发异步程序。

★知识要点★

通过本章内容的学习，读者能掌握以下知识。

➥ 了解多任务的概念与特点

➥ 了解并行与并发的区别

➥ 掌握多线程编程

➥ 掌握多进程编程及进程间通信

➥ 了解协程的概念与生成器的关系

➥ 掌握协程开发异步处理程序

13.1 线程

线程被定义为程序的执行路径，是操作系统运行调度的最小单位。同时，线程还是一个单一顺序的控制流，利用线程可以提高程序的并发度。

13.1.1 多任务简介

多任务是指操作系统在同一时间内运行的多个应用程序。一个编译完成的软件在未运行起来的时候称为程序，运行这个软件的过程称为任务，任务是一个抽象的概念。这些任务分别对应一到多个进程，一个进程又包含一到多个线程，操作系统通过运行线程来实现任务的执行。

线程会执行开发者计划的任务。例如，在程序中编写一个爬虫程序，获取国内蔬菜的价格，不同地区的价格信息分别在对应的网站上。爬取一个网站的速度较慢，因此需要开启多个线程来分别爬取不同的站点，提高爬取效率；对于多

个视频的渲染，一个线程执行渲染操作的速度较慢，因此需要开启多个线程来同时渲染不同的视频，提高渲染速度。

设计多任务程序，本质上就是设计多线程或者多进程的程序，最终目的是提高应用的处理速度。

为什么多线程能够提高效率呢？首先需要了解并行与并发的概念。

（1）并行：多个任务同时运行。多个线程运行在多核的CPU上，就达到了并行执行业务代码的目的。

（2）并发：多个任务同时运行。多个线程运行在单核的CPU上，CPU对A线程执行一部分代码，如果线程中断，就会执行B线程的

一部分代码。A线程与B线程交替运行，尽管某一时刻只有一个线程在运行，但是从宏观上看，任务仍然在并行处理。

现在大多数操作系统是基于抢占式的，因此理论上一个程序的线程越多，越有机会获取到CPU，并行度或者并发度就会越高，处理任务就越快，性能也就显得越高。

> **温馨提示**
>
> 实际上，一个应用里面并不是线程越多越好。线程多了，CPU就需要在不同线程间频繁切换，在切换过程中还需要保存线程的状态，这反倒让CPU的有效利用率降低。所以一般设计线程个数，会参考CPU核心数。

13.1.2 线程的创建

Python 提供了两个模块用于创建线程，分别是 _thread 和 threading。_thread 只提供基本的创建线程和锁机制，接口相对低级，因此本节选择使用 threading 来创建线程。

如示例 13-1 所示，演示了如何创建线程。

首先在第 6 行创建一个函数 get_data，用来模拟耗时操作。其中第 13 行至第 16 行，每循环一次，调用 sleep 休眠 1 秒。在第 23 行，使用 threading.Thread 对象创建一个线程，并通过 target 参数指明新线程要执行的回调函数。新创建出来的线程称为子线程，当前线程称为主线程。在子线程对象上调用 start 方法，此时子线程就会去调用 get_data 函数，主线程继续执行。在第 27 行，在子线程对象上调用 join 方法，会引起主线程阻塞，直到子线程执行完毕。

示例 13-1 创建线程

```
1.  # -*- coding: UTF-8 -*-
2.  import datetime
3.  import time, threading
4.
5.
6.  def get_data():
7.      '''
8.      模拟一个耗时程序，比如在连接远程数据库
9.      '''
10.     print("\tget_data 函数开始执行，时间：{}".
11. format(datetime.datetime.now()))
12.
13.     for i in range(1, 11):
14.         tips = "." * i
15.         print("\t 正在连接 {}".format("".join(tips)))
16.         time.sleep(1)
17.
18.     print("\tget_data 函数执行完毕，时间：{}".
19. format(datetime.datetime.now()))
20.
21.
22. print(" 主线程创建子线程 ")
23. t = threading.Thread(target=get_data)
24. print(" 启动子线程 ")
25. t.start()
26. print(" 主线程等待子线程执行完毕 ")
27. t.join()
28. print(" 子线程执行完毕 ")
```

执行结果如图 13-1 所示，可以看到“主线程等待子线程执行完毕”这句话在“正在连接 .”的输出后面，这确实表现出了并行的效果。

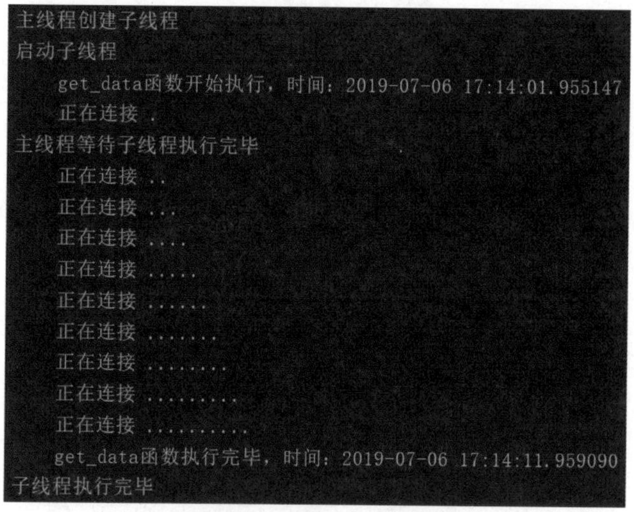

```
主线程创建子线程
启动子线程
        get_data函数开始执行，时间：2019-07-06 17:14:01.955147
        正在连接 .
主线程等待子线程执行完毕
        正在连接 ..
        正在连接 ...
        正在连接 ....
        正在连接 .....
        正在连接 ......
        正在连接 .......
        正在连接 ........
        正在连接 .........
        正在连接 ..........
        get_data函数执行完毕，时间：2019-07-06 17:14:11.959090
子线程执行完毕
```

图 13-1 示例 13-1 输出结果

在一次调用中，可以同时创建多个线程并给线程指定名称，并且主线程还可以传递数据到子线程，传递参数时需要使用元组。

如示例 13-2 所示，演示了主线程传递参数给子线程。

在第 17 行、第 19 行分别创建子线程，设置 target 回调函数为 get_data。在 get_data 函数中，接受主线程传递的参数，并根据参数设置休眠时间。

示例 13-2 创建多个线程

```
1.  # -*- coding: UTF-8 -*-
2.  import datetime
3.  import time, threading
4.
5.
6.  def get_data(n):
7.      '''
8.      模拟一个耗时程序，比如在连接远程数据库
9.      '''
10.     print(" 当前线程名称：{} 开始执行，并休眠 {} 秒 ".
11.         format(threading.currentThread().getName(), n))
```

```
12.     time.sleep(n)
13.     print(" 当前线程名称：{} 执行完毕
14.     ".format(threading.currentThread().getName()))
15.
16.
17.  t1 = threading.Thread(target=get_data, name="A 线程 ",
18.  args=(2,))
19.  t2 = threading.Thread(target=get_data, name="B 线程 ",
20.  args=(3,))
21.  t1.start()
22.  t2.start()
23.  t1.join()
24.  print(" 线程 {} 执行完毕 ".format(t1.getName()))
25.  t2.join()
26.  print(" 线程 {} 执行完毕 ".format(t2.getName()))
```

执行结果如图 13-2 所示，join 是一个阻塞调用，因此会先等待 A 线程执行完毕，输出第 21 行内容后再调用 B 线程的对象 join。

```
当前线程名称：A线程 开始执行，并休眠2秒
当前线程名称：B线程 开始执行，并休眠3秒
当前线程名称：A线程 执行完毕
线程A线程执行完毕
当前线程名称：B线程 执行完毕
线程B线程执行完毕
```

图 13-2　示例 13-2 输出结果

13.1.3　自定义线程类

在 Python 中，可以自定义线程类。自定义线程对象需要满足两个条件，一是必须 threading.Thread 对象继承，二是必须重写 run 方法。

如示例 13-3 所示，演示了如何创建自定义线程。

在第 5 行，定义 CustomThread 类，并从 threading.Thread 继承。在第 6 行，通过初始化函数给当前线程对象设置线程名称和休眠时间。在第 11 行，重写 run 方法，并通过 self 对象获取当前实例的参数。在第 22 行，调用 setDaemon(True)，将 t1 线程设置为守护线程。setDaemon 方法需要在 "=start" 之前调用，否则在运行时会触发异常。守护线程是指当主线和其他非守护线程都退出后，守护线程即使没有执行完毕也会一同退出。

默认情况下，创建的子线程都是非守护线程。在第 26 行，在 t1 对象上调用 is_alive 方法判断当前线程是否处于活动状态。在第 27 行，可以通过 name 属性获取线程名称。在第 28 行，可以通过 ident 属性获取线程 id。在第 29 行、第 31 行，显示 t1、t2 是否为守护线程。

示例 13-3　自定义线程

```
1.   # -*- coding: UTF-8 -*-
2.   import time, threading
3.
4.
5.   class CustomThread(threading.Thread):
6.       def __init__(self, name="", num=""):
7.           super().__init__()
8.           self._name = name
9.           self._num = num
10.
11.      def run(self):
12.          print(" 当前线程名称：{} 开始执行,并休眠 {} 秒".
13.              format(threading.currentThread().getName(),
14.  self._num))
15.          time.sleep(self._num)
16.          print(" 当前线程名称：{} 执行完毕
17.  ".format(threading.currentThread().getName()))
18.
19.
20.  t1 = CustomThread("A 线程 ", 4)
21.  t2 = CustomThread("B 线程 ", 5)
22.  t1.setDaemon(True)
23.  t1.start()
24.  t2.start()
25.
26.  print("t1 线程活动状态：", t1.is_alive())
27.  print("t1 线程名称：", t1.name)
28.  print("t1 线程 id：", t1.ident)
29.  print("t1 线程是否为后台线程：{}".format(t1.
30.  isDaemon()))
31.  print("t2 线程是否为后台线程：{}".format(t2.
32.  isDaemon()))
```

执行结果如图 13-3 所述，输出各线程状态和执行过程。

图 13-3　示例 13-3 输出结果

13.1.4　线程池

面对大量的任务，为每个任务创建一个线程是得不偿失的，因此需要使用线程池来管理线程。Python 3 版本中，已经包含了 ThreadPoolExecutor 对象用来管理线程，该对象在 concurrent 模块下。

如示例 13-4 所示，演示了使用 ThreadPoolExecutor 对象来管理多线程。

在第 17 行，使用 ThreadPoolExecutor(5) 创建线程，其中参数 "5" 表示线程池中最多创建 5 个线程。在第 18 行，遍历 args1 列表，使用 submit 提交任务。args1 列表的长度为 2，因此只有 2 个线程会执行 func 方法，这样就做到了在任务有限的情况下，不必启动额外的线程。

在第 24 行，使用 ThreadPoolExecutor(2) 创建线程，尽管 args2 列表的长度为 3，提交了 3 个任务，但是线程池仍然只会同时启动 2 个线程去执行 func 方法，当其中一个线程执行完毕后，再处理剩余任务，这样就做到了线程的复用。

在本示例中，展示了 ThreadPoolExecutor 提交任务的方式，即 submit 和 map。这两者的区别是，submit 在每次提交任务时，可以分别指定参数；map 则是一次性传递参数。另外，map 的输出是有序的，submit 输出是无序的。

示例 13-4　线程池

```
1.  # -*- coding: UTF-8 -*-
2.  import threading
3.  from concurrent.futures import ThreadPoolExecutor
4.  import time
5.
6.
7.  def func(num):
8.      print(" 当前线程 id：{} 开始执行，休眠时间：{}".
9.          format(threading.currentThread().ident, num))
10.     time.sleep(num)
11.     print(" 当前线程 id：{} 执行完毕 ".format(threading.
12. currentThread().ident))
13.
14.
15. def submit_task():
16.     args1 = [1, 2]
17.     with ThreadPoolExecutor(5) as executor:
18.         for i in args1:
19.             executor.submit(func, i)
20.
21.
22. def map_task():
23.     args2 = [1, 2, 3]
24.     with ThreadPoolExecutor(2) as executor:
25.         executor.map(func, args2)
26.
27.
28. submit_task()
29.
30. # map_task()
```

为方便观察执行结果，首先注释掉第 30 行，执行结果如图 13-4 所示，可以看到 submit 情况下的输出，实际上只有两个线程在执行 func 函数。

图 13-4　示例 13-4 输出结果

取消第 30 行注释，然后把第 28 行注释掉，可以看到 map 情况下的输出，如图 13-5 所示，同样只有两个线程在执行 func 函数，当线程 3664 首次执行完毕后就立即开始执行新的任务。

```
当前线程id：3664 开始执行,休眠时间：1
当前线程id：8368 开始执行,休眠时间：2
当前线程id：3664 执行完毕
当前线程id：3664 开始执行,休眠时间：3
当前线程id：8368 执行完毕
当前线程id：3664 执行完毕
```

图 13-5　map 提交下的执行过程

13.1.5　共享全局变量

如示例 13-5 所示，开启两个线程同时对一个变量进行修改。

在 func 函数的循环中，对全局变量 amnount 先加 1 然后再减 1，那么不管循环多少次，理论上最后得到的结果都应该为 0。但是在多线程的情况下，由于两个线程同时修改一个变量，当 t1 线程减去 1 之后恰好被中断，换 t2 线程运行，t2 线程又把 1 给加回来了，就会导致数据不一致。

示例 13-5 修改全局变量

```
1.   # -*- coding: UTF-8 -*-
2.   import threading
3.
4.   amount = 0
5.
6.   def func():
7.     global amount
8.     for i in range(1000000):
9.         amount += 1
10.        amount -= 1
11.    print(" 线程：{} 得到的结果：{}".
12.  format(threading.currentThread().ident, amount))
13.
14.
15.  t1 = threading.Thread(target=func)
16.  t2 = threading.Thread(target=func)
17.  t1.start()
18.  t2.start()
```

执行结果如图 13-6 所示，可以看到最终结果是 1。

```
线程：14984 得到的结果：1
线程：4708 得到的结果：1
```

图 13-6　示例 13-5 输出结果

13.1.6　线程同步

线程同步是指多个线程协同工作，当一个线程在对某个对象进行操作时，其他线程需要等待，直到该线程完成操作后，再开始自己的操作。对于多线程操作全局变量出错的问题，就需要使用线程同步机制来处理。Python 中，使用 threading.Lock 对象来实现线程同步。

如示例 13-6 所示，使用 Lock 对象来保证线程操作的一致性。

在第 18 行，创建线程锁对象，该线程锁对象一次只能被一个线程获取。在第 9 行，在锁上面调用 acquire 方法，使当前线程获得锁，这意味着后续代码将只由该线程执行，直到调用 release 方法，当前线程释放锁，其他线程才能获取锁继续执行。

示例 13-6 线程同步

```
1.   # -*- coding: UTF-8 -*-
2.   import threading
3.
4.   amount = 0
5.
6.
7.   def func():
8.     global amount
9.     thread_lock.acquire()
10.    for i in range(1000000):
11.        amount += 1
12.        amount -= 1
13.    thread_lock.release()
14.    print(" 线程：{} 得到的结果：{}".
15.  format(threading.currentThread().ident, amount))
16.
17.
18.  thread_lock = threading.Lock()
19.
20.  t1 = threading.Thread(target=func)
21.  t2 = threading.Thread(target=func)
22.  t1.start()
23.  t2.start()
```

执行结果如图 13-7 所示，可以看到，不管执行多少次，最终输出结果始终为 0。

图 13-7　示例 13-6 输出结果

在程序中使用锁，可以避免多线程对全局变量操作引起的混乱，但是由于锁一次只能由一个线程获取，就出现了多个线程"争用"锁的状态，多个线程就需要排队获取锁。若是线程锁设计不合理，会使系统性能降低。

13.1.7　死锁

死锁是多线程争用锁的一种极端情况。具体来说，程序中有多个锁，A 线程获取锁正在执行，此时需要 B 线程的锁，若 B 线程一直不释放，或者 B 线程也需要 A 线程的锁，这时就引起了相互等待，形成死锁。换句话说，就是不同线程获取了不同的锁，但是线程间又希望获取对方的锁，就造成了这种相互争用的局面。

如示例 13-7 所示，演示了死锁的形成。

示例 13-7　t1 和 t2 线程尝试获取对方的锁

```
1.  # -*- coding: UTF-8 -*-
2.  import threading
3.  import time
4.  amount = 0
5.  def func1():
6.      global amount
7.      t1_thread_lock.acquire()
8.      print("t1 线程获得 t1_thread_lock 锁 ")
9.      time.sleep(1)
10.     print("t1 线程尝试获取 t2_thread_lock 锁 ")
11.     t2_thread_lock.acquire()
12.     print("t1 线程获得 t2_thread_lock 锁 ")
13.     for i in range(1000000):
14.         amount += 1
15.         amount -= 1
16.     t2_thread_lock.acquire()
17.     t1_thread_lock.release()
18.     print(" 线程：{} 得到的结果：{}".
19. format(threading.currentThread().ident, amount))
20.
21.
22. def func2():
23.     global amount
24.     t2_thread_lock.acquire()
25.     print("t2 线程获得 t2_thread_lock 锁 ")
26.     time.sleep(1)
27.     print("t2 线程尝试获取 t1_thread_lock 锁 ")
28.     t1_thread_lock.acquire()
29.     print("t2 线程获得 t1_thread_lock 锁 ")
30.     for i in range(1000000):
31.         amount += 1
32.         amount -= 1
33.     t1_thread_lock.acquire()
34.     t2_thread_lock.release()
35.     print(" 线程：{} 得到的结果：{}".
36. format(threading.currentThread().ident, amount))
37.
38.
39. t1_thread_lock = threading.Lock()
40. t2_thread_lock = threading.Lock()
41. t1 = threading.Thread(target=func1)
42. t2 = threading.Thread(target=func2)
43. t1.start()
44. t2.start()
```

执行结果如图 13-8 所示，程序输出到此就无法再执行下去了。

图 13-8　示例 13-7 输出结果

解决死锁的办法之一就是使用 threading.Condition() 对象，它实现了一种复杂的线程同步技术。如示例 13-8 所示，t1、t2 线程执行过程如下。

在第 60 行，创建一个 Condition 实例，相当于一个全局锁。在代码中，由 t1 线程（线程 id 为 4832）获取锁，然后调用 notify 方法通知线程 t2（线程 id 为 9564），之后调用 wait 方法将自己挂起。

挂起之后将由线程 t2 获得锁，线程 t2 将业务代码执行完毕后发出通知，然后将自己挂起。

线程 t1 收到通知，将业务代码执行完毕后发出通知，线程 t1、t2 同时继续执行，直到释放锁。

示例 13-8 使用 threading.Condition 实现线程同步

```python
1.   # -*- coding: UTF-8 -*-
2.   import threading
3.   import time
4.
5.   amount = 0
6.
7.
8.   def func1():
9.       global amount
10.
11.      thread_id = threading.currentThread().ident
12.
13.      cond.acquire()
14.      print(" 线程 {} 获得锁 ".format(thread_id))
15.
16.      print(" 线程 {} 发出通知 ".format(thread_id))
17.      cond.notify()
18.
19.      print(" 线程 {} 线程挂起，等待通知 ".format(thread_id))
20.      cond.wait()
21.
22.      for i in range(1000000):
23.          amount += 1
24.          amount -= 1
25.
26.      print(" 线程 {} 执行业务代码后发出通知
27.  ".format(thread_id))
28.      cond.notify()
28.
30.      print(" 线程 {} 释放锁 ".format(thread_id))
31.      cond.release()
32.      print(" 线程 {} 得到的结果：{}".format(thread_id,
33.  amount))
34.
35.
36.  def func2():
37.      global amount
38.      thread_id = threading.currentThread().ident
39.      time.sleep(3)
40.      cond.acquire()
41.      print("\t\t\t 线程 {} 获得锁 ".format(thread_id))
42.
43.      for i in range(1000000):
44.          amount += 1
45.          amount -= 1
46.
47.      print("\t\t\t 线程 {} 业务代码执行完毕发出通知
48.  ".format(thread_id))
49.      cond.notify()
50.
51.      print("\t\t\t 线程 {} 挂起，等待通知 ".format(thread_id))
52.      cond.wait()
53.
54.      print("\t\t\t 线程 {} 释放锁 ".format(thread_id))
55.      cond.release()
56.      print("\t\t\t 线程 {} 得到的结果：{}".format(thread_
57.  id, amount))
58.
59.
60.  cond = threading.Condition()
61.  t1 = threading.Thread(target=func1)
62.  t2 = threading.Thread(target=func2)
63.  t1.start()
64.  t2.start()
```

执行结果如图 13-9 所示，显示了多个线程在相互通知、等待、唤醒执行的具体过程。

```
线程 4832 获得锁
线程 4832 发出通知
线程 4832 线程挂起，等待通知
        线程 9564 获得锁
        线程 9564 业务代码执行完毕发出通知
        线程 9564 挂起，等待通知
线程 4832 执行业务代码后发出通知
线程 4832 释放锁
线程 4832 得到的结果：0        线程 9564 释放锁
        线程 9564 得到的结果：0
```

图 13-9　示例 13-8 输出结果

温馨提示

threading 模块包含 Rlock 对象，Rlock 表示可重入的锁，意思是可以在同一个线程内部调用多次 acquire 方法，而不引起死锁。但是 Rlock 不支持跨线程，这里不再赘述。

13.1.8　GIL

GIL 全称是 Global Interpreter Lock，译为全局解释锁。GIL 并不是 Python 的特性，而是 CPython 解释器的概念。如果 Python 运行在 JPython 解释器上，就不存在 GIL 的问题。那么 GIL 的问题具体是什么呢？

根据官方文档，由于 CPython 的内存管理线程不是安全的，又需要防止多个线程同时操作 Python 字节码，因此需要一个锁来保护程序的运行。大多数情况下都是使用 CPython 解释器来运行 Python 程序，故而普遍认为 GIL 是 Python 语言的设计缺陷。

CPython 的发展经历了漫长过程，但 GIL 问题一直悬而未决，这都是行业发展的历史遗留问题，在此不再赘述。

13.2　进程

进程是正在运行的程序实例，是应用程序的一次动态执行。进程是操作系统调度与分配资源的基本单位，一个操作系统可以同时运行多个进程。

13.2.1　程序、进程

程序是指开发者编辑好的代码。将代码打包生成的 exe、dll、so、apk 等可以执行文件，以及 Python、js、HTML 编写的脚本程序，尽管它们的运行模式不尽相同，但它们都统称为应用程序。

在操作系统上，将程序加载到内存运行，操作系统为这些程序创建对应的进程。对于 Web 应用，也会有一个常驻后台的服务进程来执行相关程序。总之，进程就是运行中的应用程序。

进程是线程的容器。一个进程创建之初，默认会创建一个线程，该线程称为主线程。在主线程上又可以创建更多的线程。不同进程之间，内存、CPU 等资源是独立的，而各个线程则共享进程内的资源。

操作系统创建进程时会分配资源，进程执行完毕后会退出，操作系统回收资源。创建进程往往比创建线程所耗费的资源更多，因此大多数编程语言都选择创建多线程来提高程序性能。但是从系统稳定上看，进程间的资源隔离性好，当某个进程崩溃退出，并不影响其他进程的运行；线程相互间共享资源，当某个线程出现异常，可能导致整个进程退出。因此开发这一类多任务的应用程序，对开发者的水平是一个不小的考验。

13.2.2　进程的创建

Python 是跨平台的，可以在 Linux 系统使用 fork 调用创建进程，也可以在 Windows 上使用 multiprocessing 模块创建进程。如示例 13-9 所示，在第 13 行使用 Process 对象创建子进程，同时指定 target 为进程需要执行的函数。

示例 13-9　创建子进程

```
1.  # -*- coding: UTF-8 -*-
2.  from multiprocessing import Process
3.  import os
4.
5.
6.  def proc():
7.      print(" 子进程 id：{}".format(os.getpid()))
8.
9.
10. if __name__ == "__main__":
11.     print(" 当前进程：{} 创建子进程 ".format(os.
12. getpid()))
13.     p = Process(target=proc)
14.     print(" 启动子进程 ")
15.     p.start()
16.     print(" 等待子进程结束 ")
17.     p.join()
18.     print(" 主、子进程结束 ")
```

执行结果如图 13-10 所示，显示了多进程的运行过程。

```
当前进程：5968 创建子进程
启动子进程
等待子进程结束
子进程id：13684
主、子进程结束
```

图 13-10　示例 13-9 输出结果

13.2.3　进程池

Python 的 multiprocessing 模块下包含 Pool 对象，用于创建进程池。在 Python 3 版本中，已经包含了管理进程的 ProcessPoolExecutor 对象，该对象同样在 concurrent 模块下。

ProcessPoolExecutor 功能较为丰富，因此本小节将演示 ProcessPoolExecutor 如何来管理进程，如示例 13-10 所示。

在第 17 行创建一个进程池对象，指定进程数为 5，调度两个进程来执行 func 函数。

示例 13-10　创建进程池 1

```
1.  # -*- coding: UTF-8 -*-
2.  from concurrent.futures import ProcessPoolExecutor
3.  import time, os
4.
5.
6.  def func(num):
7.      print(" 当前进程 id：{} 开始执行 , 休眠时间：{}".
8.  format(os.getpid(), num))
9.      time.sleep(num)
10.     print(" 当前进程 id：{} 执行完毕 ".format(os.
11. getpid()))
12.
13.
14. if __name__ == "__main__":
15.     args1 = [1, 2]
16.
17.     with ProcessPoolExecutor(5) as executor:
18.         for i in args1:
19.             executor.submit(func, i)
```

执行结果如图 13-11 所示，显示了进程执行过程。

当前进程id：13336 开始执行,休眠时间：1
当前进程id：13588 开始执行,休眠时间：2
当前进程id：13336 执行完毕
当前进程id：13588 执行完毕

图 13-11　示例 13-10 输出结果

另外，在进程池对象上调用 map 函数，也可以给进程提交任务，如示例 13-11 所示。

在第 17 行，将 submit 方法换成调用 map 方法，并传入参数 args1。

通过执行示例代码，可以看到 ProcessPoolExecutor 进程池上的 map、submit 与 ThreadPoolExecutor 线程池上的 map、submit 调用方式和执行逻辑都是类似的，这保持了进程池执行器与线程池执行器提交任务在语义上的一致。

示例 13-11　创建进程池 2

```
1.  # -*- coding: UTF-8 -*-
2.  from concurrent.futures import ProcessPoolExecutor
3.  import time, os
4.
5.
6.  def func(num):
7.      print(" 当前进程 id：{} 开始执行 , 休眠时间：{}".
8.  format(os.getpid(), num))
9.      time.sleep(num)
10.     print(" 当前进程 id：{} 执行完毕 ".format(os.
11. getpid()))
12.
13.
14. if __name__ == "__main__":
15.     args1 = [1, 2, 3, 4, 5, 6]
16.     with ProcessPoolExecutor(5) as executor:
17.         executor.map(func, args1)
```

执行结果如图 13-12 所示，显示了进程的执行过程。

当前进程id：9780 开始执行,休眠时间：1
当前进程id：4300 开始执行,休眠时间：2
当前进程id：10488 开始执行,休眠时间：3
当前进程id：7436 开始执行,休眠时间：4
当前进程id：2332 开始执行,休眠时间：5
当前进程id：9780 执行完毕
当前进程id：9780 开始执行,休眠时间：6
当前进程id：4300 执行完毕
当前进程id：10488 执行完毕
当前进程id：7436 执行完毕
当前进程id：2332 执行完毕
当前进程id：9780 执行完毕

图 13-12　示例 13-11 输出结果

在实际业务中，如果需要关心进程的执行结果，可以在调用 submit 后，给结果对象添加回调函数。

如示例 13-12 所示，演示如何获取多进程的执行结果。

在第 15 行，为 submit 调用结果添加回调函数 show_result，回调函数参数类型为 concurrent.futures._base.Future，调用 Future 的 result 函数获取子进程返回的数据。

示例 13-12 获取进程执行结果

```
1.  # -*- coding: UTF-8 -*-
2.  from concurrent.futures import ProcessPoolExecutor
3.  import time, os
4.
5.
6.  def func(num):
7.      print("\t\t 当前进程 id: {} 开始执行, 休眠时间: {}".
8.  format(os.getpid(), num))
9.      time.sleep(num)
10.     print("\t\t 当前进程 id: {} 执行完毕 ".format(os.
11. getpid()))
12.     return num * 2
13.
14.
15. def show_result(fut):
16.     print(" 进程 id: {} 运算结果: {}".format(os.
17. getpid(), fut.result()))
18.
19.
20. if __name__ == "__main__":
21.     args1 = [1, 2, 3, 4, 5, 6]
22.     print(" 主进程 id: {}".format(os.getpid()))
23.     with ProcessPoolExecutor(5) as executor:
24.         for i in args1:
25.             future = executor.submit(func, i)
26.             future.add_done_callback(show_result)
```

如图 13-13 所示，回调函数输出了各个进程计算的结果，通过进程 id 可以发现，每个子进程结束后，都由主进程执行回调。

```
主进程 id: 12336
        当前进程 id: 12324 开始执行, 休眠时间: 1
        当前进程 id: 10736 开始执行, 休眠时间: 2
        当前进程 id: 9876 开始执行, 休眠时间: 3
        当前进程 id: 12556 开始执行, 休眠时间: 4
        当前进程 id: 17936 开始执行, 休眠时间: 5
        当前进程 id: 12324 执行完毕
        当前进程 id: 12324 开始执行, 休眠时间: 6
进程 id: 12336   运算结果: 2
        当前进程 id: 10736 执行完毕
进程 id: 12336   运算结果: 4
        当前进程 id: 9876 执行完毕
进程 id: 12336   运算结果: 6
        当前进程 id: 12556 执行完毕
进程 id: 12336   运算结果: 8
        当前进程 id: 17936 执行完毕
进程 id: 12336   运算结果: 10
        当前进程 id: 12324 执行完毕
进程 id: 12336   运算结果: 12
```

图 13-13 示例 13-12 输出结果

13.2.4 进程间通信

进程间通信有多种方式，最原始的方式就是使用 socket（网络套接字），这是使用底层的网络原语，可以使不同计算机上的进程实现通信。另外，业内还有非常优秀的消息通信组件，如 RabbitMQ、ActiveMQ、ZeroMQ、Kafka、MSMQ 等。这些组件除了实现网络上的进程通信外，还支持集群操作。若仅仅是为了实现单机进程间通信，可以使用 Python 提供的两种方式，即 Pipe 和 Queue。Pipe 在使用上有一定的局限，只适用于两个进程通信，Queue 则没有限制。

如示例 13-13 所示，模拟一个生产者/消费者的程序。

在代码中，主进程创建队列，然后创建生产者/消费者进程，并将队列作为参数传递给各子进程。生产者进程往队列存入消息，消费者进程判断队列是否为空，不为空时就进入 while 循环，从队列中获取消息。消息全部取出后终止循环，然后进程退出。

示例 13-13 生产者/消费者

```
1.  # -*- coding: UTF-8 -*-
2.  from multiprocessing import Process, Queue
3.  import os, time
4.
5.
6.  def set_msg(que):
```

```
7.      print(" 生产者进程 id：{}".format(os.getpid()))
8.      for i in range(3):
9.          print(" 数据 {} 入队 ".format(i))
10.         que.put(i)
11.         time.sleep(1)
12.
13.
14. def get_msg(que):
15.     time.sleep(1)
16.     print("\t 消费者进程 id：{}".format(os.getpid()))
17.     while not que.empty():
18.         data = que.get(True)
19.         print(" 从队列获取数据：{}".format(data))
20.         time.sleep(1)
21.
22.
23. if __name__ == "__main__":
24.     q = Queue()
25.     producer = Process(target=set_msg, args=(q,))
26.     consumer = Process(target=get_msg, args=(q,))
27.
28.     producer.start()
29.     consumer.start()
```

执行结果如图 13-14 所示，显示各进程执行过程。

```
生产者进程id：8508
数据 0 入队
数据 1 入队 消费者进程id：16236

从队列获取数据：0
数据 2 入队
从队列获取数据：1
从队列获取数据：2
```

图 13-14　示例 13-13 输出结果

13.2.5　进程锁

多个线程操作同一全局变量，会出现结果错乱的情况，解决该问题的方式就是使用线程锁。对应的，若是进程需要操作共享变量，就需要使用进程锁。

如示例 13-14 所示，演示了如何在进程之间使用锁。

先创建进程锁，将锁对象传递到子进程，子进程通过 acquire 与 release 方法来锁定代码段，以保证程序的正常执行。

示例 13-14　进程锁

```
1.  # -*- coding: UTF-8 -*-
2.  import multiprocessing
3.  import os
4.
5.  amount = 0
6.
7.
8.  def func(lock):
9.      global amount
10.     lock.acquire()
11.     for i in range(1000000):
12.         amount += 1
13.         amount -= 1
14.     lock.release()
15.     print(" 进程 id：{} 得到的结果：{}".format(os.
16. getpid(), amount))
17.
18.
19. if __name__ == "__main__":
20.     process_lock = multiprocessing.Lock()
21.     p1 = multiprocessing.Process(target=func,
22. args=(process_lock,))
23.     p2 = multiprocessing.Process(target=func,
24. args=(process_lock,))
25.
26.     p1.start()
27.     p2.start()
```

执行结果如图 13-15 所示。

```
进程id：12344 得到的结果：0
进程id：12592 得到的结果：0
```

图 13-15　示例 13-14 输出结果

13.3 协程

协程又称纤程、微线程。协程是轻量级的线程，它的诞生主要是为了提高系统的并发度，可实现在单线程下的并发。

13.3.1 协程

在编程开发中，把一个函数称为子程序。在一个线程内部，会有多个子程序，每个子程序封装了各自的业务逻辑，但是在某种情况下，需要子程序 A 执行一部分逻辑，然后切换到子程序 B 再执行一部分逻辑，子程序 A 和子程序 B 协同工作才能完成最终的功能，这就是协程。

什么情况下会用到协程？举个例子，为了让某个程序分析股票行情，开发者写了两个子程序。一个子程序用于采集股票数据，称为程序 A，另一个子程序用于股票数据分析，称为程序 B。为了提高数据的分析效率，两个子程序同时开始运行。子程序 B 启动后需要数据进行分析，若此时数据还未准备好，程序 B 就要切换到爬虫程序 A，执行数据采集任务。程序 A 准备好数据后，切换到程序 B 继续分析数据。当程序 B 发现数据不够，又要切换到程序 A 继续采集任务。

如果这个过程采用多线程实现，CPU 就会频繁切换线程，这反倒降低了 CPU 的利用率；如果采用多进程，那么系统对进程管理的开销就会加大。为了尽可能地利用好 CPU，又不用顾忌线程安全，避免在程序中使用锁等问题，可以使用协程来完成这个工作。

13.3.2 yield

yield 关键词在 Python 中用于创建生成器，生成器可以良好地模拟协程的工作过程。

如示例 13-15 所示，使用生成器创建协程。

先创建了一个 consumer 生成器，该生成器发送 None 触发了 consumer 子程序的调用，随后开始执行 while True 循环。生成器返回 count=0 给 producer，此时 producer 开始执行。producer 发送 i 变量给 consumer，consumer 收到消息后继续循环。此过程如此往复直到 producer 循环完毕。

示例 13-15 使用 yield 模拟协程

```
1.  # -*- coding: UTF-8 -*-
2.  def consumer():
3.      print("consumer 开始运行 :")
4.      count = 0
5.      while True:
6.          print("A:consumer 使用 yield 返回消息给 producer")
7.          num = yield + count
8.          count += 100
9.          print("D:consumer 收到消息为：{}".format(num))
10.
11.
12. def producer(gen):
13.     num = gen.send(None)
14.     print("B:producer 首次收到消息为 {}".format(num))
15.     for i in range(1, 3):
16.         print("C:producer 发送消息：{} 到 consumer".
17. format(i))
18.         num = gen.send(i)
19.         print("E:producer 收到消息：{}".format(num))
20.
21.
22. generator = consumer()
23. producer(generator)
```

执行结果如图 13-16 所示，显示了生成器模拟协程的完整过程。

```
consumer开始运行：
A:consumer使用yield返回消息给producer
B:producer首次收到消息为 0
C:producer发送消息：1 到consumer
D:consumer收到消息为：1
A:consumer使用yield返回消息给producer
E:producer收到消息：100
C:producer发送消息：2 到consumer
D:consumer收到消息为：2
A:consumer使用yield返回消息给producer
E:producer收到消息：200
```

图 13-16 示例 13-15 输出结果

13.3.3 greenlet

使用 yield 创建协程，需要调用 send(None) 方法去触发生成器的执行。Python 三方库 greenlet 在创建协程方面做出了改进，使切换任务更为方便。

如示例 13-16 所示，演示了使用 greenlet 创建协程。

在第 18 行和第 19 行，使用 greenlet 对象创建两个协程，即 producer_greenlet 和 consumer_greenlet。启动 producer_greenlet 协程执行，在第 15 行，休眠 1 秒后，调用 switch 方法切换到 consumer_greenlet 协程执行。之后，consumer 协程以同样的方式切换回 producer 协程。

示例 13-16 使用 greenlet 创建协程

```
1.   # -*- coding: UTF-8 -*-
2.   import time
3.
4.   from greenlet import greenlet
5.
6.   def consumer():
7.       while True:
8.           print(" 执行 consumer")
9.           time.sleep(1)
10.          producer_greenlet.switch()
11.
12.  def producer():
13.      while True:
14.          print(" 执行 producer")
15.          time.sleep(1)
16.          consumer_greenlet.switch()
17.
18.  producer_greenlet = greenlet(producer)
19.  consumer_greenlet = greenlet(consumer)
20.
21.  producer_greenlet.switch()
```

执行结果如图 13-17 所示。

图 13-17　示例 13-16 输出结果

13.3.4 gevent

尽管使用 greenlet 对象比使用 yield 关键词创建协程更容易理解，但是在开发过程中需要手动切换协程。为了使程序更简洁、更智能，于是诞生了 gevent。

gevent 是一个基于协程的 Python 网络库，它使用 greenlet 在 libev 或 libuv 事件循环之上提供更高级的 API。当使用 gevent 创建的协程遇到 IO 时，如写文件、爬取网页等耗时操作，它会自动切换到下一协程。

如示例 13-17 所示，演示了使用 gevent 对象创建协程。

在第 20 行和第 21 行，调用 gevent.spawn 方法创建协程，第一个参数指定协程要执行的函数，第二个参数为传递给函数的参数。在 consumer 和 producer 中，调用 gevent.sleep 模拟耗时操作。注意，这里并非调用 time.sleep。当协程执行到 gevent.sleep 时，就会自动切换到另一个协程运行。

示例 13-17 使用 gevent 创建协程

```
1.   # -*- coding: UTF-8 -*-
2.   import gevent
3.
4.   def consumer(m):
5.       n = 0
6.       while n < m:
7.           print("consumer 协程名称 :{} n:{}".
8.   format(gevent.getcurrent().name, n))
9.           gevent.sleep(1)
10.          n += 1
11.
12.  def producer(m):
13.      n = 0
14.      while n < m:
15.          print("producer 协程名称 :{} n:{}".format(gevent.
16.  getcurrent().name, n))
17.          gevent.sleep(1)
18.          n += 1
19.
20.  producer_gevent = gevent.spawn(producer, 3)
21.  consumer_gevent = gevent.spawn(consumer, 4)
22.  producer_gevent.join()
23.  consumer_gevent.join()
```

执行结果如图 13-18 所示，可以看到两个协程交替执行。

图 13-18　示例 13-17 输出结果

13.3.5　异步函数

在 Python 3.5 版本，官方提供了 async 和 await 两个关键字。async 用来创建异步函数和异步生成器，实际上就是用来创建协程，await 用来挂起协程。

如示例 13-18 所示，演示了使用 async 语法来创建协程。

第 5 行和第 11 行，在函数 consumer 与 producer 前面加 async 关键词修饰，就自动转换为协程了。在第 8 行和第 14 行，当前协程遇到 await 关键字时，就会将自己挂起，然后切换对方协程运行。在第 17 行，调用 get_event_loop 方法创建一个事件循环的"池"。在第 18 行，将两个协程对象放入列表。在第 19 行，asyncio. wait 会将协程对象转换为任务，并注册到任务"池"中。观察函数 run_until_complete，通过名称就能看出，这是一个阻塞式的操作，直到两个协程运行完毕之后的代码才会继续执行。在第 20 行，调用 close 关闭任务"池"。

示例 13-18　使用 async 语法创建协程

```
1.  # -*- coding: UTF-8 -*-
2.  import asyncio
3.
4.
5.  async def consumer(name):
6.      for i in range(3):
7.          print(" 协程: {} 当前数据: {}".format(name, i))
8.          await asyncio.sleep(1)
9.
10.
11. async def producer(name):
12.     for i in range(3):
13.         print(" 协程: {} 当前数据: {}".format(name, i))
14.         await asyncio.sleep(1)
```

```
15.
16.
17. event_loop = asyncio.get_event_loop()
18. tasks = [producer("producer"), consumer("consumer")]
19. event_loop.run_until_complete(asyncio.wait(tasks))
20. event_loop.close()
```

执行结果如图 13-19 所示，使用 async 和 await 关键字，同样能实现协程。

图 13-19　例 13-18 输出结果

常见面试题

1. 什么是 GIL？

答：GIL 全称是全局解释锁，GIL 是 CPython 解释器的历史遗留问题。CPython 解释器为了保护 Python 字节码的执行，从而在全局范围内设置了一把"锁"。随着 Python 的发展，后来发现设置全局锁的方式尽管很低效，但是很难移除。

2. 进程、线程、协程有什么区别？

答：进程是操作系统分配资源的基本单位，线程是操作系统调度任务的基本单位。进程是线程的容器，一个进程可以有一到多个线程。进程与线程都是受操作系统调度。协程不是线程也不是进程，它是一种轻量级的线程。协程实现了在同一线程内，子程序的相互切换，由程序开发者自己编程调度。

3. 什么是死锁，Python 中如何避免死锁？

答：死锁就是不同线程获取了不同的锁，但是线程间又希望获取对方的锁，双方都在等待对方释放锁，这种相互等待资源的现象就是死锁。使用 threading. Condition 对象，基于条件事件通知的形式去协调线程的运行，即可避免死锁。

4.进程锁和线程锁的作用是什么？

　　答：进程锁可以协调进程操作全局变量，线程锁用于协调线程操作全局变量。进程是单独的运行空间，线程共享一个进程内的运行空间，因此两种锁不可混用。

本章小结

　　本章主要介绍了线程、进程和协程三大并行编程对象。协程部分较难理解，但是应用较广。了解线程、进程及协程的原理和开发方式，可以有效提高系统的执行效率。

第14章　网络编程

★本章导读★

网络编程的主要目的是实现网络上不同节点的计算机之间的通信。网络编程的主要任务是在发送端将数据按通信协议封包传输，然后在接收端按相同协议解包，还原成真实信息。本章主要介绍网络通信的原理、Socket 与 SocketServer 通信编程技术、TCP 协议与 UDP 协议通信编程技术。

★知识要点★

通过本章内容的学习，读者能掌握以下知识技能。

➡ 了解网络通信的原理

➡ 掌握 Socket、SocketServer 编程技术

➡ 掌握 TCP、UDP 协议通信编程技术

14.1　网络和 Socket

任意计算机节点及相关链路构成的结构称为网络。这些设备在物理上连接在一起，相互能够收发消息，这就是网络通信。在软件层面，运行在不同节点上的程序通过底层链路实现数据交换，所采用的技术就是 Socket（Socket 亦称网络套接字）。

14.1.1　网络通信简介

人与人之间能够建立关系，需要通过交流。实现交流就需要发出的消息能够被对方收到，这个过程就是通信。在计算机世界也是一样的，让分布在不同地区的设备能够交流，就需要将设备组建成一个网络，然后实现通信。

一个基本的通信网络，由三部分构成，即终端设备、数据交换设备和数据传输介质。

（1）终端设备：用于收发消息，如笔记本电脑、手机、对讲机、传感器等。

（2）数据交换设备：用于完成数据转接，如交换机、路由器等。

（3）数据传输介质：用于传递数据的介质，如双绞线、光缆等。

人与人之间交流除了需要正常收到对方的消息外，还需要能理解对方表达的意思，因此人类发明了语言。语言统一了对同一事物的描述方式，人们如果使用同一门语言，就能明白相互表达的意图。网络世界也是一样的，不同的设备在实现通信后，还需要使用同一门"语言"，才能够真正实现互联互通。计算机之间的语言就是协议，也称通信协议。

网络中的协议有很多种，这就与人类的语言中包括英语、德语的道理一样。在局域网中通信协议包含 TCP/IP、IPX/SPX、NetBEUI 协议等。普遍情况下使用较多的是 TCP/IP 协议。

TCP/IP 协议不是一个具体的协议名称，而是一个协议族的统称。TCP/IP 包括 TCP 协议、IP 协议、UDP 协议、ARP 协议、SMTP 协议、FTP 协议等。

协议使计算机实现真正通信。接下来就需要考虑，消息如何能准确传递给对方。与人们到邮局寄信件的道理一样，需要在信件上填写收件人的邮编与收件人地址。为了保证消息能到达目的地，就需要在消息发送时，指定接收方的 IP 地址与端口。可以将 IP 地址理解为收件

人地址，端口理解为邮编。这里将发送消息的一方称为客户端，接收消息的一方称为服务器端。

以上涉及的协议标准、链路上的数据传输方式、终端网络设备的数据收发，以及与硬件相关的所有操作，操作系统都已经完成了，并提供了标准的 API。网络程序开发者只需根据 API 开发规范，编写自己的应用程序即可，不必关心底层网络传输的实现。

Python 提供了如下两个对象来访问底层网络。

（1）Socket：一个偏底层的网络连接对象，可访问操作系统提供的所有 API。

（2）SocketServer：提供了更多的服务器对象，用于简化网络程序的开发。

14.1.2　Socket 模块

Socket 模块在所有现代 Unix 系统、Windows、MACOS 和其他一些平台上都可用。一些行为可能因平台不同而异，因为 Socket 模块调用的是操作系统的套接字 API。

如表 14-1 所示，包含了一些常用于操作 Socket 对象的方法。

表 14-1　操作 Socket 对象

序号	主要函数	描述
1	socket.socket	根据给定的地址、套接字类型、协议号创建 socket 网络连接对象
2	socket.create_connection	根据给定的地址、端口创建 socket 网络连接对象
3	socket.getaddrinfo	根据给定的域名、端口获取相应的 IP、套接字类型等信息
4	socket.gethostbyname	将主机名转换为 IPv4 地址格式，并以字符串形式返回
5	socket.gethostname	返回主机名
6	socket.gethostbyaddr	根据 IP 地址获取主机名

Socket 实例具有以下方法，这些方法主要用于地址绑定、消息处理，如表 14-2 所示。

表 14-2　Socket 实例方法

序号	主要函数	描述
1	socket.accept	接受客户端 TCP 连接
2	socket.bind	绑定地址、端口到套接字对象
3	socket.close	关闭套接字连接
4	socket.connect	客户端连接到远程套接字地址
5	socket.connect_ex	socket.connect 出现网络错误是触发异常，connect_ex 则是返回错误码
6	socket.listen	打开 TCP 监听，参数 backlog 指明操作系统可以监听的最大连接数
7	socket.recv	从套接字接收数据。返回值表示接收数据的字节对象，一次接收的最大数据量由参数 bufsize 指定
8	socket.recv_into	从套接字接收最多 nbytes 个字节，将数据存储到缓冲区而不是创建新的字节串
9	socket.recvfrom	从套接字接收数据。返回值是一组数据，即字节和地址。字节表示接收数据的字节对象，地址是发送数据的套接字的地址，参数是接收数据的字节数组
10	socket.recvfrom_into	从套接字接收数据，将其写入缓冲区而不是创建新的字节串。返回值是一组数据，即字节和地址。nbytes 是接收的字节数，address 是发送数据的套接字的地址
11	socket.recvmsg	从套接字接收正常数据和辅助数据
12	socket.send	将数据发送到套接字，套接字必须连接到远程套接字
13	socket.sendall	将数据发送到套接字，套接字必须连接到远程套接字。字节数据发送完毕或者出现异常，成功后不返回任何内容

续表

序号	主要函数	描述
14	socket.sendto	将数据发送到套接字，接收方地址端口在参数中指定
15	socket.sendfile	发送文件
16	socket.setblocking	设置套接字为阻塞模式或非阻塞模式
17	socket.settimeout	设置套接字在阻塞模式下的连接超时

表 14-3　SocketServer 服务器类

序号	主要对象	描述
1	socketserver.TCPServer	使用 TCP 协议，该协议在客户端和服务器之间提供连续的数据流
2	socketserver.UDPServer	使用 UDP 协议，该协议在客户端和服务器之间提供连续的数据流
3	socketserver.UnixStreamServer	与 socketserver.TCPServer 功能类似，仅限于在 Unix 系统使用
4	socketserver.UnixDatagramServer	与 socketserver.UDPServer 功能类似，仅限于在 Unix 系统使用

14.1.3　SocketServer 模块

SocketServer 模块为简化网络程序开发，提供了几个主要的服务器对象，如表 14-3 所示。

14.2　TCP 通信

TCP 是互联网通信协议的一种，是为了在不可靠的网络空间提供可靠的、端到端的数据流传输而设计的一种协议。

14.2.1　TCP 简介

网络空间根据网络连接范围划分为几类，如局域网、广域网、城域网、国际互联网。现在人们常提到的互联网就是国际互联网，是世界上范围最大的网络连接空间。

参与互联网构成的设备节点可能部署在世界任何一个地方，一个消息从一台设备发出后，中间会经历多次转发才能到达目的地。然而，数据转发过程可能出现信号衰减、干扰等情况，导致数据包丢失或部分丢失，因此业内设计了 TCP 协议来实现数据的可靠传输。

TCP 全称是 Transmission Control Protocol，译为传输控制协议。从名称来看，TCP 是一种能够对数据传输过程进行控制的协议。

使用 TCP 协议通信，需要建立 TCP 连接，建立 TCP 连接需要进行"三次握手"，整个过程如图 14-1 所示。

（1）第一次：客户端发送消息 [SYN（Synchronize Sequence Numbers，同步序列编号）是客户端准备建立 TCP 连接时发送的一个握手信号] 到服务器端，此刻服务器端收到消息，知道客户端需要与自己建立连接。

（2）第二次：服务器端发送响应 [SYN ACK（SYN+ACK 应答消息）] 到客户端，此刻客户端知道服务器端已收到自己的连接信息，等待自己去连接。

（3）第三次：客户端再次发送消息 [ACK（普通的应答消息）] 给服务器端，服务器端认为客户端已经收到自己的响应。

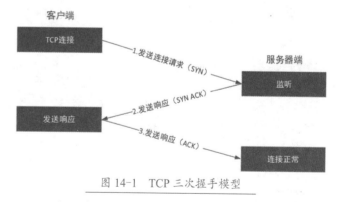

图 14-1　TCP 三次握手模型

以上三次通信都未发生异常，消息均未丢失，表明客户端与服务器端已经建立好了 TCP 连接，客户端可以放心发送数据了。

操作系统的端口数有限，因此 TCP 连接数也是有限的。客户端将数据发送完毕后就需要关闭 TCP 连接，以释放资源。TCP 连接是全双工通信，因此需要客户端与服务器端分别进行关闭。双方都要发出请求终止连接的请求和响应，因此会有四次消息通信，这称为四次挥

Python 编程 **完全自学教程**

手，如图 14-2 所示。

（1）第一次：客户端发送 FIN 请求来关闭自身方向的 TCP 连接。

（2）第二次：服务器端收到 FIN 请求，并返回 ACK 表示确认。

（3）第三次：服务器端发送 FIN 请求给客户端，以关闭自身方向的 TCP 连接。

（4）第四次：客户端收到服务器端的关闭请求，同样返回一个 ACK 表示确认。至此，双方进入关闭状态。

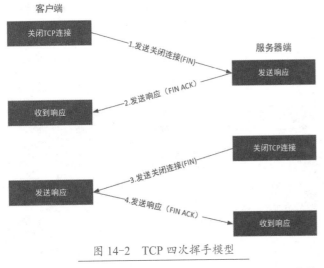

图 14-2　TCP 四次挥手模型

以上四次通信过程消息未丢失，则表明 TCP 连接通道正常关闭。

看到这里，读者难免会产生一个疑问，为什么建立连接需要三次，而断开连接需要四次。那是因为 FIN 消息只能表明一方不会再有消息传输，但不能说明对方没有消息发送过来，所以不能立即关闭 TCP 连接。经过四次通信，双方都得到了对方的消息确认，才可以执行最后的关闭动作。

TCP 连接与释放需要经历三次握手、四次挥手，这样的操作难免浪费资源，消耗时间。因此一般情况下，当客户端与服务器端只需要发送一次消息，任何一方都可以发起连接关闭操作，这称为短连接。当客户端与服务器端需要发送多次消息，则在第一次发送完毕后不要关闭连接，继续后面的操作。当所有消息传递任务执行完毕后，再进行关闭。

14.2.2　开发步骤

Socket 模块提供了客户端与服务器端的 API 规范，开发过程需要遵循一定的步骤。

1. 服务器端的开发步骤

Step 01 创建 Socket 实例。Socket 第一个参数是地址族，第二个参数是套接字类型。socket.AF_INET 参数表示指定互联网 IP 地址，socket.SOCK_STREAM 参数表示 socket 的类型是流套接字，传输方式使用 TCP 协议。

```
s=socket.socket(socket.AF_INET, socket.SOCK_STREAM)
```

> **温馨提示**
>
> AF_INET 是 Socket 模块定义的常量，类似的有 8 个。由于其使用场景有限，这里不再赘述。更多信息，可参见官网。

Step 02 绑定 Socket 实例到指定 IP 与端口。注意，在创建 Socket 实例的时候，指定了地址族为 AF_INET，因此在绑定的时候，bind 参数必须是一个二元组。代码如下，HOST_IP 为主机的 IP，PORT 为主机端口。

```
s.bind((HOST_IP, PORT))
```

Step 03 使用 Socket 实例的 listen 方法建立监听，以接收连接请求。参数表示最多接受与多少个客户端同时建立连接，该参数的值最少要设置为 1。

```
s.listen(1)
```

Step 04 调用 accept 方法，会使服务器端进入阻塞状态，此时服务器开始等待客户端的连接。conn 是一个新的 Socket 实例，表示与客户端的连接对象，服务器端通过 conn 对象来与客户端交换消息。addr 表示客户端的 IP 地址与端口。

```
conn, addr = s.accept()
```

Step 05 服务器端要接收客户端发送过来的消息，需要调用 recv 方法，并指定一个整数，该整数表示接收缓冲区的大小，当服务器端接收到的消息超出缓冲区大小，数据将被截断。1024 表示一次接收 1M 字节的数据。recv 方法会将收到的数据封装成一个字符串返回。

```
data = conn.recv(1024)
```

Step 06 此步骤不是必须的。当服务器对本次接收的数据处理完毕后，可以给客户端发送一个消息，表示消息已处理。

```
conn.sendall('over')
```

Step⑦ 数据传输完毕后，还需要在服务器端关闭 Socket，以释放资源。

```
conn.close()
s.close()
```

至此，一个简易的服务器程序编写完成。

2. 客户端的开发步骤

Step① 客户端需要创建一个与服务器端相同协议的 Socket 实例。

```
s=socket.socket(socket.AF_INET, socket.SOCK_
STREAM)
```

Step② 客户端需要调用 connect 方法连接服务器端。注意，HOST_IP 和 PORT 需要与服务器端保持一致。

```
s.connect((HOST_IP, PORT))
```

Step③ 客户端调用 sendall、sendto 等方法发送消息。

```
s.sendall(b'Hello, world')
```

Step④ 此步骤不是必须的，接收服务器端返回的数据，同样需要指定缓冲区大小。

```
data = s.recv(1024)
```

Step⑤ 最后调用 Socket 的 close 方法，关闭连接。

```
s.close()
```

14.2.3　Socket 模块 TCP 编程实例

Socket 模块封装了网络操作的 API，提供了类来发送请求。如示例 14-1 所示，演示了如何使用 Socket 模块发送 TCP 请求。

在第 7 行，通过 socket.socket 创建 Socket 实例，指定 Socket 参数类型为 SOCK_STREAM，表明网络通信采用 TCP 协议。在第 9 行，调用 bind 方法绑定主机和端口。在第 10 行，调用 listen 方法开始监听。在第 12 行，调动 accept 方法阻塞程序执行，直到与客户端程序建立连接。在第 16 行，调用 recv 方法接收客户端发送的消息。参数 1024 表示接收数据的缓冲区大小，这里指服务器端一次接收消息最多为 1M。在第 18 行，当未收到客户端数据时，服务器程序自动退出。由于创建 Socket

对象使用了 with，这是一个上下文管理器，当程序执行到第 19 行，调用 break 语句时，会离开上下文管理器，Socket 连接会自动关闭。

示例 14-1　Socket 模块发送 TCP 请求

```
1.   # -*- coding：utf-8 -*-
2.
3.   import socket
4.
5.   HOST = 'localhost'
6.   PORT = 8888
7.   with socket.socket(socket.AF_INET, socket.SOCK_
8.   STREAM) as s:
9.       s.bind((HOST, PORT))
10.      s.listen(1)
11.      print(" 等待客户端连接 ...")
12.      conn, addr = s.accept()
13.      with conn:
14.          print(" 客户端连接信息：", addr)
15.          while True:
16.              data = conn.recv(1024)
17.              # 如果没有数据就退出循环
18.              if not data:
19.                  break
20.
21.              data = bytes(" 消息已处理 ", encoding="utf8")
22.              conn.sendall(data)
```

如示例 14-2 所示，对应的客户端程序。

从程序结构上看，客户端程序开发相对容易，只需调用 connect 方法连接服务器，并调用 sendall、sendto 等方法发送消息即可。

示例 14-2　TCP 客户端

```
1.   # -*- coding：utf-8 -*-
2.
3.   import socket
4.
5.   HOST = 'localhost'
6.   PORT = 8888
7.   with socket.socket(socket.AF_INET, socket.SOCK_
8.   STREAM) as s:
9.       print(" 连接服务器 ")
10.      s.connect((HOST, PORT))
```

```
11.    data = b"Hello, world"
12.    print(" 发送消息：{}".format(data))
13.    s.sendall(data)
14.    data = s.recv(1024)
```

```
15.    data = str(data, encoding="utf8")
16.    print(" 客户端收到消息： ", repr(data))
```

执行结果如图 14-3 所示，左边是服务器端的执行结果，右边是客户端的执行结果。

图 14-3　示例 14-2 输出结果

14.2.4　SocketServer 模块 TCP 编程实例

相对于 Socket 模块，SocketServer 模块提供了更高级别的抽象，并简化了网络程序的开发流程。如示例 14-3 所示，演示了如何使用 SocketServer 模块发送 TCP 请求。

基于 SocketServer 模块开发服务器端程序需要单独创建处理消息的类，并且该类需要从 socketserver.BaseRequestHandler 或者 socketserver.StreamRequestHandler 基类继承。

如第 5 行，首先创建 MyTCPHandler 消息处理类。在子类中，需要重写 handle 方法，如第 7 行。在第 18 行，通过 socketserver.TCPServer 创建 TCP 服务器端，并指定消息处理的类为 MyTCPHandler。在第 21 行，调用 serve_forever 方法建立监听，等待客户端连接。

StreamRequestHandler 与 BaseRequestHandler 的区别是，StreamRequestHandler 会多次调用 recv 方法，直到遇到换行符。注意，在 server 对象上调用 serve_forever 方法会使服务器一直运行，直到手动终止。

示例 14-3 SocketServer 模块发送 TCP 请求

```
1.     # -*- coding：utf-8 -*-
2.
3.     import socketserver
4.
5.     class MyTCPHandler(socketserver.BaseRequestHandler):
6.
7.         def handle(self):
8.             self.data = self.request.recv(1024).strip()
9.             print(" 接收到客户端：{} 的消息 :".format(self.
10.    client_address[0]))
```

```
11.        print(self.data)
12.        data = bytes(" 消息已处理 ", encoding="utf8")
13.        self.requcst.sendall(data)
14.
15.
16.    if __name__ == "__main__":
17.        HOST, PORT = "localhost", 9999
18.        with socketserver.TCPServer((HOST, PORT),
19.    MyTCPHandler) as server:
20.            print(" 等待客户端连接 ...")
21.            server.serve_forever()
```

对应的客户端程序如示例 14-4 所示。

示例 14-4 TCP 客户端

```
1.     # -*- coding：utf-8 -*-
2.
3.     import socket
4.
5.     HOST, PORT = "localhost", 9999
6.     data = "hello world"
7.
8.     with socket.socket(socket.AF_INET, socket.SOCK_
9.     STREAM) as sock:
10.        sock.connect((HOST, PORT))
11.        print(" 客户端发送数据： {}".format(data))
12.        sock.sendall(bytes(data + "\n", "utf-8"))
13.        received = str(sock.recv(1024), "utf-8")
14.        print(" 客户端收到的响应数据：{}".
15.    format(received))
```

执行结果如图 14-4 所示，左边是服务器端，右边是客户端，服务器端程序会持续运行等待客户端的消息。

图 14-4 示例 14-4 输出结果

14.3 UDP 通信

UDP 全称是 User Datagram Protocol，译为用户数据报协议，也是互联网通信协议的一种。UDP 是一种支持无连接的传输协议，即使应用程序相互没有建立 Socket 连接，也可以发送消息。

14.3.1 UDP 简介

UDP 提供面向事务的简单不可靠信息传送服务，使用 UDP 协议传输数据，不能对数据进行分组、组装和排序。因此，当数据包发送出去后，无法得知所有的数据包是否完整到达客户端。

UDP 协议是面向无连接的，因此在使用场景上就比 TCP 更为丰富，如以下设计。

（1）单播：服务器端对客户端一对一发送处理消息。

（2）多播：服务器端可以同时对多个客户端发送消息。

（3）广播：服务器端可以向同一个网络内任意客户端发送消息。

（4）组播：服务器端可以向同一个网络内，组播地址范围内的客户端发送消息，如 IPv4 的组播地址范围是 224.0.0.0--239.255.255.255。

另外，UDP 本身设计就是不可靠的，无须三次握手、四次挥手等复杂流程来进行连接，因此 UDP 性能比 TCP 更好。实际上，人们已经普遍在使用光纤通信，5G 通信也正在大规模应用，因此这一区别，几乎是无法感知的。

14.3.2 Socket 模块 UDP 编程实例

Socket 模块也提供了发送 UDP 请求的功能，在应用中只需修改参数即可。如示例 14-5 所示，演示了如何使用 Socket 模块发送 UDP 请求。

在第 5 行，通过 socket.socket 创建 Socket 实例，指定 Socket 参数类型为 SOCK_DGRAM，表明网络通信采用 UDP 协议。在第 8 行，调用 bind 方法为 Socket 绑

定端口和地址。在第 10 行，可以直接调用 recvfrom 方法接收客户端发送的消息，不必调用 accept 方法，因为 UDP 是无须建立连接的。

示例 14-5 Socket 模块发送 UDP 请求

```
1.   # -*- coding：utf-8 -*-
2.
3.   import socket
4.
5.   with socket.socket(socket.AF_INET, socket.SOCK_
6.   DGRAM) as s:
7.       addr = ('localhost', 9999)
8.       s.bind(addr)
9.       while True:
10.          data, addr = s.recvfrom(1024)
11.          print(" 客户端地址：{} \n 发来的消息：{}".
12.  format(addr, data))
13.          data = bytes(" 消息已处理 ", encoding="utf8")
14.          s.sendto(data, addr)
```

对应的 UDP 客户端如示例 14-6 所示。

客户端程序无须调用 connect 方法建立连接，只需往某个地址的某个端口发送消息即可。

示例 14-6 UDP 客户端

```
1.   # -*- coding：utf-8 -*-
2.
3.
4.   import socket
5.
6.   with socket.socket(socket.AF_INET, socket.SOCK_
7.   DGRAM) as s:
```

```
8.      msg = b'Hello world'
9.      print(" 发送消息：{}".format(msg))
10.     addr = ('localhost', 9999)
11.     s.sendto(msg, addr)
12.     data = s.recv(1024)
13.     data = str(data, encoding="utf8")
```

```
14.     print(" 服务器端发来的消息：{}".format(data))
```

执行结果如图 14-5 所示，图左边是服务器端，右边是客户端。服务器端程序使用了 while True，因此会持续运行，不断接受客户端的消息。

图 14-5　示例 14-6 输出结果

14.3.3　SocketServer 模块 UDP 编程实例

使用 SocketServer 模块的 UDPServer 对象开发 UDP 协议的程序，就显得更为简洁了。如示例 14-7 所示，首先创建 MyUDPHandler 类并从 BaseRequestHandler 继承下来，在子类中需要重写 handle 方法。在第 18 行和第 19 行，通过 socketserver.UDPServer 创建 UDP 服务器端，并指定消息处理类为 MyUDPHandler。在第 20 行，调用 serve_forever 方法建立监听，等待客户端连接。

整体上看，创建 UDP 服务器和 TCP 服务器的方式基本一致。

示例 14-7　SocketServer 模块发送 UDP 请求

```
1.  # -*- coding：utf-8 -*-
2.
3.  import socketserver
4.
5.  class MyUDPHandler(socketserver.BaseRequestHandler):
6.
7.    def handle(self):
8.        data = self.request[0].strip()
9.        socket = self.request[1]
10.       print(" 接收到客户端：{} 的消息 :".format(self.
11. client_address[0]))
12.       print(data)
13.       data = bytes(" 消息已处理 ", encoding="utf8")
14.       socket.sendto(data, self.client_address)
15.
```

```
16. if __name__ == "__main__":
17.     HOST, PORT = "localhost", 9999
18.     with socketserver.UDPServer((HOST, PORT),
19. MyUDPHandler) as server:
20.         server.serve_forever()
```

对应的客户端程序，如示例 14-8 所示，在创建 Socket 对象时需要指定类型为 SOCK_DGRAM。不必创建连接，直接向对应的地址和端口发送数据即可。

示例 14-8　UDP 客户端

```
1.  # -*- coding：utf-8 -*-
2.
3.  import socket
4.
5.  HOST, PORT = "localhost", 9999
6.  data = "hello world"
7.
8.  with socket.socket(socket.AF_INET, socket.SOCK_
9. DGRAM) as sock:
10.     print(" 客户端发送数据：　{}".format(data))
11.     sock.sendto(bytes(data + "\n", "utf-8"), (HOST, PORT))
12.     received = str(sock.recv(1024), "utf-8")
13.     print(" 客户端收到的响应数据：{}".
14. format(received))
```

执行结果如图 14-6 所示，左边是服务器端，右边是客户端，客户端发送数据，服务器端发送响应。

图 14-6　示例 14-8 输出结果

常见面试题

1. TCP 协议与 UDP 协议的区别有哪些?

答：TCP 是可靠的，UDP 是不可靠的。它们的主要区别有如下几点。

（1）TCP 是面向连接的，UDP 是面向无连接的。

（2）TCP 是面向字节流的，UDP 是面向数据包的。

（3）TCP 能保证数据的完整性，UDP 则可能丢包。

（4）TCP 能保证数据顺序，UDP 不保证顺序。

（5）TCP 报文比较复杂，UDP 则相对简单。

（6）TCP 有三次握手与四次挥手，意味着建立连接与释放连接都会相对较慢，UDP 没有这些复杂过程，连接相对较快。

2. Socket TCP 协议套接字的开发流程是怎样的?

答：TCP 协议套接字的开发流程至少 6 个步骤，具体步骤如下所示。

（1）创建 Socket 实例。

（2）绑定地址与端口信息。

（3）建立客户端监听。

（4）创建连接对象。

（5）编写接收数据的代码。

（6）关闭连接，释放端口。

步骤流程如图 14-7 所示。

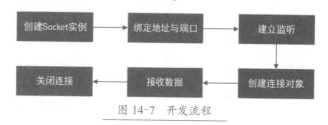

图 14-7　开发流程

3. 如何提高 Socket 服务器端程序的处理能力?

答：网络程序是典型的网络 I/O 密集型应用。由于 Socket 实例上的 accept 方法和 recv 方法都是阻塞调用，为了能提高服务器端的并行处理能力，可以视具体情况使用多线程、多进程、多进程配合协程三种方式来提高程序的处理能力。

本章小结

本章介绍了网络通信的大致过程，然后介绍了 Python 访问网络服务的两个主要模块，即 Socket 和 SocketServer。掌握本章的内容，可根据不同的协议开发基于 Socket 的分布式应用。

第15章 数据库

★本章导读★

本章主要介绍常见的不同类型数据库，涉及它们的原理、安装、操作及和 Python 的交互。掌握本章的内容，可以在不同场景下设计合适的存储方案。

★知识要点★

通过本章内容的学习，读者能掌握以下知识。

➡ 了解 MySQL 原理、安装与操作

➡ 了解 MangoDB 原理、安装与操作

➡ 了解 Redis 原理、安装与操作

➡ 掌握 Python 与 MySQL 的交互

➡ 掌握 Python 与 MangoDB 的交互

➡ 掌握 Python 与 Redis 的交互

15.1 MySQL

MySQL 是一种非常流行的关系型数据库，广泛用于 Web 系统及各类信息管理系统存储与分析数据。

15.1.1 MySQL 概述

MySQL 是一种关系型数据库，现有商业版和社区版两个版本，社区版开放源码且免费。MySQL 由于其体积小、速度快、易于使用、跨平台、成本低等优势，成为众多数据管理类系统首选。

在运行环境上，MySQL 支持 Linux、Mac、Windows 平台。

在部署架构上，MySQL 数据库支持主从模式的集群搭建，主节点用来提供数据存储服务，从节点用来做数据备份。

在存储数据上，MySQL 使用数据库、数据表、行、列形式来组织数据，其重要概念的介绍如下。

（1）服务器端与客户端：从结构上看，MySQL 分两部分，即服务器端（Server）和客户端（Client）。服务器端用于存储数据，客户端连接到服务器端，用来管理数据。这种 C/S 结构有助于维护数据安全。

（2）数据库：存储在服务器端，是数据库表的集合。

（3）数据表：用来存储数据本身，表由行与列构成。

（4）数据行：由一组相关的数据构成。

（5）数据列：包含了相同类型的数据。

（6）主键：每一行都应该有一个唯一的主键，用来区分不同的行。主键可以由一到多个列构成。

（7）外键：用于给不同的表之间建立关系。

（8）索引：由一到多个列的值排序后的结构，用于提高查询速度。

（9）分区：MySQL 数据表支持分区，可以将大表逻辑上切分成小表。物理上还是只有一个表，只是具体数据在不同分区内。

15.1.2 MySQL 安装

进入官网，选择一个合适的版本。这里演示如何在 Windows 64

位系统上安装 MySQL 软件，选择如下版本。

MySQL-installer-community-8.0.15.0.msi

Step01 双击软件名，打开欢迎界面，如图 15-1 所示。选择【I accept the license terms】复选框，然后单击【Next】按钮。

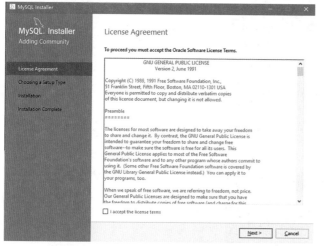

图 15-1　MySQL 欢迎界面

Step02 在安装类型选择界面，选择【Full】复选框全部安装，如图 15-2 所示，然后单击【Next】按钮。

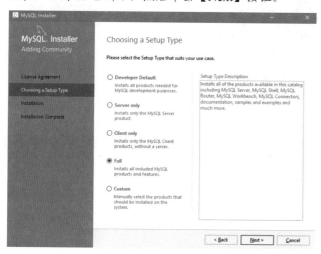

图 15-2　选择安装类型

Step03 在安装界面，显示了即将安装的组件，如图 15-3 所示，单击【Execute】按钮，执行安装。

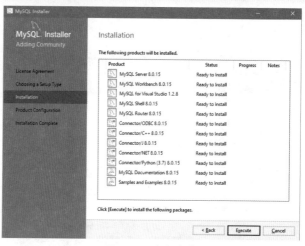

图 15-3　准备安装

Step04 安装完毕后继续单击【Next】按钮，如图 15-4 所示。

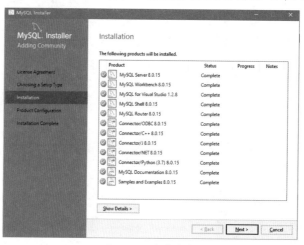

图 15-4　安装完成

Step05 在产品配置界面，展示将会配置的组件，如图 15-5 所示，继续单击【Next】按钮。

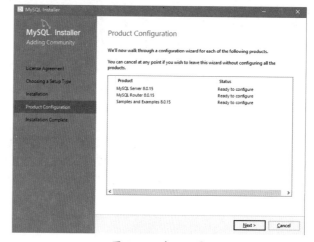

图 15-5　产品配置

Step06 在副本配置界面，保持默认选择，如图 15-6 所示，单击【Next】按钮。

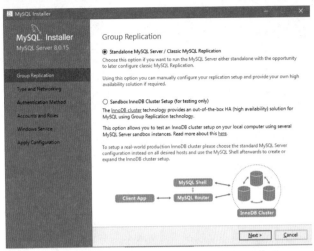

图 15-6　副本配置

Step07 在类型与网络配置界面，可以选择服务器的配置类型和端口，如图 15-7 所示。这里仍然保持默认，然后单击【Next】按钮。

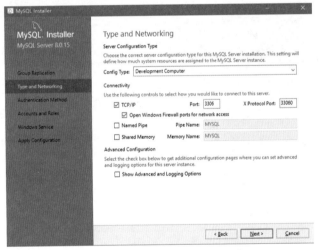

图 15-7　服务器类型与网络配置

Step08 在验证模式界面，如图 15-8 所示，强密码验证是默认选择，可以保持不变，然后单击【Next】按钮。

Step09 如图 15-9 所示，密码设置界面，在文本框内输入密码。

Step10 如图 15-10 所示，保持默认，将 MySQL 安装成 Windows 服务，服务名是 MySQL80，选择【Start the MySQL Server at System Startup】复选框，配置成随计算机启动。

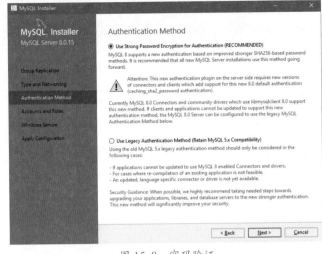

图 15-8　密码验证

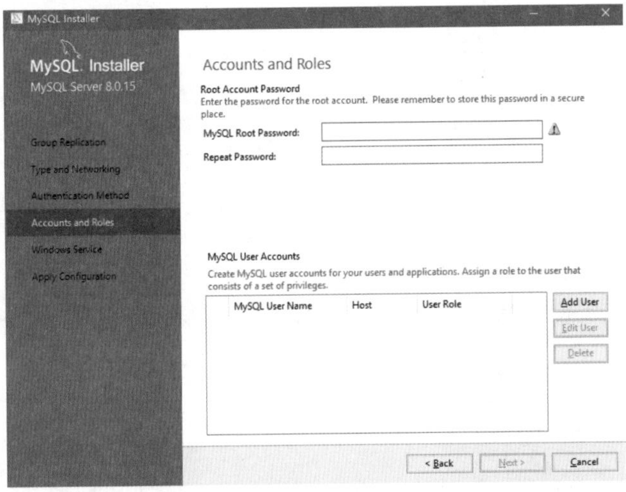

图 15-9　密码设置

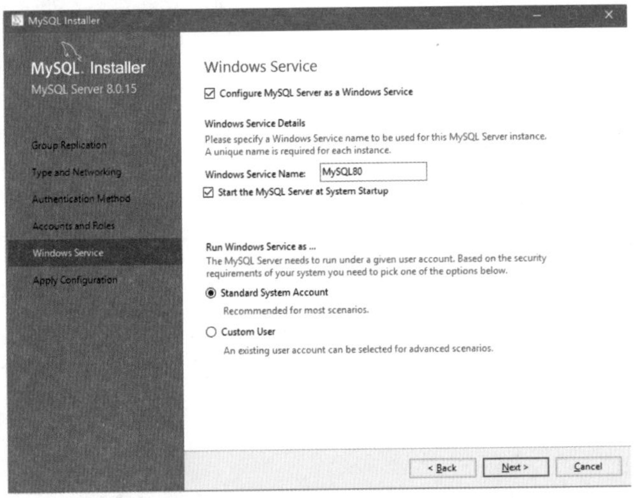

图 15-10　配置服务

Step⑪ 如图 15-11 所示，在应用配置界面，单击【Execute】按钮。

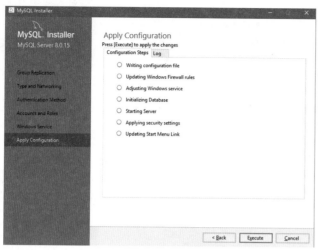

图 15-11 应用配置

Step⑫ 如图 15-12 所示，单击【Finish】按钮，完成 Server 的配置。

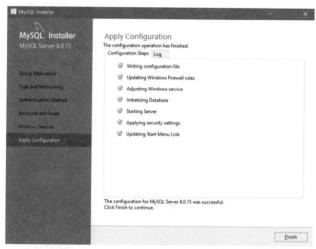

图 15-12 配置完毕

Step⑬ 进入产品配置界面，继续单击【Next】按钮，配置 MySQL Router，如图 15-13 所示。这里保持默认，单击【Finish】按钮。

Step⑭ 继续回到产品配置界面，单击【Next】按钮，为 MySQL 实例配置样例数据库。如图 15-14 所示，输入密码，然后单击【Next】按钮。

Step⑮ 在应用配置界面，如图 15-15 所示，单击【Execute】按钮开始执行配置。

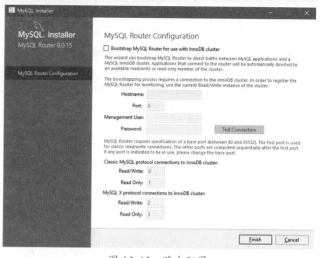

图 15-13 路由配置

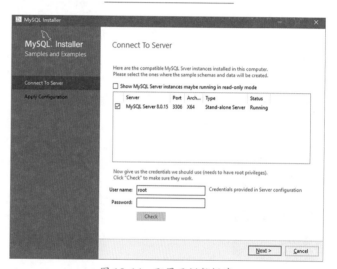

图 15-14 配置示例数据库

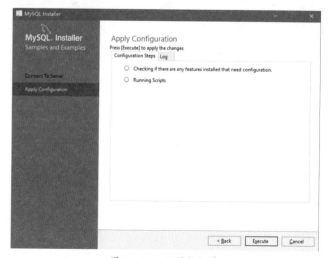

图 15-15 配置数据库

Step⑯ 配置完毕后单击【Finish】按钮,如图 15-16 所示,之后会回到产品配置页,继续单击【Next】按钮。

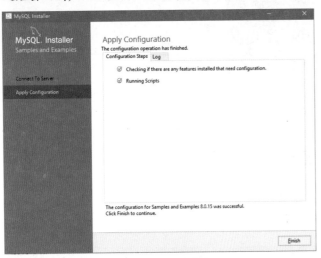

图 15-16　配置完成

Step⑰ 在安装完成界面,单击【Finish】按钮,完成最终配置,如图 15-17 所示。

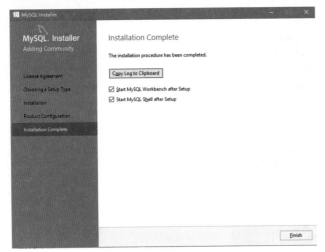

图 15-17　MySQL 安装完成

至此,安装结束。

15.1.3　Sql 的分类

MySQL 的数据处理使用 Sql 语言。Sql 语言主要分三个大类,即 DDL、DCL 和 DML。

1. Data Definition Language

数据定义语言,主要用于创建数据库、表、清空表等,如表 15-1 所示。

表 15-1　常用 DDL 命令

序号	名称	描述
1	CREATE	创建数据库和表
3	DROP	删除数据库和表
2	ALTER	修改数据库和表
4	RENAME	修改数据库或表名称
5	TRUNCATE	清空表数据

2. Data Control Language

数据控制语言,主要用于分配权限、创建系统用户等,如表 15-2 所示。

表 15-2　常用 DCL 命令

序号	名称	描述
1	CREATE	创建用户
3	GRANT	给用户授权
2	REVOKE	回收用户权限
4	DROP	删除用户

3. Data Manipulation Language

数据操纵语言,主要用来添加、查询、修改数据等,如表 15-3 所示。

表 15-3　常用 DML 命令

序号	名称	描述
1	INSERT	往数据表插入数据
2	DELETE	删除表数据
3	UPDATE	修改表数据
4	SELECT	查询表数据
5	COMMIT	提交事务
6	ROLLBACK	回滚事务
7	CALL	调用过程
8	MERGE	合并表数据

15.1.4 MySQL 操作数据库和表

基于 MySQL 对数据的组织方式，在操作数据之前需要先创建数据库和表。

在【开始】菜单打开【MySQL 命令行客户端】程序，如图 15-18 所示。在窗口中输入密码，按【Enter】键，此时客户端命令行程序会连接服务端。

图 15-18 命令行客户端

正常登录，如图 15-19 所示。

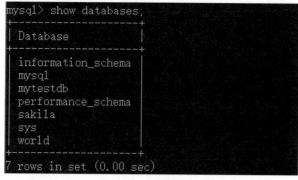

图 15-19 登录 MySQL

1. 数据库操作

（1）创建数据库。

使用如下命令创建数据库。

```
create database MyTestDB;
```

查看创建结果。

```
show databases;
```

如图 15-20 所示，显示数据库列表，可以看到 MySQL 服务器中有 7 个数据库，其中包含系统数据库和样例数据库。

```
mysql> show databases;
+--------------------+
| Database           |
+--------------------+
| information_schema |
| mysql              |
| mytestdb           |
| performance_schema |
| sakila             |
| sys                |
| world              |
+--------------------+
7 rows in set (0.00 sec)
```

图 15-20 数据库列表

（2）使用数据库。

在创建数据表的时候，需要指定在哪个库中创建，指定方式使用如下命令。

```
use mytestdb;
```

如图 15-21 所示，使用 mytestdb 数据库。

```
mysql> use mytestdb;
Database changed
mysql>
```

图 15-21 切换数据库

（3）删除数据库。

使用如下命令，可以删除数据库。

```
drop database mytestdb;
```

2. 数据表操作

（1）创建数据表。

创建数据表使用如下命令。其中，"product"表示表名称；"id""name"表示列名；"int""decimal""date"表示列的类型；"varchar(100)"表示列类型，同时指定了存储数据的长度；"not null"表示该列不能为空值，否则报错；"auto_increment"表示该列的值会自动增长，无须用户手动指定；"primary key"指定表中的主键列；"engine"指定该表的存储引擎；"charset"指定表存储数据的字符集。

```
create table product(
id int not null auto_increment,
name varchar(100) not null,
price decimal,
production_date date,
primary key( id )
)engine=InnoDB default charset=utf8;
```

创建完毕后，可以使用如下命令查看结果。

```
show tables;
```

执行结果如图 15-22 所示。

图 15-22 创建表

（2）修改数据表。

使用 alter…rename 修改数据表名。

`alter table product rename to product1;`

给表添加新列，supplier 是新列名，varchar(200) 是该列类型。

`alter table product1 add supplier varchar(200);`

删除列。

`alter table product1 drop supplier;`

修改列类型。

`alter table product1 modify price double;`

将 price 列重命名为 product_price，并设置新的列类型为 float。

`alter table product1 change price product_price float;`

给表添加外键列。其中，foreign_key_supplierid 是外键约束的名称；foreign key(supplierid) 是 product1 表外键列的名称；references suppliers(id) 是引用外部表 suppliers 的 id 列。

```
alter table product1 add constraint foreign_key_supplierid
foreign
key(supplierid) references suppliers(id);
```

删除外键列。

`alter table product1 drop foreign key foreign_key_supplierid;`

（3）删除数据表。

使用如下命令，可以删除数据表。

`drop table product1;`

15.1.5　MySQL 数据类型

MySQL 支持的数据类型比较丰富，很多类型含义类似，其常用类型如表 15-4 所示。

表 15-4　常用数据类型

序号	分类	类型名称	描述
1	数值类型	int	大整数值
2		bigint	极大整数值
3		float	单精度浮点数值

续表

序号	分类	类型名称	描述
4	数值类型	double	双精度浮点数值
5		decimal	小数值
6	字符类型	char	固定长度的字符串
7		varchar	变长字符串
8		text	长文本类型
9		longtext	极大文本类型
10		blob	二进制数据
11		longblob	极大二进制数据
12	时间类型	date	日期格式
13		time	时间格式，不含日期
14		year	年份
15		datetime	包含日期和时间
16		timestamp	时间戳

15.1.6　MySQL 索引

索引就类似一本字典的目录，主要用来提高数据查询的速度。索引形式上分单列索引和复合索引，复合索引是指将多个列作为一个索引。但从索引本质上来说，分聚集索引和非聚集索引。一张表只能有一个聚集索引，但可以有多个非聚集索引。聚集索引的顺序是与数据的物理存放顺序一致的，非聚集索引的顺序通常与物理顺序没有关系。尽管索引可以提高查询的效率，但是添加、删除数据的执行会导致效率降低，因为该操作会导致索引更新，所以一张表并不适合建立太多的索引。

通过以下方式，可以给一张表建立非聚集索引。

```
create index name_index on product(name(100));
alter table product add index name_index1(name);
create unique index name_index2 on product(name(100));
```

使用 show…index 查看索引信息。

`show index from product;`

执行结果如图 15-23 所示。

```
mysql> show index from product;
+---------+------------+-------------+--------------+-------------+
| Table   | Non_unique | Key_name    | Seq_in_index | Column_name |
+---------+------------+-------------+--------------+-------------+
| product |          0 | PRIMARY     |            1 | id          |
| product |          0 | name_index2 |            1 | name        |
| product |          1 | name_index  |            1 | name        |
| product |          1 | name_index1 |            1 | name        |
+---------+------------+-------------+--------------+-------------+
```

图 15-23　表索引

使用 drop 命令也可以删除索引。

```
drop index name_index1 on product;
```

15.1.7　MySQL 查询与子查询

MySQL 可以实现不同功能的查询。

1. 普通查询

使用“select * 表名”可以查询表中所有数据。切换到 sakila 示例数据库，查询 city 表中所有数据。

```
use sakila;
SELECT * from city;
```

使用 where 条件过滤数据。SELECT 后面可以选择指定的列名，其中指定了 BINARY 关键字，后面的查询条件就会比较字符串的大小写。

```
SELECT city,country_id,last_update from city WHERE city='abha';
SELECT city,country_id,last_update from city WHERE BINARY city='Abu Dhabi';
```

使用 like 进行模糊查询，其中“%”是可选的。以下命令分别返回 city 列中包含“abha”字符的数据，以“Dhabi”字符结尾的数据，以“Ab”开头的数据。

```
SELECT city,country_id,last_update from city WHERE city like '%abha%';
SELECT city,country_id,last_update from city WHERE city like '%Dhabi';
SELECT city,country_id,last_update from city WHERE city like 'Ab%';
```

使用 order by 对数据排序。第一条命令默认以 city_id 升序排列，第二条命令以降序排列。

```
SELECT city_id,city,country_id,last_update from city order by city_id ;
SELECT city_id,city,country_id,last_update from city order by city_id desc;
```

对数据分组。这里需要注意，SELECT 后面的列名只能是分组列名，同时可以接其他的聚合函数。

```
SELECT city,count(*) from city GROUP BY city ;
```

使用 limit 分页查询。第一条命令是返回前 10 行数据，第二条命令是从第 11 行开始，往后筛选 30 行数据。

```
SELECT * from city limit 10;
SELECT * from city limit 10,30;
```

使用 UNION 连接结果集。UNION 会自动将数据去重，UNION ALL 则会返回所有数据。使用 UNION 还需注意，SELECT 后面需要指定两个结果集中相同的列名。

```
SELECT city from city
UNION
SELECT city from city1;

SELECT city from city
UNION ALL
SELECT city from city1;
```

使用 join…on 连接查询。该命令用于连接两个有关联关系的表，条件部分使用“on”关键字。

该连接默认使用的是 inner join，表示内连接，返回的是两个表都满足条件的数据。left join 返回左表的全部数据和右表的部分数据，右表不满足条件的使用 NULL 代替。right join 返回右表的全部数据和左表的部分数据，左表不满足条件的使用 NULL 代替。full join 则返回两个表的数据，不满足条件的都用 NULL 代替。

```
SELECT a.first_name,a.last_name,b.amount FROM customer a JOIN payment b on
a.customer_id=b.customer_id;
```

与 inner join 连接等效的做法是等值连接，命令如下。

```
SELECT a.first_name,a.last_name,b.amount FROM customer a, payment b where
a.customer_id=b.customer_id;
```

2. 子查询

使用 in 子查询，其中小括号中的是子查询，需要注意，该子查询中 SELECT 后面只能选择一个列。该语句的含义是选择 payment 表的 customer_id 列，得到一个结果集，然后筛选出 customer 表中 customer_id 在该结果集中的数据行。

```
SELECT a.first_name,a.last_name FROM customer a
where a.customer_id in (
SELECT b.customer_id FROM payment b
)
```

使用 exists 子查询，子查询将返回 True 或 False，exists 检测对应的行是否存在。

```
SELECT a.first_name,a.last_name FROM customer a
WHERE exists (
SELECT b.customer_id FROM payment b WHERE
a.customer_id=b.customer_id
)
```

15.1.8 MySQL 插入、修改、删除数据

MySQL 插入、修改、删除数据。

1. 插入数据

如下两条命令所示，插入数据时可以一次插入一行，也可以同时插入多行。

```
INSERT INTO product(name,price,production_date)
VALUES(' 苹果 ',6888, '2019-01-01');
INSERT INTO product(name,price,production_date)
VALUES(' 华为 ',4999, '2018-12-01'),(' 三星 ',36666,
'2018-10-01');
```

2. 修改数据

在修改数据时一般需要带 where 条件，用于修改指定的行，否则将会修改所有行。

```
UPDATE product SET price=5555;
UPDATE product SET price=5555 WHERE name=' 华为 ';
```

3. 删除数据

在删除数据时一般也需要带 where 条件，用于删除指定行，否则将删除所有行。

```
DELETE FROM product;
DELETE FROM product WHERE name=' 华为 ';
```

使用 TRUNCATE 命令也可以删除数据。

```
TRUNCATE product;
```

DELETE 和 TRUNCATE 的主要区别如下。

（1）DELETE 后面可以带 where 条件，TRUNCATE 不可以。

（2）DELETE 删除数据时会记录日志，误删时有机会恢复数据；TRUNCATE 直接清空表，不能回滚操作。

（3）若表中有自增列，DELETE 删除后，新增的数据延续之前自增列序号；TRUNCATE 则重新开始编号。

（4）DELETE 会引起触发器的执行，TRUNCATE 不会。

（5）DELETE 可以返回受影响的行数，TRUNCATE 不会。

15.1.9 MySQL 事务

事务是一段批处理的 SQL 命令，要么全部执行，要么都不执行。例如，在银行转账，从账户 A 转到账户 B，账户 A 减少金额后账户 B 要增加金额，这是两个操作。为了能保证操作的完整性，因此需要使用事务。

1. 事务概述

一般来说，事务具备如下特点，简称 AICD。

（1）原子性（Atomicity）：事务要么完成全部操作，成功后才影响数据库；要么出现失败全部回滚，事务失败后对数据库没有任何影响。

（2）隔离性（Isolation）：在并发情况下同时操作一个表，数据库为每个用户开启一个事务，事务之间互不影响，一个事务完成后开始做另一个事务。MySQL 提供了多种事务隔离级别。

（3）一致性（Consistency）：事务可以使数据库从一个一致性状态切换到另一个一致性状态。

（4）持久性（Durability）：事务提交后，对数据库的修改就是永久性的，后续的其他操作对本次事务的结果无影响。

2. MySQL 的事务

MySQL 服务器支持多种存储引擎，但并不是所

有都支持事务。使用如下命令可以查看所支持的引擎列表。

```
show engines;
```

```
mysql> show engines;
+--------------------+---------+----------------------------------------------------------------+--------------+
| Engine             | Support | Comment                                                        | Transactions |
+--------------------+---------+----------------------------------------------------------------+--------------+
| MEMORY             | YES     | Hash based, stored in memory, useful for temporary tables      | NO           |
| MRG_MYISAM         | YES     | Collection of identical MyISAM tables                          | NO           |
| CSV                | YES     | CSV storage engine                                             | NO           |
| FEDERATED          | NO      | Federated MySQL storage engine                                 | NULL         |
| PERFORMANCE_SCHEMA | YES     | Performance Schema                                             | NO           |
| MyISAM             | YES     | MyISAM storage engine                                          | NO           |
| InnoDB             | DEFAULT | Supports transactions, row-level locking, and foreign keys     | YES          |
| BLACKHOLE          | YES     | /dev/null storage engine (anything you write to it disappears) | NO           |
| ARCHIVE            | YES     | Archive storage engine                                         | NO           |
+--------------------+---------+----------------------------------------------------------------+--------------+
9 rows in set (0.00 sec)
```

图 15-24 引擎列表

返回结果如图 15-24 所示，可以看到 MySQL 使用 InnoDB 作为默认的存储引擎。

在 MySQL 中，使用 BEGIN 开启事务，COMMIT 提交事务，如下所示。

```
BEGIN;
INSERT INTO product(name,price,production_date)
VALUES(' 小米 ',6888, '2019-01-01');
INSERT INTO product(name,price,production_date)
VALUES(' 联想 ',4999, '2018-12-01'),(' 诺基亚 ',36666,
'2018-10-01');
COMMIT;
```

查询数据，如图 15-25 所示。

```
mysql> SELECT * FROM `product`;
+----+--------+-------+-----------------+
| id | name   | price | production_date |
+----+--------+-------+-----------------+
|  1 | 小米   |  6888 | 2019-01-01      |
|  2 | 联想   |  4999 | 2018-12-01      |
|  3 | 诺基亚 | 36666 | 2018-10-01      |
+----+--------+-------+-----------------+
3 rows in set (0.00 sec)
```

图 15-25 提交事务

使用 ROLLBACK 回滚事务。

```
BEGIN;
INSERT INTO product(name,price,production_date)
VALUES(' 摩托罗拉 ',6888, '2019-01-01');
ROLLBACK;
```

再次查询数据，如图 15-26 所示，可以看到，事务回滚后数据没有变化。

```
mysql> SELECT * FROM `product`;
+----+--------+-------+-----------------+
| id | name   | price | production_date |
+----+--------+-------+-----------------+
|  1 | 小米   |  6888 | 2019-01-01      |
|  2 | 联想   |  4999 | 2018-12-01      |
|  3 | 诺基亚 | 36666 | 2018-10-01      |
+----+--------+-------+-----------------+
3 rows in set (0.00 sec)
```

图 15-26 回滚事务

15.1.10 MySQL 函数

MySQL 提供了非常丰富的内置函数，也支持用户自定义函数。

1. 常用内置函数

常用内置函数有针对字符串、数值和日期处理的。

```
将字符串类型转换日期类型
SELECT CAST('2019-01-01' AS DATE);
求绝对值
SELECT ABS(-1);
求最大最小值
SELECT MAX(price) FROM product;
SELECT MIN(price) FROM product;
求平均值
SELECT AVG(price) FROM product;
求个数
SELECT COUNT(id) FROM product;
求时间差
SELECT DATEDIFF('2019-01-01', '2019-02-01')
返回日期天的部分
SELECT DAY('2019-01-01');
```

限于篇幅，这里不再全部列出，更多信息推荐查看官方文档。

2. 用户自定义函数

自定义函数语法如下，其中参数列表是可选的，若是函数体只有一行语句，BEGIN 和 END 也可以省略。同时需要注意，函数返回值不能是一个结果集，因此在函数体内不能使用 SELECT 语句。

```
CREATE FUNCTION 函数名 ( 参数列表 )
RETURNS 返回值类型
BEGIN
RETURN 返回值
END;
```

按照语法，创建一个由两个数字相加的函数，返回一个数值。

```
CREATE FUNCTION  add_func(a int,b int) RETURNS int
BEGIN
  RETURN a+b;
END;
```

调用方式如下。

```
SELECT add_func(5,6)
```

如果函数不再使用，可以使用 DROP 命令删除。

```
DROP FUNCTION add_func
```

15.1.11　MySQL 视图

MySQL 视图与普通的数据表一样，视图同样由行和列构成。视图中的列来源于一到多个数据库中表的列。视图是多个表的引用，不单独存放实际数据。在开发项目时，提前构建好视图可以避免在程序中编写复杂的语句。视图由多个表构成时，视图中的数据不能修改；若是只由一张表构成，在视图中修改了数据会同时影响到原始表。

1. 创建视图

创建视图的语法如下。

```
CREATE OR REPLACE VIEW 视图名称 AS
SELECT 列名
WHERE 过滤条件 ;
```

这里演示分别从 customer 表选择 first_name 和 last_name 列，从 payment 表选择 amount 列来构建一个视图，命令如下。

```
CREATE OR REPLACE VIEW view_customer_payment
AS
SELECT a.first_name,a.last_name,b.amount FROM
customer a JOIN payment b on
a.customer_id=b.customer_id
WHERE a.first_name='MARY';
```

视图创建后可以使用 SELECT 进行查询，与真实的表查询方式一致。

```
SELECT * FROM view_customer_payment WHERE
amount=4.99;
```

2. 删除视图

与删除表命令类似，也可以使用 DROP 删除视图，代码如下。

```
DROP VIEW view_customer_payment;
```

15.1.12　MySQL 存储过程

存储过程由一系列的 sql 语句构成，用于封装复杂的查询逻辑，其编译后的程序就存储在服务器上，这有助于提高程序性能。例如，一个上千行的 SQL 命令，从应用程序发送到数据库服务器，这会带来网络上的传输消耗。存储过程对应用程序是透明的，在程序中只需指定过程名称即可发起调用，若是过程被修改，也不一定必须修改应用程序。

创建存储过程的语法如下，其中参数列表是可选的。

```
DROP PROCEDURE IF EXISTS 过程名称 ;
CREATE  PROCEDURE 过程名称 ( 参数列表 )
BEGIN
  过程主体
END;
```

使用如下命令创建带参数和返回值的存储过程，其中 IN 是指输入参数，OUT 是指输出参数。

```
CREATE PROCEDURE add_proc(IN x1 int, IN x2 int,
OUT result int)
BEGIN
  set result  = x1 + x2;
END
```

创建完毕后使用如下命令调用。首先创建变量 a 和 b，使用 call 调用存储过程，使用 select 显示过程计算的结果。

```
set @a=10;
set @b=20;
call add_proc(@a,@b,@sum);
select @sum as sum;
```

15.1.13 MySQL 游标

MySQL 提供了向前的、只读的数据获取方式，可以按行遍历结果集，创建游标的语法如下。

DECLARE 游标名称 CURSOR FOR 结果集；

MySQL 中的游标只能用于函数和存储过程。使用如下命令，创建一个针对 customer 表数据的游标，使用 OPEN 打开游标，然后使用 FETCH 命令从游标中循环取出数据，赋值给 customerid、firstname、lastname 变量，之后使用 SELECT 显示变量的值，最后关闭游标。注意，这里的变量名不能和结果集中的列名重复，否则输出 NULL。

```
CREATE PROCEDURE get_customer_proc()
BEGIN
  DECLARE customerid smallint;
  DECLARE firstname varchar(45);
  DECLARE lastname varchar(45);
  -- 创建游标
  DECLARE cur CURSOR FOR SELECT customer_
id,first_name,last_name FROM customer;
  -- 打开游标
  OPEN cur;
    -- 开启循环
    flag:LOOP
  -- 获取结果
  FETCH cur INTO customerid,firstname,lastname;
  -- 输出结果
  SELECT customerid,firstname,lastname;
    -- 结束循环
    END LOOP flag;
  -- 关闭游标
  CLOSE cur;
END
```

使用 CALL 调用存储过程。

```
CALL get_customer_proc();
```

执行结果如图 15-27 所示。

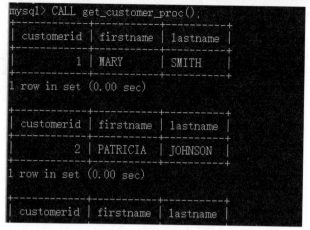

图 15-27 循环输出数据

15.1.14 MySQL 触发器

当在对一张表进行操作前 / 后，需要自动触发其他的执行逻辑，就必须要使用触发器，创建游标的语法如下。这些操作是指插入、修改和删除。

```
CREATE TRIGGER 触发器名称 BEFORE/AFTER
INSERT/UPDATE/DELETE ON 表名 FOR EACH
ROW
BEGIN
游标执行的逻辑
END
```

这里演示在往 product 插入数据后，自动向日志表插入一条数据。

Step01 创建日志表。

```
create table logs(
id int not null auto_increment,
log varchar(100) ,
primary key( id )
)engine=InnoDB default charset=utf8;
```

Step02 创建触发器。

```
CREATE TRIGGER insert_after_trigger AFTER INSERT
ON product FOR EACH ROW
BEGIN
INSERT INTO logs(log) VALUES(NEW.name);
END
```

Step03 往产品表插入数据。

```
INSERT INTO product(name,price,production_date)
VALUES(' 努比亚 1',2888,
```

'2019-02-01');

此时查看日志表，如图 15-28 所示。

```
mysql> select * from logs;
+----+--------+
| id | log    |
+----+--------+
|  2 | 努比亚1 |
+----+--------+
1 row in set (0.00 sec)
```

图 15-28　日志表

在创建触发器过程中使用了 NEW 关键字，除此之外还有 OLD 关键字，该关键字与关联表的数据结构一致，其使用条件如下。

（1）对于 INSERT 语句，才能使用 NEW 关键字，代表的是新插入的数据行。

（2）对于 UPDATE 语句，可以同时使用 NEW 和 OLD 关键字，OLD 是指修改前的数据行。

（3）对于 DELETE 语句，只能使用 OLD 关键字。

（4）对于 INSERT 语句，使用 BEFORE 可以对 NEW 的内容进行修改，AFTER 则不行。

（5）对于 UPDATE 语句，使用 BEFORE 可以对 NEW 的内容进行修改，AFTER 则不行，同时也不能对 OLD 的内容进行修改。

15.1.15　Python 与 MySQL 交互

使用 Python 3 操作 MySQL 数据库，需要安装 MySQL 的驱动 PyMySQL。使用 pip 即可完成安装。

pip install PyMySQL

接下来就可以在 Python 程序中操作 MySQL 了。

1. 创建表

如示例 15-1 所示，创建数据库连接对象，打开数据库连接；创建一个游标对象，用于执行语句；执行完毕后关闭数据库连接，释放资源。

示例 15-1　创建表

```
1.  # -*- coding: UTF-8 -*-
2.
3.  import pymysql
4.
5.  #打开数据库连接
6.  db = pymysql.connect("localhost", "root", "root",
7.  "mytestdb")
```

```
8.  # 使用 cursor() 方法创建一个游标对象 cursor
9.  cursor = db.cursor()
10.
11. sql=''
12. create table 'supplier' (
13.  'id' int(11) not null auto_increment,
14.  'name' varchar(100) character set,
15.  'address' varchar(255) character,
16.  'phone' varchar(255) character,
17.   primary key ('id')
18. ) engine = innodb character set = utf8 ;
19. '''
20. # 调用 execute 执行语句
21. cursor.execute(sql)
22. # 关闭连接
23. db.close()
```

进入 MySQL Shell 窗口，输入如下命令，查看创建结果。

show tables;

如图 15-29 所示，列出了上述程序中所创建的表。

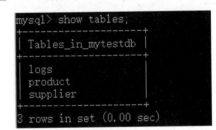

```
mysql> show tables;
+-------------------+
| Tables_in_mytestdb |
+-------------------+
| logs              |
| product           |
| supplier          |
+-------------------+
3 rows in set (0.00 sec)
```

图 15-29　示例 15-1 输出结果

2. 插入数据

插入数据也需要先创建数据库连接，然后才能执行语句，如示例 15-2 所示。需要注意的是，对于插入、修改、删除操作，都需要调用 commit 方法进行提交，否则操作不生效。

示例 15-2　插入数据

```
1.  # -*- coding: UTF-8 -*-
2.
3.  import pymysql
4.
5.  #打开数据库连接
6.  db = pymysql.connect("localhost", "root", "root",
7.  "mytestdb")
```

```
8.  # 使用 cursor() 方法创建一个游标对象 cursor
9.  cursor = db.cursor()
10.
11. sql=''
12. INSERT INTO supplier(name,address,phone)VALUES
13. (' 微软公司 ',' 华盛顿州西雅图 ','400-820-XXXX'),
14. (' 通用汽车 ',' 通用汽车北美地区 ','400-800-XXXX');
15. ''
16. cursor.execute(sql)
17. db.commit()
18. db.close()
```

在 Shell 中查询插入结果，如图 15-30 所示。

图 15-30　示例 15-2 输出结果

3. 查询数据

调用 fetchall 方法，返回多行数据；调用 fetchone 方法，返回单条数据。查询数据，如示例 15-3 所示。

示例 15-3 查询数据

```
1.  # -*- coding: UTF-8 -*-
2.
3.  import pymysql
4.
5.  # 打开数据库连接
6.  db = pymysql.connect("localhost", "root", "root",
7.  "mytestdb")
8.  # 使用 cursor() 方法创建一个游标对象 cursor
9.  cursor = db.cursor()
10.
11. sql='select name ,address,phone from supplier'
12. cursor.execute(sql)
13. data = cursor.fetchall()
14. for row in data:
15.     print(" 供应商名称: {}，地址: {}，联系方式: {}".
16. format(row[0],row[1],row[2]))
17.
18.
19. db.close()
```

执行结果如图 15-31 所示。

```
供应商名称: 微软公司, 地址: 华盛顿州西雅图, 联系方式: 400-820-XXXX
供应商名称: 通用汽车, 地址: 通用汽车北美地区, 联系方式: 400-800-XXXX
```

图 15-31　示例 15-3 输出结果

15.2　MongoDB

MongoDB 是一个基于分布式文件存储的数据库，采用 C++ 语言编写，是介于关系型与非关系型数据库之间的一个产品，为 Web 系统提供了海量数据存储及快速查询解决方案。

15.2.1　MongoDB 概述

在互联网飞速发展的今天，时时刻刻都在产生数据。这些海量数据分为结构化数据、非结构化数据和半结构化数据。为了解决大规模不同结构的数据存储问题，NoSQL 数据库得到了推广与应用。

NoSQL 全称是 Not Only SQL，意思是不仅仅是 SQL。NoSQL 数据库一般具备高扩展性、结构灵活的特点，适合处理半结构化的数据。目前，NoSQL 数据库主要有以下几类。

（1）列式数据库：以列和列族来组织数据，主要用于批量数据处理和即席查询。代表产品有 Cassandra、Hbase 等。

（2）图数据库：使用图结构来组织数据，主要用于分析人与人之间的关系、风险识别、个人化推荐等。代表产品有 Neo4J、GraphDB 等。

（3）键值对数据库：使用哈希表来组织数据，形式上是一个键值对，主要用于数据缓存和高速查询。代表产品有 Mencached、Redis 等。

（4）文档型数据库：键值对数据库的一个延伸，除了可以存储键值对形式的数据，还允许键值对之间进行嵌套。代表产品有

CouchDB、MongoDB 等。

MongoDB 作为一种 NoSQL 数据库，具有以下特点。

（1）采用 BSON 形式组织数据，JSON 层级之间可以随意嵌套，每层结构不强制要求统一，相对比较松散，因此能存储复杂的半结构化数据。

（2）MongoDB 也提供了一种分布式 GridFS，用于存储非结构化数据，如视频、音频等。

（3）MongoDB 在存储数据过程中也支持数据备份与分片，备份是指创建数据副本，分片是指一个集合中数据量过大无法存储。MongoDB 会将数据切割成小块存放到集群中，以此来实现存储的水平扩展。

MongoDB 使用数据库、集合、文档、字段来组织数据。一个数据库中可以有多个集合，一个集合可以包含多个文档，一个文档可以包含任意结构的数据。如表 15-5 所示，通过与关系型数据库对比，更容易理解这些对象之间的关系。

表 15-5　MySQL 对象和 MongoDB 对象

MySQL 对象		MongoDB 对象	
database	数据库	database	数据库
table	数据库表	collection	集合
row	数据行	document	文档
column	数据列	field	域
index	索引	index	索引
primary key	可自定义主键	primary key	_id 字段作为主键

15.2.2　MongoDB 安装

进入官网，选择合适的版本。这里演示如何在 Windows 64 位系统上安装 MongoDB 软件，选择如下最新版本。

`mongodb-win32-x86_64-2008plus-ssl-4.0.6-signed.msi`

Step01 双击软件名，打开欢迎界面，如图 15-32 所示，单击【Next】按钮。

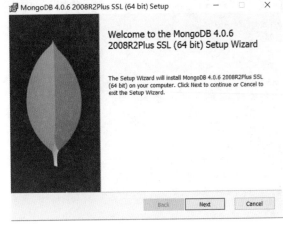

图 15-32　MangoDB 欢迎页面

Step02 在终端用户协议确认页面，需要勾选复选框，如图 15-33 所示，单击【Next】按钮。

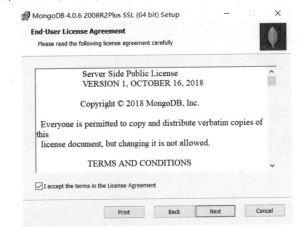

图 15-33　终端用户协议

Step03 如图 15-34 所示，选择安装类型。这里选择【Custom】选项自定义安装。

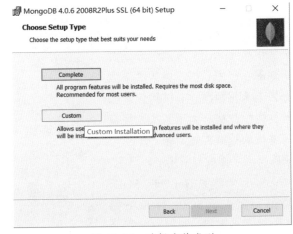

图 15-34　选择安装类型

Step04 在自定义安装页面，单击【Browse】按钮选择安装路径，如图 15-35 所示。选择完毕后单击【Next】按钮。

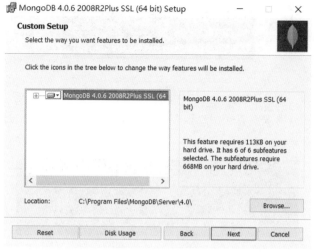

图 15-35　选择安装路径

Step05 在服务配置页面，可以指定数据目录和日志目录，如图 15-36 所示。配置完毕后继续单击【Next】按钮。

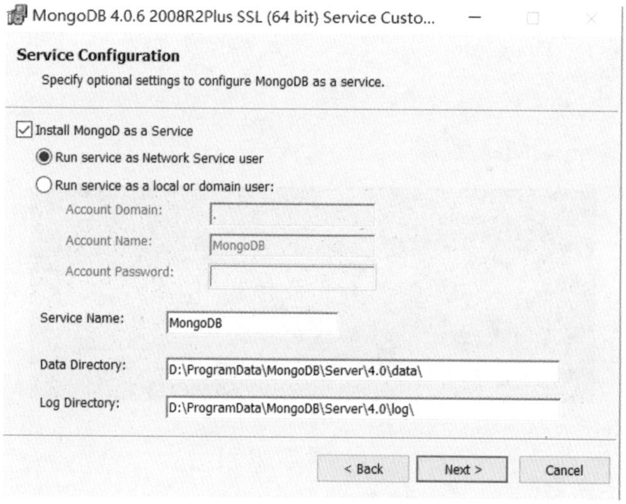

图 15-36　服务配置

Step06 如图 15-37 所示，在安装 Compass 页面，建议取消【Install MangoDB Compass】复选框，因为这会导致安装很慢。单击【Next】按钮。

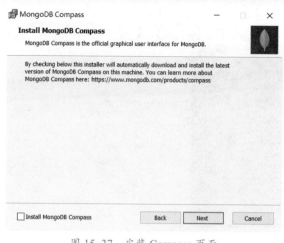

图 15-37　安装 Compass 页面

Step07 如图 15-38 所示，准备安装 MangoDB。确认之后单击【Install】按钮。

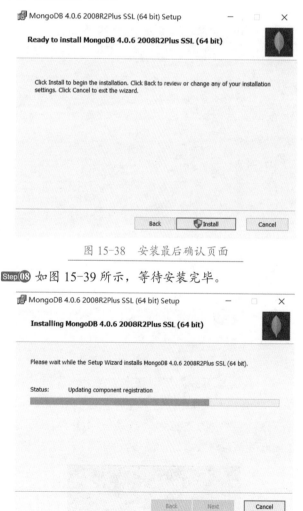

图 15-38　安装最后确认页面

Step08 如图 15-39 所示，等待安装完毕。

图 15-39　正在安装

Step 09 如图 15-40 所示，安装完毕后单击【Finish】按钮。

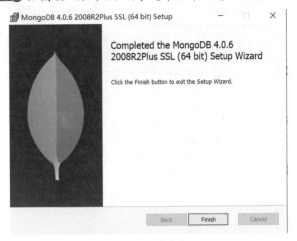

图 15-40　安装完成页面

至此，安装结束。

15.2.3　MongoDB 操作数据库和集合

安装完毕后，就可以进行操作了。在安装目录下打开命令行窗口，输入如下命令，启动命令行客户端程序。

`mongo.exe`

1. 数据库操作

（1）创建数据库。

程序正常启动后，输入如下命令，创建数据库。

`use mytestdb`

查看所有数据库。

`show dbs`

执行结果如图 15-41 所示，可以看到系统只有 3 个数据库。其中，admin 数据库主要用来管理系统账户和权限；config 数据库主要用来保存分片信息；local 数据库用来存放仅限于存储在当前节点的集合，即便做了集群配置，数据也不会同步到其他节点上。这里，新建的数据库 mytestdb 并不在结果中，这是因为 MongoDB 并不支持创建空的数据库，当第一个集合被添加到 mytestdb 时，系统会自动创建该数据库。

图 15-41　数据库列表

与 MySQL 一样，使用 "use+ 数据库名" 可以指定要操作的数据库。如图 15-42 所示，使用 mytestdb 数据库和 db 命令，可以查看当前在操作哪一个数据。

图 15-42　切换数据库

往 mytestdb 数据库中插入文档，如图 15-43 所示，然后再次查看数据库列表。可以看到，新建的 mytestdb 库已经显示到列表中。

```
> db.mytestdb.insert({"name":"苹果","price":4999})
WriteResult({ "nInserted" : 1 })
> show dbs
admin     0.000GB
config    0.000GB
local     0.000GB
mytestdb  0.000GB
```

图 15-43　插入文档

（2）删除数据库。

需要先使用 use 指定需要删除的库，然后再调用删除命令。

`use mytestdb`
`db.dropDatabase()`

执行结果如图 15-44 所示，可以看到列表中已经没有 mytestdb 数据库了。

```
> use mytestdb
switched to db mytestdb
> db.dropDatabase()
{ "dropped" : "mytestdb", "ok" : 1 }
> show dbs
admin     0.000GB
config    0.000GB
local     0.000GB
```

图 15-44　删除数据库

2. 集合操作

（1）创建集合。

调用 createCollection 方法可以创建一个集合。该方法有两个参数，第一个参数是集合名称，第二个参数是可选的键值对类型，用来配置集合，每个键的功能如下。

capped：布尔类型，表示集合大小是否固定。当存入的数据超过大小限制时，新加入的文档会自动覆盖之前的文档。

size：指定集合大小，值取整数，单位是字节，当 capped 为 True 时需要设置该值。

max：当 capped 为 True 时，集合中文档的最大数量，值取整数。

autoIndexId：表示是否自动为 _id 字段创建索引，该参数在未来的版本中会被移除。

这里在 mytestdb 数据库中创建 product 和 supplier 集合。

```
use mytestdb
db.createCollection("product")
db.createCollection("supplier", { capped : true, autoIndexId : true, size : 102400, max : 1000 } )
```

执行结果如图 15-45 所示。

```
> use mytestdb
switched to db mytestdb
> db.createCollection("product")
{ "ok" : 1 }
> show collections
product
> db.createCollection("supplier", { capped : true, autoIndexId : true, size : 102400, max : 1000 } )
{
        "note" : "the autoIndexId option is deprecated and will be removed in a future release",
        "ok" : 1
}
> show collections
product
supplier
```

图 15-45　创建 product 和 supplier 集合

（2）删除集合。

通过如下命令列出数据库中所有集合。

```
show collections
```

调用 drop 方法即可删除。

```
db.product.drop()
```

执行结果如图 15-46 所示。

```
> show collections
product
supplier
> db.product.drop()
true
> show collections
supplier
```

图 15-46　删除集合

15.2.4　MongoDB 数据类型

MongoDB 采用 BSON 形式存储数据，使用操作符可以查看相关类型。MongoDB 常用的数据类型如表 15-6 所示。

表 15-6　常用数据类型

序号	类型名称	数字表示	别名	描述
1	Double	1	double	Double 类型
2	String	2	string	以 UTF-8 编码格式存储数据
3	Object	3	object	嵌套的文档
4	Binary data	5	binData	二进制数据
5	ObjectId	7	objectId	文档的主键
6	Boolean	8	bool	布尔类型
7	Date	9	date	日期类型
8	Null	10	null	Null 类型
9	Regular Expression	11	regex	正则
10	JavaScript	13	javascript	javascript 脚本
11	JavaScript (with scope)	15	javascriptWith Scope	包含域的 javascript 脚本

续表

序号	类型名称	数字表示	别名	描述
12	32-bit integer	16	int	整型
13	Timestamp	17	timestamp	时间戳
14	64-bit integer	18	long	长整型
15	Decimal128	19	decimal	decimal 类型

15.2.5 MongoDB 索引

MongoDB 使用索引来进行高效查询。如果没有索引，MongoDB 必须执行集合扫描，即扫描集合中的每个文档，选择与查询语句匹配的文档。如果查询存在适当的索引，MongoDB 可以使用索引来限制检查的文档数。

索引是特殊的数据结构，它以易于遍历的形式存储集合数据集。索引存储特定字段或字段集的值，并将字段值排序。索引条目的排序支持有效的等式匹配和基于范围的查询操作。此外，MongoDB 可以使用索引中的顺序返回排序结果。

从根本上说，MongoDB 中的索引与其他数据库系统中的索引类似。MongoDB 在集合级别定义索引，并支持 MongoDB 集合中文档的任何字段或子字段的索引。

MongoDB 在创建集合期间，会在文档的 _id 字段上创建唯一索引。该索引可防止客户端插入具有相同字段值的两个文档，并且不能在该字段上删除此索引。

（1）创建索引。

MongoDB 使用 createIndex 方法来创建索引，语法如下。其中 key 是指文档中的字段，1 表示升序创建索引，-1 表示降序创建索引。

```
db.collection.createIndex(keys, options)
```

为 supplier 集合的 name 字段创建索引。

```
db.supplier.createIndex( { name: 1 } )
```

options 参数提供了创建索引的更多控制，如表 15-7 所示。

表 15-7　索引参数

序号	参数名称	参数类型	描述
1	name	string	索引的名称，如果未指定，MongoDB 则自动创建
2	unique	Boolean	默认值为 false，是指是否建立唯一索引
3	background	Boolean	默认值为 false，是指在创建索引时，MongoDB 是否需要阻止其他行为操作数据库。如果为 True，则不阻止
4	dropDups	Boolean	默认值为 False，是指在建立索引时，是否删除重复数据
5	sparse	Boolean	默认值为 False，是指对文档中不存在的字段是否进行索引引用。如果为 True，并且文档中不包含该字段，则不会被查询出
6	expireAfterSeconds	integer	设定文档在集合中的保存时间
7	v	integer	索引版本号
8	weights	document	索引权重，取值范围 1 ~ 99999
9	default_language	String	默认值为英语，是指对文本进行索引。一段文本，里面包含停用词、助词等，这些词是没必要建立索引的
10	language_override	String	默认值为 language，是指对文本进行索引

在创建索引时，也有一些限制。例如，因为索引是存放在内存中的，所以索引不能太大，否则会导致系统性能降低。索引适合读操作，在插入、更新比较频繁的字段不适合建立索引。对应正则表达式检索的字段，索引并不会生效，索引个数也会有限制，一个集合不能超过 64 个索引，一个复合索引不能超过 31 个字段等，索引名不能超过 128 个字符。

（2）查看索引。

调用 getIndexKeys 方法，可以查看该集合的所有索引和各索引的详细信息，如实际生成的索引名称。

```
db.supplier.getIndexKeys()
db.supplier.getIndexSpecs()
```

执行结果如图 15-47 所示。

```
> db.supplier.getIndexKeys()
[ { "_id" : 1 }, { "name" : 1 } ]
> db.supplier.getIndexSpecs()
[
        {
                "v" : 2,
                "key" : {
                        "_id" : 1
                },
                "name" : "_id_",
                "ns" : "mytestdb.supplier"
        },
        {
                "v" : 2,
                "key" : {
                        "name" : 1
                },
                "name" : "name_1",
                "ns" : "mytestdb.supplier"
        }
]
```

图 15-47　查看索引

（3）删除索引。

调用 dropIndex 方法删除指定索引，调用 dropIndexes 方法则删除所有索引。

```
db.supplier.dropIndex("name_1")
db.supplier.dropIndexes()
```

执行结果如图 15-48 所示。注意，_id 列上的索引是不能删除的。

```
> db.supplier.dropIndex("name_1")
{ "nIndexesWas" : 2, "ok" : 1 }
> db.supplier.dropIndexes()
{
        "nIndexesWas" : 1,
        "msg" : "non-_id indexes dropped for collection",
        "ok" : 1
}
> db.supplier.getIndexSpecs()
[
        {
                "v" : 2,
                "key" : {
                        "_id" : 1
                },
                "name" : "_id_",
                "ns" : "mytestdb.supplier"
        }
]
```

图 15-48　删除索引

15.2.6　MongoDB 查询数据

MongoDB 使用 find 和 findOne 方法来查询文档，语法如下。query 和 projection 参数都是可选的，query 指定了查询方式，projection 指定了返回的键。

```
db.collection.find(query, projection)
db.collection.findOne(query, projection)
db.getCollection(" 集合名称 ").find(query, projection)
```

在 find 方法后继续调用 pretty 方法输出格式化数据。使用如下命令，切换到 local 数据库，查询 startup_log 集合中的所有数据。

```
use local
db.startup_log.find().pretty()
db.getCollection("startup_log").find()
```

执行结果如图 15-49 所示。

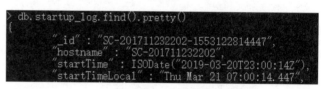

```
> db.startup_log.find().pretty()
{
        "_id" : "SC-201711232202-1553122814447",
        "hostname" : "SC-201711232202",
        "startTime" : ISODate("2019-03-20T23:00:14Z"),
        "startTimeLocal" : "Thu Mar 21 07:00:14.447",
```

图 15-49　查询文档

findOne 则返回满足查询条件的第一个文档。

MongoDB 提供了丰富的查询方式，具体如下。

1. 单个条件查询

如表 15-8 所示，展示了单个条件查询的方式。注意，表中没有模糊查询，MongoDB 实现模糊查询需要使用正则表达式。

表 15-8　单个条件查询

序号	查询条件	含义	示例	与 SQL 对比
1	{<key>:{$gt:<value>}}	大于	db.col.find({"price":{$gt: 4999}})	where price > 4999
2	{<key>:<value>}	等于	db.col.find({"name":" 苹果 "})	where name = ' 苹果 '
3	{<key>:{$lt:<value>}}	小于	db.col.find({"price":{$lt: 4999}})	where price < 4999

续表

序号	查询条件	含义	示例	与 SQL 对比
4	{<key>: {$lte:<value>}}	小于或等于	db.col.find ({"price": {$lte: 4999}})	where price <= 4999
5	{<key>: {$gte:<value>}}	大于或等于	db.col.find ({"price": {$gte: 4999}})	where price >= 4999
6	{<key>: {$ne:<value>}}	不等于	db.col.find ({"price": {$ne: 4999}})	where price != 4999

2. 多个条件查询

如表 15-9 所示，展示了多个条件查询的方式。

表 15-9　多个条件查询

序号	查询条件	含义	示例	与 SQL 对比
1	{key1 : value1, key2 : value2}	and	db.col.find ({"name": " 苹果 ", "price": {$gt:4999}})	where name = ' 苹果 ' and price > 4999
2	$or:[{key1 : value1}, {key2 : value2}]	or	db.col.find ({$or: [{"name": " 苹果 "}, {"price": {$gt:4999}}]})	where name = ' 苹果 ' or price > 4999
3	{key1 : value1, $or: [{key2 : value2}, {key3 : value3}]}	and 和 or	db.col.find ({"price": {$gt:4999}, $or: [{"name": " 苹果 "}, {"address": " 美国加利福 尼亚州库比蒂 诺市 "}]})	where price > 4999 and (name = ' 苹果 ' or address= ' 美国加利福 尼亚州库比蒂 诺市 ')

15.2.7　MongoDB 插入、修改、删除数据

MongoDB 使用自己提供的方式插入、修改、删除数据。

1. 插入数据

可以使用 insert、insertOne 和 insertMany 方法来插入数据。

insert 方法一次可以插入一到多个文档，使用方式如下。在插入的时候，可以指定 _id 字段，该字段将被作为主键；若不指定，则系统自动创建。

```
db.products.insert( { item: "card", qty: 15 } )
db.products.insert( { _id: 10, item: "box", qty: 20 } )
db.products.insert(
  [
    { _id: 11, item: "pencil", qty: 50, type: "no.2" },
    { item: "pen", qty: 20 },
    { item: "eraser", qty: 25 }
  ]
)
```

insertOne 方法一次只能插入一个文档，使用方式如下。

```
db.products.insertOne( { _id: 10, item: "box", qty: 20 } );
db.products.insertOne( { _id: 20, "item" : "packing peanuts", "qty" : 200 } );
```

insertMany 方法一次可以插入多个文档，使用方式如下。注意，参数是列表类型。

```
db.products.insertMany( [
    { item: "card", qty: 15 },
    { item: "envelope", qty: 20 },
    { item: "stamps", qty: 30 }
  ] );
```

2. 修改数据

对于修改数据，MongoDB 也提供了 3 种方法，即 update、updateOne 和 updateMany，参数如表 15-10 所示。

表 15-10　update、updateOne 和 updateMany 参数说明

序号	参数名称	参数类型	描述
1	query	document	与 find 方法的查询参数一致
2	update	document	给指定字段设置新的值
3	upsert	boolean	默认是 False，可选。值为 True 的情况下，在修改数据的时候，目标文档不存在，则插入，注意在 3.0 版本后，查询条件使用的是 "id. 字段名" 这种形式，在没找到对应的文档的情况下，是不会插入的
4	multi	boolean	默认是 False，可选。查询返回了多条数据，为 True 则全部修改，否则修改第一条
5	writeConcern	document	可选，修改后系统会返回操作状态，通过设置 writeConcern（写关注机制）来查看结果不同状态
6	collation	document	可选，指定不同语言下的数据排序规则
7	arrayFilters	array	可选，使用数组来设置过滤条件，是对 query 的补充

update 方法一次可以更新多个文档，具体使用方式如下。

```
db.people.update(
  { name: "Andy" },
  {
    name: "Andy",
    rating: 1,
    score: 1
  },
  { upsert: true }
)
```

updateOne 方法一次只能更新一条。

```
db.restaurant.updateOne(
  { "name" : "Central Perk Cafe" },
  { $set: { "violations" : 3 } }
);
```

updateMany 方法一次能更新多条。

```
db.restaurant.updateMany(
  { violations: { $gt: 4 } },
  { $set: { "Review" : true } }
);
```

3. 删除数据

删除一条数据，可以使用 deleteOne 方法，删除多条数据可以使用 deleteMany 方法，使用方式如下。

```
db.orders.deleteOne( { "_id" : ObjectId("563237a41a4d68582c2509da") } );
db.orders.deleteMany( { "client" : "Crude Traders Inc." } );
```

15.2.8　聚合

通过聚合操作处理数据记录，返回计算结果。聚合操作将来自多个文档的值组合在一起，并且可以对分组数据执行各种操作以返回单个结果。MongoDB 提供的执行聚合方式如下。

1. 聚合管道

聚合管道的执行结果与 SQL 语言中的 group by 类似。如图 15-50 所示，该聚合产生了两个阶段。第一个阶段是筛选阶段，使用 $match 操作符筛选出 status 为 "A" 的文档；第二个阶段是分组计算阶段，使用 $group 操作符对 cust_id 列进行分组，在这个阶段内，指定了聚合表达式 $sum 对 amount 求和。

整个聚合操作连起来就是筛选出文档中 status= "A" 的数据，并根据 cust_id 分组对 amount 字段求和。翻译成 SQL 就是如下代码。

```
SELECT SUM(amount) FROM orders WHERE status='A'
GROUP BY cust_id
```

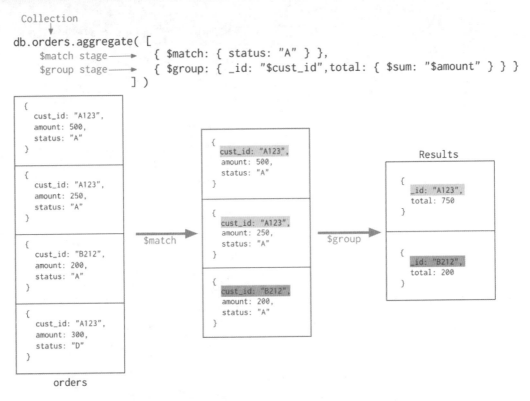

图 15-50　分组聚合

最终输出结果如图 15-51 所示。

```
> db.orders.aggregate([
... {$match:{status:"A"}},
... {$group:{_id:"$cust_id",total1:{$sum:"$amount"}}}
... ])
{ "_id" : "B212", "total1" : 200 }
{ "_id" : "A123", "total1" : 750 }
```

图 15-51　聚合管道调用结果

2. mapReduce 方法

mapReduce 方法也能实现分组聚合，具体执行过程如下。

（1）在程序执行时，首先会根据 query 指定的条件对文档进行筛选。

（2）为筛选出的每一个文档调用 map 函数，也就是第一个参数，将数据转换为键值对的形式，即 (this.cust_id,this.amount)，cust_id 是键，amount 是值，this 是当前文档。

（3）在 reduce 函数调用之前，系统会将 map 函数的输出结果按键分组，并将各组的值构建成一个列表，然后将键和列表一起传递给 reduce 函数。

（4）调用 reduce 函数，也就是第二个参数，此时 reduce 函数的参数 key 就是 map 输出的键，values 就是值列表，reduce 接收到的数据形式就是 {"A123":[500,250]}。在 reduce 函数内部调用 Array.sum(values)，即可完成对该组数据求和。

（5）计算过程执行完毕后，根据 out 参数将数据输出到指定位置，如图 15-52 所示，将计算结果输出到集合 "order_totals" 中。

查询集合中的数据。

```
db.order_totals.find({})
```

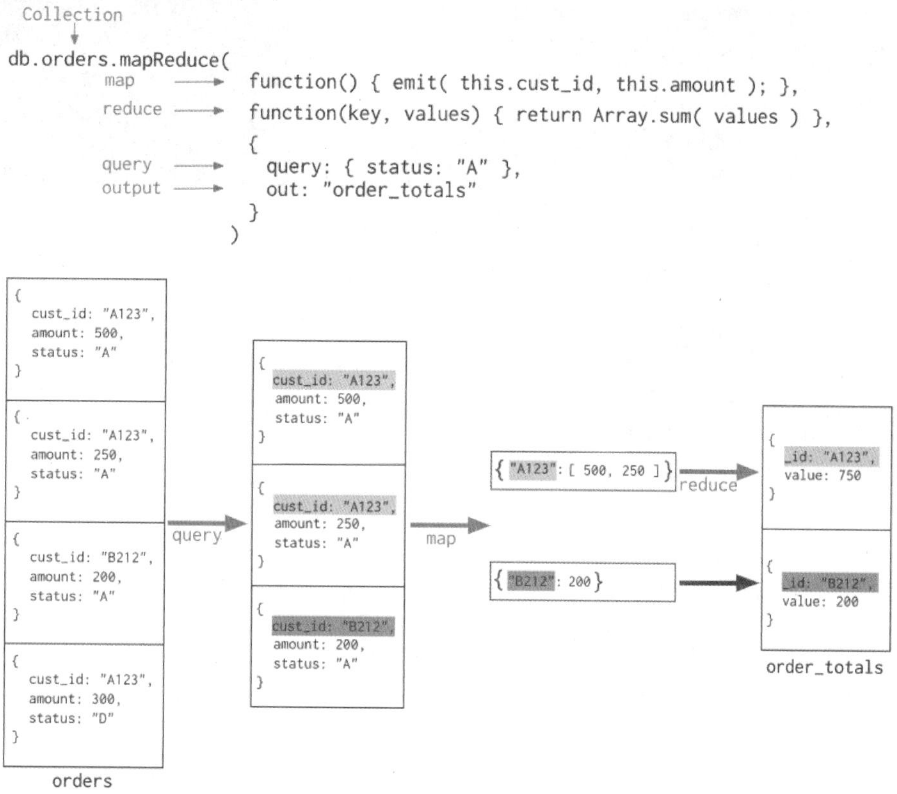

图 15-52 输出参数到指定位置

执行结果如图 15-53 所示。

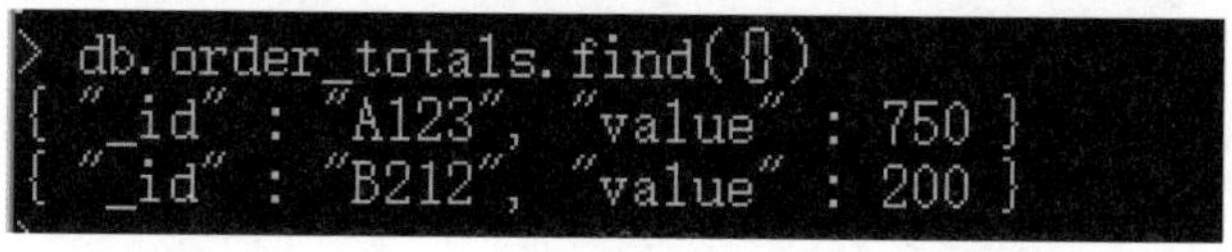

```
> db.order_totals.find({})
{ "_id" : "A123", "value" : 750 }
{ "_id" : "B212", "value" : 200 }
```

图 15-53 mapReduce 方法调用结果

3. 单一聚合

这种聚合方式相对简单，就是针对某一个字段进行聚合，类似 distinct、count、sum 等函数。如图 15-54 所示，对 cust_id 去重。

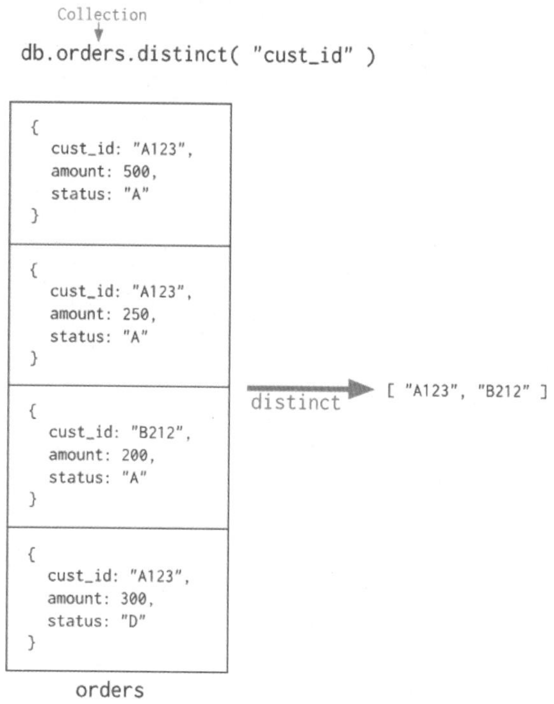

图 15-54 单一聚合

管道符除了 $match、$group 之外，还有 $limit、$skip、$unwind、$project、$sort、$geoNear；操作符除了 $sum 之外，还有 $avg、$min、$max、$push、$addToSet、$first、$last。限于篇幅这里不再赘述，更多信息请参见官方文档。

另外，在进行本小节实验前，使用如下命令插入测试数据。

```
db.orders.insertMany( [
{ cust_id: "A123", amount: 500,status:" A"},
{ cust_id: "A123", amount: 250,status:" A"},
{ cust_id: "B212", amount: 200,status:" A"},
{ cust_id: "A123", amount: 300,status:" D"},
] );
```

15.2.9　Python 与 MongoDB 交互

使用 Python 3 操作 MongoDB 数据库，需要安装 MongoDB 的驱动 pymongo，使用 pip 即可完成安装。

```
pip install pymongo
```

接下来就可以在 Python 程序中操作 MongoDB 了。

1. 查询数据库

操作 MongoDB 需要创建一个客户端实例，然后通过该实例来与服务端交互。如示例 15-4 所示，在第 5 行创建一个 client 对象，调用 list_database_names 方法返回服务器中的所有数据库。

示例 15-4　数据库列表

```
1.  # -*- coding: UTF-8 -*-
2.
3.  import pymongo
4.
5.  client = pymongo.MongoClient("mongodb://
6.  localhost:27017/")
7.  dbs = client.list_database_names()
8.  print(" 数据库有：")
9.  for db in dbs:
10.   print(db)
```

执行结果如图 15-55 所示。

图 15-55　示例 15-4 输出结果

2. 创建集合

如示例 15-5 所示，给数据库创建集合只需要给数据库对象应用下标即可，其中第 8 行创建了一个新的集合名为 newcol。

示例 15-5　集合列表

```
1.  # -*- coding: UTF-8 -*-
2.
3.  import pymongo
4.
5.  client = pymongo.MongoClient("mongodb://
6.  localhost:27017/")
7.  mytestdb = client["mytestdb"]
8.  newcol = mytestdb["newcol"]
9.
10. colls = mytestdb.list_collection_names()
11. print(" 集合有：")
12. for col in colls:
13.   print(col)
```

执行结果如图 15-56 所示。注意，MongoDB 是不支持创建空数据库和空集合的，只有在插入第一条数据时才会创建集合。

图 15-56　示例 15-5 输出结果

3. 插入数据

有两个方法插入数据，即 insert_one 和 insert_many。insert_one 方法一次只能插入一条，insert_many 方法一次插入一个列表，具体用法如示例 15-6 所示。

示例 15-6 插入数据

```
1.  # -*- coding: UTF-8 -*-
2.
3.  import pymongo
4.
5.  client = pymongo.MongoClient("mongodb://
6.  localhost:27017/")
7.  mytestdb = client["mytestdb"]
8.  newcol = mytestdb["newcol2"]
9.
10.
11. def get_cols(text):
12.     colls = mytestdb.list_collection_names()
13.     print(text)
14.     for col in colls:
15.         print(col)
16.
17.
18. # 查看集合
19. get_cols(" 当前集合有：")
20.
21. products = []
22. for p in range(5):
23.     product = {"name": " 苹果 ", "price": 4999,
24. "address": " 美国加利福尼亚州库比蒂诺市 "}
25.     products.append(product)
26. result1 = newcol.insert_one(products[0])
27. result2 = newcol.insert_many(products[1:])
28. print("----------------")
29. print("result1：")
30. print(result1.inserted_id)
31. print("----------------")
32. print("result2：")
33. for item in result2.inserted_ids:
34.     print(item)
35. print("----------------")
36. # 查看集合
37. get_cols(" 插入数据后集合有：")
```

执行结果如图 15-57 所示，可以看到插入成功后会返回该条数据的主键，同时在插入数据后也多了一个集合。

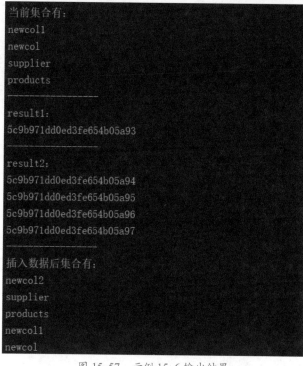

图 15-57　示例 15-6 输出结果

4. 修改数据

同样的，有两个方法修改数据，即 update_one 和 update_many，使用方法如示例 15-7 所示。

示例 15-7 修改数据

```
1.  # -*- coding: UTF-8 -*-
2.
3.  import pymongo
4.
5.  client = pymongo.MongoClient("mongodb://
6.  localhost:27017/")
7.  mytestdb = client["mytestdb"]
8.  newcol = mytestdb["newcol2"]
9.
10. query = {"name": " 苹果 "}
11. new_price = {"$set": {"price": 2998}}
12.
13. newcol.update_one(query, new_price)
14.
15. for x in newcol.find():
16.     print(x)
```

执行结果如图 15-58 所示，这里只修改了第一条数据的 price，调用 update_many 方法则会全部修改。

```
{'_id': ObjectId('5c9b971dd0ed3fe654b05a93'), 'name': '苹果', 'price': 2998, 'address': '美国加利福尼亚州库比蒂诺市'}
{'_id': ObjectId('5c9b971dd0ed3fe654b05a94'), 'name': '苹果', 'price': 4999, 'address': '美国加利福尼亚州库比蒂诺市'}
{'_id': ObjectId('5c9b971dd0ed3fe654b05a95'), 'name': '苹果', 'price': 4999, 'address': '美国加利福尼亚州库比蒂诺市'}
{'_id': ObjectId('5c9b971dd0ed3fe654b05a96'), 'name': '苹果', 'price': 4999, 'address': '美国加利福尼亚州库比蒂诺市'}
{'_id': ObjectId('5c9b971dd0ed3fe654b05a97'), 'name': '苹果', 'price': 4999, 'address': '美国加利福尼亚州库比蒂诺市'}
```

图 15-58　示例 15-7 输出结果

5. 删除数据

MongoDB 提供了 3 种方法删除数据, 即 delete_one、delete_many 和 drop。

delete_one 方法删除满足查询条件的第一条数据, delete_many 方法删除满足查询条件的多条数据, 若是不设置查询条件, 则删除所有数据, 具体用法如示例 15-8 所示。

示例 15-8　删除数据

```
1.  # -*- coding: UTF-8 -*-
2.
3.  import pymongo
4.
5.  client = pymongo.MongoClient("mongodb://
6.  localhost:27017/")
7.  mytestdb = client["mytestdb"]
8.  newcol = mytestdb["newcol2"]
9.
10. print(" 删除一个文档后的数据: ")
11. query = {"price": 2998}
12. newcol.delete_one(query)
13. for item in newcol.find():
14.     print(item)
15.
16. print("-------------------------")
17. print(" 删除多个文档后的数据: ")
18. myquery = {"name": {"$regex": "^ 苹果 "}}
19. x = newcol.delete_many(myquery)
20.
21. for item in newcol.find():
22.     print(item)
```

执行结果如图 15-59 所示, 可以看到 name 为苹果的数据已经被全部删除了。

```
删除一个文档后的数据:
{'_id': ObjectId('5c9b971dd0ed3fe654b05a94'), 'name': '苹果', 'price': 4999, 'address': '美国加利福尼亚州库比蒂诺市'}
{'_id': ObjectId('5c9b971dd0ed3fe654b05a95'), 'name': '苹果', 'price': 4999, 'address': '美国加利福尼亚州库比蒂诺市'}
{'_id': ObjectId('5c9b971dd0ed3fe654b05a96'), 'name': '苹果', 'price': 4999, 'address': '美国加利福尼亚州库比蒂诺市'}
{'_id': ObjectId('5c9b971dd0ed3fe654b05a97'), 'name': '苹果', 'price': 4999, 'address': '美国加利福尼亚州库比蒂诺市'}

删除多个文档后的数据:
```

图 15-59　示例 15-8 输出结果

调用 drop 方法可以删除集合, 同时包括集合中的数据, 如示例 15-9 所示。

示例 15-9　删除集合

```
1.  # -*- coding: UTF-8 -*-
2.
3.  import pymongo
4.
5.  client = pymongo.MongoClient("mongodb://
6.  localhost:27017/")
7.  mytestdb = client["mytestdb"]
8.  newcol = mytestdb["newcol1"]
9.
10. newcol.drop()
11.
12. colls = mytestdb.list_collection_names()
13. print(" 集合有: ")
14. for col in colls:
15.     print(col)
```

执行结果如图 15-60 所示, 可以看到 newcol1 集合已经不存在了。

图 15-60 示例 15-9 输出结果

6. 聚合查询

在集合对象上调用 aggregate 方法，可以实现对数据的聚合，如示例 15-10 所示。

示例 15-10 聚合函数

```
1.  # -*- coding: UTF-8 -*-
2.
3.  import pymongo
4.
5.  client = pymongo.MongoClient("mongodb://
6.  localhost:27017/")
7.  mytestdb = client["test"]
8.  orderscol = mytestdb["orders"]
9.
10. docs = orderscol.aggregate([
11.     {"$match": {"status": "A"}},
12.     {"$group": {"_id": "$cust_id", "total": {"$sum":
13. "$amount"}}}
14. ])
15. print(list(docs))
```

执行结果如图 15-61 所示。

```
[{'_id': 'B212', 'total': 200.0}, {'_id': 'A123', 'total': 750.0}]
```

图 15-61 示例 15-10 输出结果

15.3 Redis

Redis 是 NoSQL 数据库的一种，使用键值对形式组织数据，用户成本很低。其性能优良，广泛应用于 Web 系统缓存、事件发布订阅等场景。

15.3.1 Redis 概述

Redis 是 由 Salvatore Sanfilippo 发 明 的。Salvatore Sanfilippo 在做实时统计时，发现 MySQL 在实时统计方面的性能无法达到预期，于是决定发明一个新的数据库。

Redis 从诞生到现在，经历了十年左右的发展，相较于其他键值对数据库，具有以下特点。

（1）Redis 是一个基于内存的数据库，这是其高性能的关键。同时 Redis 也支持数据持久化，当 Redis 服务器重启的时候，会将磁盘上的数据重新加载到内存使用。

（2）Redis 支持的数据类型更为丰富，极大地提高了易用性。

（3）Redis 支 持 主 从 模 式，即 master-slave。当主节点的数据量过大超出存储范围，可以备份到从节点上。

（4）Redis 也支持数据分片，即当一个 key 的数据量过大，超出当前节点存储范围，Redis 会将该 key 的数据同步到集群中，每个节点存储该 key 一部分数据，以此来实现水平扩展。

同时，活跃的社区为 Redis 的版本维护、持续更新提供了有力支持，为 Redis 能够长期应用在生产环境中提供了技术保障。

15.3.2 Redis 安装

前往微软技术团队的首页，下载最新的 Windows 版本。

下载当前版本。

Redis-x64-3.2.100.msi

Step01 双击软件名称，打开欢迎界面，如图 15-62 所示，单击【Next】按钮。

图 15-62　Redis 欢迎页面

Step02 如图 15-63 所示，选中【I accept the terms in the License Agreement】复选框，继续单击【Next】按钮。

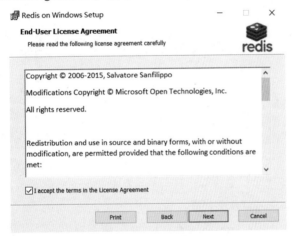

图 15-63　确认许可

Step03 选择一个合适的安装目录，其余保持默认，如图 15-64 所示，然后单击【Next】按钮。

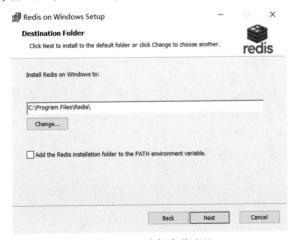

图 15-64　选择安装路径

Step04 如图 15-65 所示，需要配置 Redis 服务器端口，这里全部保持默认，继续单击【Next】按钮。

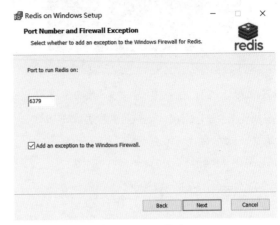

图 15-65　配置端口

Step05 选择是否需要为 Redis 做内存使用限制，如图 15-66 所示，这里仍然保持默认，然后单击【Next】按钮。

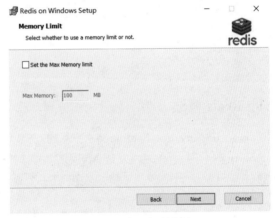

图 15-66　内存限制

Step06 所有信息配置完毕无误后，单击【Install】按钮，开始安装，如图 15-67 所示。

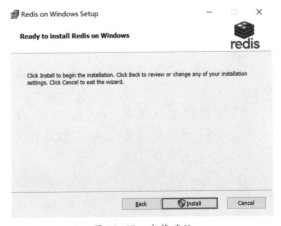

图 15-67　安装确认

Step 07 安装结束后单击【Finish】按钮，关闭安装界面，如图 15-68 所示。

图 15-68　安装结束

Step 08 为了能让 Redis 随 Window 启动，因此需要将其安装成 Windows 服务。进入 Redis 安装目录下，打开命令行窗口，执行如下命令。

```
redis-server --service-install redis.windows-service.conf
--loglevel verbose
```

安装完成后，可以在 windows 服务中看到 Redis，如图 15-69 所示。

Remote Desktop Configuration	远程...		手动	本地系统
Remote Access Connection Manager	管理...	正在运行	自动	本地系统
Remote Access Auto Connection Manager	无论...		手动	本地系统
Redis	This ...	正在运行	自动	网络服务
Realtek Audio Service	For c...	正在运行	自动	本地系统
Quality Windows Audio Video Experience	优质 ...		手动	本地服务

图 15-69　Redis 服务

Step 09 仍然在 Redis 安装目录下，打开命令行窗口，启动 Redis 客户端程序 redis-cli.exe，如图 15-70 所示。在光标处输入"info"，看到 Redis Server、Clients、Memory 等信息，表示正常安装。

```
        Redis>redis-cli.exe
127.0.0.1:6379> info
# Server
redis_version:3.2.100
redis_git_sha1:00000000
redis_git_dirty:0
redis_build_id:dd26f1f9c5130ee
redis_mode:standalone
os:Windows
arch_bits:64
multiplexing_api:WinSock_IOCP
```

图 15-70　启动 Redis 客户端程序

15.3.3　Redis 操作数据库

Redis 默认创建了 16 个数据库，数据库命名从 db0 ~ db15。数据库的个数在安装目录下 redis.windows.conf 文件中设置，如图 15-71 所示。需要注意的是，Redis 默认情况下连接 0 号数据库，Redis 不支持修改数据库名，不支持为数据单独设置密码，使用 FLUSHDB 清空当前数据库数据，使用 FLUSHALL 清空所有数据库数据。

```
168  # a different one on a per-connection basis using S
169  # dbid is a number between 0 and 'databases'-1
170  databases 16
171
172  ############################# SNAPSHOTTING  ####
```

图 15-71　设置数据库个数

切换数据库，使用命令 "select 数据库编号"，如图 15-72 所示。

```
127.0.0.1:6379> select 15
OK
127.0.0.1:6379[15]> select 14
OK
127.0.0.1:6379[14]>
```

图 15-72　切换数据库

15.3.4　Redis 数据类型

Redis 支持 5 种数据类型，如表 15-11 所示。

表 15-11　Redis 数据类型表

序号	类型名称	描述
1	string	字符串类型
2	list	列表类型
3	hash	键值对类型
4	set	无序集合类型，通过 hash 表实现
5	sorted set	有序集合类型，数据不允许重复

15.3.5　Redis 键

如表 15-12 所示，Redis 键的操作命令和使用方式。

表 15-12　Redis 键的操作命令和使用方式

序号	命令	示例	描述
1	DEL key	del key5	删除 key5
2	EXISTS key	exists key5	判断 key5 是否存储

续表

序号	命令	示例	描述
3	EXPIRE key seconds	expire key5 3	设置 key5 3 秒后过期
4	PEXPIRE key milliseconds	pexpire key5 3000	设置 key5 3000 秒后过期
7	PERSIST key	persist key5	移除 key5 的过期时间设置
5	KEYS pattern	keys * keys key*	对键进行模糊查找
6	MOVE key db	move key 10	将 key 移动到 10 号数据库
9	TTL key	ttl key5	返回 key 的剩余时间，单位秒
8	PTTL key	pttl key5	返回 key 的剩余时间，单位毫秒
10	RENAME key newkey	rename key5 key6	修改 key5 名称为 key6
11	TYPE key	type key5	返回 key5 值的数据类型

续表

序号	命令	示例	描述
6	MSETNX key value [key value ...]	msetnx key1 123 key2 456	若 key 不存在，就设置多个 key
7	GET key	get key1	获取 key1 的值
8	GETRANGE key start end	set key "hello world" getrange key 0 4	将返回 "hello world"，对字符串切片 [0:4] 范围内数据
9	GETSET key value	getset key "python"	将 key 的值设为 "python"，并返回原来的值
10	MGET key1 [key2..]	mget key1 key2	返回多个 key 的值
11	STRLEN key	strlen key	返回 key 字符串长度
12	INCR key	incr key	key 对应值加 1
13	DECR key	decr key	key 对应值减 1
14	APPEND key value	append key "python"	在原有 key 的字符串上追加 "python"

15.3.6 Redis 字符串

如表 15-13 所示，列出了 Redis 操作字符串的命令和使用方式。注意，即使插入的是数字，取出来时也是字符串。

表 15-13 Redis 操作字符串的命令和使用方式

序号	命令	示例	描述
1	SET key value	set key "hello"	设置 key 的值为 "hello"
2	SETEX key seconds value	setex key 2 123	设置 key 的值为 123，并在 2 秒后过期
3	PSETEX key milliseconds value	psetex key3 3000 "python"	设置 key 的值为 "python"，并在 3 秒后过期
4	SETNX key value	setnx key 123	如果 key 不存在，则设置为 123；已经存在，则不能再次设置
5	MSET key value [key value ...]	mset key1 123 key2 456	同时设置多个 key

15.3.7 Redis 列表

如表 15-14 所示，列出了 Redis 操作列表的命令和使用方式。

表 15-14 Redis 操作列表的命令和使用方式

序号	命令	示例	描述
1	LPUSH key value1 [value2]	lpush mylist 1,2,3,4,5,6	将值插入列表头部
2	LPUSHX key value	lpushx mylist1 2	将一个值插入列表头部，列表不存在则无效
3	RPUSH key value1 [value2]	rpush mylist1 2	将值插入列表尾部
4	RPUSHX key value	rpushx mylist1 2	将一个值插入列表尾部，列表不存在则无效
5	LSET key index value	lset mylist1 2 555	设置列表第 3 个元素的值

续表

序号	命令	示例	描述
6	LPOP key	lpop mylist1	返回列表中的第一个元素,并从列表中删除该元素
7	RPOP key	rpop mylist1	返回列表中的最后一个元素,并从列表中删除该元素
8	BLPOP key1 [key2] timeout	blpop mylist1 3	返回列表中的第一个元素,并从列表中删除该元素。如果列表没有元素会一直等待,直到超时
9	BRPOP key1 [key2] timeout	brpop mylist1 3	返回列表中的最后一个元素,并从列表中删除该元素。如果列表没有元素会一直等待,直到超时
10	LINSERT key BEFORE| AFTER pivot value	linsert mylist1 before 555 888	在列表的元素 555 前插入元素 888
11	LRANGE key start stop	lrange mylist1 0 100	获取列表 0 ～ 100 的元素
12	LINDEX key index	lindex mylist1 1	获取列表第一个元素
13	LLEN key	llen mylist1	获取列表长度
14	LREM key count value	lrem mylist1 2 888	count>0,正向检索元素,并移除满足条件的 count 个元素;count<0,反向检索;count=0,移除所有满足条件的元素
15	LTRIM key start stop	ltrim mylist1 2 6	移除列表下标小于 2 和大于 6 的元素
16	RPOPLPUSH source destination	rpoplpush mylist1 mylist2	返回列表最后一个元素,并将其移除,同时将该元素放入另一个列表头部
17	BRPOPLPUSH source destination timeout	brpoplpush mylist1 mylist2 3	返回列表最后一个元素,并将其移除,同时将该元素放入另一个列表头部。实例中,若 mylist1 没有元素,则操作等待 3 秒后超时

15.3.8 Redis hash

如表 15-15 所示,列出了 Redis 操作 hash 的命令和使用方式。

表 15-15 Redis 操作 hash 的命令和方式

序号	命令	示例	描述
1	HSET key field value	hset myhash name test1	在 hash 表中添加一个 key 为 myhash,其中字段名为 name,值为 test1
2	HMSET key field1 value1 [field2 value2]	hmset myhash name1 test1 name2 test2	给 myhash 同时添加多个字段,即 name1 和 name2
3	HSETNX key field value	hsetnx myhash name1 test5	给 myhash 添加字段,若 name1 字段存在,则不能添加
4	HGET key field	hget myhash name	获取 myhash 下的 name 字段的值
5	HMGET key field1 [field2]	hmget myhash name name1	获取 myhash 下的 name、name1 字段的值
6	HKEYS key	hkeys myhash	获取 myhash 下的所有字段
7	HVALS key	hvals myhash	获取 myhash 下的所有字段的值
8	HGETALL key	hgetall myhash	获取 myhash 下的所有字段和值
9	HEXISTS key field	hexists myhash name1	判断 myhash 下是否存在 name1 字段
10	HLEN key	hlen myhash	获取 myhash 下的字段数量
11	HDEL key field1 [field2]	hdel myhash name1 name2	删除 myhash 下的 name1 和 name2 字段

15.3.9 Redis 集合

Redis 集合不能包含重复元素。集合有两种,即无序集合和有序集合。

1. 无序集合

如表 15-16 所示,列出了 Redis 操作无序集合的命令和使用方式。

表 15-16　Redis 操作无序集合的命令和使用方式　　　　　　　　　　　　　　　　续表

序号	命令	示例	描述
1	SADD key member1 [member2]	sadd myset "hello" "world"	向 myset 添加 "hello" "world" 两个元素
2	SCARD key	scard myset	获取 myset 的元素个数
3	SMEMBERS key	smembers myset	获取 myset 的元素列表
4	SISMEMBER key member	sismember myset "hello"	判断 "hello" 元素是否在 myset 中
5	SRANDMEMBER key [count]	srandmember myset 2	随机获取 myset 中的两个元素
6	SREM key member1 [member2]	srem myset "hello" "world"	移除 myset 中的 "hello" 和 "world" 元素
7	SDIFF key1 [key2]	sadd myset1 "hello1" "world1" sadd myset2 "hello1" "world2" sdiff myset1 myset2	获取 myset1 和 myset2 的差集
8	SDIFFSTORE destination key1 [key2]	sdiffstore myset3 myset1 myset2	获取 myset1 和 myset2 的差集，存储到 myset3 集合中

序号	命令	示例	描述
9	SINTER key1 [key2]	sinter myset1 myset2	获取 myset1 和 myset2 的交集
10	SINTERSTORE destination key1 [key2]	sinterstore myset4 myset1 myset2	获取 myset1 和 myset2 的交集，存储到 myset4 集合中
11	SMOVE source destination member	smove myset1 myset4 "world1"	将 myset1 集合中的元素 "world1" 移动到 myset4 集合中
12	SPOP key	spop myset1	随机获取 myset1 中的一个元素，并将其移除
13	SUNION key1 [key2]	sunion myset1 myset2	获取 myset1 和 myset2 的并集
14	SUNIONSTORE destination key1 [key2]	sunionstore myset5 myset1 myset2	获取 myset1 和 myset2 的并集，存储到 myset5 集合中

2. 有序集合

有序集合与无序集合的区别在于，有序集合中每一个元素都有 double 类型的评分，Redis 通过分数来对元素进行从小到大排序。尽管元素不能重复，但是分数是可以重复的。如表 15-17 所示，列出了 Redis 操作有序集合的命令和使用方式。

表 15-17　Redis 操作有序集合的命令和使用方式

序号	命令	示例	描述
1	ZADD key score1 member1 [score2 member2]	zadd myset 2 "hello" 3 "world"	向 myset 集合添加 "hello" 和 "world" 两个元素，分数分别是 2 和 3
2	ZCARD key	zcard myset	获取 myset 元素个数
3	ZRANK key member	zrank myset "world"	获取 "world" 元素在集合中的索引
4	ZRANGE key start stop [WITHSCORES]	zrange myset 0 100	获取 myset 中下标范围 [0:100] 的元素
5	ZRANGEBYSCORE key min max [WITHSCORES] [LIMIT]	zrangebyscore myset 3 8	将 myset 中的元素按分数升序排列，然后选出分数范围 [3:8] 的元素

续表

序号	命令	示例	描述
6	ZCOUNT key min max	zcount myset 0 100	计算 myset 中下标范围 [0:100] 的元素个数
7	ZREVRANK key member	zrevrank myset "hello"	返回 myset 中 "hello" 的分数的排名，排名是按分值从高到低排。例如，"hello" 分数是 2，"world" 分数是 3，因此 "world" 的排名是 0，"hello" 排名是 1
8	ZREVRANGE key start stop [WITHSCORES]	zrevrange myset 0 2	将 myset 中的元素按分数降序排列，然后选出下标范围 [0:2] 的元素
9	ZREVRANGEBYSCORE key max min [WITHSCORES]	zrevrangebyscore myset 8 3	将 myset 中的元素按分数降序排列，然后选出分数范围 [8:3] 的元素
10	ZSCORE key member	zscore myset "hello"	获取 myset 中 "hello" 的分数
11	ZREM key member [member ...]	zrem myset "hello"	移除 myset 中 "hello" 元素
12	ZREMRANGEBYRANK key start stop	zremrangebyrank myset 1 2	将 myset 中的元素按分数排序，移除排名在 [1:2] 范围内的元素
13	ZREMRANGEBYSCORE key min max	zremrangebyscore myset 3 8	将 myset 中的元素按分数排序，移除分数在 [3:8] 范围内的元素
14	ZINTERSTORE destination numkeys key [key ...]	zinterstore myset2 2 myset myset1	将 myset、myset1 求交集存入 myset2 集合中，其中 2 是指有几个集合参与计算
15	ZUNIONSTORE destination numkeys key [key ...]	zunionstore myset3 2 myset myset1	将 myset、myset1 求交集存入 myset3 集合中，其中 2 是指有几个集合参与计算

15.3.10 Redis 发布订阅

发布订阅是一种常见的消息传输模式。消费者按主题订阅消息，生产者发布消息，然后主动推送给对应的消费者。如图 15-73 所示，首先启动 redis-cli 程序，使用 subscribe 关键词加主题进行订阅消息。具体用法如下，其中 mymessage 是主题的名称。

subscribe mymessage

然后再启动两个 redis-cli 程序，在各自的命令行窗口中使用 publish 关键词加主题来发布消息，具体用法如下。

publish mymessage "hello,the first message"
publish mymessage "hello,the second message"

由于消息的及时性，发布订阅的使用场景非常多，如客户下了订单，系统就需要主动通知商户；用户使用网银转账，系统就应就立即发送一条短信通知。

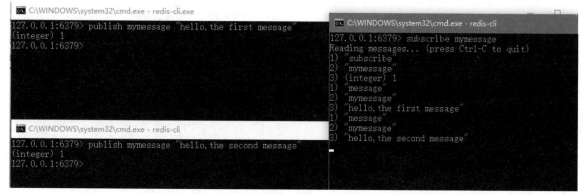

图 15-73 Redis 发布订阅

15.3.11 Python 与 Redis 交互

使用 Python 3 操作 Redis 数据库，需要安装 Redis 的驱动 redis，使用 pip 即可完成安装。

```
pip install redis
```

若是 Anaconda 的用户，则需要安装 redis-py。

```
pip install redis-py
```

接下来就可以在 Python 程序中操作 Redis 了。

1. 数据操作

如示例 15-11 所示，首先导入 redis 模块，然后调用 ConnectionPool 方法创建一个连接池对象。在第 8 行，通过连接池对象创建一个 redis 实例，通过该实例来实现对 Redis 数据库进行操作。redis 提供的 API 名称和在 redis-cli 窗口中的使用的命令保持一致，因此简单易用。

示例 15-11 操作 Redis

```
1.   # -*- coding: UTF-8 -*-
2.
3.   import redis as redis
4.
5.   pool = redis.ConnectionPool(host="localhost",
6.               port=6379, decode_responses=True)
7.
8.   r = redis.Redis(connection_pool=pool)
9.   print(" 字符串操作：")
10.  r.set("mobile", " 苹果 ")
11.  print(" 获取值：",r.get("mobile"))
12.  print("-----------------------------------")
13.  print(" 列表操作：")
14.  r.lpush("mobile_list"," 苹果 ")
15.  print(" 获取列表值：",r.lpop("mobile_list"))
16.  print("-----------------------------------")
17.  print(" 哈希表操作：")
18.  r.hset("mobile_hash","name2"," 苹果 ")
19.  print(" 获取哈希值：",r.hgetall("mobile_hash"))
20.  print("-----------------------------------")
21.  print(" 集合操作：")
22.  r.sadd("mobile_set", " 华为 "," 苹果 "," 三星 ")
23.  print(" 获取集合值：",r.smembers("mobile_set"))
```

执行结果如图 15-74 所示。

```
字符串操作：
  获取值： 苹果

列表操作：
  获取列表值： 苹果

哈希表操作：
  获取哈希值： {'name2' : ' 苹果'}

集合操作：
  获取集合值： {' 华为', ' 苹果', ' 三星'}
```

图 15-74 示例 15-11 输出结果

2. 发布订阅

该模式需要两个终端同时运行，具体操作步骤如下。

Step① 创建消息发布端，如示例 15-12 所示。

示例 15-12 消息发布端

```
1.   # -*- coding: UTF-8 -*-
2.
3.   import redis
4.
5.   r = redis.Redis(host="localhost", port=6379, decode_
6.   responses=True)
7.
8.   while True:
9.       msg = input(" 请输入消息：")
10.      r.publish(" 车市信息 ", msg)
```

Step② 创建消息订阅端，如示例 15-13 所示。

示例 15-13 消息订阅端

```
1.   # -*- coding: UTF-8 -*-
2.
3.   import redis
4.
5.   r = redis.Redis(host="localhost", port=6379, decode_
6.   responses=True)
7.
8.   # 返回一个频道对象
9.   channel = r.pubsub()
10.  channel.subscribe(" 车市信息 ")
11.
12.  msg = channel.parse_response()
13.  print(" 确认信息：", msg)
14.  print(" 订阅成功 !")
15.  while True:
```

```
16.    msg = channel.parse_response()
17.    print(" 消息类型: ", msg[0], " 主题: ", msg[1], "
18. 消息内容: ", msg[2])
```

Step03 分别打开两个命令行创建，使用 python 命令执行脚本。执行结果如图 15-75 所示，左边是消息发布端，输入要发布消息，右边是订阅端，实时接收消息。

图 15-75　发布订阅

常见面试题

1. MySQL 常见的性能优化方式有哪些?

答: MySQL 的优化方式很多，这里简要摘录如下。

（1）尽量不要使用 in 子句，exists 性能更高。

（2）对索引列不要使用 like 进行模糊查询，因为会导致索引失效。

（3）使用 varchar 类型代替 char 类型，因为 varchar 类型是根据值长度来分配存储空间的。

（4）避免使用 select *，需要哪些字段选择哪些字段。

2. MongoDB 如何给列表创建索引?

答: 如图 15-76 所示，文档中有列表字段。

```
2  {
3      ...
4      "product": [
5          "name",
6          "price",
7          "num"
8      ],
9      ...
10 }
```

图 15-76　列表字段

给 product 字段创建索引，仍然调用 createIndex 方法，代码如下。

```
db.product.createIndex({"product":1})
```

若 product 是一个嵌套的文档，如图 15-77 所示，创建索引时就需要通过嵌套的字段名来设置，代码如下。

```
db.users.createIndex({"product.name":1,"product.num":1})
```

```
2  {
3      ...
4      "product": {
5          "name",
6          "price",
7          "num"
8      },
9      ...
10 }
```

图 15-77　嵌套文档

3. 在 Python 程序中如何使用 Redis 事务?

答: 在程序中使用事务，需要管道。管道用于在一次操作中，执行多条命令。如示例 15-14 所示，首先在第 5 行和第 6 行，创建一个管道对象，然后调用 multi 方法开启事务，最后调用 execute 方法一次性提交事务。

示例 15-14 Redis 事务

```
1.  # -*- coding: UTF-8 -*-
2.
3.  import redis
4.
5.  r = redis.Redis(host="localhost", port=6379, decode_
6.  responses=True)
7.  pipe = r.pipeline()
8.
9.  pipe.multi()
10. pipe.set("name1", " 华为 ")
11. pipe.set("name4", " 苹果 ")
12. pipe.set("name5", " 三星 ")
13. pipe.execute()
```

本章小结

　　本章主要介绍了 3 种不同类型的数据库，即关系型数据库 MySQL、NoSQL 数据库 MongoDB 和键值对数据库 Redis。掌握本章内容，可以根据不同的项目、业务选择合适的数据库产品进行数据存储。

第16章 利用 RabbitMQ 开发分布式应用

★本章导读★

RabbitMQ 是一款消息队列，旨在提高系统的异步处理能力。本章主要介绍 RabbitMQ 消息队列的原理、安装及在不同场景下的开发方式。在系统中集成 RabbitMQ 可以提高性能。

★知识要点★

通过本章内容的学习，读者能掌握以下知识。

➡ 了解 RabbitMQ 原理和应用场景

➡ 掌握 RabbitMQ 安装方式

➡ 了解 RabbitMQ 开发模型

➡ 掌握 RabbitMQ 不同场景的实现方式

16.1 RabbitMQ 概述

RabbitMQ 是非常受欢迎的开源消息代理服务器。RabbitMQ 支持多种消息传递协议，同时易于在企业内部和云中部署。RabbitMQ 可以部署在分布式和联合配置中，以满足高规模、高可用性的要求。RabbitMQ 可以在许多操作系统和云环境中运行，并为大多数流行编程语言提供各种开发工具。

随着企业的发展，各类软件也被开发出来。一个企业里面有多少部门，就可能有多少套软件。例如，财务部有财务管理软件，生产部有进销存软件，人力资源部有人事管理软件。大多数情况下，这些软件都是由不同厂商独立开发的，数据存在各自的系统中。久而久之，便在企业内部形成信息孤岛。当老板想同时知道有多少人投入生产，有多少成本，有多少利润，就会变得非常困难。

这些问题实际就是分布式系统协同工作的问题，为此就需要一种软件将各类子系统连接起来，就像电脑主板上的总线，将各个元器件连接起来一样，并且还不能发生阻塞。

人与人之间的沟通需要同一种语言，在软件系统之间，这门语言称为协议，于是诞生了 AMQP，全称是 Advanced Message Queuing Protoco，即高级消息队列协议。它是面向消息中间设计的，基于此协议，客户端可与消息中间件相互传递消息，不受平台、开发语言的限制。它是一种通用的通信标准。AMQP 的出现使相关应用程序的通信成为可能。

RabbitMQ 是 AMQP 的开源消息代理软件，也称为消息中间件。RabbitMQ 功能丰富，简要介绍如下。

（1）异步消息：支持多种消息传递协议，支持多种类型的消息队列，支持消息传递确认机制，支持路由绑定队列，支持多种交换类型。

（2）开发体验：可与 BOSH、Chef、Docker 和 Puppet 一起部署。用户可以使用喜欢的编程语言开发跨语言消息，如 Java、.NET、PHP、Python、JavaScript、Ruby、Go 等等。

（3）分布式部署：通过集群部署，实现高可用性和吞吐量。

（4）企业级和云部署：可插拔的身份验证，授权，支持 TLS 和 LDAP。易于部署在公共云和私有云中。

（5）工具和插件：支持持续集成、运营指标和与其他企业系统集成的各种工具和插件。灵活的插件机制使得 RabbitMQ 方便扩展功能。

（6）管理与监督：用于管理和监控 RabbitMQ 的 HTTP-API，命令行工具和 UI。

行业内有 Kafka、ActiveMQ、ZeroMQ、MSMQ 等各类消息中间件，分别存在一定的局限性，适合于各自的应用场景。RabbitMQ 凭借社区活跃度高、可靠性好、功能丰富等特点，广泛应用于各类分布式系统中。

16.2 RabbitMQ 安装

RabbitMQ 采用 Erlang 语言开发，因此需要先安装 Erlang 语言库。

1. 安装 Erlang 库

下载 Erlang 库。

`otp_win64_22.0.exe`

Step01 双击应用程序，打开安装界面，如图 16-1 所示，可以选择需要安装的组件。这里保持默认，然后单击【Next】按钮。

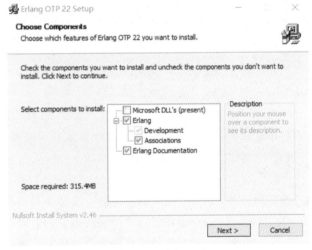

图 16-1　选择组件

Step02 选择安装路径，如图 16-2 所示。注意，路径中不能包含空格、特殊字符和中文。设置完毕后单击【Next】按钮。

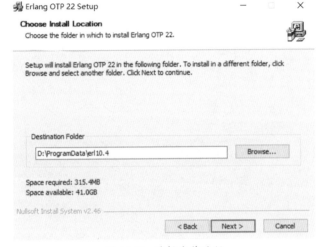

图 16-2　选择安装路径

Step03 选择开始菜单，如图 16-3 所示。这里保持默认，然后单击【Install】按钮。

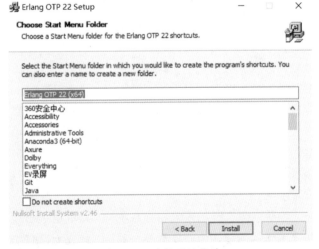

图 16-3　选择开始菜单

Step**04** 如图 16-4 所示，安装完毕后单击【Close】按钮，关闭界面。

图 16-4　安装完毕

2. 安装 RabbitMQ

下载 RabbitMQ。

rabbitmq-server-3.7.15.exe

Step**01** 双击应用程序，如图 16-5 所示，可以选择需要的组件进行安装。这里保持默认，然后单击【Next】按钮。

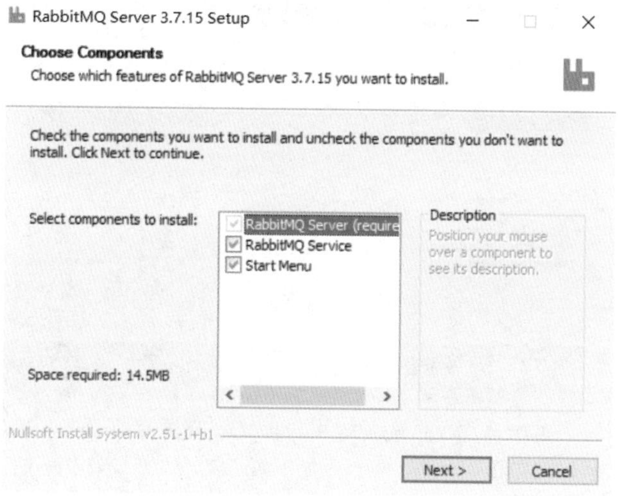

图 16-5　选择组件

Step**02** 如图 16-6 所示，选择安装路径，然后单击【Install】按钮。

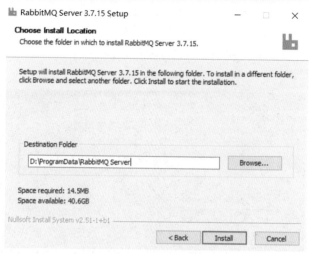

图 16-6　选择安装路径

Step**03** 如图 16-7 所示，安装完毕后单击【Next】按钮。

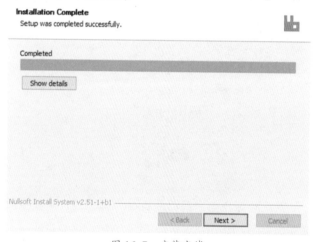

图 16-7　安装完毕

Step**04** 如图 16-8 所示，单击【Finish】按钮，关闭安装向导。

图 16-8　关闭安装向导

Step05 进入安装目录下的 sbin 目录，打开命令行工具，启用 RabbitMQ 后台管理系统插件。

执行结果如图 16-9 所示。

```
.\rabbitmq-plugins.bat enable rabbitmq_management
```

```
PS D:\ProgramData\RabbitMQ Server\rabbitmq_server-3.7.15\sbin> .\rabbitmq-plugins.bat enable rabbitmq_management
Enabling plugins on node rabbit           :
rabbitmq_management
The following plugins have been configured:
  rabbitmq_management
  rabbitmq_management_agent
  rabbitmq_web_dispatch
Applying plugin configuration to rabbit        ..
The following plugins have been enabled:
  rabbitmq_management
  rabbitmq_management_agent
  rabbitmq_web_dispatch

started 3 plugins.
```

图 16-9　启动插件

Step06 RabbitMQ 的管理工具是基于 Web 的，默认的监听端口是 15672。因此在浏览器打开如下链接。

```
http://localhost:15672/
```

页面如图 16-10 所示。

图 16-10　后台登录页面

默认的账户与密码都是 guest，登录后，系统主页面如图 16-11 所示。

图 16-11　后台主页面

温馨提示

由于没有程序连接到 RabbitMQ，切换页面上的各菜单都没有具体内容。后台管理页的使用，在开发过程中逐步介绍。

16.3　RabbitMQ 入门

RabbitMQ 的原理非常简单，就是接收和转发消息。理解这个过程，需要先了解几个概念。

如图 16-12 所示，假设浅蓝色椭圆形表示生产者，红色长方形表示队列。生产者发送消息到队列缓存起来。

hello

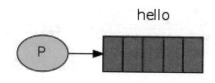

图 16-12　生产者发送消息到队列

如图 16-13 所示，深蓝色椭圆形表示消费者，红色长方形表示队列。队列将消息发送给消费者。

hello

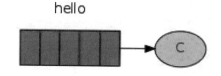

图 16-13　队列将信息发送给消费者

生产者并不直接发送消息给消费者。因为若是消息过多，超过了消费者的处理能力，或者消费者出现异常，都会导致发送端阻塞。这种通过引入第三方转发消息的方式，极大提高了系统的吞吐量。

接下来就通过 Python 编程实现消息的传输。

1. 搭建开发环境

打开 Anaconda Prompt 工具，使用如下命令创建虚拟环境。

```
conda create -n rabbitenv pip python=3.7
```

激活虚拟环境。

```
conda activate rabbitenv
```

安装客户端。

```
pip install pika
```

2. 生产消息

接下来创建一个项目，给 RabbitMQ 服务器发送消息，具体步骤如下。

（1）创建项目。打开 PyCharm，创建一个 Python 项目，如图 16-14 所示。注意，【Existing interpreter】需要选择 rabbitenv 环境中的 Python 解释器。

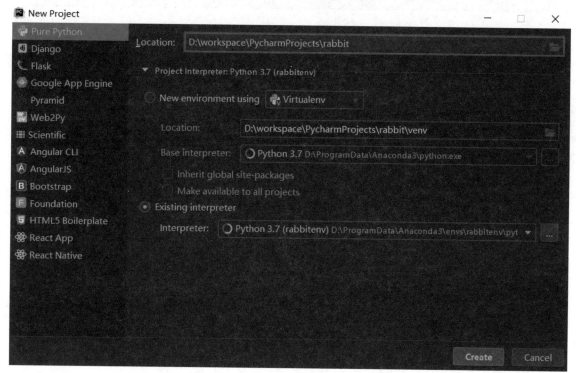

图 16-14　创建项目

（2）创建生产者。在新建的项目中，创建文件producer1.py，添加内容如示例 16-1 所示。第 5 行和第 6 行表示创建一个连接到 RabbitMQ 的对象，参数 host 表示 RabbitMQ 服务器的地址。因为安装在本机，所以使用 localhost。第 7 行表示创建一个信道。因为操作系统的 TCP 连接栈大小是有限的，所以客户端就需要复用到 RabbitMQ 服务器 TCP 连接。复用的方式就是在 TCP 连接内构造虚拟连接，这就是信道。可以理解为，TCP 连接就是一条光缆，里面包含众多光纤就是信道。第 9 行，定义一个队列名称为 hello，该队列在服务器上已存在就忽略，没有就创建。在第 11 行和第 12 行，调用 basic_publish 方法发送消息。exchange 参数表示交换机，exchange 值为空，就使用默认的交换机。交换机会首先收到客户端的消息，然后转发到队列。routing_key 参数表示路由键，用于指定该交换机将消息发送到哪一个队列。body 参数表示发送的内容。最后调用 close 关闭连接，释放资源。

示例 16-1　生产消息

```
1.   # -*- coding：utf-8 -*-
2.
3.   import pika
4.
5.   connection = pika.BlockingConnection(pika.Connectio
6.   nParameters(host='localhost'))
7.   channel = connection.channel()
8.
9.   channel.queue_declare(queue='hello')
10.
11.  channel.basic_publish(exchange='', routing_key='hello',
12.  body=' 这是第一条消息 ')
13.  print(" 发送第一条消息 ")
14.  connection.close()
```

（3）启动生产者。程序编写完成后，在虚拟环境中使用如下命令运行。

python producer1.py

正常运行如图 16-15 所示。

```
(rabbitenv) D:\workspace\PycharmProjects\rabbit\rabbitmq>python producer1.py
发送第一条消息
```

图 16-15　发送消息

此时打开 RabbitMQ 后台管理页面，单击【Queues】选项卡，如图 16-16 所示。可以看到，这里新创建了一个队列，名为 hello，队列状态是 idle，表示空闲。队列中总共有一条消息。

AMQP default 交换机，路由键是 "hello"，Payload（有效载荷，表示消息内容）是 "这是第一条消息"。

Overview　Connections　Channels　Exchanges　Queues　Admin

Queues

▾ All queues (1)

Pagination

Page 1 ▾ of 1 - Filter: ☐ Regex ?

Overview			Messages			Message rates			+/-
Name	Features	State	Ready	Unacked	Total	incoming	deliver / get	ack	
hello		idle	1	0	1	0.00/s	0.00/s	0.00/s	

▸ Add a new queue

图 16-16　队列

在列表中，单击队列名称 "hello" 链接，将展示该队列的详细信息。在 Get messages 小节，单击【Get messages】按钮，可以查看消息的具体信息，如图 16-17 所示。可以看到生产者传递消息 Message 1 使用的是

▾ **Get messages**

Warning: getting messages from a queue is a destructive action. ?

Ack Mode: Nack message requeue true ▾

Encoding: Auto string / base64 ▾ ?

Messages: 1

Get Message(s)

Message 1

The server reported 0 messages remaining.

Exchange	(AMQP default)
Routing Key	hello
Redelivered	○
Properties	
Payload 21 bytes Encoding: string	这是第一条消息

图 16-17　消息详情

3. 消费消息

接下来创建消费端，从 RabbitMQ 服务器获取消息，具体步骤如下。

（1）创建消费者。

在项目中创建 consumer1.py 文件，添加内容如示例 16-2 所示。其中第 5 行和第 6 行仍然是建立到 RabbitMQ 服务器的连接和创建信道。在第 9 行定义一个队列，目的是保证服务器上一定有一个名为 hello 的队列存在。在第 17 行和第 18 行，调用 basic_consume 方法去消费消息，queue 是队列名称，参数 on_message_callback 表示获取消息后的回调，auto_ack 设置为 True，表示消费者获取消息后自动发送确认。在第 21 行，调用 start_consuming 方法触发消费消息的动作执行。

示例 16-2 消费消息

```
1.  # -*- coding：utf-8 -*-
2.
3.  import pika
4.
5.  connection = pika.BlockingConnection(pika.Connectio
6.  nParameters(host='localhost'))
7.  channel = connection.channel()
8.
9.  channel.queue_declare(queue='hello')
10.
11.
12. def callback(ch, method, properties, body):
13.     print(" 接收到的消息是：{}".format(bytes.
14. decode(body)))
15.
16.
17. channel.basic_consume(queue='hello', on_message_
18. callback=callback, auto_ack=True)
19.
20. print(" 等待接收消息 ...")
21. channel.start_consuming()
```

（2）启动消费者。

程序编写完成后，在虚拟环境中使用如下命令运行。

```
python consumer1.py
```

执行结果如图 16-18 所示，输出从队列中取得的消息。

```
(rabbitenv) D:\workspace\PycharmProjects\rabbit\rabbitmq>python consumer1.py
等待接收消息...
接收到的消息是：这是第一条消息
```

图 16-18 接收消息

此时刷新后台管理页面，如图 16-19 所示，可以看到队列中的消息数量为 0。

Overview	Connections	Channels	Exchanges	Queues	Admin

Queues

▼ **All queues (1)**

Pagination

Page 1 ▼ of 1 - Filter: ☐ Regex ?

Overview			Messages			Message rates			+/-
Name	Features	State	Ready	Unacked	Total	incoming	deliver / get	ack	
hello		idle	0	0	0	0.00/s	0.00/s	0.00/s	

图 16-19 队列的消息数量

16.4 RabbitMQ 消息处理

对于只有一个消费者的场景，处理逻辑就比较好理解。现在，创建生产者 producer2.py，添加代码如示例 16-3 所示，其中在第 13 行，使用 for 循环发送消息。之后启动多个消费者，看看会发生什么情况。

示例 16-3 生产者

```
1.  # -*- coding：utf-8 -*-
2.
3.  import sys
4.
5.  import pika
6.
7.  connection = pika.BlockingConnection(pika.Connection
8.  Parameters(host='localhost'))
9.  channel = connection.channel()
10.
11. channel.queue_declare(queue='hello')
12.
13. for i in range(20):
14.     message = 'Msg{}'.format(i)
15.     channel.basic_publish(exchange='', routing_
16. key='hello', body=message)
17.     print(" 发送的消息： '" + message + "'")
18. connection.close()
```

消费者的代码不变，但在本小节的示例中，需要启动多个消费者。启动生产者，则使用如下命令。

```
python producer2.py msg1
python producer2.py msg2
```

执行结果如图 16-20 所示，可以看到，如果有多个消费端，消息的发送规则是各个消费端分别按顺序发送。查看后台管理页面，队列中的消息个数也为 0，意味这个消息被消费后就会从队列中删除。

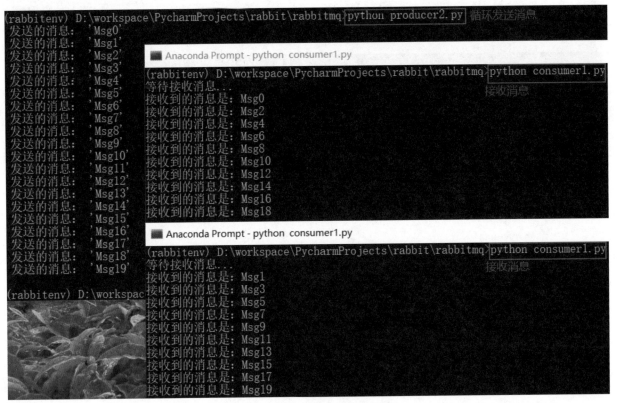

图 16-20 多个消费端的执行结果

温馨提示

基于以上的推理，当某个消费者在处理消息的时候，出现异常终止了，那么这条消息怎么办？

RabbitMQ 有消息确认机制。消费者收到消息后，正常处理完成，然后给 RabbitMQ 发送反馈确认，此时消息才从队列删除。RabbitMQ 维持了消费者的连接信息。消费者终止后，与服务器的连接通道就会关闭，TCP 连接就会丢失。这时服务器就会自动重发消息。因此，若是某个消费者终止了，消息就会自动转给另一个消费者处理。

服务器也有可能终止。为了保证消息的可靠性，需要在创建队列的时候，指定 durable 参数为 True，表示当服务器终止后不移除队列。在发布消息时指定 delivery_mode 参数为 2，表示使消息持久化，具体用法如示例 16-4 所示。

示例 16-4 生产者

```python
# -*- coding: utf-8 -*-
import pika

connection = pika.BlockingConnection(pika.ConnectionParameters(host='localhost'))
channel = connection.channel()

# durable=True: 持久化对象
channel.queue_declare(queue='hello_queue', durable=True)

message = 'hello Python,hello RabbitMQ'

# delivery_mode=2: 持久化消息
channel.basic_publish(exchange='',
                      routing_key='hello_queue',
                      body=message,
                      properties=pika.BasicProperties(
                          delivery_mode=2,
                      ))
print(" 发送的消息：{}".format(message))
connection.close()
```

在消费端，调用 basic_consume 获取消息时，可以不用指定 auto_ack 参数为 True，如示例 16-5 所示。

auto_ack 默认值为 False，此时就需要在回调函数中手动发送确认消息。

示例 16-5 消费者

```python
# -*- coding: utf-8 -*-
import pika
import time

connection = pika.BlockingConnection(pika.ConnectionParameters(host='localhost'))
channel = connection.channel()

channel.queue_declare(queue='hello_queue', durable=True)
print(' 等待接收消息 ...')


def callback(ch, method, properties, body):
    print(" 收到的消息：{}".format(bytes.decode(body)))
    time.sleep(5)
    print(" 处理完毕！ ")
    # 手动对消息进行确认
    ch.basic_ack(delivery_tag=method.delivery_tag)


# auto_ack 参数使用默认值
channel.basic_consume(callback, queue='hello_queue')
channel.start_consuming()
```

通过调整生产者和消费者对消息的处理模式，解决了系统可靠性的问题，但又产生新的问题，就是有的消费者处理任务比较慢，有的处理比较快。例如，在移动公司的平台上查看通话记录，A 用户是老用户，拥有一亿条记录，查询自然就慢；B 用户是新用户，总共就几百条记录，查询就很快。那么按默认的处理规则，有的消费者处理任务，有的消费者就会闲着没事干。为此，只需在消费者端调用 basic_consume 前添加如下代码即可。prefetch_count=1 表示服务器收到消费端的反馈，然后再发送下一条消息，而不是盲目地进行均匀发送。

```python
channel.basic_qos(prefetch_count=1)
```

16.5 RabbitMQ 订阅

在生产环境中，一个消息并不是随便就发给一个消费者的。消费者订阅了某类信息，服务端才推送。这就是发布订阅模式，其具体步骤如下。

1. 创建生产者

创建 producer3.py 文件，添加代码如示例 16-6 所示。创建一个交换机 myexchange，指定 exchange_type 参数，信息传输类型为 fanout。exchange_type 的取值含义如下。

（1）direct：根据路由键找到同名队列，然后交换机将消息传入该队列。这是交换机默认的传输方式。

（2）topic：根据主题匹配合适的队列，并传入消息，这里可以把主题理解为消息类型。

（3）headers：基于消息头来匹配队列，一般很少用。

（4）fanout：只要绑定到该交换机的任意队列，都可以接收到该交换机传来的消息。

示例 16-6 自定义交换机

```
1.  # -*- coding: utf-8 -*-
2.  import pika
3.
4.  connection = pika.BlockingConnection(pika.Connection
5. Parameters(host='localhost'))
6.  channel = connection.channel()
7.
8.  # 创建一个交换机，名称为 myexchange，交换机的
9. 类型是 fanout
10. channel.exchange_declare(exchange='myexchange',
11. exchange_type='fanout')
12.
13. message = 'hello Python,hello RabbitMQ'
14. channel.basic_publish(exchange='myexchange',
15. routing_key=", body=message)
16. print(" 发送的消息: {}".format(message))
17. connection.close()
```

2. 创建消费者

创建消费端 consumer2.py 文件，添加代码如示例 16-7 所示，先创建一个队列，但是并未指定名称，此刻指定 exclusive 参数为 True，表示该队列只能由当前连接可以访问。在第 15 行获取 RabbitMQ 服务器自动为该队列设置的名称。在第 18 行和第 19 行，将该队列绑定到 myexchange 交换机上，最后开始接收消息。

示例 16-7 绑定到自定义交换机

```
1.  # -*- coding: utf-8 -*-
2.  import pika
3.
4.  connection = pika.BlockingConnection(pika.Connection
5. Parameters(host='localhost'))
6.  channel = connection.channel()
7.
8.  channel.exchange_declare(exchange='myexchange',
9. exchange_type='fanout')
10.
11. # 未指定队列名
12. result = channel.queue_declare(queue=",
13. exclusive=True)
14. # 获取自动创建的队列名称
15. queue_name = result.method.queue
16.
17. # 将队列绑定到交换机上
18. channel.queue_bind(exchange='myexchange',
19. queue=queue_name)
20.
21. print(' 等待接收消息 ...')
22.
23.
24. def callback(ch, method, properties, body):
25.     print(" 接收到的消息是: {}".format(bytes.
26. decode(body)))
27.
28.
29. channel.basic_consume(queue=queue_name, on_
30. message_callback=callback, auto_ack=True)
31.
32. channel.start_consuming()
```

3. 启动生产者

执行生产者程序，如图 16-21 所示，发送消息内容"hello Python,hello RabbitMQ"。

```
(rabbitenv) D:\workspace\PycharmProjects\rabbit\rabbitmq>python producer3.py
发送的消息： hello Python,hello RabbitMQ
```

图 16-21 执行生产者程序

此时进入后台管理页面，单击【Exchanges】选项卡，如图 16-22 所示，可以看到创建的交换机 myexchange，以及系统自带的几个交换机和对应的类型等信息。

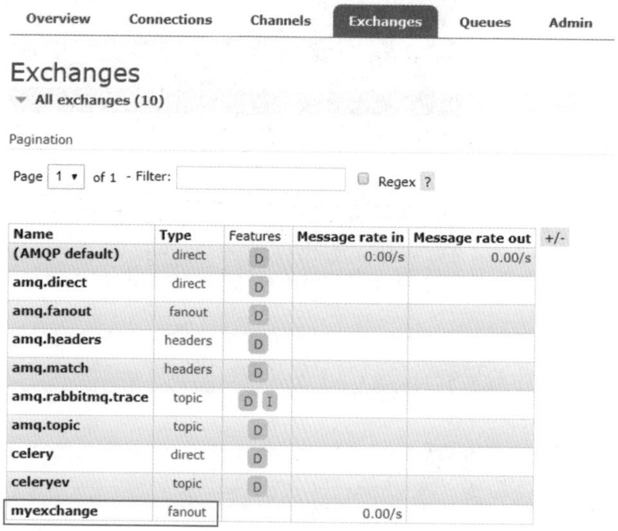

4. 启动消费者

执行消费者程序如图 16-23 所示，可以看到消费者并未收到消息。原因是在生产者启动的时候，并没有创建队列，那么该消息将被丢弃。

刷新后台管理页，单击【Queues】选项卡，可以看到生成了队列，如图 16-24 所示。

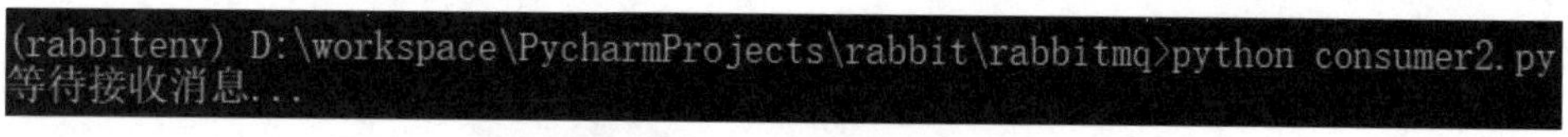

Exchanges

▼ All exchanges (10)

Pagination

Page 1 ▾ of 1 - Filter: [   ] ☐ Regex ?

Name	Type	Features	Message rate in	Message rate out	+/-
(AMQP default)	direct	D	0.00/s	0.00/s	
amq.direct	direct	D			
amq.fanout	fanout	D			
amq.headers	headers	D			
amq.match	headers	D			
amq.rabbitmq.trace	topic	D I			
amq.topic	topic	D			
celery	direct	D			
celeryev	topic	D			
myexchange	fanout		0.00/s		

图 16-22 交换机列表

```
(rabbitenv) D:\workspace\PycharmProjects\rabbit\rabbitmq>python consumer2.py
等待接收消息...
```

图 16-23 执行消费者程序

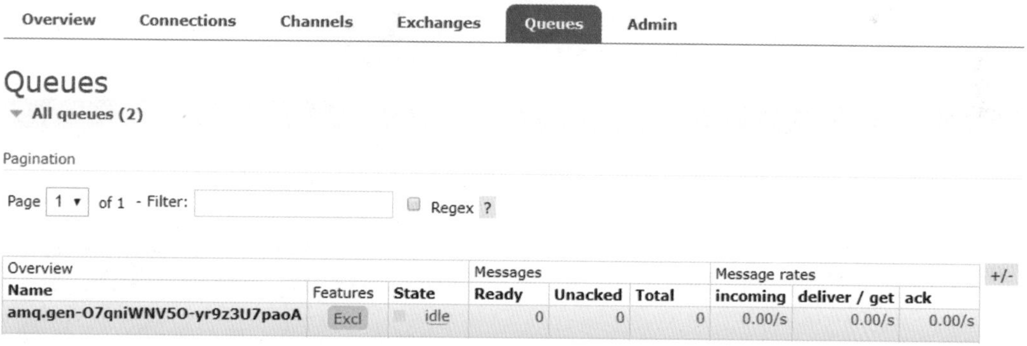

Queues

▼ All queues (2)

Pagination

Page 1 ▾ of 1 - Filter: [   ] ☐ Regex ?

Overview			Messages			Message rates			+/-
Name	Features	State	Ready	Unacked	Total	incoming	deliver / get	ack	
amq.gen-O7qniWNV5O-yr9z3U7paoA	Excl	idle	0	0	0	0.00/s	0.00/s	0.00/s	

图 16-24 生成的队列

之后再次运行生产者程序，消费者正常消费消息。

复制 consumer2.py 文件，命名为 consumer3.py，修改为如下代码。

```
channel.exchange_declare(exchange='myexchange',
exchange_type='fanout')
channel.queue_bind(exchange='myexchange',
queue=queue_name)
```

运行 consumer3.py 文件，再次发送消息。执行结果如图 16-25 所示。可以看到，绑定了交换机的消费者才能收到消息。RabbitMQ 就是利用队列与交换机的绑定方式来实现消息的发布订阅。

```
(rabbitenv) D:\workspace\PycharmProjects\rabbit\rabbitmq>python producer3.py
发送的消息: hello Python,hello RabbitMQ

(rabbitenv) D:\workspace\PycharmProjects\rabbit\rabbitmq>
```

■ Anaconda Prompt - python consumer2.py
```
(rabbitenv) D:\workspace\PycharmProjects\rabbit\rabbitmq>python consumer2.py
等待接收消息...
接收到的消息是: hello Python,hello RabbitMQ
```

■ Anaconda Prompt - python consumer3.py
```
(rabbitenv) D:\workspace\PycharmProjects\rabbit\rabbitmq>python consumer3.py
等待接收消息...
```

图 16-25　订阅消息

16.6　RabbitMQ 路由

在上一小节中，通过绑定交换机来实现各消费者差异化接收消息。如果只有一个交换机，有些消费者对所有的消息都感兴趣，有些消费者只对部分消息感兴趣，如图 16-26 所示，消费者 C_1 只对 error 级别的消息感兴趣，消费者 C_2 对 info、error、warning 级别的消息感兴趣。

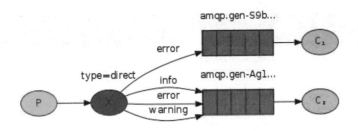

图 16-26　RabbitMQ 路由

为实现这种个性化需求，需要通过设置 exchange_type 和 routing_key 参数。

1. 创建生产者

创建 producer4.py 文件，添加代码如示例 16-8 所示，创建 direct 传输模式的交换机。在第 18 行，将 level_warning 变量作为路由键，并向路由键指定队列发送警告消息。在第 24 行，将 level_error 作为路由键，第 28 行则发送错误消息。

示例 16-8　生产者

```
1.  # -*- coding：utf-8 -*-
2.
3.  import pika
4.
5.  connection = pika.BlockingConnection(pika.
6.  ConnectionParameters(
7.      host='localhost'))
8.  channel = connection.channel()
9.
10. # 创建一个交换机，direct_logs 类型是 direct
11. channel.exchange_declare(exchange='direct_exchange',
12. exchange_type='direct')
13.
14. level_warning = "warning"
15. warning_message = ' 警告消息 '
16.
17. channel.basic_publish(exchange='direct_exchange',
```

```
18.            routing_key=level_warning,
19.            body=warning_message)
20.
21. print(" 发送消息： %r:%r" % (level_warning,
22. warning_message))
23.
24. level_error = "error"
25. error_message = ' 错误消息 '
26.
27. channel.basic_publish(exchange='direct_exchange',
28.            routing_key=level_error,
29.            body=error_message)
30.
31. print(" 发送消息： %r:%r" % (level_error, error_
32. message))
33. connection.close()
```

2. 创建消费者

创建消费者 consumer4.py，代码如示例 16-9 所示，其中第 19 行到第 21 行，用于将队列绑定到交换机，同时绑定路由键。

示例 16-9 消费者

```
1.  # -*- coding： utf-8 -*-
2.  import pika
3.  import sys
4.
5.  connection = pika.BlockingConnection(pika.Connection
6. Parameters(host='localhost'))
7.  channel = connection.channel()
8.
9.  channel.exchange_declare(exchange='direct_exchange',
10.            exchange_type='direct')
11.
12. # 创建队列
13. result = channel.queue_declare(queue='',exclusive=True)
14. queue_name = result.method.queue
15.
16. # 路由键
17. severities = sys.argv[1:]
18. for severity in severities:
19.     channel.queue_bind(exchange='direct_exchange',
20.            queue=queue_name,
21.            routing_key=severity)
22.
23. print(' 等待接收消息 ...')
24.
25.
26. def callback(ch, method, properties, body):
27.     print(' 接收到的消息是： %r:%r' % (method.
28. routing_key, bytes.decode(body)))
29.
30.
31. channel.basic_consume(queue=queue_name,
32.            on_message_callback=callback,
33.            auto_ack=True)
34. channel.start_consuming()
```

3. 启动消费者

使用如下命令，打开两个命令行窗口，分别运行两个消费者。

```
python consumer4.py warning
python consumer4.py error
```

4. 启动生产者

再打开另外一个命令行窗口，使用如下命令运行生产者。

```
python producer4.py
```

执行结果如图 16-27 所示，可以看到使用同一个交换机，消费者端绑定不同的路由键，就可以获取对应的消息。

```
(rabbitenv) D:\workspace\PycharmProjects\rabbit\rabbitmq>python producer4.py
发送消息：'warning':'警告消息'
发送消息：'error':'错误消息'

(rabbitenv) D:\workspace\PycharmProjects\rabbit\rabbitmq>
```

```
Anaconda Prompt - python consumer4.py warning
(rabbitenv) D:\workspace\PycharmProjects\rabbit\rabbitmq>python consumer4.py warning
等待接收消息...
接收到的消息是：'warning':'警告消息'
```

```
Anaconda Prompt - python consumer4.py error
(rabbitenv) D:\workspace\PycharmProjects\rabbit\rabbitmq>python consumer4.py error
等待接收消息...
接收到的消息是：'error':'错误消息'
```

图 16-27　通过路由键获取消息

16.7　RabbitMQ 主题

如图 16-28 所示，RabbitMQ 主题是一个更复杂的个性订阅。消费者 C_1 订阅的消息包含 orange，并且消息是由 3 个单词组成的。消费者 C_2 订阅的消息是包含 rabbit，并且也是由 3 个单词组成的，同时还订阅了 lazy 开头的消息，并且消息长度 >2，"#" 号代表任意个单词。C_1、C_2 收到的消息如下。

（1）monkey.orange.rabbit：C_1、C_2 都会收到。

（2）lazy.orange.monkey：C_1、C_2 都会收到。

（3）monkey.orange.snake：只有 C_1 收到。

（4）lazy. monkey. snake：只有 C_2 收到。

（5）lazy. monkey.rabbit：只有 C_2 收到。

（6）monkey.orange. snake.rabbit：都不会收到，也不会进入队列。

（7）lazy.orange. snake.rabbit：只有 C_2 收到。

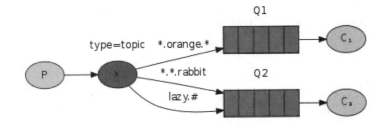

图 16-28　个性化订阅

1. 创建生产者

创建生产者 producer5.py，添加代码如示例 16-10 所示。在第 10 行和第 11 行，创建交换机，类型为 "topic"。将绑定了不同路由键的队列绑定到交换机。在本示例中，发送了 "monkey.orange.rabbit" "monkey. orange.snake" "lazy.monkey" 主题的消息。

示例 16-10　创建生产者

```
1.  # -*- coding：utf-8 -*-
2.
3.  import pika
```

```
4.
5.   connection = pika.BlockingConnection(pika.Connection
6. Parameters(host='localhost'))
7.   channel = connection.channel()
8.
9.   # 创建交换机，类型变为 exchange_type='topic'
10.  channel.exchange_declare(exchange='topic_exchange',
11.              exchange_type='topic')
12.
13.  routing_key = 'monkey.orange.rabbit'
14.  message = ' 消息 1：这是 {} 路由键的消息。'.
15.  format(routing_key)
16.  channel.basic_publish(exchange='topic_exchange',
17.              routing_key=routing_key,
18.              body=message)
19.
20.  print(' 发送消息 1：　{}:{}'.format(routing_key,
21.  message))
22.
23.  print("=================================
24.  ==========================")
25.  routing_key = 'monkey.orange.snake'
26.  message = ' 消息 2：这是 {} 路由键的消息。'.
27.  format(routing_key)
28.  channel.basic_publish(exchange='topic_exchange',
29.              routing_key=routing_key,
30.              body=message)
31.
32.  print(' 发送消息 2：　{}:{}'.format(routing_key,
33.  message))
34.
35.  print("=================================
36.  ==========================")
37.  routing_key = 'lazy.monkey'
38.  message = ' 消息 3：这是 {} 路由键的消息。'.
39.  format(routing_key)
40.  channel.basic_publish(exchange='topic_exchange',
41.              routing_key=routing_key,
42.              body=message)
43.
44.  print(' 发送消息 3：　{}:{}'.format(routing_key,
45.  message))
46.  connection.close()
```

2. 创建消费者

　　创建消费者 consumer5.py，代码如示例 16-11 所示。

示例 16-11　创建消费者

```
1.   # -*- coding：utf-8 -*-
2.
3.   import pika
4.   import sys
5.
6.   connection = pika.BlockingConnection(pika.
7. ConnectionParameters(
8.       host='localhost'))
9.   channel = connection.channel()
10.
11.  # 和发送端保持一致
12.  channel.exchange_declare(exchange='topic_exchange',
13.              exchange_type='topic')
14.
15.  result = channel.queue_declare(queue=',
16.  exclusive=True)
17.  queue_name = result.method.queue
18.
19.  binding_keys = sys.argv[1:]
20.  for binding_key in binding_keys:
21.      channel.queue_bind(exchange='topic_exchange',
22.              queue=queue_name,
23.              routing_key=binding_key)
24.
25.  print(' 等待接收消息 ...')
26.
27.
28.  def callback(ch, method, properties, body):
29.      print(' 路由键：{}，接收到的消息是：{}'.
30.  format(method.routing_key, bytes.decode(body)))
31.
32.
33.  channel.basic_consume(queue=queue_name,
34.              on_message_callback=callback,
35.              auto_ack=True)
36.
37.  channel.start_consuming()
```

3. 启动生产者

使用如下命令，运行生产者发送消息。

```
python producer5.py
```

4. 启动消费者

再打开另外两个窗口，分别使用如下命令。第一个

消费者窗口将接收包含 orange 字符的消息，第二个窗口将接收包含 orange 字符与起始为 lazy 字符的消息。

```
python consumer5.py "*.orange.*"
python consumer5.py "monkey.orange.snake" "lazy.#"
```

执行结果如图 16-29 所示。

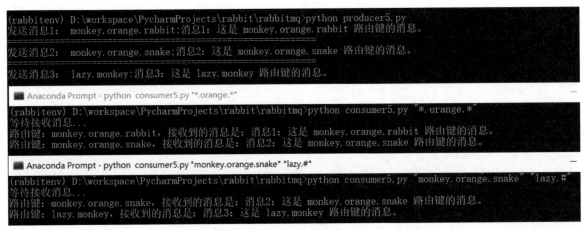

图 16-29　接收消息

16.8　RabbitMQ RPC

RPC 全称是 Remote Procedure Call，即远程过程调用。它可以通过网络调用远程服务器上的程序，而不必了解底层的网络原理。在开发体验上，调用远程服务就与调用本地程序风格是一致的。

在之前的各小节中，所有的生产者将消息发出后并未收到消费者的处理结果，这是因为发送消息的操作是异步的。那么，如果生产者需要处理结果怎么办？

在调用本地函数的时候，这个函数不一定有返回值，但一定有返回，哪怕是 None 值。在 RabbitMQ 中，调用发送消息的函数，就需要像调用本地函数一样，那么生产者就能收到消费者的处理结果了，这就是 RPC。

在 RabbitMQ 中，RPC 的实现方式如图 16-30 所示。客户端发送请求到 rpc 队列，服务端接收到请求，计算出结果，然后将结果发送到客户端指定的回调队列。回调队列收到结果后触发回调函数并执行，客户端获取计算结果。

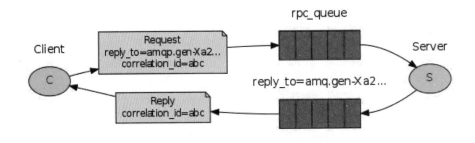

图 16-30　RPC 的实现方式

服务端有一个函数，用以计算参数的平方。现在，需要客户端传入一个整数，去调用服务端的函数，并显示计算结果，具体操作步骤如下。

1. 创建客户端

在项目中新建 client.py，添加代码如示例 16-12 所示。这里，创建 RpcClient 类，在构造器中初始化 RabbitMQ 服务器的连接，创建信道，创建回调队列，调用 basic_consume 函数从回调队列获取消息，并指定 on_response 函数处理服务端返回的数据。在 on_response 函数中，需要判断当前回调传回的响应标识是否与本次请求的标识相等，以此来确认当前的响应对应的是哪一个请求。call 函数是普通的消息生产者，在这里面生成了一个 uuid 标识并指定回调队列，同时将要计算的数据发送到服务端，然后在 while 循环中监听回调函数的执行，一旦收到回调函数的返回就退出循环，返回数据到调用处。

示例 16-12 客户端

```python
1.  # -*- coding：utf-8 -*-
2.
3.  import sys
4.
5.  import pika
6.  import uuid
7.
8.
9.  class RpcClient(object):
10.
11.   def __init__(self):
12.     # 创建连接
13.     self.connection = pika.BlockingConnection(
14.        pika.ConnectionParameters(host='localhost'))
15.
16.     self.channel = self.connection.channel()
17.
18.     # 创建回调队列
19.     result = self.channel.queue_declare(queue=",
20.  exclusive=True)
21.     self.callback_queue = result.method.queue
22.
23.     # 这个是消息发送方，当要执行回调的
24.   时候，它又是接收方
25.     # 使用 callback_queue 实现消息接收
26.     self.channel.basic_consume(
27.        queue=self.callback_queue,
28.        on_message_callback=self.on_response,
29.        auto_ack=True)
30.
31.   def on_response(self, ch, method, props, body):
32.     """
33.     定义回调的响应函数
34.     函数中判断的含义是
35.       若当前的回调 ID 和响应的回调 ID 相同，
36.   即表示本次请求的回调
37.
38.     需要这个判断的原因是
39.       若发起上百个请求，发送端总得知道
40.   是哪一个发送的
41.     """
42.     if self.corr_id == props.correlation_id:
43.        self.response = body
44.
45.   def call(self, n):
46.     # 将相应赋值为 None
47.     self.response = None
48.     # 设置响应和回调通道的 ID，这是一个 guid
49.     self.corr_id = str(uuid.uuid4())
50.     # properties 参数含义
51.     # replay_to 表示回调要调用哪个队列，即消息
52.   返回的队列
53.     # correlation_id 表示发送给服务端的请求标识
54.     # body 表示返回给接收端的计算结果
55.     self.channel.basic_publish(
56.        exchange=",
57.        routing_key='rpc_queue',
58.        properties=pika.BasicProperties(
59.           reply_to=self.callback_queue,
60.           correlation_id=self.corr_id,
61.        ),
62.        body=str(n))
63.     # 监听回调
64.     while self.response is None:
65.        self.connection.process_data_events()
66.     # 返回的结果是整数，这里进行强制转换
67.     return int(self.response)
```

```
68.
69.
70. rpc_client = RpcClient()
71.
72. param = int(sys.argv[1:][0])
73.
74. print(" 请求执行： square({})".format(param))
75. response = rpc_client.call(param)print(" 得到的结果：
76. {}".format(response))
```

2. 创建服务端

在项目中新建 server.py，添加代码如示例 16-13 所示。在第 14 行，定义函数 square，定义 on_request 函数来处理从客户端收到的请求。在 on_request 函数中，调用函数 square 获取计算结果，并调用 basic_publish 函数将结果返回到客户端。

示例 16-13 服务端

```
1.  # -*- coding： utf-8 -*-
2.
3.  import pika
4.
5.  connection = pika.BlockingConnection(pika.Connection
6.  Parameters(host='localhost'))
7.
8.  channel1 = connection.channel()
9.  # 定义 rpc 队列
10. channel1.queue_declare(queue='rpc_queue')
11.
12.
13. # 服务端的函数
14. def square(n):
15.    return n * n
16.
17.
18. # 执行客户端请求
19. def on_request(channel2, method, props, body):
20.    # 当前接收到的值
21.    n = int(body)
```

```
22.
23.    print(" 当前执行： square(%s)" % n)
24.    # 开始本地函数调用
25.    response = square(n)
26.
27.    # 发布消息，通知客户端计算结果
28.    # correlation_id：客户的请求标识
29.    # body：发送给客户端的计算结果
30.    channel2.basic_publish(exchange=",
31.            routing_key=props.reply_to,
32.            properties=pika.BasicProperties(
33.                correlation_id=props.correlation_id),
34.                body=str(response))
35.    channel2.basic_ack(delivery_tag=method.delivery_tag)
36.
37.
38. channel1.basic_qos(prefetch_count=1)
39. channel1.basic_consume(queue='rpc_queue', on_
40. message_callback=on_request)
41.
42. print(" 等待客户端调用 ...")
43. channel1.start_consuming()
```

3. 启动服务端

打开一个命令行窗口，执行如下命令，用以接收客户端调用。

```
python server.py
```

4. 启动客户端

打开命令行窗口，执行如下命令，用以调用服务端函数。

```
python client.py
python client.py
```

执行结果如图 16-31 所示，客户端分别传入 10、20、30 到服务端，计算传入的平方，然后显示对应结果。

```
(rabbitenv) D:\workspace\PycharmProjects\rabbit\rabbitmq>python server.py
等待客户端调用...
当前执行：square(10)
当前执行：square(20)
当前执行：square(30)
```

Anaconda Prompt

```
(rabbitenv) D:\workspace\PycharmProjects\rabbit\rabbitmq>python client.py 10
请求执行： square(10)
得到的结果： 100

(rabbitenv) D:\workspace\PycharmProjects\rabbit\rabbitmq>python client.py 20
请求执行： square(20)
得到的结果： 400

(rabbitenv) D:\workspace\PycharmProjects\rabbit\rabbitmq>python client.py 30
请求执行： square(30)
得到的结果： 900
```

图 16-31　RPC 调用

常见面试题

1. 请问 RabbitMQ 队列大小是否有限制?

答：理论上无限制。消息存在内存中，因此存储上限可以理解为计算内存大小。但是注意，队列中的消息过多会导致处理效率的下降。因此，在实践中应合理安排消费者的数量，以免消息堵塞。

2. RabbitMQ 的 exchange、channel、queue 三者的关系是什么?

答：生产者发送的消息首先到达 exchange（交换机），exchange 根据路由键、主题来确认消息应该发往哪一个 queue（队列）。channel 是信道，也是建立在 TCP 连接上的虚拟连接。因为 TCP 栈资源有限，所以使用 channel 来实现 TCP 的复用。因为 channel 同时只能被一个线程占用，所以通过 channel 传递的消息是有顺序的。

3. exchange_type 有哪些类型和特点?

答：exchange_type 有 direct、topic、headers、fanout 四个类型。direct 根据路由键名称去匹配队列；topic 根据路由键中包含的关键词及对应规则去匹配队列；fanout 使绑定到该交换机的都可以接收消息；headers 基于消息头来匹配队列。

本章小结

本章介绍了 RabbitMQ 的应用场景、安装方式，还介绍了生产者和消费者的开发模型。通过实例，介绍了不同场景下的消息传输方式、相关的编程实现和 RabbitMQ 远程过程调用的原理及实现方式。使用 RabbitMQ，可以实现不同节点的通信，这比直接使用 Scoket 建立网络通信更高效、更稳定、更安全。因此在实战中，需要将部署在不同节点上的应用进行集成，推荐优先使用消息队列。

第4篇 爬虫应用篇

随着互联网技术的应用与普及，网络上的数据越来越丰富。为了尽快获取更多的、最新的网络信息，开发一款网络爬虫程序是最佳选择。

那么网络爬虫具体会在哪些场景应用到呢？

例如，股民采集股票的数据，通过分析来预测行情；考生可以采集高校的录取分数线等数据，来决定如何进行志愿填报；执法部门也可以通过爬虫采集论坛、新闻网站的数据，来监控网络舆情。

网络爬虫俨然成为行业内采集网络数据的通用做法。随着技术的发展，爬虫由最初的单线程演变为现在的分布式，其性能更好，也更智能。

因此，本篇主要介绍了单线程的爬虫框架 Requests 和支持分布式的多线程爬虫框架 Scrapy。读者可以根据爬取数据规模选择合适的框架。

第17章 Python 爬虫基础

★本章导读★

利用 Python 采集网络数据有很大的优势，因为其拥有灵活、丰富的网络爬虫库。本章主要介绍了网络请求的过程、爬虫的原理和应用场景，然后介绍了网页的基本结构，以及如何使用 lxml 和 BeautifulSoup 提取网页中的内容，最后介绍了一个轻量级但功能强大的爬虫框架 Requests。掌握本章的内容，可以使用开发功能强大的爬虫程序。

★知识要点★

通过本章内容的学习，读者能掌握以下知识技能。

➥ 了解网络爬虫原理

➥ 了解网络爬虫的应用场景

➥ 了解网页的一般结构

➥ 掌握 lxml 提取网页内容

➥ 掌握 BeautifulSoup 提取网页内容

➥ 掌握 Requests 爬虫库

17.1 爬虫原理

网络爬虫也称网络蜘蛛，主要功能就是自动化地对网页发起请求，从 Web 站点下载页面，然后配合网页解析工具提取页面中的内容。爬虫还可以模拟用户登录，从而获取更详尽的信息。

17.1.1 网络连接

Web 站点一般部署在远程服务器上。如果本地浏览器想访问该站点，就需要本地主机与远程服务器建立网络连接。

在浏览器中，输入一个网页地址，然后在屏幕上展示了一个新的页面。这个过程实际上是浏览器发送了一个 Http 请求到远程服务器上，服务器传回页面，然后浏览器对其显示。在这个过程中，计算机底层做了大量的工作，只是操作系统和浏览器将这些操作隐蔽了，用户很难感知到。Http 请求过程涉及网络通信等大量知识，这里简要介绍如下。

客户端通过浏览器向服务器端发起 Http 请求，该请求会向下传递到网卡。服务器端收到请求后向上传递到应用层，应用层软件开始解析请求，并将对应数据传回到客户端，客户端收到数据后交由浏览器进行展示，如图 17-1 所示。

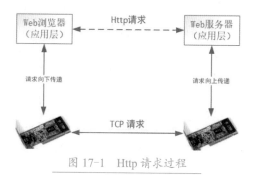

图 17-1 Http 请求过程

17.1.2 爬虫原理

一般情况下，用户在互联网上获取信息有两种方式。

方式一：使用浏览器打开指定页面，浏览器将自动下载该页面并进行渲染，之后就可以查看页面内容了，如图 17-2 所示。

图 17-2 浏览器请求过程

方式二：开发程序模拟浏览器发送请求，使用工具来解析 Html 文档并提取其中的内容，然后就可以保存、查看数据了，如图 17-3 所示。

图 17-3 爬虫请求过程

一个爬虫程序要完成的任务，就是方式二。

到这里，不难提出这样一个疑问：同样是通过 Http 请求获取数据，使用浏览器就能完成工作，为什么还需要单独开发爬虫呢？

这里有个非常现实的需求，每到春节临近，大量的乘客需要购买火车票，然后火车站、售票点就排起了长队。为了缩短购票时间，人们在网上买票。然而票并不是随时都有的，乘客也不知道什么时候才会有余票，总不能在电脑面前坐一整天，每隔几秒就刷新浏览器来检查是否还有余票。于是人们就开发了一个爬虫程序，自动检查并购买余票，这就是抢票软件，典型的网络爬虫程序。

使用 Python 语言开发爬虫程序是一件非常容易的事情，丰富的爬虫框架为开发者节省了大量的精力。Http 请求方式种类如下。

（1）GET：用于从服务获取数据。

（2）POST：从客户端把数据提交到服务器端。

（3）PUT：从客户端把数据提交到服务器端，并替换原有数据。

（4）DELETE：请求服务器删除对应数据。

（5）HEAD：用于从服务器获取资源响应报头（不常用）。

（6）CONNECT：保留（不常用）。

（7）OPTIONS：允许客户端查看服务器端性能（不常用）。

（8）TRACE：请求服务端回传收到的消息，用于测试（不常用）。

17.2　页面构成

网页是使用 HTML 来描述的。HTML 全称是 HyperText Markup Language（超文本标记语言）。HTML 是一种标记语言，HTML 标记通常也被称为 html 标签或者元素，文档包含元素、文本、脚本文件、层叠样式表、视频、音频、图像等内容。html 元素由成对的尖括号包裹着，如以下代码。

```
<html>
```

html 元素通常是成对出现的，包含开始标签和结束标签，如以下代码。

```
<html> 这是内容 </html>
```

文档支持的标签非常多，分别有各自的含义。鉴于超出本书的范围，这里不再赘述。百度首页的 HTML 文档内容如图 17-4 所示，是一个非常标准的 HTML 页面。

```
137  <html>
138  <head>
139
140      <meta http-equiv="content-type" content="text/html;charset=utf-8">
141      <meta http-equiv="X-UA-Compatible" content="IE=Edge">
142      <meta content="always" name="referrer">
143      <meta name="theme-color" content="#2932e1">
144      <link rel="shortcut icon" href="/favicon.ico" type="image/x-icon" />
145      <link rel="search" type="application/opensearchdescription+xml" href="/content-search.xml" title="百度搜索" />
146      <link rel="icon" sizes="any" mask href="//www.baidu.com/img/baidu_85beaf5496f291521eb75ba38eacbd87.svg">
147
148
149      <link rel="dns-prefetch" href="//s1.bdstatic.com"/>
150      <link rel="dns-prefetch" href="//t1.baidu.com"/>
151      <link rel="dns-prefetch" href="//t2.baidu.com"/>
152      <link rel="dns-prefetch" href="//t3.baidu.com"/>
153      <link rel="dns-prefetch" href="//t10.baidu.com"/>
154      <link rel="dns-prefetch" href="//t11.baidu.com"/>
155      <link rel="dns-prefetch" href="//t12.baidu.com"/>
156      <link rel="dns-prefetch" href="//b1.bdstatic.com"/>
157
158      <title>百度一下，你就知道</title>
444  <div class="s_tab" id="s_tab">
445  <div class="s_tab_inner">
446      <b>网页</b>
447      <a href="//www.baidu.com/s?rtt=1&bsst=1&cl=2&tn=news&word= wdfield="word" onmousedown="return c({'fm':'tab','tab':'news'})" sync="true">资讯</a>
448      <a href="http://tieba.baidu.com/f?kw=&fr=wwwt" wdfield="kw" onmousedown="return c({'fm':'tab','tab':'tieba'})">贴吧</a>
449      <a href="http://zhidao.baidu.com/q?ct=17&pn=0&tn=ikaslist&rn=10&word=&fr=wwwt" wdfield="word" onmousedown="return c({'fm':'tab','tab':'zhidao'})">知道</a>
450      <a href="http://music.taihe.com/search?fr=ps&ie=utf-8&key= wdfield="key" onmousedown="return c({'fm':'tab','tab':'music'})">音乐</a>
451      <a href="http://image.baidu.com/search/index?tn=baiduimage&ps=1&ct=201326592&lm=-1&cl=2&nc=1&ie=utf-8&word= wdfield="word" onmousedown="return c({'fm':'tab
452      <a href="http://v.baidu.com/v?ct=301989888&rn=20&pn=0&db=0&s=25&ie=utf-8&word= wdfield="word" onmousedown="return c({'fm':'tab','tab':'video'})">视频</a>
453      <a href="http://map.baidu.com/m?word=&fr=ps01000" wdfield="word" onmousedown="return c({'fm':'tab','tab':'map'})">地图</a>
454      <a href="http://wenku.baidu.com/search?word=&lm=0&od=0&ie=utf-8" wdfield="word" onmousedown="return c({'fm':'tab','tab':'wenku'})">文库</a>
455      <a href="//www.baidu.com/more/" onmousedown="return c({'fm':'tab','tab':'more'})">更多»</a>
456  </div>
457  </div>
458
459
460
461  <div class="qrcodeCon">
462      <div id="qrcode">
463          <div class="qrcode-item qrcode-item-1">
464              <div class="qrcode-img"></div>
465              <div class="qrcode-text">
466                  <p><b>百度</b></p>
467              </div>
468          </div>
469      </div>
470  </div>
471
472  <div id="ftCon">
473
474  <div class="ftCon-Wrapper"><div id="ftConw"><p id="lh"><a id="setf" href="//www.baidu.com/cache/sethelp/help.html" onmousedown="return ns_c({'fm':'behs','tab':'fa
     href="http://home.baidu.com">关于百度</a><a onmousedown="return ns_c({'fm':'behs','tab':'tj_about_en'})" href="http://ir.baidu.com">About  Baidu</a><a o
     id="cp">&copy;2019 Baidu <a href="http://www.baidu.com/duty/" onmousedown="return ns_c({'fm':'behs','tab':'tj_duty'})">使用百度前必读</a> <a href="
     京ICP证030173号 <i class="c-icon-icrlogo"></i> <a id="jgwab" target="_blank" href="http://www.beian.gov.cn/portal/registerSystemInfo?recordcode=1100000
475
476          <div id="wrapper_wrapper">
477          </div>
478      </div>
479      <div class="c-tips-container" id="c-tips-container"></div>
```

图 17-4　百度 HTML 页面

17.3　网页解析

网页解析就是指从网页中提取有用的信息。一个网页由 HTML 标记，由文本、图片、视音频等内容构成，不同的内容在网页上表达方式不一样，因此才有了提取特定信息的可能。

17.3.1　网页解析工具

从网页中提取内容一般使用两种方式，一是利用正则表达式做匹配，二是使用现成的解析工具。正则表达式的功能强大，但对于复杂的网页并不友好，另外现成的解析网页的工具有很多，如 Java 中有 HTMLParser、Jsoup，C++ 中有 MSHTML、HtmlAgilityPack，Python 中有 lxml、BeautifulSoup 等。这里重点介绍 lxml 和 BeautifulSoup 库。

17.3.2　lxml 库

lxml 是 Python 的一个三方库，功能丰富且易于使用。该库使用 C 语言开发，执行效率非常高，同时支持 XPath（全称是 XML Path Language）解析语法，用来检索 XML 和 HTML 文档内容。

lxml 需要单独安装，使用命令如下。

```
pip install lxml
```

在使用 lxml 工具时需要导入相关的库。在 Python 命令行窗口输入如下程序。

```
from lxml import etree
```

若是在导入时出现异常，则需要下载 lxml 库，使用如下命令单独安装。

```
pip install lxml-4.3.1-cp37-cp37m-win_amd64.whl
```

正常导入后，就可以定位元素，获取其中内容了。获取内容的方式如下。

1. 通过路径定位元素并获取内容

通过路径定位元素是最基本的方式。如示例 17-1 所示，其中 HTML 是一段简单的 HTML 字符串片段，调用 etree.HTML 方法，将其转换为 lxml.etree._Element 类型，然后就可以使用 XPath 语法定位元素。其中，字符串 "//div/ul/li" 表示先查找 div 元素，再查找其中的 ul 元素，最后定位到 li 元素。

示例 17-1　定位元素

```
1.  # -*- coding：utf-8 -*-
2.
3.  from lxml import etree
4.
5.  html = """
6.  <div>
7.    <ul>
8.      <li><p> 这是第 1 个 li</p></li>
9.      <li><p> 这是第 2 个 li</p></li>
10.     <li><p> 这是第 3 个 li</p></li>
11.   </ul>
12.   这是 div 的内容
13. </div>
14. """
15. html_obj = etree.HTML(html)
16. li_list = html_obj.xpath("//div/ul/li")
17. for i in li_list:
18.   print(i)
```

执行结果如图 17-5 所示，可以看到输出的每一项 li 元素都是一个 Element 对象。

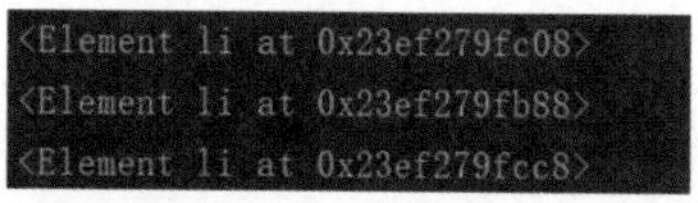

```
<Element li at 0x23ef279fc08>
<Element li at 0x23ef279fb88>
<Element li at 0x23ef279fcc8>
```

图 17-5　示例 17-1 输出结果

若只需定位 HTML 片段中的第一个 li 元素，可修改 XPath，修改代码如下。

```
//div/ul/li[1]
```

注意多个元素的索引，下标是从 1 开始的。确定了元素之后，就需要获取其中的内容了。这里获取第一个 p 元素的文本内容，修改代码如下。

```
p_content = html_obj.xpath("//div/ul/li[1]/p/text()")
print(" 获取到的内容：", p_content)
```

执行结果如图 17-6 所示。

获取到的内容： ['这是第1个1i']

图 17-6 p 元素的文本内容

2. 通过属性定位元素并获取内容

通过属性定位元素提高了 XPath 的灵活性，这在提取文档时尤为有用。如示例 17-2 所示，可以通过属性定位元素并获取内容，字符串如下。

//div/ul/li/p[@class='test1']

示例 17-2 通过属性获取元素

```
1.   # -*- coding： utf-8 -*-
2.
3.   from lxml import etree
4.
5.   html = """
6.   <div>
7.    <ul>
8.     <li><p class="test1"> 这是第 1 个 li</p></li>
9.     <li class="test4"><p class="test2"> 这是第 2 个
10.  li</p></li>
11.    <li class="test4"><p class="test3"> 这是第 3 个
12.  li</p></li>
13.    </ul>
14.    这是 div 的内容
15.  </div>
16.  """
17.  html_obj = etree.HTML(html)
18.  p_element = html_obj.xpath("//div/ul/li/p[@class='test1']")
19.  print(p_element)
```

执行结果如图 17-7 所示，输出第一个 p 元素。

[<Element p at 0x1b4210bbc48>]

图 17-7 示例 17-2 输出结果

修改 XPath 路径如下。

//div/ul/*[@class='test4']

此时可得到两个 li 元素。定位元素后，若是想取得属性值，则修改 XPath 路径如下。

//div/ul/*[@class]

完整程序如示例 17-3 所示。

示例 17-3 获取属性值

```
1.   # -*- coding： utf-8 -*-
2.
3.   from lxml import etree
4.
5.   html = """
6.   <div>
7.    <ul>
8.     <li><p class="test1"> 这是第 1 个 li</p></li>
9.     <li class="test4"><p class="test2"> 这是第 2 个
10.  li</p></li>
11.    <li class="test4"><p class="test3"> 这是第 3 个
12.  li</p></li>
13.    </ul>
14.    这是 div 的内容
15.  </div>
16.  """
17.  html_obj = etree.HTML(html)
18.  li_list = html_obj.xpath("//div/ul/*[@class='test4']")
19.  for i in li_list:
20.    print(" 获取到的元素： ", i)
21.  li_list_attr = html_obj.xpath("//div/ul/*[@class]")
22.  for i in li_list_attr:
23.  print("class 属性值： ", i.attrib["class"])
```

执行结果如图 17-8 所示。

获取到的元素： <Element li at 0x1e238358d48>
获取到的元素： <Element li at 0x1e238358e48>
class属性值： test4
class属性值： test4

图 17-8 示例 17-3 输出结果

在这些元素中，class 都是以 test 字符开头的。想一次性获取所有属性中包含 test 字符的 li 元素，可以使用 start-swith 方法，修改代码如下。

```
li_list = html_obj.xpath("//div/ul/li[starts-with(@
class,'test')]")
for i in li_list:
    print(" 获取到的元素： ", i)
```

执行结果如图 17-9 所示，获取到两个 li 元素。

获取到的元素：〈Element li at 0x24acd3f8e08〉
获取到的元素：〈Element li at 0x24acd3f8d88〉

图 17-9　使用 starts-with 方法

3. 通过 text 和 String 方法获取内容

如示例 17-4 所示，在 XPath 中，使用 text 方法可获取当前级别的内容，使用 string 方法可以获取当前级别与所有子级的内容。

示例 17-4　提取内容

```
1.  # -*- coding：utf-8 -*-
2.
3.  from lxml import etree
4.
5.  html = """
6.  <div>
7.    <ul>
8.      <li><p class="test1">这是第 1 个 li</p></li>
9.      <li class="test4"><p class="test2">这是第 2 个
10. li</p></li>
11.     <li class="test4"><p class="test3">这是第 3 个
12. li</p></li>
13.   </ul>
14.   这是 div 的内容
15. </div>
16. """
17. html_obj = etree.HTML(html)
18.
19.
20. print(" 获取当前层级：")
21. cur_content = html_obj.xpath("//div/text()")
22. for i in cur_content:
23.   print(" 获取到的内容：", i)
24.
25. print("-----------------------------------")
26. print(" 获取当前与所有子级：")
27. all_content = html_obj.xpath("string(//div)")
28. print(" 获取到的元素：", all_content)
```

执行结果如图 17-10 所示。

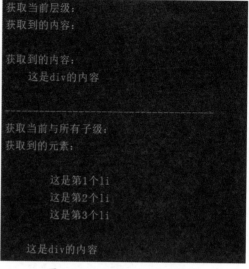

图 17-10　示例 17-4 输出结果

4. XPath 查找语法汇总

XPath 功能强大，除了前面示例描述的语法外，还支持谓词查找、通配符查找、"|" 运算符查找、Axes 语法查找。

以下是一份标准的 html 文档。

```
<html lang="en">
<head>
  <title>Title</title>
</head>
<body>
<div>
  <div class="box">
    <h2  width="50px" height="80px">
      <span>
        python 基础
      </span>
      <strong>
        数据库基础
      </strong>
    </h2>
    <h2  width="50px">
      <span>
        python 面向对象
      </span>
      <strong>
        数据库优化
      </strong>
```

```
    </h2>
  </div>
</div>
<p></p>
</body>
</html>
```

针对该文档可以使用如表 17-1 所示的 XPath 语法进行操作。

表 17-1　XPath 语法大全

序号	Xpath 语法	示例	描述
1	body	html_obj.xpath("body")	获取 body 元素
2	/html	html_obj.xpath("/html")	只能获取根元素 html，作用于其他元素返回空列表
3	//div	html_obj.xpath("//div")	获取所有 div 元素
4	//@lang	html_obj.xpath("//@lang")	获取所有名称为 lang 属性，将值以列表形式返回
5	./div	data1 = html_obj.xpath("body") data2 = data1[0].xpath("./div")	获取当前节点
6	..	data1 = html_obj.xpath("/html/body/div") data2 = data1[0].xpath("..")	获取当前节点的直接父节点
7	body/div	html_obj.xpath("body/div")	获取 body 下的所有 div 元素
8	body//div	html_obj.xpath("body//div")	获取 body 下的所有 div 元素，包括嵌套的元素
9	body/div/div/h2[1]	html_obj.xpath("body/div/div/h2[1]")	获取 div 中的第一个 h2 元素
10	body/div/div/h2[last()]	html_obj.xpath("body/div/div/h2[last()]")	获取 div 中的最后一个 h2 元素

序号	Xpath 语法	示例	描述
11	body/div/div/h2[last()-1]	html_obj.xpath("body/div/div/h2[last()-1]")	获取 div 中的倒数第二个 h2 元素
12	body/div/div/h2[position()<2]	html_obj.xpath("body/div/div/h2[position()<2]")	获取 div 中的位置靠前的一个 h2 元素
13	/html[@lang]	html_obj.xpath("/html[@lang]")	获取所有包含属性名称为 lang 的 html 元素
14	/html[@lang='en']	html_obj.xpath("/html[@lang='en']")	获取所有包含属性名称为 lang 且值为 en 的 html 元素
15	/html/*	html_obj.xpath("/html/*")	获取 html 的所有直接子元素
16	//*	html_obj.xpath("//*")	获取 html 文档中的所有元素
17	//div[@*]	html_obj.xpath("//div[@*]")	获取所有包含属性的 div 元素
18	//h2/span	//h2/strong	html_obj.xpath("//h2/span | //h2/strong")	获取 h2 元素中的 span 和 strong 元素
19	//span	//strong	html_obj.xpath("//span | //strong")	获取 html 文档中的 span 和 strong 元素
20	//div/div/h2/span	//strong	html_obj.xpath("//div/div/h2/span | //strong")	获取 //div/div/h2/span 元素，以及文档中所有的 strong 元素
21	child::div	data1 = html_obj.xpath("//body") data2 = data1[0].xpath("child::div")	获取 body 所有直接子节点为 div 的元素
22	attribute::width	html_obj.xpath("//h2[attribute::width]")	获取包含属性 width 的 h2 元素
23	child::*	data1 = html_obj.xpath("/html") data2 = data1[0].xpath("child::*")	获取当前节点的所有直接子元素

续表

序号	Xpath 语法	示例	描述
24	attribute::*	data1 = html_obj.xpath("//h2") data2 = data1[0].xpath("attribute::*")	获取当前节点的所有属性的值
25	child::text()	data1 = html_obj.xpath("//span") data2 = data1[0].xpath("child::text()")	获取当前节点的所有直接子元素的文本
26	child::node()	data1 = html_obj.xpath("//h2") data2 = data1[0].xpath("child::node()")	获取当前节点的所有子元素
27	descendant::span	data1 = html_obj.xpath("//h2") data2 = data1[0].xpath("descendant::span")	获取当前节点的所有 span 子元素
28	ancestor::body	data1 = html_obj.xpath("//h2") data2 = data1[0].xpath("ancestor::body")	选择当前节点的所有父节点为 body 的元素
29	ancestor-or-self::div	data1 = html_obj.xpath("//h2") data2 = data1[0].xpath("ancestor-or-self::div") data2 = data1[0].xpath("ancestor-or-self::h2")	获取当前节点的所有父节点为 div 的元素或者自身
30	child::*/child::span	data1 = html_obj.xpath("//div[@class='box']") data2 = data1[0].xpath("child::*/child::span")	获取当前节点的所有为 span 的子元素，包括嵌套的元素

17.3.3 BeautifulSoup 库

BeautifulSoup 库支持多种文档解析器，用户可以实现文档导航、查找元素，甚至修改内容。从易用性的角度来讲，BeautifulSoup 比 lxml 显得更为友好。

BeautifulSoup 需要单独安装，使用命令如下。

pip install beautifulsoup4

BeautifulSoup 在使用时需要指定解析器，各解析器特点如表 17-2 所示。

表 17-2 解析器特点

解析器	使用方法	优势	劣势
Python 标准库	BeautifulSoup(markup, "html.parser")	Python 的内置标准库执行速度适中；文档容错能力强	Python 老版本文档容错能力弱
lxml HTML 解析器	BeautifulSoup(markup, "lxml")	解析速度快；文档容错能力强	需要安装 C 语言库
lxml XML 解析器	BeautifulSoup(markup, ["lxml", "xml"]) BeautifulSoup(markup, "xml")	速度快；唯一支持 XML 的解析器	需要安装 C 语言库
html5lib	BeautifulSoup(markup, "html5lib")	最好的容错性；以浏览器的方式解析文档；生成 HTML5 格式的文档	速度慢；不需要安装其他依赖库

1. 创建 BeautifulSoup 对象

使用 BeautifulSoup 解析文档，首先需要创建 BeautifulSoup 对象并指定解析器。可以使用如下方式创建 BeautifulSoup 对象，即直接打开 html 文档、直接处理 html 片段、解析爬虫抓取的网页。其中第一个参数是 html 标记，第二个参数是解释器名称。

```
import requests
from bs4 import BeautifulSoup

print("----------------- 直接打开 html 文档 -----------------")
soup1 = BeautifulSoup(open("index.html", encoding='UTF-8'), "lxml")
print(soup1.contents)
```

```
print("------------------ 直接处理 html 片段 ------------------")
soup2 = BeautifulSoup("<html>data 测试 </html>", "lxml")
print(soup2.contents)

print("---------------- 解析爬虫抓取的网页 ----------------")
url = "https://www.baidu.com/"
r = requests.get(url)
soup3 = BeautifulSoup(r.text, "lxml")
print(soup3.contents)
```

2. 对象

在 BeautifulSoup 中，文档每一层级节点都被当作对象。所有对象分为 Tag、NavigableString、BeautifulSoup、Comment。

（1）Tag。

Tag 对象与文档中的 tag 相同，通过元素名可以直接获取到对应内容，如示例 17-5 所示。

示例 17-5 获取标签对象

```
1.   # -*- coding：utf-8 -*-
2.
3.   from bs4 import BeautifulSoup
4.
5.   soup = BeautifulSoup('<div class="test1"> 测试 html
6.   </div>', "lxml")
7.   # 获取 tag 对象
8.   tag = soup.div
9.   print(" 输出标签内容：", tag)
10.  print(" 输出标签类型：", type(tag))
```

执行结果如图 17-11 所示。

图 17-11　示例 17-5 输出结果

每个标签对象包含 name 属性，并且可以修改，如示例 17-6 所示。

示例 17-6 获取与修改标签

```
1.   # -*- coding：utf-8 -*-
2.
3.   from bs4 import BeautifulSoup
```

```
4.
5.   soup = BeautifulSoup('<div class="test1"> 测试 html
6.   </div>', "lxml")
7.   # 获取 tag 对象
8.   tag = soup.div
9.   # 输出 name
10.  print(tag.name)
11.  # 修改 name
12.  tag.name = "p"
13.  print(tag)
```

执行结果如图 17-12 所示，输出修改前的标签名称，然后输出修改后的文档内容。

图 17-12　示例 17-6 输出结果

一个 tag 对象可能有一到多个属性，如示例 17-7 所示，div 有两个属性。tag 属性是一个字典，因此可以使用 tag[属性名] 直接获取对应属性值。

示例 17-7 访问属性

```
1.   # -*- coding：utf-8 -*-
2.
3.   from bs4 import BeautifulSoup
4.
5.   soup = BeautifulSoup('<div class="test1"
6.   width="80px"> 测试 html</div>', "lxml")
7.   # 获取 tag 对象
8.   tag = soup.div
9.   print(tag['class'])
10.  # 直接获取属性  返回一个字典
11.  print(tag.attrs)
```

执行结果如图 17-13 所示。

```
['test1']
{'class': ['test1'], 'width': '80px'}
```

图 17-13　示例 17-7 输出结果

有些属性可能会有多个值，如 style、class 和自定义属性，访问这类属性时，将返回属性值列表。有些属性只能存在一个值，如 id 属性，这时返回的就是该属性值。如示例 17-8 所示，访问多值属性。

示例 17-8 多值属性

```
1.  # -*- coding: utf-8 -*-
2.
3.  from bs4 import BeautifulSoup
4.
5.  soup = BeautifulSoup('<div class="test1 test2"> 测试
6.  html</div>', "lxml")
7.  # 获取 tag 对象
8.  tag = soup.div
9.
10. # 返回一个属性值的列表
11. print(tag['class'])
12. id_soup = BeautifulSoup('<div id="my id"></div>',
13. "lxml")
14. # 这个不是一个列表
15. print(id_soup.div['id'])
```

执行结果如图 17-14 所示。

图 17-14 示例 17-8 输出结果

（2）NavigableString。

NavigableString 为可导航字符串。字符串常被包含在 tag 内，BeautifulSoup 用 NavigableString 类来包装 tag 中的字符串，如示例 17-9 所示。

示例 17-9 可导航字符串

```
1.  # -*- coding: utf-8 -*-
2.
3.  from bs4 import BeautifulSoup
4.
5.  html = '<div class="test1 test2"> 测试 html</div>'
6.  soup = BeautifulSoup(html, "lxml")
7.  tag = soup.div
8.
9.  print("tag 对象的字符串内容: ", tag.string)
10. print("tag 对象的字符串内容类型: ", type(tag.string))
```

执行结果如图 17-15 所示。

```
tag对象的字符串内容: 测试html
tag对象的字符串内容类型: <class 'bs4.element.NavigableString'>
```

图 17-15 示例 17-9 输出结果

一个元素内部包含了其他元素，这时用 string 属性不能取出字符串内容。tag.string 只在元素里面全是字符串，不包含子元素时才有效，如示例 17-10 所示。

示例 17-10 嵌套的文档

```
1.  # -*- coding: utf-8 -*-
2.
3.  from bs4 import BeautifulSoup
4.
5.  html = '<div class="test1 test2"> 测试 html<p rel=
6.  "test"> 测试内部的 p</p></div>'
7.  soup = BeautifulSoup(html, "lxml")
8.  tag = soup.div
9.  print("tag 对象的字符串内容: ", tag.string)
10. print("tag 对象的字符串内容类型: ", type(tag.string))
```

执行结果如图 17-16 所示。

```
tag对象的字符串内容: None
tag对象的字符串内容类型: <class 'NoneType'>
```

图 17-16 示例 17-10 输出结果

（3）BeautifulSoup。

如示例 17-11 所示，调用 BeautifulSoup 构造器后，返回的 soup 对象会将该片段构造成一个完整的文档。soup 对象在大多数情况下可以当成 tag 对象使用，但是 soup 对象包含的是整个文档，它的父元素和前一个元素就会为 "None"，因此在使用时应当注意。

示例 17-11 soup 对象

```
1.  # -*- coding: utf-8 -*-
2.  from bs4 import BeautifulSoup
3.
4.  html = '<div class="test1 test2"> 测试 html<p rel=
5.  "test"> 测试内部的 p</p></div>'
6.  soup = BeautifulSoup(html, "lxml")
7.  print("soup 对象的内容: ", soup.contents)
8.  print("soup 对象的父元素: ", soup.parent)
9.  print("soup 对象的前一个元素: ", soup.previous_element)
```

执行结果如图 17-17 所示。

soup对象的内容：[<html><body><div class="test1 test2">测试html<p rel="test">测试内部的p</p></div></body></html>]
soup对象的父元素：None
soup对象的前一个元素：None

图 17-17　示例 17-11 输出结果

（4）注释。

Tag、NavigableString、BeautifulSoup 对象已经能表达绝大多数的元素，但是有些需要用专门的对象来表达，如示例 17-12 所示。

示例 17-12　文档注释

```
1.  # -*- coding：utf-8 -*-
2.  from bs4 import BeautifulSoup
3.
4.  html = '<div class="test1 test2"><!--hello 这是一段注
5. 释 ?--></div>'
6.  soup = BeautifulSoup(html, "lxml")
7.  tag = soup.div
8.
9.  print(" 注释的内容：", tag.string)
10. print(" 注释的类型：", type(tag.string))
```

执行结果如图 17-18 所示。

注释的内容：hello　这是一段注释?
注释的类型：<class 'bs4.element.Comment'>

图 17-18　示例 17-12 输出结果

3. 遍历文档树

遍历文档树是指访问文档各节点的方法。这里先创建 html_doc 对象，代码如下。可以看到一个 tag 内包含文本和其他 tag。

```
<html>
<head>
  <title>Title</title>
</head>
<body>
<div class="box"><span> 这是第一个 div 内的 span</
span></div>
<div class="detail">
  <span class="story">
    这是第二个 div 内的第一个 span
  </span>
```

```
<span class="item"> 这是第二个 div 内的第二个 span
    <a id="item1" class="item1" href="item1">item1</a>
    <a id="item2" class="item2" href="item2">item2</a>
    <a id="item3" class="item3" href="item3">item3</a>
    <a id="item4" class="item3" href="item4">item4</a>
  </span>
</div>
</body>
</html>
```

（1）遍历子节点

通过 soup 对象访问元素名称，获取节点，如示例 17-13 所示。创建 soup 对象后，使用 soup. 元素名即可获取对应节点。

示例 17-13　获取子节点

```
1.  soup = BeautifulSoup(html_doc, "lxml")
2.  # 获取 head 元素及子元素
3.  tag = soup.head
4.  print("head",tag.prettify())
5.  # 获取 body 元素及子元素
6.  tag = soup.body
```

执行结果如图 17-19 所示，通过元素名称获取的是当前节点和子节点。

```
head <head>
  <title>
    Title
  </title>
</head>
```

图 17-19　示例 17-13 输出结果

也可以逐级获取 tag，如示例 17-14 所示。

示例 17-14　逐级获取

```
1.  soup = BeautifulSoup(html_doc, "lxml")
2.  tag = soup.body.div.span
3.  print(tag.prettify())
```

执行结果如图 17-20 所示。

```
<span>
这是第一个div内的span
</span>
```
图 17-20 示例 17-14 输出结果

注意，通过元素名只能获取该层级的第一个元素，使用 find_all 方法可以获取该层级的所有元素，如示例 17-15 所示。

示例 17-15 通过元素名和方法获取元素

```
1.  soup = BeautifulSoup(html_doc, "lxml")
2.  tag = soup.body.div
3.  print(" 获取到的 tag 个数：", len(tag))
4.  print("--------------------")
5.  tag = soup.body.find_all("div")
6.  print(" 获取到的 tag 个数：", len(tag))
```

执行结果如图 17-21 所示。

```
获取到的tag个数：  1
--------------------
获取到的tag个数：  2
```
图 17-21 示例 17-15 输出结果

tag 对象包含很多属性，其中可以使用 contents、children、descendants 属性来遍历子节点。contents 属性

返回的是子节点列表，children 返回是可迭代的列表对象，descendants 返回的是一个生成器对象，具体用法如示例 17-16 所示。

示例 17-16 通过 tag 属性访问字节点

```
1.  soup = BeautifulSoup(html_doc, "lxml")
2.  tag = soup.body
3.  print("--------------contents 属性 --------------")
4.  print(tag.contents)
5.
6.  print("--------------children 属性 --------------")
7.  print(tag.children)
8.  for child in tag.children:
9.      print(child)
10.
11. print("--------------descendants 属性 --------------")
12. print(tag.descendants)
13. for child in tag.descendants:
14.     print(child)
```

执行结果如图 17-22 所示。限于篇幅，这里只截取了部分。从图中可以看到，在 BeautifulSoup 中，换行符 "\n" 也被当成了子节点。

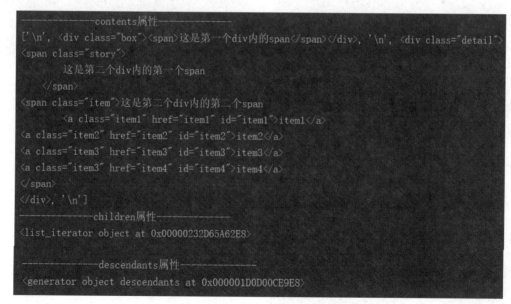

```
--------------contents属性--------------
['\n', <div class="box"><span>这是第一个div内的span</span></div>, '\n', <div class="detail">
<span class="story">
        这是第二个div内的第一个span
    </span>
<span class="item">这是第二个div内的第二个span
    <a class="item1" href="item1" id="item1">item1</a>
<a class="item2" href="item2" id="item2">item2</a>
<a class="item3" href="item3" id="item3">item3</a>
<a class="item3" href="item4" id="item4">item4</a>
</span>
</div>, '\n']
--------------children属性--------------
<list_iterator object at 0x00000232D65A62E8>

--------------descendants属性--------------
<generator object descendants at 0x000001D0D00CE9E8>
```
图 17-22 示例 17-16 输出结果

对于 NavigableString 类型的子节点，BeautifulSoup 提供了 string、strings、stripped_strings 属性来获取字符内容。当一个节点只包含一个 tag 对象或者只包含字符串内容，string 属性才起作用，返回的是子节点的文本内容。strings 返回的是包含空格、空行的字符串生成器对象，stripped_strings 返回的是不包含空格、空行的字符串生成器对象，如示例 17-17 所示。

示例 17-17 获取字符串

```
1.  soup = BeautifulSoup(html_doc, "lxml")
2.  tag = soup.body
3.  print("--------------string 属性 --------------")
4.  print(tag.string)
5.  print("--------------strings 属性 --------------")
6.  print(tag.strings)
7.  for string in tag.strings:
8.      print(repr(string))
9.  print("--------------stripped_strings 属性 --------------")
10. print(tag.stripped_strings)
11. for string in tag.stripped_strings:
12. print(repr(string))
```

执行结果如图 17-23 所示。

图 17-23　示例 17-17 输出结果

（2）父节点。

通过 tag 对象 .parent 属性来获取其父节点，如 <div class="box"><span> 是第一个 div 内的 span</span></div> 部分，<div> 元素是 <span> 元素的父节点；通过 tag 对象 .parents 属性来获取其所有的父节点，那么第一个 <span> 元素的父节点就是 <div>--><body>--><html>-->[document]，如示例 17-18 所示。

示例 17-18 访问父节点

```
1.  soup = BeautifulSoup(html_doc, "lxml")
2.  tag = soup.div.span
3.  print(" 返回父节点：",tag.parent)
4.
5.  tag = soup.div.span
6.  # 遍历所有父节点
7.  print(" 输出所有父节点：")
8.  for parent in tag.parents:
9.      if parent is None:
10.         print(parent)
11.     else:
12.         print(parent.name)
```

执行结果如图 17-24 所示。

图 17-24　示例 17-18 输出结果

（3）兄弟节点。

tag 的 next_sibling 属性是与当前元素同一层级，紧邻的后一个元素，previous_sibling 是指紧邻的前一个元素。第一个 <div> 元素是 <div class="box">，其 next_sibling 元素是一个换行符 "\n"，再往后的一个元素就是 <div class="detail">。同理，<div class="detail"> 元素的前一个元素是 "\n"，再往前就是 <div class="box"> 元素。

next_sibling 与 previous_sibling 每次查找的都是后一个和前一个元素，next_siblings 与 previous_siblings 则每次查找的都是与当前元素同一层级的后面与前面所有元素。

具体调用方法如示例 17-19 所示。

示例 17-19 访问兄弟节点

```
1.  soup = BeautifulSoup(html_doc, "lxml")
2.  print("--------------next_sibling 属性 --------------")
3.  tag = soup.div.next_sibling.next_sibling
4.
5.  print("--------------previous_sibling 属性 --------------")
6.  tag = tag.previous_sibling.previous_sibling
7.
8.  print("--------------next_siblings 属性 --------------")
9.  for sibling in soup.div.next_siblings:
10.     print(repr(sibling))
11.
12. print("--------------previous_siblings 属性 --------------")
13. for sibling in soup.find(class_="detail").previous_siblings:
14.     print(repr(sibling))
```

执行结果如图 17-25 所示。

图 17-25 示例 17-19 输出结果

（4）前进与后退。

next_element 属性与 next_sibling 取值方式类似。如示例 17-20 所示，在 tag 对象上访问 next_sibling 属性，可以直接取得 tag 元素，然而 next_element 取得的是当前元素的字符串内容或子元素。在第 3 行，返回的是结果 "item2"，是当前元素内部的内容；第 6 行继续调用 next_element，会遇到文本 "item2" 后的 "</a>"，这是一个关闭标签，于是从当前元素内部退出，开始寻找同一级别的元素。返回的是 <a class="item3" href="item3" id="item3">item3</a> 和 "item3"。previous_element 属性与 next_element 属性的取值方式是一致的，next_element 是从当前元素往后查找，previous_element 则是向前查找。next_elements 是往后查找所有元素及子元素，previous_elements 是向前查找所有元素及子元素。

示例 17-20 前进与后退

```
1.  soup = BeautifulSoup(html_doc, "lxml")
2.
3.  a_tag = soup.find("a", class_="item2")
4.
5.  print("--------------next_element 属性 --------------")
6.  print(a_tag.next_element)
7.  print(a_tag.next_element.next_element)
8.  print(a_tag.next_element.next_element.next_element)
9.  print(a_tag.next_element.next_element.next_element.
10. next_element)
11. print("--------------previous_element 属性 --------------")
12. print(a_tag.previous_element.next_element)
13. print("--------------next_elements 属性 --------------")
14. print(a_tag.next_elements)
15. for element in a_tag.next_elements:
16.     print(repr(element))
17.
18. print("--------------previous_elements 属性 --------------")
19. print(a_tag.previous_elements)
```

执行结果如图 17-26 所示。可以看到输出内容 "item2" 与 "<a class="item3"" 之间相隔较远，那是因为 "item2</a>" 与 "<a id="item3"" 之间存在一个空行 "\n"。

```
————————————next_element属性————————————
item2

<a class="item3" href="item3" id="item3">item3</a>
item3
————————————previous_element属性————————————
<a class="item2" href="item2" id="item2">item2</a>
————————————next_elements属性————————————
<generator object next_elements at 0x000001DD0347FAF0>
'item2'
'\n'
<a class="item3" href="item3" id="item3">item3</a>
'item3'
'\n'
<a class="item3" href="item4" id="item4">item4</a>
'item4'
'\n'
'\n'
'\n'
'\n'
```

图 17-26　示例 17-20 输出结果

4. 搜索文档元素

BeautifulSoup 提供了很多搜索文档元素的方法，在实际应用中，这些方法能满足绝大多数场景下的元素查找。

（1）find_all 函数。

函数参数使用元素名称，返回符合条件的所有元素列表，具体用法如示例 17-21 所示。

示例 17-21　通过元素名称查找

```
1.  soup = BeautifulSoup(html_doc, "lxml")
2.
3.  tags = soup.find_all('div')
4.  print(tags)
```

执行结果如图 17-27 所示，返回的是包含两个 div 元素的列表。

```
[<div class="box"><span>这是第一个div内的span</span></div>, <div class="detail">
<span class="story">
        这是第二个div内的第一个span
    </span>
<span class="item">这是第二个div内的第二个span
        <a class="item1" href="item1" id="item1">item1</a>
<a class="item2" href="item2" id="item2">item2</a>
<a class="item3" href="item3" id="item3">item3</a>
<a class="item3" href="item4" id="item4">item4</a>
</span>
</div>]
```

图 17-27　示例 17-21 输出结果

find_all 方法，接受 "True" 作为查找条件，这将返回文档中所有的元素，具体用法如示例 17-22 所示。

示例 17-22　True 参数

```
1.  soup = BeautifulSoup(html_doc, "lxml")
2.
3.  for tag in soup.find_all(True):
4.      print(tag.name)
```

执行结果如图 17-28 所示，输出所有元素的名称。

```
html
head
title
body
div
span
div
span
span
a
a
a
a
```

图 17-28　示例 17-22 输出结果

find_all 方法也接受一个元素列表作为查找条件，这将返回文档中所有在列表中指定的元素，具体用法如示例 17-23 所示。

示例 17-23　查找多个元素

```
1.  soup = BeautifulSoup(html_doc, "lxml")
2.
3.  tags = soup.find_all(["div", "span"])
4.  for i in tags:
5.      print(i.name)
```

执行结果如图 17-29 所示，输出文档中所有 div 和 span 元素名称。

图 17-29　示例 17-23 输出结果

查找元素性能最高、灵活性最强的方式，无疑是使用正则表达式了。find_all 方法接受一个正则表达式对象作为参数，具体用法如示例 17-24 所示。其中，第 5 行是查找以字符 "d" 为开头的元素，第 8 行是查找名称中包含字符 "sp" 的元素，第 11 行是查找所有包含字符串 "一个" 的文本内容。

示例 17-24 使用正则表达式查找

```
1.   soup = BeautifulSoup(html_doc, "lxml")
2.
3.   import re
4.
5.   for tag in soup.find_all(re.compile("^d")):
6.     print(tag.name)
7.
8.   for tag in soup.find_all(re.compile("sp")):
9.     print(tag.name)
10.
11.  cntents = soup.find_all(text=re.compile(" 一个 "))
12.  for cntent in cntents:
13.  print(cntent)
```

执行结果如图 17-30 所示，输出文档中所有元素名称包含字符 "d" 和 "sp" 的元素，同时还输出了包含 "一个" 字符的文本。

图 17-30　示例 17-24 输出结果

正则表达式功能强大，但是需要开发者了解相关的语法规则，这额外增加了学习成本。对于大多数查找元素的情况，应优先选择使用更简便、更容易理解，同样也具有高度灵活的方法。如示例 17-25 所示，find_all 方法支持调用外部函数。在外部函数 has_class_and_id 中，可以编写复杂的处理逻辑，只要结果返回布尔值即可。该函数的含义是，如果 tag 对象既有 "class" 属性还有 "id" 属性就返回 True，否则返回 False。在 find_all 函数中调用 has_class_and_id 方法，就会查找所有满足条件为 True 的元素。

示例 17-25 调用外部元素

```
1.   soup = BeautifulSoup(html_doc, "lxml")
2.
3.   def has_class_and_id(tag):
4.     return tag.has_attr('class') and tag.has_attr('id')
5.
6.   tags = soup.find_all(has_class_and_id)
7.   for i in tags:
8.     print(i)
```

执行结果如图 17-31 所示，返回的 a 元素有 class 属性，同时还有 id 属性。

```
<a class="item1" href="item1" id="item1">item1</a>
<a class="item2" href="item2" id="item2">item2</a>
<a class="item3" href="item3" id="item3">item3</a>
<a class="item3" href="item4" id="item4">item4</a>
```

图 17-31　示例 17-25 输出结果

（2）按关键字查找。

find_all 方法支持使用关键字进行查找。如示例 17-26 所示，第 5 行使用 "属性名称＝属性值" 的方式进行查找，返回 id="item1" 的元素；第 10 行返回包含 id 属性的元素；第 17 行使用了两个关键字，表示获取具有 href 属性，且值包含 "item"，同时具有 id 属性，且值为 "item4" 的元素。

示例 17-26 关键字查找

```
1.   soup = BeautifulSoup(html_doc, "lxml")
2.
3.   print("--------------------------")
4.
5.   tags = soup.find_all(id="item1")
6.   for i in tags:
```

```
7.    print(i)
8.
9.  print("--------------------------")
10. tags = soup.find_all(id=True)
11. for i in tags:
12.    print(i)
13.
14. import re
15.
16. print("--------------------------")
17. tags = soup.find_all(href=re.compile("item"),
18. id="item4")
19. for i in tags:
20.    print(i)
```

观察原始的文档，可以看到只有 a 元素才有 id、href 属性，因此执行结果如图 17-32 所示，返回的全是 a 元素。

图 17-32　示例 17-26 输出结果

（3）按样式查找。

使用样式查找是很方便的做法。如示例 17-27 所示，在第 4 行表示查找 class 属性值为 "box" 的 div 元素；第 11 行表示查找 class 属性值包含 "story" 字符的元素；第 19 行，则是通过调用外部函数，查找具有 class 属性，且 class 属性值包含 "item3" 字符的元素。

示例 17-27　按样式查找

```
1.  soup = BeautifulSoup(html_doc, "lxml")
2.  print("--------------------------")
3.
4.  tags = soup.find_all("div", class_="box")
5.  for i in tags:
6.    print(i)
7.
```

```
8.  print("--------------------------")
9.  import re
10.
11. tags = soup.find_all(class_=re.compile("story"))
12. for i in tags:
13.    print(i)
14.
15. print("--------------------------")
16. def has_item_str(css_class):
17.    return css_class is not None and "item3" in css_class
18.
19. tags = soup.find_all(class_=has_item_str)
20. for i in tags:
21.    print(i)
```

执行结果如图 17-33 所示，分别返回了 div、span、a 元素。

图 17-33　示例 17-27 输出结果

（4）text、recursive、limit 参数。

text 参数可以搜索文档中的字符串内容，可以是字符串、正则表达式、列表、True，用法上与 name 参数一致。find_all 方法会检索当前 tag 元素的所有子节点，设置 recursive 参数为 False，就只检索直接子节点。limit 参数用来显示返回的元素数量，具体用法如示例 17-28 所示。

示例 17-28　text、recursive、limit 参数

```
1.  soup = BeautifulSoup(html_doc, "lxml")
2.  print("--------------------------")
3.
4.  tags = soup.find_all(text=["item1", "item2"])
5.  for i in tags:
6.    print(i)
7.
8.  print("--------------------------")
```

```
import re

tags = soup.find_all(text=re.compile("item3"))
for i in tags:
    print(i)

print("----------------------------")
tags = soup.body.find_all("div", recursive=False)
for i in tags:
    print(i)

print("----------------------------")
tags = soup.find_all("div", limit=1)
for i in tags:
    print(i)
```

执行结果如图 17-34 所示，输出了文本内容是 "item1"、"item2" 的两个 NavigableString 元素，通过正则表达式 re.compile 输出了字符内容是 "item3" 的一个 NavigableString 元素。通过设置 recursive=False，返回了 body 的直接子元素 div，最后 limit=1 使 find_all 方法检索到第一个 div 就停止，于是返回了一个 div 元素。

```
----------------------------
item1
item2
----------------------------
item3
----------------------------
<div class="box"><span>这是第一个div内的span</span></div>
<div class="detail">
<span class="story">
        这是第二个div内的第一个span
    </span>
<span class="item">这是第二个div内的第二个span
        <a class="item1" href="item1" id="item1">item1</a>
<a class="item2" href="item2" id="item2">item2</a>
<a class="item3" href="item3" id="item3">item3</a>
<a class="item3" href="item4" id="item4">item4</a>
</span>
</div>
----------------------------
<div class="box"><span>这是第一个div内的span</span></div>
```

图 17-34 示例 17-28 输出结果

（5）选择器。

对于做过 Web 应用的开发者来说，使用选择器查找元素会让人感到非常亲切。在 Web 中，有样式选择器、属性选择器、元素选择器等几种方法来定位元素。调用 select 方法，传入同样的语法规则，也能获取相关元素。如示例 17-29 所示，第 4 行表示选择 head 的直接子元素 title；第 8 行表示选择 class 值为 box 的元素；第 12 行表示选择具有 href 属性的 a 元素；第 16 行表示选择 id 为 item3 的元素；第 20 行表示选择 class 属性值为 detail 的子元素（并不局限为直接子元素），并且该子元素的 class 属性值为 story。

示例 17-29 选择器

```
1.  soup = BeautifulSoup(html_doc, "lxml")
2.  print("----------------------------")
3.
4.  tags = soup.select("head > title")
5.  for i in tags:
6.      print(i)
7.  print("----------------------------")
8.  tags = soup.select(".box")
9.  for i in tags:
10.     print(i)
11. print("----------------------------")
12. tags = soup.select("a[href]")
13. for i in tags:
14.     print(i)
15. print("----------------------------")
16. tags = soup.select("#item3")
17. for i in tags:
18.     print(i)
19. print("----------------------------")
20. tags = soup.select(".detail .story")
21. for i in tags:
22. print(i)
```

执行结果如图 17-35 所示，分别返回了 div、a、span 元素。

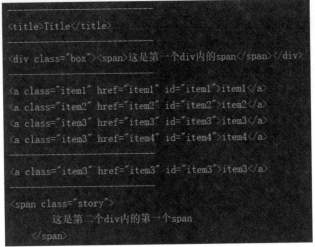

图 17-35　示例 17-29 输出结果

执行结果如图 17-36 所示，分别返回了对象的直接父元素与间接父元素。

图 17-36　示例 17-30 输出结果

（6）查找父元素。

在 tag 对象上调用 find_parent 和 find_parents 方法，可以查找该对象的父元素。如示例 17-30 所示，find_parent 方法不加参数，则返回当前对象的直接父元素，在第 8 行，指定了 find_parent 方法的参数 "span"，则返回当前对象的 span 父元素。find_parents 不加参数，则返回当前对象的所有父元素，在第 15 行，指定了 find_parents 方法的参数 "div"，则返回当前对象的所有的 div 父元素。

示例 17-30　查找父元素

```
1.  soup = BeautifulSoup(html_doc, "lxml")
2.
3.  print("---------------------------")
4.
5.  tag = soup.find("div", class_="detail").find_parent()
6.  print(" 父元素名称是：", tag.name)
7.  print("---------------------------")
8.  tag = soup.find("a", class_="item3").find_parent("span")
9.  print(" 父元素名称是：", tag.name)
10. print("---------------------------")
11. tags = soup.find("a", class_="item3").find_parents()
12. for i in tags:
13.    print(i.name)
14. print("---------------------------")
15. tags = soup.find("a", class_="item3").find_parents("div")
16. for i in tags:
17. print(i.name)
```

（7）查找兄弟元素。

在 tag 对象上调用 find_next_sibling 和 find_next_siblings 方法，可以往后查找该对象的兄弟元素。如示例 17-31 所示，find_next_sibling 方法不加参数，则返回当前对象的紧邻的第一个元素，在第 7 行和第 8 行，指定了 find_next_sibling 方法的参数 "a"，则返回当前对象紧邻的第一个 a 元素。find_next_siblings 不加参数，则返回当前对象的所有兄弟元素，在第 16 行和第 17 行，指定了 find_next_siblings 方法的参数 "a"，则返回当前对象的 a 所有的兄弟元素。

示例 17-31　查找兄弟元素

```
1.  soup = BeautifulSoup(html_doc, "lxml")
2.  print("---------------------------")
3.
4.  tag = soup.find("a", class_="item1").find_next_sibling()
5.  print(tag.name)
6.  print("---------------------------")
7.  tag = soup.find("a", class_="item1").find_next_
8. sibling("a")
9.  print(tag.name)
10. print("---------------------------")
11. tags = soup.find("a", class_="item2").find_next_
12. siblings()
13. for i in tags:
14.    print(i)
15. print("---------------------------")
16. tags = soup.find("a", class_="item2").find_next_
```

```
17. siblings("a")
18. for i in tags:
19. print(i)
```

执行结果如图 17-37 所示，返回了兄弟元素。

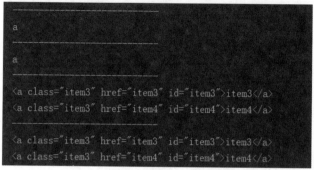

图 17-37　示例 17-31 输出结果

find_previous_sibling 和 find_previous_siblings 方法在功能上和参数设置上与 find_next_sibling 保持一致，但查找方向相反。

（8）深度遍历。

find_next 和 find_all_next 方法是采用深度遍历的原则在查找元素。如示例 17-32 所示，第 4 行调用 find_next 方法，查找的是 class="story" 的 "span" 元素后面临近的第一个元素；第 7 行和第 8 行查找的是后面临近的第一个 span 元素。第 11 行和第 15 行，find_all_next 方法查找的是后续元素和内部的子元素。与之相似的方法还有 find_previous 和 find_all_previous 方法，功能上与 find_next 和 find_all_next 保持一致，查找方向相反。

示例 17-32　按深度遍历模式查找后续的元素

```
1. soup = BeautifulSoup(html_doc, "lxml")
2. print("--------------------------")
3.
4. tag = soup.find("span", class_="story").find_next()
```

```
5. print(tag.name)
6. print("--------------------------")
7. tag = soup.find("span", class_="story").find_
8. next("span")
9. print(tag.name)
10. print("--------------------------")
11. tags = soup.find("div", class_="detail").find_all_next()
12. for i in tags:
13. print(i.name)
14. print("--------------------------")
15. tags = soup.find("div", class_="detail").find_all_next("a")
16. for i in tags:
17. print(i.name)
```

执行结果如图 17-38 所示，返回临近元素及其子元素。

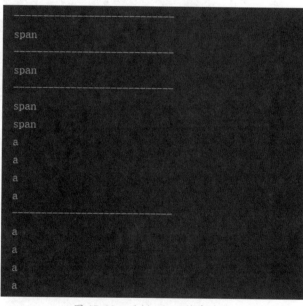

图 17-38　示例 17-32 输出结果

17.4　Requests 爬虫库

Requests 是一个优雅的、简单的 Http 库。通过 Requests 与 BeautifulSoup 的配合使用，可以构建功能强大的爬虫程序。

17.4.1　安装 Requests

安装 Requests 比较简单，使用 pip 安装，代码如下。

pip install requests

也可以使用 conda 进行安装。

conda install requests

安装完毕后，在 cmd 命令行窗口中输入"python"，进入 Python 的编辑环境，导入 requests 库验证安装。

```
import requests
```

如图 17-39 所示，如果程序没有报错，则安装成功。

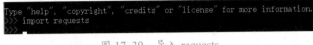

```
Type "help", "copyright", "credits" or "license" for more information.
>>> import requests
>>>
```

图 17-39　导入 requests

17.4.2　运行示例站点

在随书源码对应章节下，包含一个示例 Web 站点，该站点是基于 Flask 框架创建的。为了能观察 Requests 发送请求与服务器的交互过程，需要先运行此站点，然后使用 Requests 提供的接口访问该站点提供的 API。

使用 PyCharm 打开示例站点，双击【app.py】文件。在该文件的编辑区中，右击【Run 'app'】菜单，启动该站点，如图 17-40 所示。正常启动后在编辑器底部会出现提示信息，表示站点正常启动。

浏览器会自动打开，如图 17-41 所示。此时在键盘上按下【F12】键，打开开发者工具，如图中底部面板。按下【F5】键刷新网页，可以看到，浏览器所监控到的请求列表。

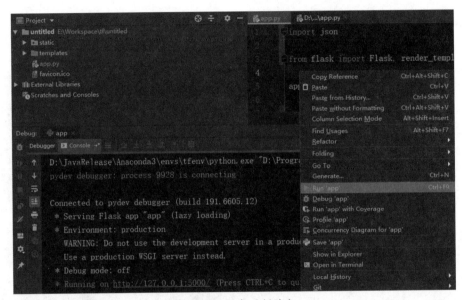

图 17-40　运行示例站点

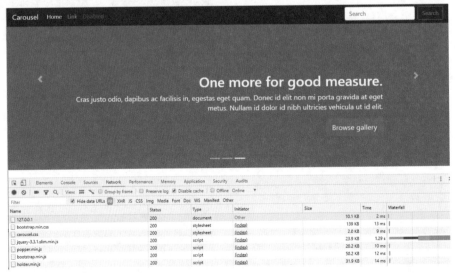

图 17-41　示例站点界面

开发者工具监控的请求列表是浏览器发出的，这些连接的请求也可由 Requests 工具发起。

17.4.3 使用 Requests

Requests 根据请求的类别分别提供了接口，同时还支持 Cookie 与 Session 的管理，这对爬取某些需要身份验证的站点尤为管用。Requests 的各种用法如下。

1. 发送请求

如示例 17-33 所示，使用 Requests 前需要导入 requests，如第 3 行。requests.get 方法表示对该连接发起 Get 请求，返回值 r 表示该请求返回的结果。使用 requests.post 可以将参数 data 传递到服务端，使用 requests.put 则是告知服务器修改数据。使用 requests.delete 是删除服务器上的数据，使用 requests.head 则是验证该链接是否有效。requests.options 方法用于探测服务器支持哪些其他的功能和方法。

示例 17-33　发送请求

```
1.  # -*- coding: UTF-8 -*-
2.
3.  import requests
4.  r = requests.get('http://127.0.0.1:5000/static/dist/css/
5.  bootstrap.min.css')
6.  r = requests.post('http://127.0.0.1:5000/handlePost',
7.  data={'key': 'value'})
8.  r = requests.put('http://127.0.0.1:5000/handlePut',
9.  data={'key': 'value'})
10. r = requests.delete('http://127.0.0.1:5000/handleDel')
11. r = requests.head('http://127.0.0.1:5000/static/dist/css/
12. bootstrap.min.css')
13. r = requests.options('http://127.0.0.1:5000/static/dist/
14. css/bootstrap.min.css')
```

2. 通过 Get 传递参数

Get 请求一般用于从服务器上获取数据，也可以传递数据到服务器上。

如示例 17-34 所示，使用 Get 请求，给 params 参数赋值一个字典，可以将数据发送到服务端。第 5 行，两个参数都有实际的值；第 11 行，"key2"值为 None；第 16 行，在参数中传递复杂数据结构，如列表。

在第 8 行、第 14 行、第 19 行输出 request 实际请求的 url。

示例 17-34　发送 Get 请求

```
1.  # -*- coding: UTF-8 -*-
2.
3.  import requests
4.
5.  payload = {"key1": "python", "key2": "mysql"}
6.  r = requests.get("http://127.0.0.1:5000/handleGet",
7.  params=payload)
8.  print(" 实际发出的请求：", r.url)
9.
10.
11. payload = {"key1": "python", "key2": None}
12. r = requests.get("http://127.0.0.1:5000/handleGet",
13. params=payload)
14. print(" 实际发出的请求：", r.url)
15.
16. payload = {"key1": "python", "key2": ["mysql","redis"]}
17. r = requests.get("http://127.0.0.1:5000/handleGet",
18. params=payload)
19. print(" 实际发出的请求：", r.url)
```

执行结果如图 17-42 所示，可以看到使用 Get 发送键值对形式的数据，最后数据会被拼接在 Url 后面，Url 与数据间使用 "？" 连接，参数与参数之间使用 "&" 连接，这种传递参数的方式称为查询字符串。注意第二个请求，如果 "key2" 的值为 "None"，那么该数据会被自动忽略。对于第三个请求，request 将列表转换成键值对，虽然技术上可以这样实现，但在实际项目开发过程中并不建议这样做，因为在服务端只能获取到第一个 "key2" 的值。

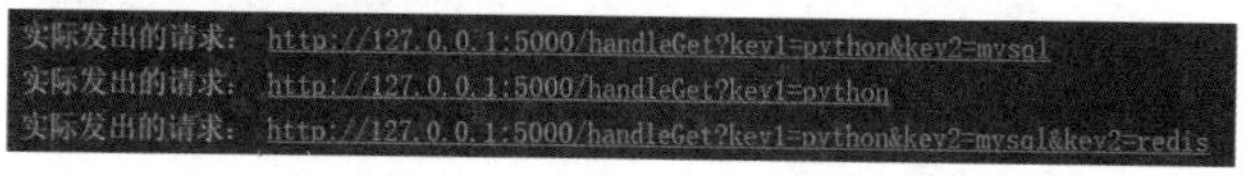

图 17-42　示例 17-34 输出结果

> **温馨提示**
>
> Get 请求传递数据最明显的一个弊端，就是会将数据拼接到 Url 后面，若是在安全性较高的情况下，不适合使用 Get 传递，如用户名和密码。

3. 通过 Post 传递参数

Post 请求一般用于将数据从客户端传递到服务器端。Post 支持传递多种格式的数据，并且参数也不会被拼接到 Url 上，同时 Post 传递的数据量大小没有限制，而 Get 传递的参数大小是有限制的，根据浏览器的不同，有 1M、2M、4M 等情况。

如示例 17-35 所示，使用 Post 分别传递字典、元组、json 字符串类型的数据。

示例 17-35 Post 传递不同类型的参数

```
# -*- coding: UTF-8 -*-

import json
import requests

payload = {"key1": "python", "key2": "mysql"}
r = requests.post("http://127.0.0.1:5000/handlePost",
data=payload)
print(" 实际的请求地址：", r.url)
print(" 返回的内容：", r.text)
print()
payload = (("key1", "python"), ("key2", "mysql"))
r = requests.post("http://127.0.0.1:5000/handlePost",
data=payload)
print(" 实际的请求地址：", r.url)
print(" 返回的内容：", r.text)
print()
payload = {"key1": "python", "key2": "mysql"}
r = requests.post("http://127.0.0.1:5000/handlePostDic",
            json=json.dumps(payload))
print(" 实际的请求地址：", r.url)
print(" 返回的内容：", r.text)
```

执行结果如图 17-43 所示，可以看到服务端正常返回结果，Post 下实际的请求地址也没有变化。

```
实际的请求地址： http://127.0.0.1:5000/handlePost
返回的内容： {"key1": "hi python", "key2": "hi mysql"}

实际的请求地址： http://127.0.0.1:5000/handlePost
返回的内容： {"key1": "hi python", "key2": "hi mysql"}

实际的请求地址： http://127.0.0.1:5000/handlePostDic
返回的内容： {"key1": "hi dic python", "key2": "hi dic mysql"}
```

图 17-43 示例 17-35 输出结果

4. 定制请求头

Http 请求包含以下几个部分。

（1）请求行：用来指明请求的方式、链接地址、http 版本。

（2）请求头：包含浏览器、服务器、文档类型、编码类型、支持的语言、用户代理、连接类型等。

（3）空行：包含一个空行，用来表示请求头结束。

（4）请求体：具体发送出去的数据。

定制请求头最常见的用法是在程序中设置用户代理，应对反爬虫程序。现在大量的网站已经包含了爬虫检测功能，如马蜂窝、淘宝、京东等。当开发者使用爬虫去访问这些站点，将无法获得数据。

绕过反爬虫的方法之一就是设置用户代理，用法如示例 17-36 所示。

示例 17-36 设置请求头

```
# -*- coding: UTF-8 -*-

import requests

payload = {"key1": "python", "key2": "mysql"}
url="http://127.0.0.1:5000/handleGet"
headers = {"user-agent": "my-app/0.0.1"}
r = requests.get(url, headers=headers, params=payload)
print(r.request.headers)
```

执行结果如图 17-44 所示。

```
{'user-agent': 'my-app/0.0.1', 'Accept-Encoding': 'gzip, deflate', 'Accept': '*/*', 'Connection': 'keep-alive'}
```

图 17-44 示例 17-36 输出结果

5. 响应内容

（1）响应对象。

requests 的 get、post 方法的返回值 r 就是响应对象，其中包含了服务器端所有返回的信息。在响应对象中，可以访问响应头、状态码、数据编码方式，如示例 17-37 所示。

示例 17-37 响应对象

```
1.  # -*- coding: UTF-8 -*-
2.
3.  import requests
4.
5.  payload = {"key1": "python", "key2": "mysql"}
6.  url = "http://127.0.0.1:5000/handleGet"
```

```
服务器端返回的对象：〈Response [200]〉
服务器端返回的响应头：{'Content-Type': 'text/html; charset=utf-8', 'Content-Length': '47', 'Server':
服务器端返回的状态码：200
数据的编码方式：utf-8
```

图 17-45　示例 17-37 输出结果

（2）响应内容。

如示例 17-38 所示，通过访问响应对象的 text 属性，可以获取响应的文本内容，若是返回的数据是 json 格式，还可以直接调用 json 方法，将文本转为字典对象。通过访问 context 属性，可以获取响应的二进制内容，这种情况服务端一般返回的是图片。导入 PIL 模块，使用 Image 对象读取内存中的字节数据，然后调用 show 方法显示图片。注意，第 25 行请求的是一个页面，那么服务端返回的就是一个文档。

示例 17-38 响应内容

```
1.  # -*- coding: UTF-8 -*-
2.
3.  import requests
4.  from PIL import Image
5.  from io import BytesIO
6.
7.  payload = {"key1": "python", "key2": "mysql"}
8.  url = "http://127.0.0.1:5000/handleGet"
9.  headers = {"user-agent": "my-app/0.0.1"}
10.
11. r = requests.get(url, params=payload)
12. print(" 响应文本 ", r.text)
13. print(" 响应 json 格式数据： ", r.json())
14.
15. print()
```

```
7.  headers = {"user-agent": "my-app/0.0.1"}
8.  r = requests.get(url, headers=headers, params=payload)
9.  print(" 服务器端返回的对象： ",r)
10. print(" 服务器端返回的响应头： ",r.headers)
11. print(" 服务器端返回的状态码： ",r.status_code)
12. print(" 数据的编码方式： ",r.encoding)
```

执行结果如图 17-45 所示。

```
16. r = requests.get(
17.     'https://www.baidu.com/img/
18.     superlogo_c4d7df0a003d3db9b65e9ef0fe6da1ec.
19. png?qua = high & where = super')
20. print(" 二进制响应内容 ", r.content)
21. i = Image.open(BytesIO(r.content))
22. i.show()
23.
24. print()
25. r = requests.get("http://127.0.0.1:5000/", params=payload)
26. print(" 响应 html 页面 ", r.text)
```

执行结果如图 17-46 所示，二进制响应内容将会被展示成一张图片。

> **温馨提示**
>
> 使用 Image 模块将二进制数据转为图片，需要使用如下命令进行安装。
>
> pip install pillow

（3）读取原始数据流。

在极少数情况下需要获取来自服务端的原始数据流，这需要将请求的参数 stream 设置为 True，然后在响应对象上调用 raw 属性的 read 方法，指明读取的长度，如示例 17-39 所示。

```
响应文本 {"key1": "hello python", "key2": "hello mysql"}
响应json格式数据:  {'key1': 'hello python', 'key2': 'hello mysql'}

二进制响应内容 b'\x89PNG\r\n\x1a\n\x00\x00\x00\rIHDR\x00\x00\x02\x1c\x00\x00\x01\x02\x08\x03\x00\x00

响应html页面 <!doctype html>
<html lang="en">
  <head>
    <meta charset="utf-8">
    <meta name="viewport" content="width=device-width, initial-scale=1, shrink-to-fit=no">
    <meta name="description" content="">
    <meta name="author" content="">
    <link rel="icon" href="favicon.ico">

    <title>Carousel Template for Bootstrap</title>

    <!-- Bootstrap core CSS -->
    <link href="/static/dist/css/bootstrap.min.css" rel="stylesheet">

    <!-- Custom styles for this template -->
    <link href="/static/css/carousel.css" rel="stylesheet">
<body>

  <header>
    <nav class="navbar navbar-expand-md navbar-dark fixed-top bg-dark">
      <a class="navbar-brand" href="#">Carousel</a>
      <button class="navbar-toggler" type="button" data-toggle="collapse" data-target="#navbarCollapse" aria-controls="na
        <span class="navbar-toggler-icon"></span>
      </button>
      <div class="collapse navbar-collapse" id="navbarCollapse">
        <ul class="navbar-nav mr-auto">
          <li class="nav-item active">
            <a class="nav-link" href="#">Home <span class="sr-only">(current)</span></a>
          </li>
          <li class="nav-item">
            <a class="nav-link" href="#">Link</a>
```

图 17-46   示例 17-38 输出结果

示例 17-39 读取原始数据流

```
1.  # -*- coding: UTF-8 -*-
2.
3.  import requests
4.  from PIL import Image
5.  from io import BytesIO
6.
7.  payload = {"key1": "python", "key2": "mysql"}
8.  url = "http://127.0.0.1:5000/handleGet"
9.  headers = {"user-agent": "my-app/0.0.1"}
10.
11. r = requests.get(url, params=payload, stream=True)
12.
13. print(" 底层的原始数据流: ", r.raw)
14. print(" 获取指定长度的内容 :", r.raw.read(100))
```

执行结果如图 17-47 所示，可以看到，read 方法返回的是字节数据，通过在 read 方法中指定读取的数据长度，可以获取部分返回的值。

底层的原始数据流: <urllib3.response.HTTPResponse object at 0x0000025C11CCD2E8>
获取指定长度的内容: b'{"key1": "hello python", "key2": "hello mysql"}'

图 17-47　示例 17-39 输出结果

6. 设置超时机制

在生产环境中，对爬虫发起请求都需要设置超时机制，避免程序被卡住。如示例 17-40 所示，给 get 请求设置 timeout 参数为 0.001 秒，可以立即触发超时异常。

示例 17-40　设置超时机制

```
1.  # -*- coding: UTF-8 -*-
2.
3.  import requests
4.
5.  payload = {"key1": "python", "key2": "mysql"}
6.  url = "http://127.0.0.1:5000/handleGet"
7.  headers = {"user-agent": "my-app/0.0.1"}
8.
9.  try:
10.     r = requests.get(url, timeout=0.001)
11. except Exception as e:
12.     print(e)
```

执行结果如图 17-48 所示。

HTTPConnectionPool(host='127.0.0.1', port=5000): Read timed out. (read timeout=0.001)

图 17-48　示例 17-40 输出结果

7. Cookie

Cookie 是服务器端在客户端临时保存数据的一门技术，一般用于身份验证。在示例站点中，包含两个接口，一个是登录，另一个是获取账户余额。获取账户余额的接口需要先登录，正常登录后服务端会给客户端返回一个 Cookie，客户端获取 Cookie 信息后，带着该信息再调用获取余额接口，具体实现如示例 17-41 所示。

示例 17-41　获取与使用 cookie

```
1.  # -*- coding: UTF-8 -*-
2.
3.  import requests
4.
5.  payload = {"username": "root", "password": "root"}
6.  url1 = "http://127.0.0.1:5000/login"
7.  url2 = "http://127.0.0.1:5000/getAccount"
8.  headers = {"user-agent": "my-app/0.0.1"}
9.
10. try:
11.     r = requests.post(url1, data=payload)
12.     if r.cookies["login_status"] == "ok" and r.cookies
13. ["login_key"] is not None:
14.         cookies = {"login_key": r.cookies["login_key"]}
15.         r = requests.get(url2, cookies=cookies)
16.         print(r.text)
17.
18.
19. except Exception as e:
20.     print(e)
```

执行结果如图 17-49 所示。

{"Account": "R00008", "Amount": 8888888}

图 17-49　示例 17-41 输出结果

8. Session

Session 对象与 Cookie 对象功能上几乎一样，不过 Cookie 是存放在客户端，Session 是存在服务器端，同时 Session 也会自动在一个会话内的所有请求之间保持 Cookie。具体用法如示例 17-42 所示，在第 11 行创建 session 对象，在第 12 行使用 session 传递数据。

示例 17-42　使用 Session

```
1.  # -*- coding: UTF-8 -*-
2.
3.  import requests
4.
5.  payload = {"username": "root", "password": "root"}
6.  url1 = "http://127.0.0.1:5000/login"
7.  url2 = "http://127.0.0.1:5000/getAccount"
8.  headers = {"user-agent": "my-app/0.0.1"}
9.
10. try:
11.     session = requests.Session()
12.     session.post(url1, data=payload)
13.     r = session.get(url2)
14.     print(r.text)
15.
16. except Exception as e:
17. print(e)
```

执行结果如图 17-50 所示，输出服务端保存的 Session 信息。可以看到，使用 Session 时，Cookie 的信息被输出了。

{"Account": "R00008", "Amount": 8888888, "Session USER Info": "Session USER Info:root.root"}

图 17-50　示例 17-42 输出结果

9. 钩子函数

钩子函数实际上是 get、post 等请求，在客户端得到响应之前会被自动调用的一种回调函数。如示例 17-43 所示，get 和 post 请求都希望得到响应对象里面的数据是字典类型，因此在对应的方法上设置 hooks 参数，如第 14 行和第 21 行。当客户端得到响应后，自动调用 convertToDict 将数据转为字典。

示例 17-43 钩子函数

```
1.  # -*- coding: UTF-8 -*-
2.
3.  import requests
4.
5.
6.  def showUrl(r, *args, **kwargs):
7.      r.wrapper_text = r.json()
8.
9.
10. hooks = dict(response=showUrl)
11.
12. payload = {"key1": "python", "key2": "mysql"}
13. result = requests.get("http://127.0.0.1:5000/handleGet",
14. params=payload, hooks=hooks)
15.
16. print("wrapper_text 类型：", type(result.wrapper_text))
17. print("get 请求：", result.wrapper_text)
18. print()
19.
20. result = requests.post("http://127.0.0.1:5000/handlePost",
21. data=payload, hooks=hooks)
22. print("wrapper_text 类型：", type(result.wrapper_text))
23. print("post 请求：", result.wrapper_text)
```

执行结果如图 17-51 所示。

```
wrapper_text类型: <class 'dict'>
get请求: {'key1': 'hello python', 'key2': 'hello mysql'}

wrapper_text类型: <class 'dict'>
post请求: {'key1': 'hi python', 'key2': 'hi mysql'}
```

图 17-51　示例 14-43 输出结果

10. 代理 IP

如果从一个 IP 地址上往某个站点发送的请求过于频繁，反爬虫程序就会怀疑这不是人为操作浏览器，然后就会将客户端请求重定向到某个提示页面或错误页面，甚至禁止这个 IP 地址再次访问该站点。为了能够在短时间内爬取更多的信息，就要频繁发起 Http 请求。将本机发起的请求通过代理 IP 发出，绕过反爬虫检查，具体用法如示例 17-44 所示。

示例 17-44 使用代理 IP

```
1.  # -*- coding: UTF-8 -*-
2.  import requests
3.
4.  proxies = {
5.      "http": "http://163.204.241.10:9999",
6.      "http": "http://111.177.174.57:8081",
7.  }
8.
9.  payload = {"key1": "python", "key2": "mysql"}
10.
11. r = requests.get("http://127.0.0.1:5000/handleGet",
12. params=payload, proxies=proxies)
13.
14. print(r.text)
```

执行结果如图 17-52 示。

```
{"key1": "hello python", "key2": "hello mysql"}
```

图 17-52　示例 17-44 输出结果

常见面试题

1.Get 请求与 Post 请求的区别是什么？

答：从表现行为上，Get 和 Post 请求的区别比较多，如 Get 请求传递的数据会拼接到地址栏上，Post 请求则不会；Get 请求传递的数量小，Post 请求传递的数据量较大。然而在本质上两者并无区别，在底层都是使用 TCP 协议发送数据包，唯一的区别就是 Get 请求发送一次数据包，Post 请求会发送两次。

2.Cookie 和 Session 的区别是什么?

答:Cookie 存储在浏览器端,存的数据量较小,通过编程可以轻松获取 Cookie 的信息。Session 存储在服务器端,存的数据量相对较大,并且比 Cookie 更安全。

3. 爬虫程序的整体开发流程是什么?

答:开发应先分析业务,需要采集什么内容,然后寻找哪些站点包含这些内容,再分析目标站点的网页结构,最后开发爬虫程序采集并存储数据,如图 17-53 所示。

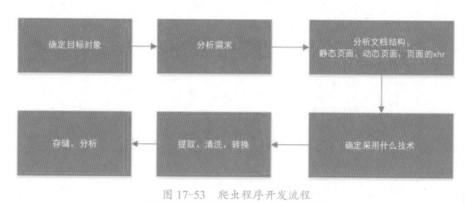

图 17-53　爬虫程序开发流程

本章小结

本章主要介绍了网页的基本结构、爬虫原理,以及如何使用 lxml 库和 BeautifulSoup 库提取网页中的内容。然后介绍了如何运行示例站点,以及轻量级的、接口友好的爬虫框架 Requests,演示了 Requests 框架如何与示例站点进行交互。掌握本章内容,就可以采集大多数网站的数据了。

_第18_章 Python 分布式爬虫应用

★本章导读★

本章主要介绍 Scrapy 框架的原理、安装和基本使用，以及爬虫程序的开发、设计、实施流程和分布式爬虫的搭建。通过本章的学习，可以开发不同场景下的爬虫程序。

★知识要点★

通过本章内容的学习，读者能掌握以下知识。

➥ 了解 Scrapy 原理、安装与操作

➥ 了解如何分析目标网页

➥ 了解 Scrapy 项目架构

➥ 掌握 Scrapy 数据采集技术

➥ 掌握 Scrapy 全站采集数据

➥ 掌握 Scrapy 集成 MySQL、MongoDB

➥ 掌握 Scrapy 集成 Redis 以搭建分布式爬虫

18.1 Scrapy 框架的安装和使用

Scrapy 是 Python 中最受欢迎、社区活跃度最高的爬虫框架之一，其包含丰富的功能可以使开发者节省大量的时间和精力。使用 scrapy_redis 插件，还可以迅速搭建起分布式爬虫。

18.1.1 Scrapy 框架的简介

Scrapy 是一个半成品的爬虫，需要用户基于 Scrapy 框架进行二次开发。Scrapy 已经包含了队列、下载器、日志、异常管理等功能。在使用上，更多的是给框架配置参数，然后根据特定网站，编写具体的爬取规则。

1. Scrapy 架构

如图 18-1 所示，Scrapy 由多个组件构成，这里介绍如下。

（1）Scrapy Engine：Scrapy 核心组件，用来处理 Scrapy 整个框架的数据流。

（2）Scheduler：调度器，引擎会将请求交给调度器进行排队，由调度器决定下一个爬取的网络地址是什么。

（3）Downloader：下载器，会自动下载网页，并将网页内容传递给 Spider。

（4）Spiders：是开发 Scrapy 最重要的部分。用户可以提取网页中的数据，用"item"表示；也可以提取链接，让 Scrapy 继续爬取。

（5）Pipeline：管道，用于处理 Spider 抽取的实体，如数据清洗、数据持久化等。

（6）Downloader Middlewares：下载器中间件，主要用于处理引擎和下载器之间的请求与响应。

（7）Spider Middlewares：爬虫中间件，主要用于处理 Spider 的响应和输出。

（8）Scheduler Middlewares：调度中间件，主要用于处理引擎和调度器之间的请求与响应。

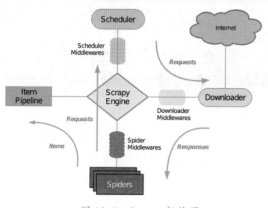

图 18-1　Scrapy 架构图

2. Scrapy 数据流

　　当爬虫启动后，数据会按一定流程在各组件间传递，具体如图 18-2 所示。

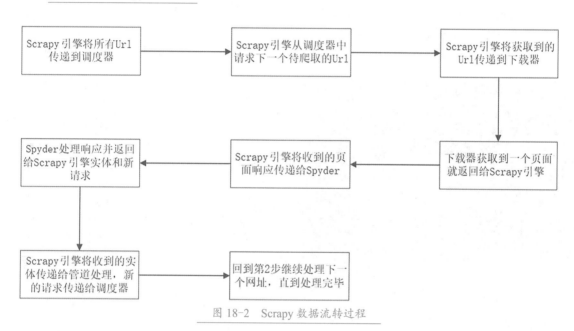

图 18-2　Scrapy 数据流转过程

18.1.2　Scrapy 框架安装

　　安装 Scrapy 并不复杂，使用如下命令即可完成安装。

pip install Scrapy

　　特别需要注意的是，Scrapy 安装过程会自动下载并安装多个库。安装失败一般是因为下载不了某些组件，所以在安装过程发现某一个组件安装出错，单独下载该组件安装即可。

　　安装完成后使用如下命令，验证安装。

scrapy version

　　显示版本号，即为正常，如图 18-3 所示。

```
                          >scrapy version
Scrapy 1.6.0
```

图 18-3　Scrapy 版本号

18.1.3　项目创建

　　在使用之前，还需要创建一个爬虫项目。找一个空白目录，打开命令行或 Powershell，使用如下命令创建项目。

scrapy startproject myfirstscrapy

　　命令执行结果，如图 18-4 所示。

```
New Scrapy project 'myfirstscrapy', using template directory 'd:\programdata\anaconda3\lib\site-packages\scrapy\template
s\project', created in:
    D:\workspace\PycharmProjects\scrapys\spyder\myfirstscrapy

You can start your first spider with:
    cd myfirstscrapy
    scrapy genspider example example.com
```

图 18-4　项目创建

继续在命令行窗口中执行命令。

cd myfirstscrapy
scrapy genspider example example.com

进入 myfirstscrapy 目录，使用 genspider 命令创建了一个爬虫 example，爬取的站点域名是 example.com。

打开 myfirstscrapy 目录，可以看到 Scrapy 项目结构，如图 18-5 所示。

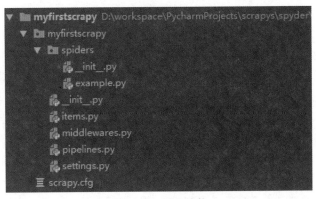

图 18-5　项目结构

其中各文件的含义说明如下。

（1）scrapy.cfg：项目配置文件，在部署时可能需要修改，其所在目录就是根目录。

（2）items.py：存放实体类的文件，实体类需要从 scrapy.Item 继承下来，用来表示爬虫提取到的数据。

（3）middlewares.py：用来处理 Scrapy 引擎和各组件之间的请求和响应。

（4）pipelines.py：用来处理爬虫传递过来的实体。

（5）settings.py：框架配置文件。

（6）spiders：用来存放具体的爬虫代码。

（7）example.py：爬虫文件，用于编写爬虫程序和网页解析程序。example.py 文件内容如示例 18-1 所示，

其中第 6 行是爬虫的名称，allowed_domains 是允许爬虫爬取的域名，start_urls 是该域名下的起始地址，爬虫将从该地址开始爬取。parse 方法是爬虫采集到网页后的回调，response 对象就是服务器响应对象，所有的返回信息将从这个对象中获取。

示例 18-1　example.py 文件内容

```
1.   # -*- coding: utf-8 -*-
2.   import scrapy
3.
4.
5.   class ExampleSpider(scrapy.Spider):
6.       name = 'example'
7.       allowed_domains = ['example.com']
8.       start_urls = ['http://example.com/']
9.
10.      def parse(self, response):
11.          pass
```

18.1.4　项目运行与调试

在项目 scrapy.cfg 文件的所在目录下，打开命令行窗口，使用如下命令启动爬虫。

scrapy crawl example

这种方法的弊端是不方便调试。在 PyCharm 中也能运行爬虫，需要进行如下配置。

Step 01　单击【Add Configuration】按钮弹出配置对话框，单击【＋】按钮选择 Python，如图 18-6 所示。

Step 02　如图 18-7 对话框中，在【Name】文本框内输入"example"，这个名词需和代码中的 name 保持一致。单击【Script path】文本框后的文件夹图标，选择安装目录下的 cmdline.py 文件。

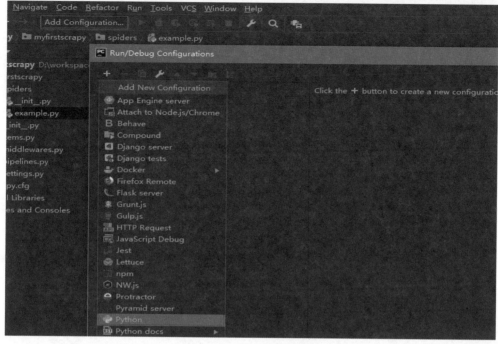

图 18-6　添加配置对话框

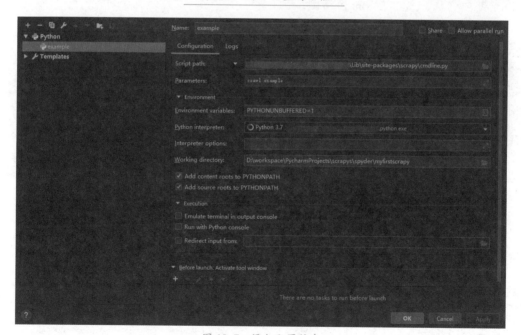

图 18-7　添加配置信息

输入如下命令，启动爬虫。

crawl example

Step 03 输入 scrapy 配置文件 scrapy.cfg 所在的目录。

　　配置完毕后单击【OK】按钮。在菜单栏上可以看到运行、调试的图标，如图 18-8 所示。单击三角形图标运行爬虫程序，单击"虫子"图标，可调试爬虫程序。

图 18-8　调试爬虫程序

227

18.1.5 常用命令

Scrapy 使用交互式命令来创建项目、生成爬虫、启动爬虫，同时这些命令还提供了检查 XPath 语法、查看爬虫获取的页面等功能。在生产环境中，还可以使用命令来做基本的调试。Scrapy 常用命令如下。

1. 创建项目

创建项目语法如下。

```
scrapy startproject myfirstscrapy
```

其中，myfirstscrapy 是项目名称，该目录包含 scrapy.cfg 文件，是项目根目录。

2. 创建爬虫

创建完项目后，切换到 myfirstscrapy 目录内，使用如下命令，创建爬虫。

```
scrapy genspider example example.com
```

example 表示爬虫名称，example.com 是待爬取的网站。对应爬虫类代码如下。

```
class ExampleSpider(scrapy.Spider):
    name = "example"
    allowed_domains = ["example.com"]
    start_urls = ["http://www.example.com/"]
```

3. 启动爬虫

使用如下命令启动爬虫。

```
scrapy crawl example
```

4. 检查 XPath

语法如下。

```
scrapy shell https://www.meijutt.com/
```

该命令会启动一个 shell，同时会自动下载该网站首页。在 shell 窗口中，常用对象如图 18-9 所示。response 对象就是 parse 方法中的 response 参数。

图 18-9 shell 窗口中的常用对象

该 shell 工具常用于检查 XPath 语法，代码如下。

```
response.xpath("//div[@class='l week-hot layout-box']/ul/li")
```

执行结果如图 18-10 所示。

图 18-10 检查 XPath 语法

5. 查看爬虫列表

使用如下命令，可以查看爬虫列表。

```
scrapy list
```

执行结果如图 18-11 所示，显示项目中爬虫名称。

```
PS D:\workspace\PycharmProjects\scrapys\spyder\myfirstscrapy> scrapy list
cctv
PS D:\workspace\PycharmProjects\scrapys\spyder\myfirstscrapy>
```

图 18-11　爬虫列表

6. 查看爬虫视图

scrapy view 命令可以调用浏览器打开目标站点。用户通过视图命令，查看网页和目标网页是否一致。

```
scrapy view "http://www.tuniu.com/
package/210740698?source=bb&ta_p
st=%E5%88%86%E7%B1%BB%E9%A1%B5_%E5%87
%BA%E5%A2%83%E6%97%85%E6%B8%B8-%E9%A9
%AC%E5%B0%94%E4%BB%A3%E5%A4%AB_1&ad_
```

id=2107406
98"

> **温馨提示**
>
> 当在浏览器中能看到数据，但使用 Scrapy 程序又获取不到，此时就需要使用 scrapy view 检查页面内容，来做相应的调整。

18.2 Scrapy 框架的案例 1——51Job 爬虫

51Job 是一个综合性的招聘网站，本案例通过 Scrapy 爬取 51Job 的职位信息，演示如何利用爬虫获取翻页的内容，并将数据存储到数据库。

18.2.1 爬虫项目分析

打开 51Job 首页，输入关键词"Python"，跳转到 Python 相关职位的列表页，如图 18-12 所示。其中，职位名称、公司名称、工作地点、薪资范围、发布时间就是待采集的数据。

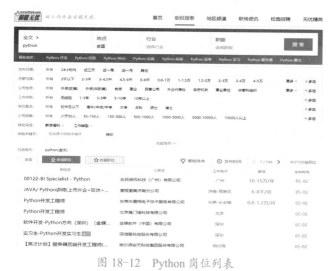

图 18-12　Python 岗位列表

在页面底部，可以看到翻页按钮，如图 18-13 所示。

Python高级开发工程师　　苏州思志马克了软件有限公司　　苏州　　1.5-2万/月　　05-02

上一页　1　2　3　4　5　6　下一页　共744条，到第　1　页　确定

图 18-13　51Job 翻页按钮

单击【1】和【2】按钮，网页地址如下。

https://search.51job.com/list/000000,000000,0000,00,9,99,
python,2,1.html
https://search.51job.com/list/000000,000000,0000,00,9,99,
python,2,2.html

可以推断出，影响页面数据的参数就是"html"字符串前面的第一个数字。因此，若是需要获取 51Job 所有的职位数据，只需找到满足该规则的所有链接，然后通过 Scrapy 爬取即可。

根据规则自动爬取页面，需要使用 CrawlSpider 类，具体解释如下。

CrawlSpider 是 Spider 的子类，Spider 爬取的是 start_urls 指定的链接，而 CrawlSpider 是根据一定的规则在 start_urls 的基础上做进一步跟进。在 start_urls 指定的链接的页面内部，包含了满足 CrawlSpider 规则的链接，那么 CrawlSpider 会筛选出这些链接，继续爬取。

CrawlSpider 的规则是一系列 Rule 对象的元组，创建 Rule 对象的重要参数含义如下。

（1）link_extractor：参数是 LinkExtractors 对象的实例，该实例指定了网页内部链接的提取规则，规则使用正则表达式进行表示。

（2）callback：指向一个回调函数。当满足 link_

extractor 条件链接的网页被下载后，会自动调用 callback，并将请求的响应传递给 callback，这时可在回调函数中提取数据。注意，在 CrawlSpider 的子类中不要定义 parse 方法，因为 CrawlSpider 采用 parse 方法实现了其他逻辑。

（3）follow：表示提取到的内部网页，是否需要跟进。若是 callback 为 None，follow 默认为 True，否则 follow 默认为 False。因此，若是指定了 callback 又需要持续跟进，在创建 Rule 时，可指定该参数如下。

Rule(link_extractor, callback="parse_item", follow=True)

（4）process_links：主要用来过滤 link_extractor 提取到的链接。

（5）process_request：主要用来过滤 link_extractor 提取到的请求。

在开发过程中，最常用的参数是 link_extractor、callback 和 follow。这里重点介绍 link_extractor 参数。

创建 LinkExtractor 对象的实例需要指定的参数如下。

（1）allow：指定正则表达式，满足条件的链接才会被提取。若该值为空，则页面中所有链接全部提取。

（2）deny：指定正则表达式，满足条件的链接不会被提取。

（3）allow_domains：指定一个或多个域名，在该域名下的链接才会被提取。

（4）deny_domains：指定一个或多个域名，在该域名下的链接不会被提取。

（5）tags：指定 html 元素，默认为 'a' 和 'area'，提取链接时会从这些元素上提取。

（6）attrs：指定 html 元素属性，默认为 'href'，提取链接时会从这些元素属性上提取。

（7）unique：对提取到的链接是否进行重复过滤。

在分析完目标站点后，就可以着手编程实现。

18.2.2 爬虫代码编写与详解

Step 01 爬取 Python 工作岗位的页面，并提取内容，同时提交给管道。

对于网页中的内容如何提取，则需要打开开发者工具检查元素，如图 18-14 所示。根据元素定位的结果，需要从 class 为 dw_table 的 div 开始爬取。

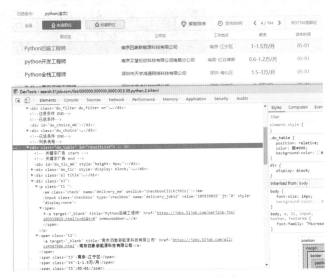

图 18-14　目标数据的位置

爬虫核心代码如示例 18-2 所示。爬虫类需要从 CrawlSpider 类继承下来，并在子类定义 link_extractor 和 rules 对象，用来创建链接的提取规则，然后在 parse_item 方法中提取采集到的页面内容。

示例 18-2 爬虫核心代码

```
1.  # -*- coding: UTF-8 -*-
2.  from scrapy.spiders import CrawlSpider, Rule
3.  from scrapy.linkextractors import LinkExtractor
4.
5.  from job.items import JobItem
6.
7.
8.  class CrawlspiderSpider(CrawlSpider):
9.      name = "51job"
10.     allowed_domains = ["search.51job.com"]
11.     start_urls = ["https://search.51job.com/list/000000,
12. 000000,0000,00,9,99,python,2,1.html"]
13.     link_extractor = LinkExtractor(allow=r"2,\d+.html")
14.     rules = {
15.         Rule(link_extractor, callback="parse_item",
16. follow=True, process_links="")
17.     }
18.
19.     def parse_item(self, response):
20.         div_list = response.xpath("//div[@class='dw_
21. table']/div[@class='el']")
22.         for div in div_list:
23.             try:
```

```
24.        item = JobItem()
25.        item["job_name"] = div.xpath("./p/span/a/
26. text()").extract_first().strip()
27.        item["company_name"] = div.xpath("./span/
28. a/text()").extract_first().strip()
29.        item["job_address"] = div.xpath("./span[@
30. class='t3']/text()").extract_first().strip()
31.        item["salary"] = div.xpath("./span[@
32. class='t4']/text()").extract_first().strip()
33.        item["publish_date"] = div.xpath("./span[@
34. class='t5']/text()").extract_first().strip()
35.        yield item
36.    except Exception as e:
37.        print(" 出现错误 " + e)
```

爬虫中的 JobItem 类定义如示例 18-3 所示，分别包含职位名称、公司名称、工作地址、薪资范围、发布时间。

示例 18-3 JobItem 类结构

```
1.  # -*- coding: utf-8 -*-
2.
3.
4.  import scrapy
5.
6.
7.  class JobItem(scrapy.Item):
8.    job_name = scrapy.Field()
9.    company_name = scrapy.Field()
10.   job_address = scrapy.Field()
11.   salary = scrapy.Field()
12.   publish_date = scrapy.Field()
```

Step 02 在管道中，初始化数据库连接，然后将获取接收到的 JobItem 对象中的信息插入数据库，如示例 18-4 所示。

示例 18-4 通过管道插入数据库

```
1.  # -*- coding: utf-8 -*-
2.
3.  import pymysql
4.
5.
6.  class JobPipeline(object):
7.    def open_spider(self, spider):
```

```
8.      self.mysql_conn = pymysql.connect(host="localhost",
9.                port=3306,
10.               user="root",
11.               passwd="root",
12.               db="test")
13.
14.   def process_item(self, item, spider):
15.     sql = "
16.             INSERT jobinfo(job_name,company_
17. name,job_address,salary,publish_date)
18.             VALUES('{}','{}','{}','{}','{}')
19.         ".format(item["job_name"],
20.             item["company_name"],
21.             item["job_address"],
22.             item["salary"], item["publish_date"])
23.     print(sql)
24.     self.mysql_conn.query(sql)
25.     self.mysql_conn.commit()
26.
27.   def close_spider(self, spider):
28.     self.mysql_conn.close()
```

Step 03 配置 Scrapy。

在 setting.py 文件中，将 ROBOTSTXT_OBEY 设置为 False。

ROBOTSTXT_OBEY = False

启用管道，将 ITEM_PIPELINES 前面的 "#" 去掉，如示例 18-5 所示。

示例 18-5 启用管道

```
1.  ITEM_PIPELINES = {
2.    'job.pipelines.JobPipeline': 300,
3.  }
```

至此，采集 51Job 数据的爬虫程序开发完毕，使用如下命令运行爬虫，开始采集数据。

scrapy crawl 51job

登录客户端，使用如下命令查询数据。

SELECT * from jobinfo

执行结果如图 18-15 所示。

图 18-15　职位采集结果

18.3　Scrapy 框架的案例 2—链家网分布式爬虫

链家网是二手房、租房、新房一站式信息搜索平台，平台上的房源信息覆盖北京、上海、广州、深圳、成都等四十多个主要城市。本案例通过 Scrapy 爬取链家网北京站二手房信息，使用分布式爬虫将采集到的数据存入 MongoDB。

18.3.1　爬虫项目分析

打开链家二手房首页，如图 18-16 所示。

观察链家网房源详细信息的各页面，可以看到详情页的 url 与列表页上的对应标题的链接一致。如图 18-17 所 示，<a class=""href="https://bj.lianjia.com/ershoufang/101104081365.html" target="_blank" 元 素 的 href 属性就是待爬取数据。

图 18-16　链家二手房列表页

图 18-17 详情页链接

将页面继续往下拉，可以看到翻页按钮，如图 18-18 所示。

图 18-18 翻页按钮

通过点击翻页按钮，可以看到每次列表页面跳转的 url 如下。

```
https://bj.lianjia.com/ershoufang/pg1/
https://bj.lianjia.com/ershoufang/pg2/
https://bj.lianjia.com/ershoufang/pg3/
```

pg 后面的数字表示第几页，因此房源列表页链接可以手动构造。

在页面上任意选择一个房源，打开房源详情页，如图 18-19 所示。房屋总价、每平方米价、小区名称、所在区域和链家编号就是待采集数据。

509 万 52502元/平米
首付及贷款情况请咨询经纪人 ⓘ

2室1厅   **南 北**   **96.95平米**
中楼层/共29层   平层/精装   2004年建/板塔结合

小区名称 三环新城7号院 地图
所在区域 丰台 玉泉营 三环至四环 近10号线丰台站站
看房时间 提前预约随时可看
链家编号 101104075390 举报

图 18-19 房源详情 1

继续往下拉页面，可以看到房屋的其他信息，如图 18-20 所示。需要采集的就是房屋户型、建筑面积、套内面积、户型结构、挂牌时间、上次交易时间。

基本信息

基本属性	房屋户型	2室1厅1厨1卫	所在楼层	中楼层 (共29层)
	建筑面积	96.95㎡	户型结构	平层
	套内面积	78.59㎡	建筑类型	板塔结合
	房屋朝向	南北	建筑结构	钢混结构
	装修情况	精装	梯户比例	两梯四户
	供暖方式	自供暖	配备电梯	有
	产权年限	70年		
交易属性	挂牌时间	2019-02-16	交易权属	一类经济适用房
	上次交易	2006-03-07	房屋用途	普通住宅
	房屋年限	满五年	产权所属	非共有
	抵押信息	无抵押	房本备件	已上传房本照片

图 18-20 房源详情 2

继续下拉页面，可以看到房源特色信息，如图 18-21 所示。房源标签是待采集数据。

房源特色

房源标签	地铁	VR房源	房本满五年	随时看房

图 18-21　房源特色

仍然继续下拉页面，到看房记录部分，如图 18-22 所示。这里通过采集最近 7 天带看次数，可以看到房源或所在小区的热度。

看房记录

带看时间	带看经纪人	本房总带看	咨询电话	近7天带看次数
2019-03-16	黎恒	1次	4008891782转9201	**12**
2019-03-15	李佳娟	1次	4008893051转9638	30日带看3S次
2019-03-15	张凌峰	1次	4008896072转5667	

图 18-22　看房记录

在分析完目标站点后，就可以着手编程实现。

18.3.2　爬虫代码编写与详解

采集数据分三部分，即初始化房源列表 url，爬取房源列表页和提取详情 url，爬取详情数据。

由一个初始化程序构造所有的房源列表 url，并将其存入 Redis。第一个爬虫获取这些链接，爬取对应页面，取出其中的详情 url，然后将详情 url 继续存入 Redis。第二个爬虫从 Redis 获取详情 url，获取房源详细数据，最终存入 MongoDB。

Step 01 构造房源列表页初始链接，如示例 18-6 所示。

示例 18-6　构造初始链接

```
1.  # -*- coding: utf-8 -*-
2.
3.  import redis
4.
5.  pool = redis.ConnectionPool(host="127.0.0.1", password="")
6.  r = redis.Redis(connection_pool=pool)
7.  page_count = 101
8.  print(" 正在生成链接 ...")
9.  for i in range(1, page_count):
10.     url = "https://bj.lianjia.com/ershoufang/pg{}/".format(i)
```

```
11.     r.rpush("lianjia:start_urls", url)
12.
13.  print(" 执行完毕！ ")
```

使用 RedisDesktopManager 客户端连接 Redis 验证执行结果。如图 18-23 所示，此时有 100 条列表页 url 写入 Redis。

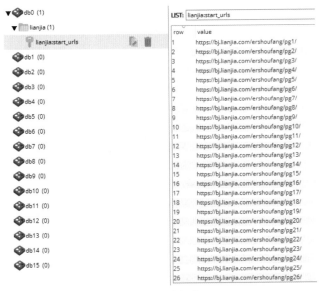

图 18-23　列表页 url

> **温馨提示**
>
> RedisDesktopManager 是 Redis 的一个免费的可视化客户端工具，可以通过界面操作 Redis 数据。
>
> 本示例爬虫启动没有先后顺序。在 Scrapy 中使用 Redis，需要安装 scrapy_redi 组件。安装方式为 pip install scrapy_redis。

Step 02 爬取房源列表信息。构造完列表页 url 后就可以开始爬取网页了。如示例 18-7 所示，爬取房源列表并提取房源详情 url。

示例 18-7　房源列表爬虫

```
1.  # -*- coding: utf-8 -*-
2.  from scrapy_redis.spiders import RedisCrawlSpider
3.
4.  from realestate.items import LianJiaItem
5.
6.
7.  class LianJiaSpider(RedisCrawlSpider):
```

```
8.    name = "lianjia"
9.    allowed_domains = ["bj.lianjia.com"]
10.   redis_key = "lianjia:start_urls"
11.
12.   def parse(self, response):
13.     li_list = response.xpath("//li[@class='clear
14. LOGCLICKDATA']")
15.     for li in li_list:
16.       item = LianJiaItem()
17.       item["url"] = li.xpath("./div/div/a[@href]").
18. attrib["href"]
19.       yield item
```

将提取的详情 url 存入 redis，如示例 18-8 所示。

示例 18-8 存入 redis

```
1.  class LianJia(object):
2.    @staticmethod
3.    def insert_redis(pipeline, item):
4.      pipeline.redis_obj.rpush("lianjia:detail_urls",
5. item["url"])
```

Step 03 爬取房源详细信息，如示例 18-9 所示。

示例 18-9 爬提取房源详细信息

```
1.  # -*- coding: utf-8 -*-
2.  from scrapy_redis.spiders import RedisCrawlSpider
3.  from realestate.items import LianJiaDetailItem
4.
5.  class LianJiaSpider(RedisCrawlSpider):
6.    name = "lianjiadetail"
7.    allowed_domains = ["bj.lianjia.com"]
8.    redis_key = "lianjia:detail_urls"
9.
10.   def parse(self, response):
11.     item = LianJiaDetailItem()
12.     item["lianjiabianhao"] = response.xpath(
13.       "//div[@class='overview']/div[@class='content']/
14. div[@class='aroundInfo']/div[@class='houseRecord']/
15. span[@class='info']/text()").extract_first()
16.     item["total"] = response.xpath(
17.       "//div[@class='overview']/div[@class=
18. 'content']/div[@class='price ']/span[@class='total']/
19. text()").extract_first()
20.     item["unitprice"] = response.xpath(
21.       "//div[@class='overview']/div[@class='content']/
22. div[@class='price ']/div[@class='text']/div[@class='unitPrice']/
23. span[@class='unitPriceValue']/text()").extract_first()
24.     item["compoundname"] = response.xpath(
25.       "//div[@class='overview']/div[@
26. class='content']/div[@class='aroundInfo']/div[@class=
27. 'communityName']/a[@class='info ']/text()").extract_first()
28.     item["zone"] = response.xpath(
29.       "//div[@class='overview']/div[@class='content'] /
30. div[@class='aroundInfo']/div[@class='areaName']/span
31. [@class='info']/a[1]/text()").extract_first()
32.
33.     li_list = response.xpath(
34.       "//div[@class='introContent']/div[@
35. class='base']/div[@class='content']/ul/li/text()")
36.     item["roomtype"] = li_list[0].root
37.     item["builtuparea"] = li_list[2].root
38.     item["structure"] = li_list[3].root
39.     item["usablearea"] = li_list[4].root
40.
41.     span_list = response.xpath(
42.       "//div[@class='introContent']/div[@class=
43. 'transaction']/div[@class='content']/ul/li/span/text()")
44.     item["listingdate"] = span_list[1].root
45.     item["lasttradedate"] = span_list[5].root
46.
47.     a_list = response.xpath(
48.       "//div[@class='introContent showbasemore']/
49. div[@class='tags clear']/div[@class='content']/a/text()")
50.     tag_list = []
51.     for a in a_list:
52.       tag_list.append(a.root)
53.
54.     item["tags"] = ",".join(tag_list)
55.
56.     item["latest7"] = response.xpath(
57.       "//div[@id='record']/div[@class='panel']/div[@
58. class='count']/text()").extract_first()
59.     yield item
```

房源详情实体如示例 18-10 所示。

示例 18-10 房源详情实体

```
1.  class LianJiaDetailItem(scrapy.Item):
2.    # 链家房产编号
3.    lianjiabianhao = scrapy.Field()
4.    # 总价
5.    total = scrapy.Field()
6.    # 平米价
7.    unitprice = scrapy.Field()
8.    # 小区名称
9.    compoundname = scrapy.Field()
10.   # 所在区域
11.   zone = scrapy.Field()
12.
13.   # 户型
14.   roomtype = scrapy.Field()
15.   # 建筑面积
16.   builtuparea = scrapy.Field()
17.   # 房屋结构
18.   structure = scrapy.Field()
19.   # 套内面积
20.   usablearea = scrapy.Field()
21.
22.   # 挂牌时间
23.   listingdate = scrapy.Field()
24.   # 上次交易时间
25.   lasttradedate = scrapy.Field()
26.
27.   # 房源特色
28.   tags = scrapy.Field()
29.
30.   # 最近 7 天带看次数
31.   latest7 = scrapy.Field()
```

爬虫提取数据后需要存入 MangoDB，因此需要在管道类中建立与 MangoDB 的连接，如示例 18-11 所示。其中，第 7 行表示使用 MangoDB 中 test 数据库，第 8 行表示使用该库的 lianjiadetail 表。MangoDB 无须提前建表和字段，在执行插入时会判断是否有表，没有则自动创建。

示例 18-11 初始化连接

```
1.  class RealestatePipeline(object):
2.
3.    def __init__(self):
4.      # 设置 mongodb 数据库连接
5.      client = pymongo.MongoClient(host="localhost",
6.  port=27017)
7.      self.db = client["test"]
8.      self.coll = self.db["lianjiadetail"]
9.
10.     # 设置 redis 数据库连接
11.     pool = redis.ConnectionPool(host="127.0.0.1",
12. password=")
13.     self.redis_obj = redis.Redis(connection_pool=pool)
```

将实体存入 MangoDB，如示例 18-12 所示。

示例 18-12 存入 MangoDB

```
1.  class LianJiaDetail(object):
2.    @staticmethod
3.    def insert_mango(pipeline, item):
4.      # 将实体转为字典
5.      document = dict(item)
6.      # 将字典存入 MangoDB
7.      pipeline.coll.insert(document)
```

至此，采集链家网数据的爬虫程序开发完毕，使用如下命令运行爬虫，此时爬虫会自动到 Redis 中取出列表 url 并采集该页面数据，提取其中的详情页 url。

scrapy crawl lianjia

如图 18-24 所示，随着爬虫的运行，Redis 中的列表 url 数量在逐步减少，同时详情页的 url 在增多。

图 18-24 列表页 url

如图 18-25 所示，是由 lianjia 爬虫采集回的详情页 url 列表。

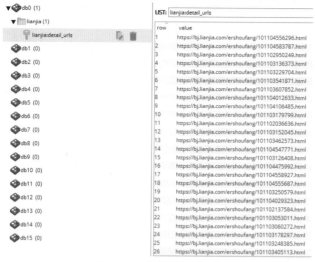

图 18-25　详情页 url 列表

Step 04 将详情页 url 采集回来后就可以启动 lianjiadetail 爬虫，采集最终需要的数据的命令如下。

```
scrapy crawl lianjiadetail
```

Step 05 最后打开 mongodb 客户端，输入命令，查询采集房源信息。

```
db.getCollection("lianjiadetail").find({})
```

执行结果如图 18-26 所示。

```
> db.getCollection("lianjiadetail").find({})
{ "_id" : ObjectId("5ccab5ce7baba3f644092e0c"), "lianjiabianhao" : "101104556296", "total" : "790", "unitprice" : "77187", "compoundname" : "北纬40度二期", "zone" : "朝阳", "roomtype" : "2室2厅1厨1卫", "builtuparea" : "102.35㎡", "structure" : "平层", "usablearea" : "74.04㎡", "listingdate" : "2019-04-21", "lasttradedate" : "2010-12-29", "tags" : "地铁,必看好房,VR房源,房本满五年", "latest7" : "0" }
{ "_id" : ObjectId("5ccab5cf7baba3f644092e0d"), "lianjiabianhao" : "101104012633", "total" : "410", "unitprice" : "53006", "compoundname" : "弘善家园", "zone" : "朝阳", "roomtype" : "2室1厅1厨1卫", "builtuparea" : "77.35㎡", "structure" : "平层", "usablearea" : "65.08㎡", "listingdate" : "2019-01-23", "lasttradedate" : "2014-04-14", "tags" : "地铁,必看好房,VR房源,房本满五年", "latest7" : "0" }
{ "_id" : ObjectId("5ccab5cf7baba3f644092e0e"), "lianjiabianhao" : "101104583787", "total" : "350", "unitprice" : "59484", "compoundname" : "鸿业兴园二区", "zone" : "丰台", "roomtype" : "1室1厅1厨1卫", "builtuparea" : "58.84㎡", "structure" : "平层", "usablearea" : "暂无数据", "listingdate" : "2019-04-26", "lasttradedate" : "2012-02-24", "tags" : "必看好房,VR房源,房本满五年", "latest7" : "0" }
{ "_id" : ObjectId("5ccab5d07baba3f644092e0f"), "lianjiabianhao" : "101104106485", "total" : "299", "unitprice" : "53826", "compoundname" : "造甲南里", "zone" : "丰台", "roomtype" : "2室1厅1厨1卫", "builtuparea" : "55.55㎡", "structure" : "平层", "usablearea" : "暂无数据", "listingdate" : "2019-02-21", "lasttradedate" : "2009-03-02", "tags" : "地铁,必看好房,VR房源,房本满五年", "latest7" : "0" }
{ "_id" : ObjectId("5ccab5d07baba3f644092e10"), "lianjiabianhao" : "101103607852", "total" : "473.5", "unitprice" : "44481", "compoundname" : "金惠园三里", "zone" : "大兴", "roomtype" : "3室1厅2厨2卫", "builtuparea" : "106.45㎡", "structure" : "平层", "usablearea" : "95.4㎡", "listingdate" : "2018-10-28", "lasttradedate" : "2008-11-28", "tags" : "地铁,必看好房,VR房源,房本满五年", "latest7" : "0" }
```

图 18-26　房源信息

常见面试题

1. 如何确定 Scrapy 爬虫获取到的真实页面？

答：在互联网上，有些网站为了避免被爬虫采集到数据，会将页面进行加密。这有可能导致爬虫看到的页面与用户看到的页面不一致，导致无法提取数据。用户可以使用 scrapy view 命令，查看爬虫视图下的页面内容。

2. 如何利用 Scrapy 进行全站爬取？

答：要爬取全站，需要在爬虫类中定义 LinkExtractor 和 rules 对象。LinkExtractor 对象用于设置提取页面 url 的规则，该规则一般使用正则表达式。rules 对象指定了规则和回调函数，表示当爬虫获取满足规则的页面，就调用对应的回调函数进行处理。

本章小结

本章主要介绍了 Scrapy 爬虫框架的运行原理与使用方式，然后还介绍了如何使用 scrapy_redis 搭建分布式爬虫。通过学习本章的内容，读者可以掌握并尝试进行大规模数据采集。

第5篇

Web 开发篇

随着网络技术的发展，互联网的应用领域越来越广泛。由于其免安装的特点，在使用上也越来越方便。本篇根据使用场景，主要介绍两个著名的 Web 应用程序开发框架，即 Django 和 Flask。

Django 是一个诞生在新闻行业的优秀框架，近年来发展迅速，其社区拥有 12000 多个开发者，分布在 170 余个国家，累积了 4000 多个包和项目。Django 正越来越流行。Flask 是一个轻量级的"微"框架，以 Flask 为核心的三方库已达数十种。

Django 大而全，Flask 小而美。通过学习本篇的内容，读者可以根据项目需求，灵活选择合适的框架，快速进行项目开发。

第19章 主流 Web 开发框架：Django

★本章导读★

Django 是一个 Web 程序开发框架，旨在帮助开发人员尽快实现应用程序从概念设计到开发完成。本章主要介绍 Django 项目架构，模型的设计与应用，视图、模板、主要三方库的原理及应用，以及如何将 Django 站点部署到生产环境。

★知识要点★

通过本章内容的学习，读者能掌握以下知识。

➡ 了解 Django 项目创建方式

➡ 了解 Django 自带的管理系统

➡ 掌握模型创建与同步

➡ 掌握模型上各类 API 的基本使用

➡ 掌握视图与模板的使用

➡ 掌握 Django 生产环境的部署

19.1 Django 框架入门

Django 是一个独立的 Python Web 框架，因此需要单独安装。安装完毕后既可以在可视化环境下创建项目，也可以基于 Django 自带的 Shell 创建项目。Django 支持多种数据库，通过简单的配置即可在任意数据库间进行切换。同时 Django 也自带一个后台管理系统，包括模型管理、权限管理等功能，方便用户快速实现二次开发。

19.1.1 虚拟环境搭建

首次安装 Django，建议为其创建一个全新的虚拟环境，避免与其他 Python 包相冲突。

Step01 启动 Anaconda Prompt 客户端程序，输入如下命令创建虚拟环境。

```
conda create -n myDjangoenv pip python=3.7
```

Step02 在安装过程中，提示是否继续，此时输入 "y"，继续安装，如图 19-1 所示。

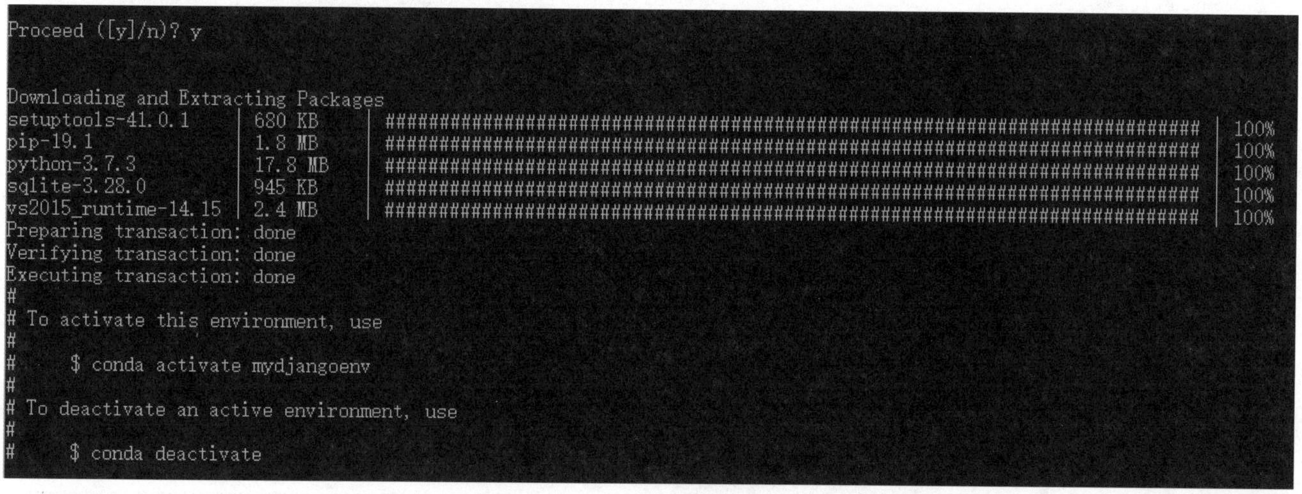

图 19-1 搭建虚拟机环境

安装完毕后，使用 activate 命令激活虚拟环境。

```
activate myDjangoenv
```

进入虚拟环境后，输入如下命令安装 Django。

```
pip install Django
```

pip 会先下载 Django，然后开始安装，如图 19-2 所示。

安装成功后如图 19-3 所示。

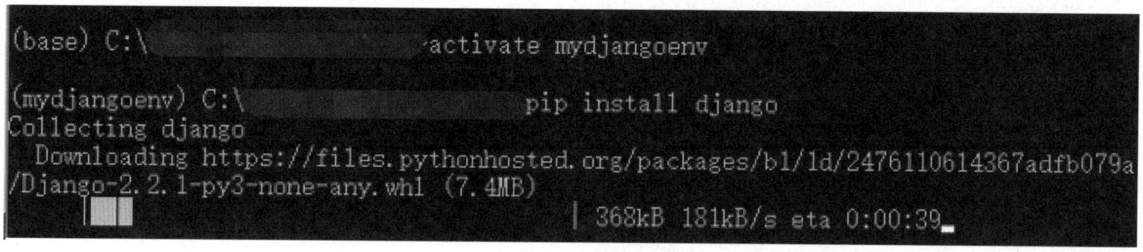

图 19-2 安装 Django

图 19-3　安装 Django 成功

19.1.2　创建 Django 项目

创建项目有两种方式，一是使用 PyCharm 在可视化环境下进行操作，二是使用 Django 提供的交互式命令行工具进行操作。

1. 使用 PyCharm 创建项目

Step01 启动 PyCharm，选择 Django，如图 19-4 所示。

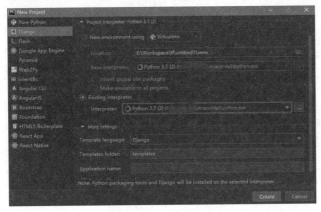

图 19-4　配置 Django

Step02 配置 Python 解释器。选择【Existing interpreter】选项下【Interpreter】选项右边的【…】按钮，弹出文件浏览框，如图 19-5 所示，选择 python.exe 程序。

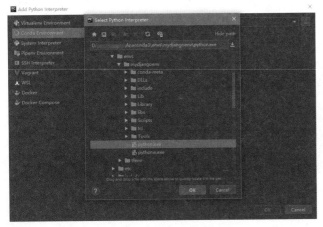

图 19-5　选择 python 解释器

项目创建完毕后如图 19-6 所示。

图 19-6　创建项目

Step03 运行项目。单击工具栏上的三角形图标，运行 Django 站点，如图 19-7 所示。

图 19-7　工具栏

若是正常运行，则输出站点访问链接，如图 19-8 所示，单击链接，会自动打开浏览器。

```
System check identified no issues (0 silenced).
May 03, 2019 - 11:30:46
Django version 2.2.1, using settings 'untitled.settings'
Starting development server at http://127.0.0.1:8000/
Quit the server with CTRL-BREAK.
```

图 19-8　启动项目

切换到浏览器，可以看到 Django 默认主页，如图 19-9 所示。

django　　　　　　　　　　　　　　View release notes for Django 2.2

The install worked successfully! Congratulations!

You are seeing this page because DEBUG=True is in your settings file and you have not configured any URLs.

图 19-9　项目主页

2. 使用命令行工具创建项目

Step01 打开 Anaconda Prompt 工具，激活 myDjangoenv 环境。

```
activate myDjangoenv
```

Step02 使用 Django-admin startproject 命令创建项目，其中 mysite 是项目的名称。

```
Django-admin startproject mysite
```

该命令会在当前目录下创建一个 mysite 目录，使用 PyCharm 打开 mysite 项目，结构如图 19-10 所示。

图 19-10　打开 mysite 项目

Step03 进入 mysite 目录，输入如下命令，运行项目。

```
python manage.py runserver
```

如图 19-11 所示，djnago 站点将运行在本机的 8000 端口上。

```
(mydjangoenv) E:\Workspace\tf\mysite>python manage.py runserver
Watching for file changes with StatReloader
Performing system checks...

System check identified no issues (0 silenced).

You have 17 unapplied migration(s). Your project may not work properly until you apply the migrations for app(s): admin,
 auth, contenttypes, sessions.
Run 'python manage.py migrate' to apply them.
May 05, 2019 - 21:24:10
Django version 2.2.1, using settings 'mysite.settings'
Starting development server at http://127.0.0.1:8000/
Quit the server with CTRL-BREAK.
```

图 19-11　运行项目

8000 是 Django 默认监听的端口，通过在 runserver 后添加端口号，可以进行切换。

```
python manage.py runserver 8080
```

如果需要修改服务器监听的 IP，如为了监听所有服务器的公开 IP，则使用如下命令。

```
python manage.py runserver 0:8000
```

在命令行中与在 PyCharm 中运行 Django，启动的都是 Django 自带的用于开发的简易服务器，这是一个用纯 Python 写的轻量级的 Web 服务器。

温馨提示

千万不要将这个服务器用于和生产环境相关的任何地方，这个服务器只是为了开发而设计的。开发服务器在需要的情况下会对每一次的访问请求重新载入一遍 Python 代码。所以用户不需要为了让修改的代码生效，而频繁重新启动服务器。一些操作，如添加新文件，将不会触发自动重新加载，这时用户得自己手动重启服务器。

19.1.3　创建应用

在 Django 中，每一个应用都是一个 Python 包，并且遵循着相同的约定。Django 自带一个工具，可以帮助用户生成应用的基础目录结构，这样用户就能专心写代码，而不是创建目录了。

那么项目和应用有什么区别呢？应用是一个专门做某件事的网络应用程序，如博客系统，或者公共记录的数据库，以及简单的投票程序。项目则是一个网站使用的配置和应用的集合。项目可以包含很多个应用，一个应用也可以被很多个项目使用。

在 manage.py 同级目录下创建投票应用，命令如下。

```
python manage.py startapp polls
```

使用 PyCharm 重新打开项目，结构如图 19-12 所示，各级目录、文件的作用介绍如下。

（1）最外层的 mysite：项目容器，可以重命名为任意名称。

（2）manage.py：管理 Django 项目的命令行工具，

如创建应用、同步数据库等。

（3）里面一层的 mysite：一个纯粹的 Python 包，引用其中的模块时需要指定包名。

（4）mysite/__init__.py：一个空文件，指明当前目录是一个 Python 包。

（5）mysite/settings.py：Django 项目的配置文件，所有应用的公共配置都应存放在这个文件内。

（6）mysite/urls.py：用来指定项目各应用的 url 路径。

（7）mysite/wsgi.py：作为项目运行在 WSGI 兼容的 Web 服务器上的入口，用于在生产环境中部署站点。

（8）polls 目录：一个应用的目录，创建不同的应用会产生对应的目录。

（9）admin.py：Django 自带一个后台数据库管理系统，在 admin.py 文件中注册的模型将自动纳入后台管理。

（10）apps.py：当前应用的配置文件，如可以在里面设置当前应用的名称。

（11）models.py：该文件存放的是 Python 对象与数据库表的映射关系。

（12）tests.py：可以在该文件内编写单元测试。

（13）views.py：在该文件内存放的是 Django 的视图，通过视图可以返回 json 数据或者 html 页面。

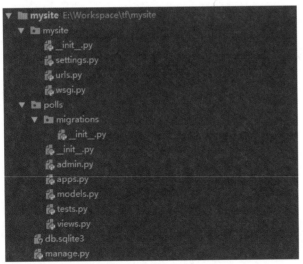

图 19-12　项目结构

Django 框架的设计哲学是一个业务系统可能分多个模块，每个相对独立的模块应当是一个应用，这些模块的功能代码、页面都应放在各自的应用内。应用的开发步骤如下。

Step01 创建视图。在 views.py 添加代码，如示例 19-1 所示。其中，def 定义的就是一个普通的函数，在 Django 内称为视图函数。该函数的返回值是一个 HttpResponse 对象，构造函数中的字符串参数就是返回客户端（浏览器）的内容。

示例 19-1　创建视图

```
1.  # -*- coding: UTF-8 -*-
2.
3.  from django.http import HttpResponse
4.
5.
6.  def index(request):
7.      return HttpResponse(" 这是 polls app 的 index 视图
8.  函数 .")
```

Step02 在 polls 目录里新建一个 urls.py 文件，添加代码如示例 19-2 所示，其含义是给 views 模块下的函数 index 映射到一个 url。

示例 19-2　将视图函数映射到 url

```
1.  # -*- coding: UTF-8 -*-
2.
3.  from django.urls import path
4.
5.  from polls import views
6.
7.  urlpatterns = [
8.      path('index', views.index, name='index'),
9.  ]
```

Step03 修改 mysite/urls.py 文件如示例 19-3 所示，其含义是在项目的根 URLconf 引用 url。当项目运行起来后，可以通过在根 URLconf 上的配置对应到 URLconf，从而访问应用的内容。

示例 19-3　配置根 URLconf

```
1.  from django.contrib import admin
2.  from django.urls import path, include
3.
4.  urlpatterns = [
5.      path('polls/', include("polls.urls")),
6.      path('admin/', admin.site.urls),
7.  ]
```

Step**04** 再次运行 Django 项目。

```
python manage.py runserver
```

打开浏览器，输入如下地址。

```
http://localhost:8000/polls/index
```

如图 19-13 所示，返回了 polls 应用内 index 函数的参数指定的内容。

图 19-13　调用视图函数

这里有 3 个重要对象，即 path、include、urlpatterns，分别介绍如下。

（1）path：函数 path 具有两个位置参数 route 和 view，两个可选参数 kwargs 和 name。

①参数 route：一个匹配 URL 的规则，该规则可以是正则表达式。当 Django 响应一个请求时，它会从 urlpatterns 的第一项开始，按顺序依次匹配列表中的项，直到找到匹配的项。注意，这些规则不会匹配 GET 和 POST 参数或域名。

②参数 view：当 Django 找到了一个匹配的规则，就会调用这个特定的视图函数，并传入一个 HttpRequest 对象作为第一个参数。

③参数 kwargs：任意个关键字参数可以作为一个字典，传递给目标视图函数。

④参数 name：为 URL 取名。能使用户在 Django 的任意地方引用它，尤其是在模板中。这个有用的特性允许开发只改一个文件就能全局地修改某个 URL 模式。

（2）include：函数 include 允许引用其他 URLconfs。每当 Django 遇到 include 时，就会截断与此项匹配的 URL，并将剩余的字符串发送到参数指定的 URLconf 以供进一步处理。当包括其他 URL 模式时应该使用 include，但 admin.site.urls 是唯一例外。

（3）urlpatterns：是指 URL 的匹配模式，功能上相当于一个路由表。当 Django 接收到请求后就从中取出 url，到路由表中进行匹配。

19.1.4　配置数据库

打开 mysite/settings.py 文件，首先应关注的是 INSTALLED_APPS 配置项。INSTALLED_APPS 是一个列表，里面包括了在项目中要启用的 Django 应用。

为了方便通过页面对项目进行管理，INSTALLED_APPS 启用了以下 Django 自带的应用。

（1）Django.contrib.admin：系统管理员站点。

（2）Django.contrib.auth：身份认证授权系统。

（3）Django.contrib.contenttypes：内容类型框架。

（4）Django.contrib.sessions：会话框架。

（5）Django.contrib.messages：消息框架。

（6）Django.contrib.staticfiles：管理静态文件的框架。

这里面的某些应用，需要使用数据库表，因此需要在 mysite/settings.py 文件中配置数据库连接信息。默认情况下，在创建项目的时候，Django 会自动创建一个数据库，名为 db.sqlite3。如示例 19-4 所示，在 settings.py 文件中的 DATABASES 配置项可以看到相关的连接信息。

示例 19-4　数据库信息

```
1.  DATABASES = {
2.    'default': {
3.      'ENGINE': 'django.db.backends.sqlite3',
4.      'NAME': os.path.join(BASE_DIR, 'db.sqlite3'),
5.    }
6.  }
```

ENGINE 指的是可用于连接数据库的后端，NAME 是指数据库名称或者完全路径。ENGINE 的取值是根据数据库的类型来设定的，分别有以下数据库。

（1）Django.db.backends.sqlite3：用于连接 SQLITE 数据库。

（2）Django.db.backends.postgresql：用于连接 POSTGRESQL 数据库。

（3）Django.db.backends.mysql：用于连接 MySQL 数据库。

（4）Django.db.backends.oracle：用于连接 ORACLE 数据库。

除此之外还有一些三方后端，如连接 DB2、Microsoft SQL Server 等。

在生产环境中，使用得更多的数据库是 MySQL。修改 DATABASES，如示例 19-5 所示，指定数据库名称、账户、密码、主机地址与端口。

示例 19-5 配置 MySQL 数据库

```
1.  DATABASES = {
2.    'default': {
3.      'ENGINE': 'django.db.backends.mysql',
4.      'NAME': 'djangodb',
5.      'USER': 'root',
6.      'PASSWORD': 'root',
7.      'HOST': 'localhost',
8.      'PORT': '3306'
9.    }
10. }
```

配置完毕后需要同步数据库，具体步骤如下。

Step01 打开客户端命令行工具，输入如下命令创建数据库。

```
CREATE DATABASE IF NOT EXISTS Djangodb
DEFAULT CHARSET utf8 COLLATE utf8_general_ci;
```

Step02 打开 Python 命令行工具，输入如下命令同步数据库表。

```
python manage.py migrate
```

执行结果如图 19-14 所示，其中 auth.0001_initial、admin.0001_initial 都是 Django 自带的脚本文件，Django 为每个激活的应用创建这些脚本，migrate 命令将会自动执行这些脚本以创建数据库表。

```
(mydjangoenv) E:\Workspace\tf\mysite>python manage.py migrate
Operations to perform:
  Apply all migrations: admin, auth, contenttypes, sessions
Running migrations:
  Applying contenttypes.0001_initial... OK
  Applying auth.0001_initial... OK
  Applying admin.0001_initial... OK
  Applying admin.0002_logentry_remove_auto_add... OK
  Applying admin.0003_logentry_add_action_flag_choices... OK
  Applying contenttypes.0002_remove_content_type_name... OK
  Applying auth.0002_alter_permission_name_max_length... OK
  Applying auth.0003_alter_user_email_max_length... OK
  Applying auth.0004_alter_user_username_opts... OK
  Applying auth.0005_alter_user_last_login_null... OK
  Applying auth.0006_require_contenttypes_0002... OK
  Applying auth.0007_alter_validators_add_error_messages... OK
  Applying auth.0008_alter_user_username_max_length... OK
  Applying auth.0009_alter_user_last_name_max_length... OK
  Applying auth.0010_alter_group_name_max_length... OK
  Applying auth.0011_update_proxy_permissions... OK
  Applying sessions.0001_initial... OK
```

图 19-14 同步数据库

Step03 切换到客户端，验证同步结果。

```
use Djangodb;
show tables;
```

如图 19-15 所示，展示了这些应用的数据库表。

```
mysql> show tables;
+----------------------------+
| Tables_in_djangodb         |
+----------------------------+
| auth_group                 |
| auth_group_permissions     |
| auth_permission            |
| auth_user                  |
| auth_user_groups           |
| auth_user_user_permissions |
| django_admin_log           |
| django_content_type        |
| django_migrations          |
| django_session             |
+----------------------------+
10 rows in set (0.00 sec)
```

图 19-15 数据库表

19.1.5 后台管理站点

为系统中的业务模块涉及的表创建添加、修改、删除功能是一项缺乏创造性和乏味的工作，因此 Django 会自动地根据模型创建后台管理界面。在使用管理页面前，还需要做一些准备工作，具体操作步骤如下。

Step01 创建账户。

```
python manage.py createsuperuser
```

如图 19-16 所示，在创建过程中不指定用户名，默认就是 administrator，然后还需要输入邮箱地址和密码。

```
(mydjangoenv) E:\Workspace\tf\mysite>python manage.py createsuperuser
Username (leave blank to use 'administrator'):
Email address: test@hotmail.com
Password:
Password (again):
This password is too short. It must contain at least 8 characters.
This password is too common.
This password is entirely numeric.
Bypass password validation and create user anyway? [y/N]: n
Password:
Password (again):
Superuser created successfully.
```

图 19-16 创建账户

Step02 创建完毕后，启动服务器。

```
python manage.py runserver
```

在浏览器中打开后台管理链接，如图 19-17 所示，输入创建的账户密码，单击【LOG IN】按钮登录。

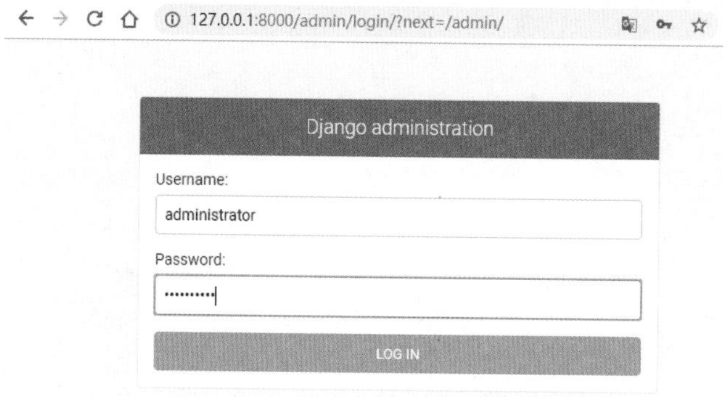

图 19-17　后台管理登录页面

进入后台可以看到 Django 管理页面的索引页，如图 19-18 所示。这里有些可编辑的内容，即组和用户。该功能是由 Django 认证框架 Django.contrib.auth 提供的，用于维护系统账户的权限。

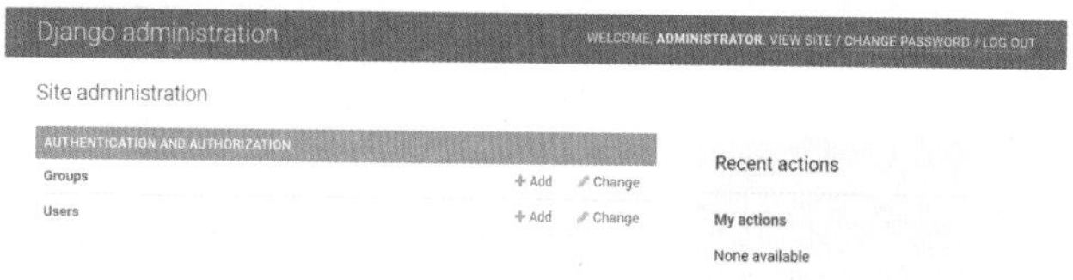

图 19-18　组合用户

19.2　Django 模型

模型在 Django 中是一个 Python 类，该类的结构与数据库中某个表的结构保持一致，是表在 Django 中的一个映射。Django 通过操作这些类来实现对数据库表的操作。

19.2.1　创建模型与同步数据库

Step01 打开 polls/models.py 文件添加两个类，如示例 19-6 所示。这两个类表示投票应用的问题和选项。Question 模型包含两个字段，即问题描述和发布时间。Choice 模型同样包含两个字段，即选项内容和当前得票数，其中 question 字段表示 Question 模型的一个外键。

示例 19-6　创建模型

```
1.  from django.db import models
2.
3.  # Create your models here.
4.
5.  class Question(models.Model):
6.      question_text = models.CharField(max_length=200)
7.      pub_date = models.DateTimeField('date published')
8.
9.
10. class Choice(models.Model):
11.     question = models.ForeignKey(Question, on_
12. delete=models.CASCADE)
13.     choice_text = models.CharField(max_length=200)
14.     votes = models.IntegerField(default=0)
```

这些模型，都是 django.db.models.Model 的子类。每个模型类都有一些类变量，这些变量表示一个数据库表的字段。每个字段都是 Field 类的实例，如字符字段被表示为 CharField，日期时间字段被表示为 DateTimeField。这些字段同时也表明 Django 要处理的数据类型。

每个 Field 的名字，如 question_text 或 pub_date，需要使用对机器友好的格式。Django 将这些模型同步到数据库的时候，会使用字段名作为表的列名。

定义某些 Field 类实例需要参数。例如，CharField 需要一个 max_length 参数。这个参数用于限制该字段存储字符数的最大值，定义数据表结构，同时也用于验证数据。Field 也能够接收多个可选参数，在上面的例子中，设置 votes 的 default 参数，也就是默认值为 0。

在创建 Choice 模型时，使用 ForeignKey 定义了一个外键关系。这将告诉 Django，每个 Choice 对象都关联一个 Question 对象。Django 支持所有常用的数据库关系，如多对一、多对多和一对一。

Step02 创建好模型之后，需要将其激活。打开 mysite/settings.py 文件，再修改 INSTALLED_APPS 配置项，如示例 19-7 所示，启用 polls 应用。其中 polls.apps.PollsConfig 表示 polls 包下 apps.py 模块中的 PollsConfig 类型。

示例 19-7　启用 polls 应用

```
1.  INSTALLED_APPS = [
2.      'polls.apps.PollsConfig',
```

```
3.      'django.contrib.admin',
4.      'django.contrib.auth',
5.      'django.contrib.contenttypes',
6.      'django.contrib.sessions',
7.      'django.contrib.messages',
8.      'django.contrib.staticfiles',
9.  ]
```

Step 03 配置完毕后需要执行以下命令，来生成脚本。

python manage.py makemigrations polls

执行结果如图 19-19 所示，Django 会在 polls 的 migrations 目录下创建一个名为 0001_initial.py 的文件。

```
(mydjangoenv) E:\Workspace\tf\mysite>python manage.py makemigrations polls
Migrations for 'polls':
  polls\migrations\0001_initial.py
    - Create model Question
    - Create model Choice
```

图 19-19　生成脚本

Step 04 打开 0001_initial.py，其内容如示例 19-8 所示。每次运行 makemigrations 命令，Django 会检测模型文件是否被修改，并且为修改的部分生成一次迁移。这个迁移实际上是一个文件，里面记录了模型的创建与修改过程。

示例 19-8 migration 文件

```
1.  from django.db import migrations, models
2.  import django.db.models.deletion
3.
4.
5.  class Migration(migrations.Migration):
6.
7.      initial = True
8.
9.      dependencies = [
10.     ]
```

```
11.
12.     operations = [
13.         migrations.CreateModel(
14.             name='Question',
15.             fields=[
16.                 ('id', models.AutoField(auto_created=True,
17. primary_key=True, serialize=False, verbose_name='ID')),
18.                 ('question_text', models.CharField(max_
19. length=200)),
20.                 ('pub_date', models.DateTimeField(verbose_
21. name='date published')),
22.             ],
23.         ),
24.         migrations.CreateModel(
25.             name='Choice',
26.             fields=[
27.                 ('id', models.AutoField(auto_created=True,
28. primary_key=True, serialize=False, verbose_name='ID')),
29.                 ('choice_text', models.CharField(max_
30. length=200)),
31.                 ('votes', models.IntegerField(default=0)),
32.                 ('question', models.ForeignKey(on_delete=
33. django.db.models.deletion.CASCADE, to='polls.
34. Question')),
35.             ],
36.         ),
37. ]
```

Django 通过这些迁移文件来生成 sql 语句，通过 sqlmigrate 可以查看具体的生成内容。

python manage.py sqlmigrate polls 0001

执行结果图 19-20 所示。

```
(mydjangoenv) E:\Workspace\tf\mysite>python manage.py sqlmigrate polls 0001
BEGIN;
--
-- Create model Question
--
CREATE TABLE `polls_question` (`id` integer AUTO_INCREMENT NOT NULL PRIMARY KEY, `question_text` varchar(200) NOT NULL, `pub_date` datetime(6) NOT NULL);
--
-- Create model Choice
--
CREATE TABLE `polls_choice` (`id` integer AUTO_INCREMENT NOT NULL PRIMARY KEY, `choice_text` varchar(200) NOT NULL, `votes` integer NOT NULL, `question_id` integer NOT NULL);
ALTER TABLE `polls_choice` ADD CONSTRAINT `polls_choice_question_id_c5b4b260_fk_polls_question_id` FOREIGN KEY (`question_id`) REFERENCES `polls_question` (`id`);
COMMIT;
```

图 19-20　sql 语句

相关的注意事项如下。

（1）sqlmigrate 输出的 sql 语句和使用的数据库有关，上面的输出示例使用的是 MySQL 数据库。

（2）数据库的表名是可以自定义的，默认是应用名 polls 和模型名 question、choice 拼接在一起的小写形式。

（3）Django 会为模型自动创建主键，即 id 列。

（4）Django 会在外键字段名后追加字符串 "_id"，外键关系由 FOREIGN KEY 生成。

（5）数据库表名与字段名都是可以自定义的。但是字段名不能使用系统关键字，字段名中不能出现连续两根下画线，字段名结尾不能有下画线。

（6）生成的 sql 语句是根据所用的数据库定制的，与数据库有关的字段类型适用于某些数据库的 sql 语句，Django 会自动处理。

（7）sqlmigrate 命令并没有在数据库中执行这些 sql 语句，它只是把命令输出到屏幕上，让用户知晓 Django 将要执行哪些 sql 语句，这在需要写脚本来批量处理数据库时会很有用。

（8）用户也可以使用 python manage.py check 来检查项目中的问题，如模型的兼容性问题，并且在检查过程中不会对数据库进行任何操作。

Step05 使用 migrate 命令在数据库中创建表。

python manage.py migrate

执行结果如图 19-21 所示，表示执行成功。

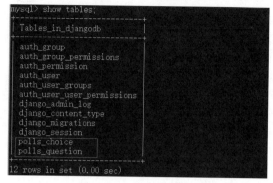

图 19-21　使用 migrate 命令创建表

Step06 登录客户端，查看创建结果，如图 19-22 所示，可以看到新创建的 polls_choice 和 polls_question 表。

图 19-22　新创建的表

Django 会在数据库中自动生成一张名为 django_migrations 的表，该表记录了 Django 执行过哪些迁移，如图 19-23 所示。

对模型文件修改后执行 makemigrations 命令，makemigrations 就会创建一个脚本文件。migrate 命令执行的时候，就会去查找这些脚本文件，并生成 sql 语句。migrate 每执行完一次，就会把应用名称、脚本文件名称、执行时间插入 django_migrations 表中。每次执行 migrate 命令时，已经处理过的脚本将不再生成 sql 语句，也不会影响数据库。

```
mysql> select *from django_migrations;
```

id	app	name	applied
1	contenttypes	0001_initial	2019-05-06 12:57:32.756723
2	auth	0001_initial	2019-05-06 12:57:33.277136
3	admin	0001_initial	2019-05-06 12:57:34.403333
4	admin	0002_logentry_remove_auto_add	2019-05-06 12:57:34.691101
5	admin	0003_logentry_add_action_flag_choices	2019-05-06 12:57:34.711153
6	contenttypes	0002_remove_content_type_name	2019-05-06 12:57:34.953838
7	auth	0002_alter_permission_name_max_length	2019-05-06 12:57:35.063130
8	auth	0003_alter_user_email_max_length	2019-05-06 12:57:35.188490
9	auth	0004_alter_user_username_opts	2019-05-06 12:57:35.206507
10	auth	0005_alter_user_last_login_null	2019-05-06 12:57:35.296799
11	auth	0006_require_contenttypes_0002	2019-05-06 12:57:35.302814
12	auth	0007_alter_validators_add_error_messages	2019-05-06 12:57:35.318858
13	auth	0008_alter_user_username_max_length	2019-05-06 12:57:35.439157
14	auth	0009_alter_user_last_name_max_length	2019-05-06 12:57:35.569506
15	auth	0010_alter_group_name_max_length	2019-05-06 12:57:35.686844
16	auth	0011_update_proxy_permissions	2019-05-06 12:57:35.703889
17	sessions	0001_initial	2019-05-06 12:57:35.804146
18	polls	0001_initial	2019-05-07 14:03:01.655077

```
18 rows in set (0.00 sec)
```

图 19-23　迁移过程记录

迁移是非常强大的功能，它能让用户在开发过程中持续地改变数据库结构，而不需要重新删除和创建表，它专注于使数据库平滑升级而不会丢失数据。

19.2.2 对数据增、查、改、删

Django 为这些模型创建了大量的 API，以支持对数据库的操作，具体操作步骤如下。

Step 01 通过如下命令进入 Python 交互式开发环境，尝试使用这些 API。

```
python manage.py shell
```

Step 02 在 Shell 环境中导入模型。

```
from polls.models import Choice, Question
```

Step 03 查询 polls_question 表的所有数据，可以在模型对象上调用 all 方法。

```
Question.objects.all()
```

执行结果如图 19-24 所示，返回了一个查询集对象，该查询集是一个空的列表。

```
>>> from polls.models import Choice, Question
>>> Question.objects.all()
<QuerySet []>
```
图 19-24　返回查询集对象

Step 04 往 polls_question 表插入一条数据，则需要创建一个 Question 对象，然后在对象上调用 save 方法。

```
from django.utils import timezone
q = Question(question_text="What's new?", pub_date=timezone.now())
q.save()
```

查看表数据，如图 19-25 所示，可以看到数据已经插入。

图 19-25　新插入的数据

通过 q 对象获取对应的属性值，如图 19-26 所示。

图 19-26　获取属性值

如果需要修改数据，则直接修改属性的值，再次调用 save 方法，即可更新到数据库中。

```
q.question_text = "What's up?"
q.save()
```

再次查看表数据，如图 19-27 所示，可以看到修改后的数据。

```
mysql> select * from polls_question;
+----+---------------+-----------------------------+
| id | question_text | pub_date                    |
+----+---------------+-----------------------------+
|  1 | What's up?    | 2019-05-07 15:11:20.949741  |
+----+---------------+-----------------------------+
1 row in set (0.00 sec)
```
图 19-27　修改后的数据

all 方法返回所有数据，filter、get 方法返回满足条件的数据，filter 方法执行数据筛选，是否有满足条件的数据都不会触发异常；get 方法在没有获取到数据或者返回了满足条件的多条数据时会触发异常。具体用法如图 19-28 所示。其中，调用 get 方法通过主键获取数据，既可以使用 id，也可以使用 pk 作为参数名称。

```
>>> Question.objects.filter(id=1)
<QuerySet [<Question: Question object (1)>]>
>>> Question.objects.filter(question_text__startswith='What')
<QuerySet [<Question: Question object (1)>]>
>>> from django.utils import timezone
>>> current_year = timezone.now().year
>>> Question.objects.get(pub_date__year=current_year)
<Question: Question object (1)>
>>> Question.objects.get(id=2)
Traceback (most recent call last):
  File "<console>", line 1, in <module>
  File "D:\JavaRelease\Anaconda3\envs\mydjangoenv\lib\site-packages\django\db\models\manager.py", line 82, in manager_method
    return getattr(self.get_queryset(), name)(*args, **kwargs)
  File "D:\JavaRelease\Anaconda3\envs\mydjangoenv\lib\site-packages\django\db\models\query.py", line 408, in get
    self.model._meta.object_name
polls.models.Question.DoesNotExist: Question matching query does not exist.
>>> Question.objects.get(pk=1)
<Question: Question object (1)>
```
图 19-28　根据条件查询数据

为 q 对象创建 3 个 Choice 对象，然后调用 all 方法查询这些选项。调用 count 方法计算选项的个数，还可以通过 Choice 对象查询到关联的 Question 对象。对象间的关联关系，由 Django 框架来维护，可以不用额外关注开发，极大提高了开发效率。

```
q.choice_set.create(choice_text='Not much', votes=0)
q.choice_set.create(choice_text='The sky', votes=0)
c = q.choice_set.create(choice_text='Just hacking again',
votes=0)
q.choice_set.all()
q.choice_set.count()
c.question
```

执行结果如图 19-29 所示。

如果需要删除数据，就需要提前找到该对象，然后调用 delete 方法，如图 19-30 所示。

```
>>> q.choice_set.all()
<QuerySet []>
>>> q.choice_set.create(choice_text='Not much', votes=0)
<Choice: Choice object (1)>
>>> q.choice_set.create(choice_text='The sky', votes=0)
<Choice: Choice object (2)>
>>> c = q.choice_set.create(choice_text='Just hacking again', votes=0)
>>> q.choice_set.all()
<QuerySet [<Choice: Choice object (1)>, <Choice: Choice object (2)>, <Choice: Choice object (3)>]>
>>> q.choice_set.count()
3
>>> c.question
<Question: Question object (1)>
```

图 19-29　关联对象

```
>>> Choice.objects.filter(question__pub_date__year=current_year)
<QuerySet [<Choice: Choice object (1)>, <Choice: Choice object (2)>, <Choice: Choice object (3)>]>
>>> c = q.choice_set.filter(choice_text__startswith='Just hacking')
>>> c.delete()
(1, {'polls.Choice': 1})
>>> Choice.objects.filter(question__pub_date__year=current_year)
<QuerySet [<Choice: Choice object (1)>, <Choice: Choice object (2)>]>
```

图 19-30　删除数据

从上面的操作中，可以看到 filter、get、all 等方法查询返回的结果类型都是 QuerySet。QuerySet 称为查询集，表示数据库中的对象集合。对应到数据库中，它是 SELECT 子句产生的结果。

19.2.3　将模型注册到后台管理系统中

Step01 在 polls 应用中打开 admin.py 文件，将创建好的模型注册到后台管理系统，如示例 19-9 所示。

示例 19-9　注册模型

```
1.  from django.contrib import admin
2.
3.  # Register your models here.
4.  from polls.models import Question
5.
6.  admin.site.register(Question)
```

Step02 进入项目根目录，使用如下命令启动站点。

```
python manage.py runserver
```

再次进入后台管理系统，可以看到注册的模型，如图 19-31 所示。

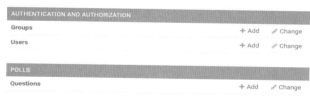

图 19-31　后台管理系统

单击【Questions】链接，跳转到 Question 对象列表页面，如图 19-32 所示。Question object(1) 是一个 Question 对象的字符串形式的输出显示，通过给模型重写 __str__ 方法进行修改。

图 19-32　对象列表页

如示例 19-10 所示，重写 __str__ 方法，表示将对象进行字符串输出时，返回该对象的 question_text 字段。

示例 19-10　重写 __str__ 方法

```
1.  class Question(models.Model):
2.      question_text = models.CharField(max_length=200)
3.      pub_date = models.DateTimeField('date published')
4.      def __str__(self):
5.          return self.question_text
```

重启站点后刷新页面，如图 19-33 所示，对象列表上显示的是问题的标题。

图 19-33　对象列表

单击标题链接，进入该对象的详情页，如图 19-34 所示。其中，关于对象的表单是 Django 通过 Question 模型自动生成的。不同的字段类型，如日期时间字段（DateTimeField）、字符字段（CharField）会对应生成 Html 控件。每个日期时间类型的字段都有 JavaScript 编写的快捷按钮，如日期快捷按钮是【Today】，时间快捷按钮是【Now】，所有类型的字段都知道如何在管理页合适地显示自己。

页面的底部提供了几个选项。

（1）Save（保存）：保存改变，然后返回对象列表。

（2）Save and continue editing（保存并继续编辑）：保存改变，然后重新载入当前对象的修改界面。

（3）Save and add another（保存并新增）：保存改变，然后添加一个新的空对象并载入修改界面。

（4）Delete（删除）：显示一个确认删除页面。

图 19-34　详情页

> **温馨提示**
>
> 如果页面显示的"Date published（发布日期）"和在上一小节里创建它们的时间不一致，这意味着 TIME_ZONE 可能没有正确的设置。在 settings.py 改变设置，然后重新载入页面看看是否显示了正确的值。

单击图中右上角【HISTORY】按钮，显示对象的历史操作记录，如图 19-35 所示。其中，有一个列出了所有通过 Django 管理页面对当前对象进行的改变的记录列表，列出了时间戳和进行修改操作的用户名。

Change history: What's up?

DATE/TIME	USER	ACTION
May 19, 2019, 10:20 a.m.	administrator	Changed pub_date.
May 19, 2019, 10:20 a.m.	administrator	Changed pub_date.
May 19, 2019, 10:20 a.m.	administrator	Changed pub_date.

图 19-35　操作历史

19.2.4　字段类型

模型中每一个字段都是某个 Field 类的实例，Django 利用这些字段类来实现以下功能。

（1）字段类型用以指定数据库数据类型，如 INTEGER（整型）、VARCHAR（字符串类型）等。

（2）在渲染表单字段时默认使用的 HTML 视图，生成文本框、下拉框等。

（3）在 Django 的后台管理系统中，在模型生成的表单上添加数据有效性验证等功能。

Django 内置了数十种字段类型，用户也可以自定义类，主要类型如表 19-1 所示。

表 19-1　Django 内置字段类型

序号	字段类型名称	描述
1	AutoField	32 位的整型自增长字段，一般用于创建主键
2	BigAutoField	64 位的整型自增长字段
3	BigIntegerField	64 位的整型字段
4	BinaryField	二进制数据类型的字段
5	BooleanField	布尔值数据类型的字段
6	CharField	字符串类型的字段
7	DateField	日期
8	DateTimeField	日期和时间
9	DecimalField	decimal 类型的字段，在创建时需要指定默认值、数字的长度、小数位数
11	EmailField	邮件地址格式的字段
12	FileField	文件上传字段
13	FilePathField	限制选择文件路径的文件上传字段
14	FloatField	float 类型的字段
16	IntegerField	32 位的整型字段
18	PositiveIntegerField	正整数类型字段
19	PositiveSmallIntegerField	正整数短整型字段
21	SmallIntegerField	短整型字段
22	TextField	文本型的字段，存放大量字符的字段
23	TimeField	时间类型字段
24	URLField	URL 类型字段
25	UUIDField	唯一编码类型字段
26	ForeignKey	外键类型字段
27	ManyToManyField	在模型上建立多对多关系的字段
28	OneToOneField	在模型上建立一对一关系的字段

19.2.5　字段选项

每一种字段都需要指定一些特定的参数，如字符串类型字段，需要指定 max_length 参数，用于限制数据库字符长度。常用的参数设置选项如下。

1. null

如果设置为 True，当该字段为空时，Django 会将数据库中该字段设置为 null。设置的方式如下。

```
remark=models.CharField(max_length=100,null=True)
```

2. blank

如果设置为 True，该字段允许为空。默认为 False。null 与 blank 是不同的，null 只是限制数据在存储时值是否允许为空。blank 是指在表单验证方面是否允许为空。设置的方式如下。

```
remark = models.CharField(max_length=100, default="", blank=True)
```

3. choices

用来指定下拉框选项。choices 是一个列表，列表中是一个二元元组。设置分值选项，该题目分值高就是 3 分一个，分值低就是 1 分一个。设置的方式如下。

```
scores = [("3", " 高 "),
          ("2", " 中 "),
          ("1", " 低 "),
          ("0", "-- 请选择 --")]
Score=models.CharField(max_length=1, choices=scores, default="0")
```

在系统管理页面，Django 会自动为设置了 choices 参数的字段设置下拉选项，如图 19-36 所示。在使用 choices 参数时，字段类型、default 参数的类型需要与二元元组中的第一个元素类型保持一致。

图 19-36　设置下拉选项

4. default

该字段的默认值。可以是一个值或者是一个可调用的对象，如果是一个可调用对象，每次实例化模型时都会调用该对象，以下是设置可调用对象的示例。

```
def question_tpye_default():
    return "-- 请选择 --"

class Question(models.Model):
    score_text=models.CharField(max_length=10,
default=question_tpye_default)
```

如图 19-37 所示，default 的值为 question_tpye_default 函数的返回值。

图 19-37　调用函数生成默认值

5. primary_key

如果设置为 True，则将该字段设置为该模型的主键。在一个模型中，如果没有对任何一个字段设置 primary_key=True 选项，Django 会自动添加一个 IntegerField 字段，并设置为主键，该主键是自增长的。用户也可以自定义主键，并将 name 字段设置为主键，示例如下。

```
# 回答者对象
class Responder(models.Model):
    name = models.CharField(max_length=100, primary_
key=True)
```

主键字段是只可读的，如果修改一个模型实例的主键并保存，这等同于创建了一个新的模型实例，示例如下。

Step01 在 admin.py 模块注册模型。

```
admin.site.register(Responder)
```

Step02 打开 shell。

```
python manage.py shell
```

Step03 在 shell 先创建一个 responder 的实例，然后再修改 name。

```
from polls.models import Responder
```

```
responder = Responder(name="Andy")
responder.save()
responder.name = "Li Lei"
responder.save()
```

执行结果如图 19-38 所示，从管理系统页面，可以看到创建了两个 responder 对象。

图 19-38　responder 对象列表

6. unique

如果设置为 True，那么这个字段的值必须在整个表中保持唯一，示例如下。

```
question_text = models.CharField(max_
length=200,unique=True)
```

7. verbose_name

在后台管理系统中，表单文本框前面的标题就是字段的备注名。在创建模型时，不加备注名，那么标题就是字段名。

```
score_text = models.CharField(max_length=10,
default=question_tpye_default)
```

在创建字段时可以显示给字段添加备注名。例如，pub_date 字段在界面的显示标题就是 "date published"。

```
pub_date = models.DateTimeField('date published')
```

对于 ForeignKey、ManyToManyField、OneToOneField 字段，可以使用 verbose_name 参数指定备注名。修改 responder 对象，使用 ForeignKey 添加外键并设置 verbose_name 参数，如示例 19-11 所示。

示例 19-11　设置备注名

```
1.   # 回答者对象
2.   class Responder(models.Model):
3.       question = models.ForeignKey(
4.           Question,
```

```
5.      on_delete=models.CASCADE,
6.      verbose_name=" 题目 ",
7.      null=True
8.    )
9.  name = models.CharField(" 答题者姓名 ", max_
10. length=100, primary_key=True)
```

重启后台系统，单击对象列表上的【Add】按钮，进入 responder 对象页面，可以看到相应的更改，如图 19-39 所示。

图 19-39　修改外键的备注名

19.2.6　关联关系

Django 提供了常见的数据库关联关系的方法，即一对多、多对多、一对一。

1. 一对多

使用 django.db.models.ForeignKey 类，可以定义一个一对多的关联关系。如示例 19-12 所示，在 Choice 类中定义 question = models.ForeignKey 字段，表示一个 Choice 实例属于一个 Question 实例。反过来说，一个 Question 实例能够对应多个 Choice 实例，即 Question 与 Choice 是一个一对多的关系。

示例 19-12　一对多

```
1.  class Question(models.Model):
2.    question_text=models.CharField(" 这是问题的题目 ",
3.  max_length=200,
4.      unique=True)
5.
6.    def __str__(self):
7.      return self.question_text
8.
9.  class Choice(models.Model):
10.   question = models.ForeignKey(Question, on_delete=
11. models.CASCADE)
12.   choice_text = models.CharField(max_length=200)
```

2. 多对多

使用 django.db.models.ManyToManyField 类，可以定义一个多对多的关联关系。如示例 19-13 所示，表示一个答题者可以回答多个问题，一个问题也可以被多个人回答。创建多对多关联字段时，字段名建议使用复数形式，表示是一个关联对象的集合。注意，这种多对多关系只能在一个对象中添加 ManyToManyField 字段。

示例 19-13　多对多

```
1.  class Responder(models.Model):
2.    questions = models.ManyToManyField(Question)
3.    name = models.CharField(" 答题者姓名 ", max_
4.  length=100, primary_key=True)
```

3. 一对一

使用 django.db.models.OneToOneField 类，可以定义一个一对一的关联关系。如示例 19-14 所示，在 Responder（答题人）对象中定义 models.OneToOneField 字段，建立与 IdentityCard（身份证）对象的一对一关系。

示例 19-14　一对一

```
1.  class IdentityCard(models.Model):
2.    code = models.CharField(max_length=50)
3.    address = models.CharField(max_length=200)
4.
5.  class Responder(models.Model):
6.    identity_card = models.OneToOneField(IdentityCard,
7.                on_delete=models.CASCADE,)
8.    question = models.ManyToManyField(Question)
9.    name = models.CharField(" 答题者姓名 ", max_
10. length=100, primary_key=True)
```

19.2.7　元数据选项

Django 使用内部 Meta 类来给模型赋予元数据。模型的元数据是指所有不是字段的东西。Meta 类的几个常用字段如下。

1. db_table

db_table 用来指定 Django 将模型同步到数据库后生成的表的名称。如示例 19-15 所示，在 Choice 中定义 Meta 类，并指定 db_table = "tb_choice"，那么使用 migrate 命令生成的表名就是 "tb_choice"。

示例 19-15 设置表名

```
1.  class Choice(models.Model):
2.      question = models.ForeignKey(Question, on_delete=
3.  models.CASCADE)
4.      num = models.IntegerField(default=1)
5.
6.      class Meta:
7.          db_table = "tb_choice"
```

2. ordering

ordering 字段用来指定在通过模型类获取数据时，使用哪些字段来进行排序。如示例 19-16 所示，在 Meta 类中指定编号 "num" 字段，则使用 "num" 字段来进行排序。

示例 19-16 设置排序

```
1.  class Choice(models.Model):
2.      question = models.ForeignKey(Question, on_delete=
3.  models.CASCADE)
4.      num = models.IntegerField(default=1)
5.
6.      class Meta:
7.          ordering = ["num"]
```

默认情况下，Django 采用的是升序排序，在字段名称前加 "-" 则进行降序排序。例如，按编号降序排，需要进行如下设置。

```
ordering = ["-num"]
```

如果需要对多个字段进行排序，则进行如下设置。

```
ordering = ["-num", "question"]
```

3. permissions

permissions 字段用来指定对象操作的权限，默认情况下，用户对一个对象的操作包括添加、删除、修改和查看权限。通过 permissions 字段可以添加额外的权限，如示例 19-17 所示。给 Question 对象添加开始答题、暂停答题、停止答题的权限。每个权限都是一个二元组，其中第一个元素是权限代码，第二个元素是权限名称，所有权限合起来构成一个权限列表。

示例 19-17 设置权限

```
1.  class Question(models.Model):
2.      question_text = models.CharField(" 这是问题的题
3.  目 ", max_length=200,
4.          unique=True)
5.      class Meta:
6.          permissions = [('start_to_answer', 'start to answer'),
7.                  ("pause_the_answer", "pause the answer"),
8.                  ("stop_the_answer", "stop the answer")]
```

使用 migrate 命令同步数据库后，将会在 auth_permission 表中创建权限，如图 19-40 所示。codename 是权限代码，name 是权限名称。

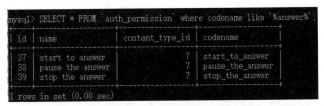

图 19-40 新增的权限

> **温馨提示**
>
> content_type_id 字段引用了 django_content_type 表的主键列。Django 每个应用的模型都会在这个表中创建一条记录。在创建权限时，必须指定 content_type_id 字段的值。

4. indexes

给字段创建索引，可以提高查询速度。在 Meta 类中指定索引字段，可以给对象模型创建索引。如示例 19-18 所示，其中 models.Index(fields=['question_text', 'pub_date']) 创建的是由 'question_text' 和 'pub_date' 字段组成的联合索引，models.Index(fields=['pub_date'], name='pub_date_idx') 是为 'pub_date' 字段单独创建索引，索引名为 'pub_date_idx'。

示例 19-18 创建索引

```
1.  class Question(models.Model):
2.      score_text = models.CharField(max_length=10,
3.  default=question_tpye_default)
4.      question_text = models.CharField(" 这是问题的题
5.  目 ", max_length=200,
```

```
6.        unique=True)
7.    pub_date = models.DateTimeField('date published')
8.    num = models.DecimalField(max_digits=5, decimal_
9. places=2, default=0)
10.   remark = models.CharField(max_length=100, default="",
11. blank=True)
12.   scores = [("3", " 高 "), ("2", " 中 "), ("1", " 低 "), ("0",
13. "-- 请选择 --")]
14.   score = models.CharField(max_length=1,
15. choices=scores, default="0")
16.   score_text = models.CharField(max_length=10,
17. default=question_tpye_default)
18.
19.   class Meta:
20.       permissions = [('start_to_answer', 'start to answer'),
21.               ("pause_the_answer", "pause the answer"),
22.               ("stop_the_answer", "stop the answer")]
23.
24.       indexes = [
25.           models.Index(fields=['question_text', 'pub_date']),
26.           models.Index(fields=['pub_date'], name='pub_
27. date_idx'),
28.       ]
```

5. verbose_name

verbose_name 字段用来指定模型的别名或备注名，verbose_name_plural 是模型的复数形式。如示例 19-19 所示，若不指定 verbose_name_plural 字段，则后台管理系统的模型列表会显示 " 问题选项 s"，指定了 verbose_name_plural 字段，则显示 " 问题选项 "。

示例 19-19　创建备注名

```
1.  class Choice(models.Model):
2.    question = models.ForeignKey(Question, on_delete=
3. models.CASCADE)
4.    choice_text = models.CharField(max_length=200)
5.    votes = models.IntegerField(default=0)
6.    num = models.IntegerField(default=1)
7.
8.    class Meta:
9.      verbose_name = " 问题选项 s"
10.     verbose_name_plural = " 问题选项 "
```

19.2.8　模型方法

在模型中可以添加自定义方法，这些方法需要通过模型实例进行调用。一个实例对应了一行数据，因此模型方法提供了 "行级" 操作能力。不同场景下，对一个模型操作的公共逻辑都可以放到模型中，使系统更易于维护。如示例 19-20 所示，给 IdentityCard 模型定义了一个方法 get_district，用于返回是不是北京的邮编。

示例 19-20　模型方法

```
1.  class IdentityCard(models.Model):
2.    code = models.CharField(max_length=50)
3.    address = models.CharField(max_length=200)
4.
5.    def get_district(self):
6.      if self.code == "100000":
7.        return " 这是北京的邮编 "
8.      else:
9.        return " 这是其他区域的邮编 "
```

Django 框架还提供了一些模型方法，如 __str__、delete、save 等，分别返回实例的字符串表示删除实例与保存实例。保存一个有限制条件的实例，如示例 19-21 所示，当 IdentityCard 的实例在调用 save 方法时，检测到邮编是 "100000" 的就不能保存，否则就通过 super 调用父类的 save 方法，保存到数据库。

示例 19-21　重写基类方法

```
1.  class IdentityCard(models.Model):
2.    code = models.CharField(max_length=50)
3.    address = models.CharField(max_length=200)
4.
5.    def save(self, *args, **kwargs):
6.      if self.code == "100000":
7.        return
8.      else:
9.        super().save(*args, **kwargs)
```

19.2.9　执行 sql 语句

除了使用模型上的 API 来操作数据库外，Django 还可以通过模型执行原始的 sql 语句来操作数据库。不同场景下执行 sql 语句的方式如下。

1. 执行查询 SQL

示例如下，在模型上调用 objects 管理器的 raw 方法并在参数中传入 sql 语句，此时返回 django.db.models. query.RawQuerySet 类型的实例。该实例是可以迭代的，因此可以通过 for 循环来遍历查询结果。在得到 RawQuerySet 结果的过程中，Django 会自动将查询集与模型的字段进行映射。

```
cards=IdentityCard.objects.raw('SELECT * FROM polls_
identitycard')
```

通过设置 raw 方法的 translations 参数，可以指定字段的映射关系。

```
name_map = {'code': ' 邮编 ', 'address': ' 地址 ', 'pk': 'id'}
IdentityCard.objects.raw('SELECT * FROM polls_
identitycard', translations=name_map)
```

在 RawQuerySet 中获取某个元素，可以使用下标索引，如通过 [0] 返回结果集中第一个元素。在 sql 语句中使用 "limit 1" 也只返回一条数据，但是生成的 RawQuerySet 仍然是个集合。因此要取得第一个元素，还需使用下标索引。

```
card=IdentityCard.objects.raw('SELECT * FROM polls_
identitycard')[0]
card=IdentityCard.objects.raw('SELECT * FROM polls_
identitycard limit 1')[0]
```

2. 条件参数化

大多数情况下，查询数据都是有一定条件的。通过参数化的方式，可以将查询条件带入 sql 语句进行查询，示例如下。

```
code = '100001'
IdentityCard.objects.raw('SELECT * FROM polls_
identitycard WHERE code = %s', [code])
```

切记，不要使用拼接字符串的方式来构造 sql 语句，示例如下。

```
query = 'SELECT * FROM myapp_person WHERE last_
name = %s' % code
IdentityCard.objects.raw(query)
```

使用 params 参数并使占位符不加引号就可以保护系统免受 sql 注入攻击，这是攻击者将任意 sql 注入数据库的常见漏洞。如果使用字符串插值或引用占位符，则存在 sql 注入的风险。

> **温馨提示**
>
> sql 注入是系统漏洞的一种，不在本书讨论范围内，更多详细信息请查阅网络系统安全类的资料。

3. 查询结果与模型的映射

执行原始 sql 语句，使 Django 的模型机制灵活性增强，即便 sql 查询返回的字段未在模型中定义，查询的数据集仍然可以正常使用。如示例 19-22 所示，使用聚合函数 count 计算每个组的数据条数，计数列 counter 不在模型内定义，但是仍然可以正常访问。

示例 19-22 模型映射

```
1.  question = Question.objects.raw('SELECT max(id) as
2.  id,score,count(1)
3.  counter FROM polls_question GROUP BY score')
4.    for p in question:
5.      print(" 题目：%s, 分值：%s" % (p.question_text,
6.  p.counter))
```

有时执行的原始 sql 语句并不完全映射到模型，甚至与模型没有任何关系，仅仅是因为某种场景下需要直接执行一段 sql 语句而已。考虑到此情况，Django 支持直接使用 connection 对象连接到数据库，然后进行操作。如示例 19-23 所示，在 connection 对象上调用 cursor 方法，创建一个操作对象游标，然后在游标对象上调用 execute 方法去执行 sql 语句，调用 fetchone 或者 fetchall 方法返回数据行。fetchone 返回元组对象，数据库表的各个字段构成元组的元素；fetchall 同样返回元组对象，其中每个元素也是一个元组，一个元组代表一行数据。

示例 19-23 使用 connection 对象访问数据库

```
1.  from django.db import connection
2.  with connection.cursor() as cursor:
3.      cursor.execute("update polls_question set score=
4.  9 where id= %s", [1])
5.      cursor.execute("SELECT * FROM polls_question
6.  WHERE id = %s", [1])
7.      row = cursor.fetchone()
8.      print(row)
```

4. 多个数据库

在项目中有多个数据库的情况，可以使用 connections 对象指定要连接的数据库。修改 settings.py 文件 DATABASES 字段如下，在字典中新增一个数据库配置，如示例 19-24 所示。

示例 19-24 多个数据库

```
1.    DATABASES = {
2.      'default': {
3.          'ENGINE': 'django.db.backends.mysql',
4.          'NAME': 'djangodb',
5.          'USER': 'root',
6.          'PASSWORD': 'root',
7.          'HOST': 'localhost',
8.          'PORT': '3306',
9.      },
10.     'mysqldb': {
11.         'ENGINE': 'django.db.backends.mysql',
12.         'NAME': 'mysql',
13.         'USER': 'root',
14.         'PASSWORD': 'root',
15.         'HOST': 'localhost',
16.         'PORT': '3306',
17.     }
18.   }
```

在 connections 对象指定数据库别名即可，如示例 19-25 所示。

示例 19-25 使用 connections 连接数据库

```
1.    from django.db import connections
2.    with connections["mysqldb"].cursor() as cursor:
3.        cursor.execute("SELECT * FROM help_category")
4.        row = cursor.fetchall()
5.        print(row)
```

5. 将结果转换为字典

默认情况下，直接执行 sql 将返回没有字段名称的结果，这意味着得到的是一个简单的数据集合，是一个元组或者嵌套的元组，而不是 dict。从结果集中取出数据时，需要使用下标。如示例 19-26 所示，查询数据库中 polls_choice 表的数据，要获取 choice_text 字段的值，需要进行如下操作。

示例 19-26 通过下标取数据

```
1.    with connection.cursor() as cursor:
2.        cursor.execute("SELECT * FROM polls_choice")
3.        rows = cursor.fetchall()
4.        for row in rows:
5.            print(row[1])
```

使用下标的不方便之处在于，若是一张表的字段特别多，那么就容易造成混乱。同时，若是一个新的项目人员接手这段代码，可能无法理解下标 0、1、2、3 具体代表的是哪一个字段。为了解决这些问题，可以使用游标对象的 description 属性用来获取列名信息。description 返回的是列属性。如示例 19-27 所示，description 是 polls_choice 表所有字段的属性集合。

```
[
        dict(zip(columns, row))
        for row in cursor.fetchall()
    ]
```

在代码中，通过 zip 方法，使结果集的数据和 columns（包含所有列名）列表进行组合，并将每一行的数据调用 dict 方法转换成字典。

示例 19-27 将数据转换为字典

```
1.    with connection.cursor() as cursor:
2.        cursor.execute("SELECT * FROM polls_choice")
3.
4.        def dictfetchall(cur):
5.            columns = [col[0] for col in cur.description]
6.            return [
7.                dict(zip(columns, row))
8.                for row in cursor.fetchall()
9.            ]
10.
11.       rows = dictfetchall(cursor)
12.       for row in rows:
13.           print(row)
```

最终的执行结果如图 19-41 所示。

图 19-41 示例 19-27 输出结果

另一种选择是使用 Python 标准库中的 collections.

namedtuple。namedtuple 是一个类似元组的对象，其字段可通过属性查找访问，也是可索引和可迭代的。不可变的对象可以通过字段名称或索引访问，如示例 19-28 所示。

示例 19-28 转换 namedtuple 类型

```
1.  with connection.cursor() as cursor:
2.      cursor.execute("SELECT * FROM polls_choice")
3.
4.      from collections import namedtuple
5.      def namedtuplefetchall(cur):
6.          desc = cursor.description
7.          nt_result = namedtuple('Result', [col[0] for col
8.  in desc])
9.          return [nt_result(*row) for row in cur.fetchall()]
10.
11.     rows = namedtuplefetchall(cursor)
12.     for row in rows:
13.         print(row)
```

19.2.10 模型继承

模型的继承与 Python 中类的继承行为是一致的。以下几种情况，可能需要使用继承。

（1）仅将父类作为公共信息的载体，但是父类并不在数据库中创建表，这时需要使用抽象基类。

（2）父类作为多个表的公共信息载体，但是每个模型都需要创建表，这时需要使用多表继承。

（3）某些情况下，用户只想修改模型在 Python 代码中的行为，如设置一个排序字段，或者添加一个逻辑函数，但不修改原有模型的定义，这时需要使用代理模型。

1. 抽象基类

定义一个 Fruit 水果类，包含字段品种与产地。在元类中，设置 abstract = True，将 Fruit 标记为抽象类，Fruit 并不会在数据库中创建表。定义 Peach 类，从 Fruit 继承下来，这时 Peach 将包含 Fruit 的所有字段。Peach 的元类也会继承父类的元类，但是子类不会自动变成抽象类。若是需要将子类也变为抽象类，就需要在子类中显示指定 abstract = True。

除此之外，抽象基类中的元类有部分字段是子类不可用的，如 db_table。在实际应用时，各子类应在自己

的元类中指定 db_table，如示例 19-29 所示。

示例 19-29 抽象基类

```
1.  from django.db import models
2.
3.  class Fruit(models.Model):
4.      variety = models.CharField(max_length=100)
5.      place_of_origin = models.PositiveIntegerField()
6.
7.      class Meta:
8.          abstract = True
9.
10. class Peach(Fruit):
11.     villi = models.CharField(max_length=50)
12.
13.     class Meta:
14.         db_table= "tb_peach"
```

> **温馨提示**
>
> 在实践中，主键、外键等涉及表关系的字段，都不推荐在抽象基类中定义，因为基类中的字段都会被不同子类继承并且保持同样的值。然而，不同子类的业务场景并不一样，因此可能造成混乱。

2. 多表继承

多表继承中，每个模型相互间都是独立的，每个模型都指向一张数据库表，每个模型都是可以创建、修改、查询的。子类与父类之间的继承关系，默认情况下转变成了一个一对一的关联关系。例如，IdentityCard 身份证类，DrivingPermit 行驶证类。一个身份证只能办理一个行驶证，因此相互间是一对一关系。在数据库中，两个模型也会分别创建一张表，DrivingPermit 会自动与 IdentityCard 建立关系，如示例 19-30 所示。

示例 19-30 多表继承

```
1.  class IdentityCard(models.Model):
2.      code = models.CharField(max_length=50)
3.      address = models.CharField(max_length=200)
4.
5.  class DrivingPermit(IdentityCard):
6.      serial_number = models.CharField(max_length=200)
7.      possessor = models.CharField(max_length=200)
```

修改 DrivingPermit，添加 OneToOneField 字段，可

以手动指定外键的名称，如示例 19-31 所示。

示例 19-31 手动指定外键名称

```
1.  class DrivingPermit(IdentityCard):
2.      serial_number = models.CharField(max_length=200)
3.      possessor = models.CharField(max_length=200)
4.
5.      drivingpermit_identitycard_fk = models.OneToOneField(
6.          IdentityCard, on_delete=models.CASCADE,
7.          parent_link=True,
8.      )
```

3. 代理模型

给 DrivingPermit 对 象 创 建 一 个 代 理 模 型 DrivingPermitProxy，并在代理模型中指定排序字段为 "serial_number"。代理模型不会在数据库创建表，但 是可以像普通模型那样操作同一张表。不同的是，由 于是在代理模型元类中指定了 ordering，代理模型 始终都会用 "serial_number" 字段进行排序，如示例 19-32 所示。

示例 19-32 代理模型

```
1.  class DrivingPermit():
2.      serial_number = models.CharField(max_length=200)
3.      possessor = models.CharField(max_length=200)
4.
5.  class DrivingPermitProxy(DrivingPermit):
6.      def do_something(self):
7.          pass
8.
9.      class Meta:
10.         proxy = True
11.         ordering = ["serial_number"]
```

在模型对象上调用 create 方法，插入一条数据，然 后使用代理模型进行查询。在代理对象实例 driving_ permit_proxy 上操作的方式与元模型实例上的操作方式 是一致的，如示例 19-33 所示。

示例 19-33 代理模型操作数据

```
1.  driving_permit=DrivingPermit.objects.create(
2.  serial_number="A00001", possessor="Andy")
3.  driving_permit_proxy = DrivingPermitProxy.objects.
4.  get(serial_number="A00001")
5.  print("serial_number:", driving_permit_proxy.serial_
```

```
6.  number,
7.      "possessor:", driving_permit_proxy.possessor)
```

19.2.11 查询数据

在实际的业务系统中，查询数据是一个复杂的过 程，不同业务场景下有不同的查询要求。因此 Django 提供了丰富的查询方式来灵活应对，常用方式如下。

1. 使用 filter 与 exclude 查询数据

使用 all 方法，将会返回整个表的数据，然而大 多数情况下，只需要数据的一个子集。要创建子集， 就需要使用过滤条件。过滤数据常用方式是 filter 和 exclude。filter 返回的是满足过滤条件的数据，exclude 返回的是不满足过滤条件的数据。

查询 polls_question 表中，2019 年发布的题目，可 以使用如下方式。其中 pub_date 是 Question 模型的字段， 是日期时间类型，"__year" 可以取得该字段的 "年份"。

```
Question.objects.filter(pub_date__year=2019)
```

该语句在执行时，会转换为对应 SQL。

```
SELECT 'polls_question'.'id', 'polls_question'.'question_
text', 'polls_question'.'pub_date', 'polls_question'.'num',
'polls_question'.'remark', 'polls_question'.'score', 'polls_
question'.'score_text' FROM 'polls_question' WHERE
'polls_question'.'pub_date' BETWEEN '2018-12-31
16:00:00' AND '2019-12-31 15:59:59.999999'
```

查询 polls_identitycard 表中，地址不是 "北京市房 山区" 的数据，可以使用 exclude 方法，如示例 19-34 所示。

示例 19-34 过滤数据

```
1.  data = IdentityCard.objects.exclude(address=' 北京市
房山区 ')
2.      for i in data:
3.          print("code:", i.code, "address:", i.address)
```

执行结果如图 19-42 所示。

```
code: 100001 address: 北京市朝阳区
code: 100003 address: 北京市海淀区
```

图 19-42 示例 19-34 输出结果

Django 模型上的方法是支持链式调用的，如查询

polls_identitycard 表中邮编以"10000"开头，但地址不在"海淀区"的数据，如示例 19-35 所示。

示例 19-35 链式调用

```
1.  data = IdentityCard.objects.filter(code__startswith=
2. '10000')\
3.       .exclude(address__gte=' 北京市海淀区 ')
4.    for i in data:
5.       print("code:", i.code, "address:", i.address)
```

执行结果如图 19-43 所示。

```
code: 100001 address: 北京市朝阳区
code: 100002 address: 北京市房山区
```

图 19-43 示例 19-35 输出结果

QuerySets 查询集对象是懒惰的，调用 exclude 和 filter 方法并不立即访问数据库。当对查询集进行遍历，通过索引获取其中元素或者输出数据时，才会激活数据库连接，获取数据。

2. 使用 get 方法查询数据

即使结果中只有一条数据，exclude、filter、all 始终返回的是查询集。若是在生产环境中，提前知道只有一个对象与业务相匹配，推荐使用 get 方法，因为它只会返回一条数据。具体用法如示例 19-36 所示，其中第 3 行和第 8 行是根据数据主键查询，pk 表示主键，id 本身是主键；第 12 行和第 17 行根据 code 列进行查询，由于 code='100005' 不存在，因此触发异常。

示例 19-36 使用 get 方法获取数据

```
1.  print(" 查询条件：pk=1")
2.
3.  data = IdentityCard.objects.get(pk=1)
4.  print("id:", data.id, "code:", data.code, "address:", data.
5. address)
6.  print()
7.  print(" 查询条件：id=2")
8.  data = IdentityCard.objects.get(id=2)
9.  print("id:", data.id, "code:", data.code, "address:", data.
10. address)
11. print()
12. print(" 查询条件：code='100003'")
13. data = IdentityCard.objects.get(code='100003')
14. print("id:", data.id, "code:", data.code, "address:", data.
15. address)
16. print()
17. print(" 查询条件：code='100005'")
18. try:
19.    data = IdentityCard.objects.get(code='100005')
20.    print("id:", data.id, "code:", data.code, "address:",
21. data.address)
22. except Exception as e:
23.    print(" 异常类型 :",type(e))
24.    print(" 错误：", e)
```

执行结果如图 19-44 所示。

```
查询条件：pk=1
id: 1 code: 100001 address: 北京市朝阳区

查询条件：id=2
id: 2 code: 100002 address: 北京市房山区

查询条件：code='100003'
id: 3 code: 100003 address: 北京市海淀区

查询条件：code='100005'
异常类型：<class 'polls.models.IdentityCard.DoesNotExist'>
错误： IdentityCard matching query does not exist.
```

图 19-44 示例 19-36 输出结果

3. 数据切片

在查询集上使用切片，可以返回查询集的部分结果，这与 LIMIT 功能相似。为方便测试，使用如下语句，在 polls_identitycard 表插入更多数据。

```
IdentityCard.objects.create(code='100004', address=' 北京市房山区 ')
IdentityCard.objects.create(code='100005', address=' 北京市密云区 ')
IdentityCard.objects.create(code='100006', address=' 北京市丰台区 ')
IdentityCard.objects.create(code='100007', address=' 北京市怀柔区 ')
```

如示例 19-37 所示，第 3 行的"[:3]"表示返回索引下标为 0、1、2 的 3 条数据；第 10 行的"[2:5]"表示返回下标为 2、3、4 的 3 条数据，下标的取值范围是 [2:5]；第 16 行"[:8:2]"表示返回下标为 1、3、5、7 的 4 条数据，下标取值的范围是 [0:8) 区间，取值方式是在前一个取值下标索引的基础上加 2，将其作为下一个取值下标索引；第 24 行 "order_by('code')[0]" 表示先排序，再切片，默认情况下为升序排序。

示例 19-37 查询集切片

```
1.   print("[:3] 返回查询集中前 3 条: ")
2.
3.   data = IdentityCard.objects.all()[:3]
4.   for item in data:
5.   print("id:", item.id, "code:", item.code, "address:", item.
6. address)
7.
8.   print()
9.   print("[2:5] 返回查询集中第 2、3、4 条: ")
10.  data = IdentityCard.objects.all()[2:5]
11.  for item in data:
12.  print("id:", item.id, "code:", item.code, "address:", item.
13. address)
14.
15.  print()
16.  print("[:8:2] 返回查询集中第 1、3、5、7 条: ")
17.  data = IdentityCard.objects.all()[:8:2]
18.  for item in data:
19.  print("id:", item.id, "code:", item.code, "address:", item.
20. address)
21.
22.  print()
23.  print(" 按 code 列升序排列，并返回第 1 条: ")
24.  item = IdentityCard.objects.order_by('code')[0]
25.  print("id:", item.id, "code:", item.code, "address:", item.
26. address)
27.
28.  print()
29.  print(" 与 [0] 切片相同，按 code 列升序排列，并返
30. 回第 1 条: ")
31.  item = IdentityCard.objects.order_by('code')[0:1].get()
32.  print("id:", item.id, "code:", item.code, "address:", item.
33. address)
34.
35.  print()
36.  print(" 按 code 列降序排列，并返回第 1 条: ")
37.  item = IdentityCard.objects.order_by('-code')[0]
38.  print("id:", item.id, "code:", item.code, "address:", item.
39. address)
```

执行结果如图 19-45 所示。

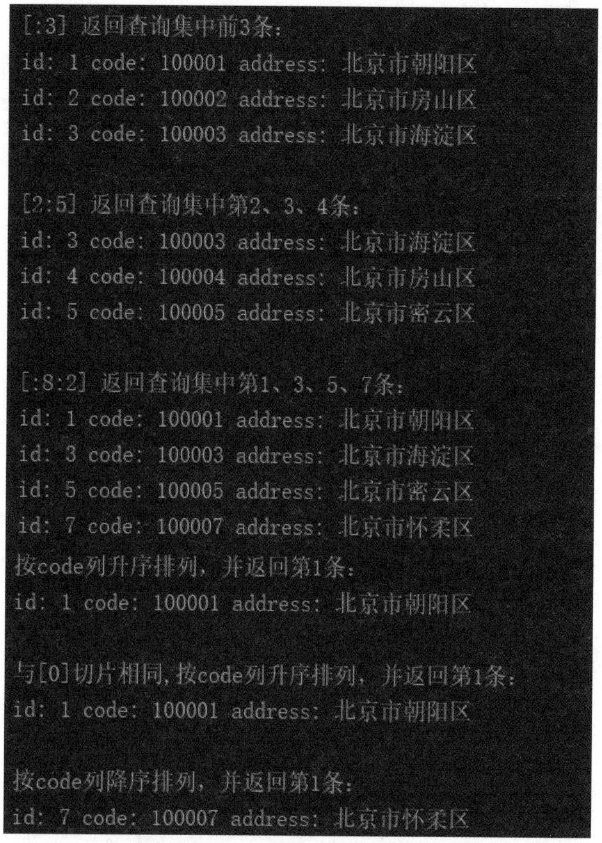

图 19-45　示例 19-37 输出结果

4. 字段查找

Django 提供了数十个关键字用于给 filter、exclude 和 get 方法指定字段的查询方式，字段查找类似 Where 子句。这里将常用的查询方式介绍如下。

（1）exact、iexact。

exact 是指精确匹配，iexact 是带上模糊查询的精确匹配，具体用法是在字段名后面加 "__exact" 或 "__iexact"，注意是两根下画线。如示例 19-38 所示，需要重点关注的是生成的 sql 语句。因此在第 4 行、第 11 行、第 19 行、第 26 行调用 print(data.query) 将实际执行的 sql 语句输出。

示例 19-38 精确查找

```
1.   data = IdentityCard.objects.filter(address__exact=' 北
2. 京市房山区 ')
3.
4.   print(data.query)
5.   for item in data:
```

```
6.    print("id:", item.id, "code:", item.code, "address:",
7.  item.address)
8.
9.  print()
10. data = IdentityCard.objects.filter(address__exact=None)
11. print(data.query)
12. for item in data:
13.     print("id:", item.id, "code:", item.code, "address:",
14. item.address)
15.
16. print()
17. data = IdentityCard.objects.filter(address__iexact='北
18. 京市密云区')
19. print(data.query)
20. for item in data:
21.     print("id:", item.id, "code:", item.code, "address:",
22. item.address)
23.
24. print()
25. data = IdentityCard.objects.filter(address__iexact=None)
26. print(data.query)
27. for item in data:
28.     print("id:", item.id, "code:", item.code, "address:",
29. item.address)
```

执行结果如图 19-46 所示，使用 exact 产生的 Where 子句是"="，使用 iexact 产生的 Where 子句是"like"，"=None"等情况会转换为"IS NULL"。

```
2 SELECT 'polls_identitycard'.'id', 'polls_identitycard'.'code',
3 'polls_identitycard'.'address' FROM 'polls identitycard'
4 WHERE 'polls_identitycard'.'address' = 北京市房山区
5
6 id: 2 code: 100002 address: 北京市房山区
7 id: 4 code: 100004 address: 北京市房山区
8
9 SELECT 'polls_identitycard'.'id', 'polls_identitycard'.'code',
10 'polls identitycard'.'address' FROM 'polls identitycard'
11 WHERE 'polls_identitycard'.'address' IS NULL
12
13 SELECT 'polls_identitycard'.'id', 'polls_identitycard'.'code',
14 'polls identitycard'.'address' FROM 'polls identitycard'
15 WHERE 'polls identitycard'.'address' LIKE 北京市密云区
16
17 id: 5 code: 100005 address: 北京市密云区
18
19 SELECT 'polls_identitycard'.'id', 'polls_identitycard'.'code',
20 'polls identitycard'.'address' FROM 'polls identitycard'
21 WHERE 'polls identitycard'.'address' IS NULL
```

图 19-46 示例 19-38 输出结果

（2）contains、icontains。

为了方便对比 contains 与 icontains，使用以下语句再添加两条数据。注意，这次地址使用的是英文。

```
IdentityCard.objects.create(code='100008',
address='WASHINGTON')
IdentityCard.objects.create(code='100009',
address='Washington')
```

继续在地址字段上添加 __contains 和 __icontain 查询条件，如示例 19-39 所示。

示例 19-39 添加查询条件

```
1.  data = IdentityCard.objects.filter(address__contains=
2.  'WASHINGTON')
3.  print(data.query)
4.  for item in data:
5.      print("id:", item.id, "code:", item.code, "address:",
6.  item.address)
7.
8.  print()
9.  data = IdentityCard.objects.filter(address__icontains=
10. 'Washington')
11. print(data.query)
12. for item in data:
13.     print("id:", item.id, "code:", item.code, "address:",
14. item.address)
```

执行结果如图 19-47 所示，可以看到两个关键词都生成了 LIKE 子句，其中 __contains 会区分大小写，__icontains 则不区分。

```
2 SELECT 'polls_identitycard'.'id', 'polls_identitycard'.'code',
3 'polls_identitycard'.'address' FROM 'polls_identitycard'
4 WHERE 'polls_identitycard'.'address' LIKE BINARY %WASHINGTON%
5
6 id: 8 code: 100008 address: WASHINGTON
7
8 SELECT 'polls_identitycard'.'id', 'polls_identitycard'.'code',
9 'polls_identitycard'.'address' FROM 'polls_identitycard'
10 WHERE 'polls_identitycard'.'address' LIKE %Washington%
11
12 id: 8 code: 100008 address: WASHINGTON
13 id: 9 code: 100009 address: Washington
```

图 19-47 示例 19-39 输出数据

（3）in。

in 条件后面一般接列表、元组、字符串或者另一个查询集，用于判断该字段值是否在 in 后面的集合内，具体用法如示例 19-40 所示。其中第 1 行，in 后面查询条件是一个列表；第 8 行和第 9 行，in 后面查询条件是一个元组；第 19 行，in 后面查询条件是查询集。

示例 19-40 in 子句

```
1.  data = IdentityCard.objects.filter(id__in=[1, 2, 3, 4])
```

```
2.  print(data.query)
3.  for item in data:
4.      print("id:", item.id, "code:", item.code, "address:",
5.  item.address)
6.
7.  print()
8.  data = IdentityCard.objects.filter(code__in=('100007',
9.  '100008', '100009'))
10. print(data.query)
11. for item in data:
12.     print("id:", item.id, "code:", item.code, "address:",
13. item.address)
14.
15. print()
16. address_set = IdentityCard.objects.filter(address__
17. contains=' 北京 ').\
18.               values('address')
19. data = IdentityCard.objects.filter(address__in=address_set)
20. print(data.query)
21. for item in data:
22.     print("id:", item.id, "code:", item.code, "address:",
23. item.address)
```

执行结果如图 19-48 所示。当在多个数据量比较大的表间进行类似操作，会导致系统性能明显降低，因此要合理进行查询集的使用。

```
2  SELECT 'polls_identitycard'.'id', 'polls_identitycard'.'code',
3  'polls_identitycard'.'address' FROM 'polls_identitycard'
4  WHERE 'polls_identitycard'.'id' IN (1, 2, 3, 4)
5
6  id: 1 code: 100001 address: 北京市朝阳区
7  id: 2 code: 100002 address: 北京市房山区
8  id: 3 code: 100003 address: 北京市海淀区
9  id: 4 code: 100004 address: 北京市房山区
10
11 SELECT 'polls_identitycard'.'id', 'polls_identitycard'.'code',
12 'polls_identitycard'.'address' FROM 'polls_identitycard'
13 WHERE 'polls_identitycard'.'code' IN (100007, 100008, 100009)
14
15 id: 7 code: 100007 address: 北京市怀柔区
16 id: 8 code: 100008 address: WASHINGTON
17 id: 9 code: 100009 address: Washington
18
19 SELECT 'polls_identitycard'.'id', 'polls_identitycard'.'code',
20 'polls_identitycard'.'address' FROM 'polls_identitycard'
21 WHERE 'polls_identitycard'.'address'
22 IN (
23 SELECT U0.'address' FROM 'polls_identitycard' U0
24 WHERE U0.'address' LIKE BINARY %北京%
25 )
26
27 id: 1 code: 100001 address: 北京市朝阳区
28 id: 2 code: 100002 address: 北京市房山区
29 id: 4 code: 100004 address: 北京市房山区
30 id: 3 code: 100003 address: 北京市海淀区
31 id: 5 code: 100005 address: 北京市密云区
32 id: 6 code: 100006 address: 北京市丰台区
33 id: 7 code: 100007 address: 北京市怀柔区
```

图 19-48　示例 19-40 输出结果

（4）gt、gte、lt、lte。

gt、gte、lt、lte 分别表示大于、大于等于、小于、

小于等于，具体用法如示例 19-41 所示。

示例 19-41 比较语句

```
1.  data = IdentityCard.objects.filter(id__gt=4)
2.  print("id__gt:")
3.  print(data.query)
4.
5.  data = IdentityCard.objects.filter(id__gte=4)
6.  print("id__gte:")
7.  print(data.query)
8.
9.  data = IdentityCard.objects.filter(id__lt=4)
10. print("id__lt:")
11. print(data.query)
12.
13. data = IdentityCard.objects.filter(id__lte=4)
14. print("id__lte:")
15. print(data.query)
```

执行结果如图 19-49 所示。

```
2  id__gt:
3  SELECT 'polls_identitycard'.'id', 'polls_identitycard'.'code',
4  'polls_identitycard'.'address' FROM 'polls_identitycard'
5  WHERE 'polls_identitycard'.'id' > 4
6
7  id__gte:
8  SELECT 'polls_identitycard'.'id', 'polls_identitycard'.'code',
9  'polls_identitycard'.'address' FROM 'polls_identitycard'
10 WHERE 'polls_identitycard'.'id' >= 4
11
12 id__lt:
13 SELECT 'polls_identitycard'.'id', 'polls_identitycard'.'code',
14 'polls_identitycard'.'address' FROM 'polls_identitycard'
15 WHERE 'polls_identitycard'.'id' < 4
16
17 id__lte:
18 SELECT 'polls_identitycard'.'id', 'polls_identitycard'.'code',
19 'polls_identitycard'.'address' FROM 'polls_identitycard'
20 WHERE 'polls_identitycard'.'id' <= 4
```

图 19-49　示例 19-41 输出结果

（5）startswith、istartswith、endswith、iendswith。

startswith、istartswith、endswith、iendswith 表示模糊查询，startswith 表示匹配以条件开头的字符串，endswith 表示匹配以条件结尾的字符串，用法如示例 19-42 所示。

示例 19-42 模糊查询

```
1.  data = IdentityCard.objects.filter(id__startswith=" 北
2.  京市 ")
3.  print("id__startswith:")
4.  print(data.query)
5.
6.  data = IdentityCard.objects.filter(id__istartswith=" 北
7.  京市 ")
```

```
8.  print("id__istartswith:")
9.  print(data.query)
10.
11. data = IdentityCard.objects.filter(id__endswith=" 区 ")
12. print("id__endswith:")
13. print(data.query)
14.
15. data = IdentityCard.objects.filter(id__iendswith=" 区 ")
16. print("id__iendswith:")
17. print(data.query)
```

执行结果如图 19-50 所示，可以看到 istartswith 与 iendswith 生成的 sql 语句，条件前面都加有关键词 BINARY，表示不区分大小写，与 icontains 的逻辑是一致的。

```
2  id__startswith:
3  SELECT `polls_identitycard`.`id`, `polls_identitycard`.`code`,
4  `polls_identitycard`.`address` FROM `polls_identitycard`
5  WHERE `polls_identitycard`.`id` LIKE BINARY 北京市%
6
7  id__istartswith:
8  SELECT `polls_identitycard`.`id`, `polls_identitycard`.`code`,
9  `polls_identitycard`.`address` FROM `polls_identitycard`
10 WHERE `polls_identitycard`.`id` LIKE 北京市%
11
12 id__endswith:
13 SELECT `polls_identitycard`.`id`, `polls_identitycard`.`code`,
14 `polls_identitycard`.`address` FROM `polls_identitycard`
15 WHERE `polls_identitycard`.`id` LIKE BINARY %区
16
17 id__iendswith:
18 SELECT `polls_identitycard`.`id`, `polls_identitycard`.`code`,
19 `polls_identitycard`.`address` FROM `polls_identitycard`
20 WHERE `polls_identitycard`.`id` LIKE %区
```

图 19-50　示例 19-42 输出结果

（6）range。

range 表示条件筛选范围，参数是一个元组，常用于限制时间范围、序列范围和适合值是连续的这一类字段，具体用法如示例 19-43 所示。

示例 19-43　按范围查询

```
1.  data = IdentityCard.objects.filter(id__range=(2,8))
2.  print("id__range:")
3.  print(data.query)
```

执行结果如图 19-51 所示，range 生成了按范围查询的 sql 语句。

```
2  id__range:
3  SELECT `polls_identitycard`.`id`, `polls_identitycard`.`code`,
4  `polls_identitycard`.`address` FROM `polls_identitycard`
5  WHERE `polls_identitycard`.`id` BETWEEN 2 AND 8
```

图 19-51　示例 19-43 输出结果

（7）date、year、month、day。

这一类查询方式适合用于关于日期、时间方面的搜索。如示例 19-44 所示，按 pub_date 字段搜索 polls_question 表数据。pub_date__date 表示按某天检索；pub_date__date__gt 表示大于某天的数据。值得注意的是，Django 提供的大部分查询方式都是可以混用的，如 __date 与 __gt。pub_date__year= 表示查询某年的数据，生成 BETWEEN…AND…形式；pub_date__month 则不按年份，只匹配某个月的数据；pub_date__day 不按年份、月份，只匹配某天的数据。

示例 19-44　按时间查询

```
1.  data = Question.objects.filter(pub_date__date=datetime.
2.  date(2019, 1, 1))
3.  print("pub_date__date:")
4.  print(data.query)
5.
6.  data = Question.objects.filter(pub_date__date__gt=
7.  datetime.date(2019, 1, 1))
8.  print("pub_date__date__gt:")
9.  print(data.query)
10.
11. data = Question.objects.filter(pub_date__year=2019)
12. print("pub_date__year:")
13. print(data.query)
14.
15. data = Question.objects.filter(pub_date__year__gte=2019)
16. print("pub_date__year__gte:")
17. print(data.query)
18.
19. data = Question.objects.filter(pub_date__month=1)
20. print("pub_date__month:")
21. print(data.query)
22.
23. data = Question.objects.filter(pub_date__month__gte=1)
24. print("pub_date__month__gte:")
25. print(data.query)
26.
27. data = Question.objects.filter(pub_date__day=20)
28. print("pub_date__day:")
29. print(data.query)
30.
31. data = Question.objects.filter(pub_date__day__gte=20)
32. print("pub_date__day__gte:")
33. print(data.query)
```

执行结果如图 19-52 所示。

```
2  pub_date__date:
3  SELECT ...... FROM 'polls_question'
   WHERE DATE(CONVERT_TZ('polls_question'.'pub_date', 'UTC', 'Asia/Shanghai'))
5  = 2019-01-01
6
7  pub_date__date_gt:
8  SELECT ...... FROM 'polls_question'
9  WHERE DATE(CONVERT_TZ('polls_question'.'pub_date', 'UTC', 'Asia/Shanghai'))
10 > 2019-01-01
11
12 pub_date__year:
13 SELECT ...... FROM 'polls_question' WHERE 'polls_question'.'pub_date'
14 BETWEEN 2018-12-31 16:00:00 AND 2019-12-31 15:59:59.999999
15
16 pub_date__year_gte:
17 SELECT ...... FROM 'polls_question'
18 WHERE 'polls_question'.'pub_date' >= 2018-12-31 16:00:00
19
16 pub_date__year_gte:
17 SELECT ...... FROM 'polls_question'
18 WHERE 'polls_question'.'pub_date' >= 2018-12-31 16:00:00
19
20 pub_date__month:
21 SELECT ...... FROM 'polls_question'
22 WHERE EXTRACT(MONTH FROM
23     CONVERT_TZ('polls_question'.'pub_date', 'UTC', 'Asia/Shanghai')) = 1
24
25 pub_date__month_gte:
26 SELECT ...... FROM 'polls_question' WHERE EXTRACT(MONTH FROM
27 CONVERT_TZ('polls_question'.'pub_date', 'UTC', 'Asia/Shanghai')) >= 1
28
29 pub_date__day:
30 SELECT ...... FROM 'polls_question' WHERE EXTRACT(DAY FROM
31 CONVERT_TZ('polls_question'.'pub_date', 'UTC', 'Asia/Shanghai')) = 20
32
33 pub_date__day_gte:
34 SELECT ...... FROM 'polls_question' WHERE EXTRACT(DAY FROM
35 CONVERT_TZ('polls_question'.'pub_date', 'UTC', 'Asia/Shanghai')) >= 20
```

图 19-52　示例 19-44 输出结果

（8）isnull。

isnull 用于筛选是否为 NULL 的数据，isnull 后面接 True 或者 False，具体用法如示例 19-45 所示。

示例 19-45　筛选是否为 NULL 的数据

1. data = Question.objects.filter(question_text__isnull=False)
2. print("question_text__isnull=False:")
3. print(data.query)
4. data = Question.objects.filter(question_text__isnull=True)
5. print("question_text__isnull=True")
6. print(data.query)

执行结果如图 19-53 所示，可以看到 isnull=False 是筛选非空数据。

```
2  question_text__isnull=False:
3  SELECT ...... FROM 'polls_question'
4  WHERE 'polls_question'.'question_text' IS NOT NULL
5
6  question_text__isnull=True
7  SELECT ...... FROM 'polls_question'
8  WHERE 'polls_question'.'question_text' IS NULL
```

图 19-53　示例 19-45 输出结果

（9）regex、iregex。

regex 是指可以在查询字段上使用正则表达式，如示例 19-46 所示。查询 polls_identitycard 表中，address 列包含 "密云" 字符的数据，并返回查询集对象。regex 区分大小写，iregex 则不区分。

示例 19-46　正则表达式

1. data = IdentityCard.objects.filter(address__regex=
2. r'(?= 密云)')
3. print("address__regex:")
4. print(data.query)
5. for item in data:
6. print(" 对象信息 : ", "code:", item.code,
7. "address:", item.address)

执行结果如图 19-54 所示。

```
2  address__regex:
3  SELECT 'polls_identitycard'.'id', 'polls_identitycard'.'code',
4  'polls_identitycard'.'address' FROM 'polls_identitycard'
5  WHERE REGEXP_LIKE('polls_identitycard'.'address', (?=密云), 'c')
```

图 19-54　示例 19-46 输出结果

（10）Aggregation/Annotate functions。

MySQL 数据库中内置的聚合函数能实现。Django 也提供了相关的聚合函数，来实现与各类数据库函数的映射。为方便测试，首先创建答题得分表。

Step 01　定义表模型，使用 migrate 同步到数据库。

```
class ResponderScore(models.Model):
    responder_name = models.CharField(max_length=100)
    score = models.IntegerField(null=True)
    question = models.IntegerField(null=True)
```

Step 02　使用如下语句插入数据。

ResponderScore.objects.create(responder_name="Aaron", question=1, score=5)

ResponderScore.objects.create(responder_name="Aaron", question=2, score=1)

ResponderScore.objects.create(responder_name="Aaron", question=3, score=4)

ResponderScore.objects.create(responder_name="Aaron", question=4, score=2)

ResponderScore.objects.create(responder_name="Aaron", question=5, score=3)

ResponderScore.objects.create(responder_name="Berg", question=1, score=2)

ResponderScore.objects.create(responder_name="Berg", question=2, score=0)

ResponderScore.objects.create(responder_name="Berg", question=3, score=4)

Step 03　使用聚合函数中的 avg，使用 max、min 获取每名答题者的最大和最小得分，还可以使用 StdDev 计算得分方差，代码如下所示。

```
from django.db.models import Avg, Max, Min, StdDev
ResponderScore.objects.all().aggregate(Avg('score'))
ResponderScore.objects.all().aggregate(Max('score'))
ResponderScore.objects.all().aggregate(Min('score'))
ResponderScore.objects.all().aggregate(StdDev('score'))
```

聚合函数适用于一些逻辑简单的统计，对于分组求和、求平均值等场景需要使用 Annotate 函数，代码如下所示。

```
data ResponderScore.objects.values_list("responder_
    name").annotate(sum=Sum("score"))
    print(data)
data ResponderScore.objects.values_list("responder_
    name").annotate(sum=Avg("score"))
    print(data)
```

执行结果如图 19-55 所示。

```
<QuerySet [('Aaron', 15), ('Berg', 6)]>
<QuerySet [('Aaron', 3.0), ('Berg', 2.0)]>
```

图 19-55　输出分组求和的结果

19.2.12　高级操作

1. F 对象

使用 F 对象构造一个表达式，该表达式可以对一个字段进行引用。在操作这个字段的时候，Django 会根据表达式生成 sql 语句，然后交由数据库去执行。

如示例 19-47 所示，修改数据表 polls_responderscore 的两种方式。

示例 19-47　修改数据

```
1.    data = ResponderScore.objects. \
2.        filter(responder_name="Aaron", question=1).first()
3.    data.score = data.score + 4
4.    data.save()
5.
6.    data = ResponderScore.objects. \
7.        filter(responder_name="Aaron", question=2).first()
8.    data.score = F("score") + 4
9.    data.save()
```

将数据从数据库取回到内存，对字段重新赋值，然后保存回数据库。生成的 sql 语句如下，其中 "2" 就是在内存重新赋值的数据。

```
UPDATE 'polls_responderscore' SET 'responder_name'
= 'Aaron', 'score' = 2, 'question' = 1 WHERE 'polls_
responderscore'.'id' = 17
```

"('polls_responderscore'. 'score' + 1)" 就是 F 生成的表达式。

```
UPDATE 'polls_responderscore' SET 'responder_name'
= 'Aaron', 'score' = ('polls_responderscore'.'score' + 1),
'question' = 2 WHERE 'polls_responderscore'.'id' = 18
```

F 对象在并发较高的情况下尤为有用，数据更新是在数据库中执行，并发情况下在内存中更新，容易造成数据不一致问题。

在返回的结果集中，可以使用 F 对象与 annotate 方法来动态构造字段。如示例 19-48 所示，在结构集中生成新列 new_score。

示例 19-48　F 对象生成新的列

```
1.    data = ResponderScore.objects.annotate(new_score=
2. F("score") - 1)
3.    for item in data:
4.        print("score:", item.score, "new_score:", item.new_
5. score)
```

执行结果如图 19-56 所示。

```
score: 2 new_score: 1
score: 5 new_score: 4
score: 4 new_score: 3
score: 2 new_score: 1
score: 3 new_score: 2
score: 2 new_score: 1
score: 0 new_score: -1
score: 4 new_score: 3
```

图 19-56　示例 19-48 输出结果

2. Q 对象

Q 对象与 F 对象类似的地方是，都可以用来构造表达式，并交给数据库运行。Q 对象可以利用 OR 或 AND 操作符来构造复杂的查询，构造的查询条件还可以作为参数传递给 filter 等方法，如示例 19-49 所示。

示例 19-49 利用 Q 对象构造查询条件

```
1.  def show_data(data):
2.    for item in data:
3.      print(" 答题人姓名：", item.responder_name,
4.  " 题目编号：",
5.          item.question, " 得分：", item.score)
6.      print()
7.
8.  def index(request):
9.    print(" 查询 responder_name=Aaron 的数据：")
10.   condition = Q(responder_name="Aaron")
11.   data = ResponderScore.objects.filter(condition)
12.   show_data(data)
13.
14.   print(" 查询 responder_name=Aaron 或者
15. responder_name=Berg 的数据：")
16.   condition = Q(responder_name="Aaron") |
17. Q(responder_name="Berg")
18.   data = ResponderScore.objects.filter(condition)
19.   show_data(data)
20.
21.   print(" 查询 responder_name=Aaron 并且 score!=
22. 4 的数据：")
23.   condition = Q(responder_name="Aaron") &
24. Q(score=4)
25.   data = ResponderScore.objects.filter(condition)
26.   show_data(data)
27.
28.   print(" 查询 responder_name=Berg 并且 score!=
29. 4 的数据：")
30.   condition = Q(responder_name="Berg") &
31. ~Q(score=4)
32.   data = ResponderScore.objects.filter(condition)
33.   show_data(data)
```

执行结果如图 19-57 所示，显示了不同查询条件下的数据。

图 19-57 示例 19-49 输出结果

19.3 Django 视图

视图是 Django 的一个重要组成部分，用于负责处理用户的请求并返回响应。在 Django 框架入门一节，在浏览器中通过链接打开了 Django 主页。这个链接没有包含 html、jsp 等后缀名。对于这个问题，还需从 Django 的设计架构说起。

19.3.1 URLConf

将一个新创建的应用集成到 Django 项目，需要给这个应用创建一个 URLS 模块，该模块实现了 URL 模式与 Python 函数之间的映射，然后在 ROOT_URLCONF 指定的模块内引用该模块。隐映射关系非常灵活，一个映射中还可以引用其他映射，映射关系也可以通过 Python 编程动态构建。

1. Django 请求执行流程

当在浏览器中，用户发起对 Django 站点的请求，会经历如下过程，如图 19-58 所示。

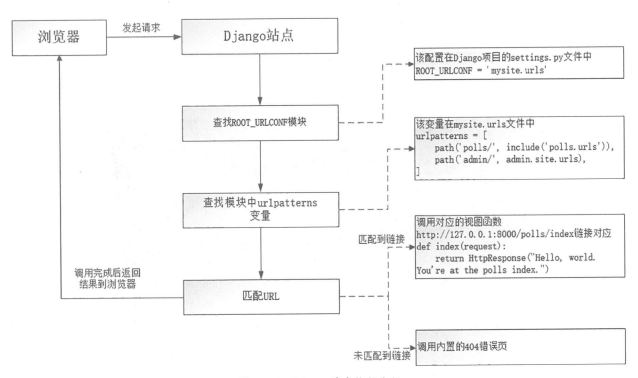

图 19-58　Django 请求执行流程

2. URL 的匹配顺序

URL 的匹配规则是存放在 urlpatterns 列表中。当客户端发送请求到 Django，Django 会根据请求的地址在 urlpatterns 中进行匹配，只要找到一个满足条件的规则就停止查找，然后调用对应的视图函数。

以下是由一两条规则组成的 urlpatterns，path 方法的第一个参数 route 表示路由规则，第二个参数 view 表

示要调用的视图，视图是一个普通的函数。仔细观察两条规则，其中有一部分是相同的。

```
urlpatterns = [
    path('aaron', views.get_aaron_responderscore),
    path('aaron/2', views.get_aaron_score),
]
```

两个视图函数的定义如示例 19-50 所示，其中

request 是一个位置参数，是 Django 框架传递给视图的一个包含当前所有请求信息的对象。

示例 19-50　视图函数

```
1.    from django.http import HttpResponse
2.
3.    def get_aaron_responderscore(request, score):
4.        return HttpResponse("invoke get_aaron_responderscore")
5.
6.    def get_aaron_score(request, score, question_id):
7.        return HttpResponse("get_aaron_score")
```

从互联网下载 Postman 接口测试工具，安装完毕后进行以下测试步骤。

Step01 输入以下链接，测试 'aaron' 路由规则。

http://127.0.0.1:8000/polls/aaron

测试结果如图 19-59 所示。

图 19-59　测试 'aaron' 路由规则

Step02 输入以下链接，测试 'aaron/2' 路由规则。

http://127.0.0.1:8000/polls/aaron/2

测试结果如图 19-60 所示。

图 19-60　测试 'aaron/2' 路由规则

Step03 从两个测试步骤对比可以看到，如果在请求地址中只输入 'aaron'，那么只会匹配 'aaron' 规则，'aaron/2' 是无法匹配到的，只有完整输入规则，才能匹配到。将 urlpatterns 中的规则交换顺序，代码如下。

```
urlpatterns = [
    path('aaron/2', views.get_aaron_score),
    path('aaron', views.get_aaron_responderscore),
]
```

Step04 重复以上步骤，能得到同样的结果。因此，在设计 URL 规则的时候，规则间尽量不要有相同部分的路

径，否则可能无法调用到合适的视图函数。

3. 正则表达式

URL 规则若是直接使用字符串或具体的数字编写，那么可用性非常低。例如，规则 'aaron/2' 就不能匹配 'aaron/3'，但一般情况下，路由中的数字都是变量，为了能适应更多的匹配，可以使用正则表达式来表示路由。

修改 urlpatterns 的规则如下，首先导入 re_path 正则表达式路径对象，然后修改路由规则如下。

```
from django.urls import re_path
urlpatterns = [
    re_path(r'^aaron/(\d+)/$', views.get_aaron_1),
    re_path(r'^aaron/(\d+)/(\d+)/$', views.get_aaron_2),
]
```

在 views 模块中添加两个视图函数，如示例 19-51 所示。

示例 19-51　正则表达式对应的视图函数

```
1.    def get_aaron_1(request, score):
2.        return HttpResponse("invoke get_aaron_1,
3. parameter：" + score)
4.
5.    def get_aaron_2(request, score, question_id):
6.        return HttpResponse("invoke get_aaron_2,
7. parameter：" + score +
8.        ",question_id:" + question_id)
```

r'^aaron/(\d+)/$' 表示匹配路径中包含 aaron 字符，该字符之后是任意位数的整数，/$ 表示终止符。r'^aaron/(\d+)/$' 规则能匹配以下的 URL。

http://127.0.0.1:8000/polls/aaron/2
http://127.0.0.1:8000/polls/aaron/3
http://127.0.0.1:8000/polls/aaron/100

r'^aaron/(\d+)/(\d+)/$' 表示 aaron 字符之后有两个整数，因此能匹配以下 URL。

http://127.0.0.1:8000/polls/aaron/2/100
http://127.0.0.1:8000/polls/aaron/3/100

4. 传递参数

大多情况下，URL 还被设计为可以用来传递参数，

设置路由规则如下。

```
urlpatterns = [
    re_path(r'^question/$', views.get_page_1),
    re_path(r'^question/(?P<start_index>\d+)/(?P<page_size>\d+)?$',
    views.get_page_2)
]
```

在 views 模块中添加函数 get_page_1 与 get_page_2，如示例 19-52 所示。

示例 19-52 添加函数

```
1.  def get_page_1(request):
2.      start_index = request.GET.get('start_index')
3.      page_size = request.GET.get('page_size')
4.      return HttpResponse("invoke get_page_1,
5.  start_index={},page_size={}".
6.              format(start_index, page_size))
7.
8.  def get_page_2(request, start_index, page_size):
9.      return HttpResponse("invoke get_page_1,
10. start_index={},page_size={}".
11.             format(start_index, page_size))
```

在 Postman 中向以下链接发送请求，?start_index=1&page_size=2 称为查询字符串，在视图函数中使用 request.GET（或 request.POST）.get（"参数名"）方式进行取值。

http://127.0.0.1:8000/polls/question?start_index=1&page_size=2

返回结果如图 19-61 所示。

图 19-61　测试查询字符串

在 Url 指定了参数名字，那么相应的视图函数就需要将该名字作为位置参数。例如，"(?P<start_index>\d+)"指定了参数名称为 start_index，那么在视图函数中就必须定义此参数。在 Postman 中发送如下请求。

http://127.0.0.1:8000/polls/question/1/2

返回结果如图 19-62 所示，可以看出，视图函数中位置参数的定义顺序与链接中传递值的顺序无关。

图 19-62　测试有位置参数的路由规则

19.3.2　视图返回值

Django 通过使用 request 和 response 对象来传递系统状态。当请求页面时，Django 会创建一个包含有关请求的元数据的 HttpRequest 对象。Django 加载适当的视图，将 HttpRequest 作为第一个参数传递给视图函数。每个视图负责返回一个 HttpResponse 对象。通过 HttpRespone 对象，可以返回文本、图像等内容，也可以被重定向，跳转到其他页面，甚至还可以触发异常，返回一个错误页面。

> **温馨提示**
>
> 在 Django 项目中，视图一般习惯性存放于 views.py 文件中进行统一管理，但不做强制要求，只需在 urls 模块中能够正确映射即可。

1. 返回文本

视图函数至少有一个位置参数，该参数名称可以自定义。该参数表示的是当前请求，因此取名为"request"，代码如下。

```
def index(request):
    return HttpResponse("Hello, world. You're at the polls index.")
```

在 index 函数内部，返回了 HttpResponse 对象，该对象表示对当前请求的响应，响应内容是一段字段串。修改视图函数内容，代码如下。

```
def index(request):
    html = "<html><body><h1>Hello Django<h1></body></html>"
    return HttpResponse(html)
```

将一段文本返回到客户端，浏览器会解析 html 元素，然后进行展示，如图 19-63 所示。

Hello Django

图 19-63 显示文档

2. 返回 JSON

JSON 是 Web 系统前后端交换数据的一种常用数据格式。在视图中构造字典，然后通过 HttpResponse 返回到客户端，那么客户端收到的数据就是 JSON 格式，如示例 19-53 所示。

示例 19-53 返回 JSON

```
1.  def index(request):
2.      question = Question.objects.get(pk=1)
3.      dic = {}
4.      dic["question_text"] = question.question_text
5.      dic["score"] = question.score
6.      data = json.dumps(dic)
7.      return HttpResponse(data,
8.  content_type="application/json")
```

3. 重定向

定义 get_json 函数并修改 index，使用 redirect 方法重定向到 get_json，如示例 19-54 所示。

示例 19-54 重定向

```
1.  def index(request):
2.      return redirect(get_json)
3.
4.  def get_json(request):
5.      question = Question.objects.get(pk=1)
6.      dic = {}
7.      dic["question_text"] = question.question_text
8.      dic["score"] = question.score
9.      data = json.dumps(dic)
10.     return HttpResponse(data,
11. content_type="application/json")
```

4. 错误页

在 index 函数添加如下内容，如示例 19-55 所示，查询 polls_question 表主键为 2 的数据。由于该数据不存在，此时调用 get 方法会触发异常。将异常封装到 Http404 对象，Django 将跳转到内置的错误页面。

示例 19-55 返回异常

```
1.  def index(request):
2.      try:
3.          question = Question.objects.get(pk=2)
4.          dic = {}
5.          dic["question_text"] = question.question_text
6.          dic["score"] = question.score
7.          data = json.dumps(dic)
8.      except Exception as e:
9.          raise Http404(e)
10.     return HttpResponse(data,
11. content_type="application/json")
```

执行结果如图 19-64 所示。

图 19-64 示例 19-55 输出结果

19.3.3 类视图

Django 框架通过视图函数接收一个 HttpRequest 对象和返回一个 HttpResponse 对象，来实现 Web 请求的处理。基于函数的通用视图问题在于，除了提供一些简单的参数之外，没有办法扩展或重用，这就限制了视图函数在许多实际应用程序中的用途。

创建基于类的通用视图与基于函数的通用视图具有相同的目标，即让视图开发更容易。但是，使用基于类的通用视图，比基于函数的视图更具扩展性和灵活性。例如，对于需要分别处理 Post 请求和 Get 请求的情况，通过基于函数的视图，就需要写两个单独的视图函数，或者在一个函数中通过判断请求的"method"来执行不同的业务逻辑，如示例 19-56 所示。

示例 19-56 带装饰器的视图函数

```
1.  @require_http_methods(["GET"])
2.  def get_method_view(request):
3.      return HttpResponse(" 这是一个处理 Get 请求的视
4. 图函数 ")
5.
6.  @require_http_methods(["POST"])
7.  def post_method_view(request):
8.      return HttpResponse(" 这是一个处理 Post 请求的
9. 视图函数 ")
10.
11. def method_view(request):
12.     if request.method == "GET":
13.         return HttpResponse(" 在 method_view 中处理
14. Get 请求 ")
15.     elif request.method == "POST":
16.         return HttpResponse(" 在 method_view 中处理
17. POST 请求 ")
```

如示例 19-57 所示，定义类视图需要继承自 View，类视图会根据 Http 请求的方式，自动调用 get 和 post 方法处理不同类型的请求，无须再添加额外的代码。同时，在一个类中还可以封装各个方法公用的配置和通用的业务逻辑，使系统更易维护。

示例 19-57 基于类的视图

```
1.  from django.views import View
2.
3.  class ViewClass(View):
4.      # 公共配置
5.      common_config = {'key': 'value'}
6.
7.      # 通用的代码
8.      def generic_code(self):
9.          pass
10.
11.     def get(self, request, *args, **kwargs):
12.         return HttpResponse(" 在 ViewClass 中处理 Get
13. 请求 ")
14.
15.     def post(self, request, *args, **kwargs):
```

```
16.         return HttpResponse(" 在 ViewClass 中处理
17. POST 请求 ")
```

在 urlpatterns 中使用类视图，需要在类上调用 as_view 方法。

```
urlpatterns = [
    path('my_view_class', ViewClass.as_view()),
]
```

19.3.4 中间件

中间件是一个轻量级的、低级的"插件"系统，是 Django 处理请求响应的中间框架，用于改变 Django 全局的输入或输出。

中间件需要在 settings.py 文件中激活，默认情况下，Django 激活了如下中间件。

```
MIDDLEWARE = [
    'django.middleware.security.SecurityMiddleware',
    'django.contrib.sessions.middleware.SessionMiddleware',
    'django.middleware.common.CommonMiddleware',
    'django.middleware.csrf.CsrfViewMiddleware',
    'django.contrib.auth.middleware.AuthenticationMiddleware',
    'django.contrib.messages.middleware.MessageMiddleware',
    'django.middleware.clickjacking.XFrameOptionsMiddleware',
]
```

每个中间件都有一些特定的功能，主要作用解释如下。

（1）django.middleware.security.SecurityMiddleware：用于维护系统安全的中间件，为处理请求与响应期间提供安全保障。

（2）django.contrib.sessions.middleware.Session Middleware：用于 session 保护的中间件，session 用于为每个访问站点的用户存储与检索数据。

（3）django.middleware.common.CommonMiddleware：一个通用的中间件，可用于修改响应头信息等。

（4）django.middleware.csrf.CsrfViewMiddleware：用于检测跨站点请求伪造的中间件，以避免被恶意攻击。

（5）django.contrib.auth.middleware.Authentication Middleware：在 SessionMiddleware 之后，用于存储会

话、身份验证等。

（6）django.contrib.messages.middleware.Message Middleware：在 SessionMiddleware 之后，基于 cookie 与 session 的消息处理，如用户注册完毕，系统发送消息到客户端通知注册成功等。

（7）django.middleware.clickjacking.XFrameOptions Middleware：点击劫持保护，通过修响应头来避免网站的恶意诱导操作。

> **温馨提示**
>
> 中间件的排列是有顺序的。一般情况下，settings.py 中的 MIDDLEWARE 配置顺序不必修改，但可视情况增减。
>
> 除了以上展示的中间件外，Django 还提供了 Cache middleware、GZip middleware、Conditional GET middleware 等在不同场景下适用的中间件。为了解更多信息，可查阅官方使用手册。

Django 还支持自定义中间件。如示例 19-58 所示，用户自定义的中间件需要从 MiddlewareMixin 类继承，该类提供了 5 个函数，即 process_request、process_view、process_template_response、process_exception、process_response。

示例 19-58　自定义中间件

```
1.   class CustomMiddleware(MiddlewareMixin):
2.     def process_request(self, request):
3.       print("CustomMiddleware.process_request")
4.
5.     def process_view(self, request, view_func,
6.   view_args, view_kwargs):
7.       print("CustomMiddleware.process_view")
8.
9.     def process_template_response(self, request, response):
10.      print("CustomMiddleware.process_template_
11.  response")
12.
13.     def process_exception(self, request, exception):
14.       print("CustomMiddleware.process_exception")
15.
16.     def process_response(self, request, response):
17.       print("CustomMiddleware.process_response")
```

这 5 个函数会在 Django 框架处理 Http 请求的不同阶段被调用，具体介绍如下。

（1）process_request(self, request)：该方法有一个位置参数 request，request 参数与视图函数中的 request 参数是一样的。该方法可以返回 None，也可以返回 HttpResponse 对象。返回 None 就继续调用下一个中间件的 process_request 方法，返回 HttpResponse 对象就不调用视图函数，而是直接返回到客户端，浏览器进行显示。该方法是在视图函数调用前，按中间件的排列顺序进行调用。

（2）process_view(self, request, view_func, view_args, view_kwargs)：该方法有 4 个参数，request 与视图函数一致，view_func 表示 Django 要调用的视图函数对象，view_args 与 view_kwargs 是传递给视图函数的参数，但不包含 request。该方法可以返回 None，也可以返回 HttpResponse 对象。返回 None 就继续调用下一个中间件的 process_view 方法，然后正常执行视图函数，返回 HttpResponse 对象就调用该中间件的 process_response 方法，并将该 HttpResponse 对象返回。该方法是在 process_request 之后，按中间件的排列顺序进行调用。

（3）process_template_response(self, request, response)：该方法有两个参数，request 和 response。request 与视图函数一致，response 则是视图函数返回的或者中间件返回的。在视图函数中返回模板时才会被调用。

（4）process_exception(self, request, exception)：该方法有 request 和 exception 两个参数。request 与视图函数一致，exception 是一个异常对象。该方法可以返回 None，也可以返回 HttpResponse 对象。返回 None 则继续执行下一个中间件的 process_exception 方法来处理异常，返回 HttpResponse 则调用 process_response 方法返回到客户端。该方法的调用顺序是按中间件排列的倒序执行。

（5）process_response(self, request, response)：该函数有两个参数，request 和 response。request 与视图函数的 request 是一样的，response 是 HttpResponse 对象。该函数在视图函数执行完成之后才被调用，必须返回 HttpResponse 对象，该 HttpResponse 对象就是

视图函数返回的对象。该方法的调用顺序是按中间件排列的倒序执行。例如，'django.middleware.security. SecurityMiddleware' 在 MIDDLEWARE 列表中排第一个，那么其内部定义的 process_response 方法将会在 process_response 调用之后才进行，其余以此类推。

19.4　Django 模板

作为一个 Web 框架，Django 需要一种动态生成 HTML 的便捷方式，最常见的方法是使用模板。模板包含了需要输出的文档、JS 脚本、CSS 样式表、图像、视音频和通过模板语言动态插入的内容。

19.4.1　使用模板

在 Python 代码中混写 html 元素是不合适的，因为前后代码混写在一起，不利于系统维护。例如，前端开发者需要调整页面中按钮的背景，那么将修改后台的 Python 代码。鉴于种种弊端，Django 采用了一套特有的模板引擎，用于优化 Web 系统的开发。接下来，将介绍如何在项目中使用模板，具体操作步骤如下。

Step01 在 polls 应用中，创建目录 templates 与 static。在 templates 中创建一个模板文件，即 index.html。在 static 目录下再创建 css 与 js 目录，分别从网上下载 bootstrap. min.css 与 jquery.min.js 文件，拷贝到对应目录，如图 19-65 所示。

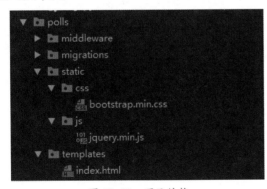

图 19-65　项目结构

Step02 在 index.html 文档中添加内容，如示例 19-59 所示。在界面渲染的时候 {% static 文件路径 %} 就是站点下 polls 应用的 static 路径。{{ val }} 是在渲染模板时创建的一个变量。

示例 19-59　文档内容

```
1.  {% load staticfiles %}
2.  <!DOCTYPE html>
3.  <html lang="en">
4.  <head>
5.      <meta charset="UTF-8">
6.      <title>Title</title>
7.      <link rel="stylesheet" href="{% static 'css/bootstrap.
8.  min.css' %}">
9.  </head>
10. <body>
11. <div><h3>通过模板语言，将后台 Python 变量的值
12. 渲染到客户端。</h3></div>
13. <div>
14.     <h3>后台变量值为：</h3>
15.     <h1>{{ val }}</h1>
16. </div>
17. <script src="{% static 'js/jquery.min.js' %}"></script>
18. </body>
19. </html>
```

Step03 修改视图函数，如示例 19-60 所示，将 templates 中的 index.html 页面渲染后返回到客户端。

示例 19-60　视图函数

```
1.  def index(request):
2.      content = "hello,Django template!"
3.      return render(request, "index.html", {"val": content})
```

Step04 检查 settings.py 中静态资源配置，代码如下。该配置表示每个应用都应有 static 目录，该目录用来存放静态资源，如 js 文件、css 文件、图片等。

```
STATIC_URL = '/static/'
```

Step05 确认已安装 staticfiles 应用。

```
INSTALLED_APPS = [
    'polls.apps.PollsConfig',
```

```
'django.contrib.admin',
'django.contrib.auth',
'django.contrib.contenttypes',
'django.contrib.sessions',
'django.contrib.messages',
'django.contrib.staticfiles',
]
```

Step 06 还需要确保路由配置是否正确，代码如下。

```
urlpatterns = [
    path('index', views.index),
]
```

Step 07 运行程序，显示效果如图 19-66 所示。可以看到，通过模板语法的标记的部分已经渲染为实际的路径与变量值。Django 正是通过此模板引擎技术，使前后端分离并提高开发效率。

图 19-66　渲染结果

19.4.2　模板语言

从上一小节的内容可以发现，Django 模板只是一个文档，里面使用了 Django 模板标记语言。这些模板语言标记的内容，由模板引擎识别和解释。模板引擎调用 render 方法在服务端将 Python 变量与文档渲染，然后将生成的文档发送给客户端。模板引擎能识别的模板语法涉及 4 种结构，这里介绍如下。

1. Variables

在 html 模板中，使用 {{variable}} 来表示变量。当模板引擎遇到变量时，它会计算该变量并将其替换为结果。变量名称由字母、数字、字符和下画线的任意组合组成，但不能以下画线开头。重要的是，变量名称中不能包含空格或标点符号。如示例 19-61 所示，使用模型获取对应的数据，在后台使用字典的形式，渲染多个变量。

示例 19-61　后台 render 变量

```
1.  def index(request):
2.      question = Question.objects.get(pk=1)
3.      return render(request, "index.html",
4.          {"question_text": question.question_text,
5.          "pub_date": question.pub_date,
6.          "score": question.score})
```

在 index.html 模板中，使用 "{{ }}" 包裹后台字典中的 key 来显示变量，如示例 19-62 所示。

示例 19-62　前台显示变量

```
1.  <div><h3> 问题信息。</h3></div>
2.  <div>
3.      <div><h3> 题目：</h3>
4.          <h1>{{ question_text }}</h1></div>
5.      <div><h3> 发布时间：</h3>
6.          <h1>{{ pub_date }}</h1></div>
7.      <div><h3> 分值：</h3>
8.          <h1>{{ score }}</h1></div>
9.  </div>
```

运行结果如图 19-67 所示。

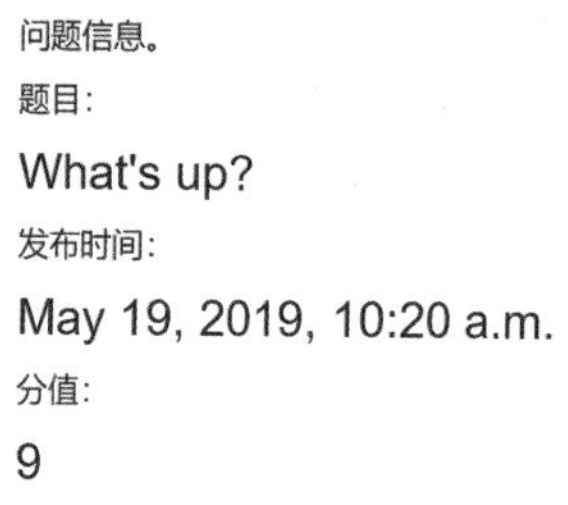

问题信息。
题目：
What's up?
发布时间：
May 19, 2019, 10:20 a.m.
分值：
9

图 19-67　显示问题信息

点 "." 也出现在可变部分中，但它具有特殊含义。如示例 19-63 所示，将查询集对象 render 到页面，在页面模板中使用点 "." 访问对象的属性。

示例 19-63 后台 render 查询集

```
1.  def index(request):
2.      identity_cards = IdentityCard.objects.all()
3.      return render(request, "index.html",
4.              {"identity_cards": identity_cards})
```

在模板中，使用 {% for %} {% endfor %} 来遍历列表，此时循环遍历 identity_card 是 IdentityCard 对象的一个实例。在循环的内部，使用 "identity_card. 字段名"的形式来获取具体的变量值，如示例 19-64 所示。

示例 19-64 显示查询集对象信息

```
1.  <div><h3> 身份信息 </h3></div>
2.  <div>
3.      {% for identity_card in identity_cards %}
4.          <div style="margin-bottom: 10px">
5.              <span> 编号: </span>
6.              <span style="margin-right: 10px">
7.  {{ identity_card.code }}</span>
8.              <span> 地址: </span>
9.              <span style="margin-right: 10px">
10. {{ identity_card.address }}</span>
11.         </div>
12.     {% endfor %}
13. </div>
```

运行结果如图 19-68 所示，显示数据列表。

身份信息

编号: 100001　地址: 北京市朝阳区
编号: 100002　地址: 北京市房山区
编号: 100003　地址: 北京市海淀区
编号: 100004　地址: 北京市房山区
编号: 100005　地址: 北京市密云区
编号: 100006　地址: 北京市丰台区
编号: 100007　地址: 北京市怀柔区
编号: 100008　地址: WASHINGTON
编号: 100009　地址: Washington

图 19-68　显示数据

2. Tags

在模板中, {% for %} {% endfor %} 与 {% static %} 这样的语句称为标签。标签可以输出内容，用作控制结构。Django 提供了大量的标签，限于篇幅，这里将重点介绍几个常用的标签，其余的标签用法与此类似。

（1）autoescape: 标签用于控制文本是否自动转义。若是 val 变量包含 html 元素，并将 autoescape 设置为 on，那么 val 中的标签与内容将直接显示到页面上面。

```
{% autoescape on %}
    {{ val }}
{% endautoescape %}
```

（2）extends 与 block:extends 表示一个模板可以从另一个模板继承。模板的继承特性使得页面上的公共部分可以重用，如各个页面都需要的 js 脚本、css 样式文件和左侧的菜单、导航栏等。block 标签表示父模板中标记的占位符，可以在子页面用同样的标签进行替换，具体步骤如下。

Step 01 创建 base.html，添加代码如示例 19-65 所示。在第 5 行定义 {% block title %} 块，在第 11 行定义 {% block content %} 块。

示例 19-65 base 页面

```
1.  <!DOCTYPE html>
2.  <html lang="en">
3.  <head>
4.      <meta charset="UTF-8">
5.      <title>{% block title %} 模板基础页面 {% endblock
6.  %}</title>
7.  </head>
8.  <body>
9.      <h1> 这是父页面的标题 </h1>
10. <div id="content">
11.     {% block content %}{% endblock %}
12. </div>
13. </body>
14. </html>
```

Step 02 创建 extend.html，使用 extends 标签继承自 base.html。在子页面中使用 {% block title %} 标签替换父页面同一位置的内容，与 {% block content %} 原理一样，如示例 19-66 所示。

示例 19-66 子页面

```
1.  {% extends "base.html" %}
2.  {% block title %} 这是子页面的标题 {% endblock %}
```

```
3.
4.    {% block content %}
5.      <h2> 这是子页面的内容 </h2>
6.    {% endblock %}
```

Step 03 在 views.py 文件中添加视图函数，渲染 extend.html 页面。

```
def extend(request):
    return render(request, "extend.html")
```

Step 04 修改 urls 模块，为 extend 视图函数添加路由规则。

```
urlpatterns = [
    path('index', views.index),
    path('extend', views.extend),
]
```

Step 05 启动浏览器，执行结果如图 19-69 所示。

图 19-69 页面继承

（3）在模板语法中，if 的功能与在 Python 中是一致的，用于判断某个逻辑是否满足条件，具体用法如示例 19-67 所示。在模板中使用 {% if 1==1 %}，页面一打开就会弹出对话框。

示例 19-67 if 标签

```
1.  <body>
2.  {% if 1 == 1 %}
3.    <script>
4.      alert(" 这是一段 js 脚本 ");
5.    </script>
6.  {% endif %}
7.  <script src="{% static 'js/jquery.min.js' %}"></script>
8.  </body>
```

3. Filters

使用过滤器可以修改要显示的变量，在模板中使用 "|"（竖线称为管道符）来启用过滤器。Django 提供了数十个内置的模板过滤器，比如 default、length、join、lower、make_list 等。以下是一些常用模板过滤器的用法。

修改 index.html 页面内容，如示例 19-68 所示，第 5 行表示 value1 为空值或者 false，将使用 default 后面的字符串进行显示；第 8 行表示输出 value2 变量的长度；第 11 行表示若是 value3 列表的长度大于 1，则输出第 12 行到第 15 行的内容；第 14 行表示再次调用过滤器，将列表拼接成字符串显示。

示例 19-68 常用过滤器

```
1.  <body>
2.
3.
4.    <h3> 在过滤器中控制值的显示方式：</h3>
5.    {{ value1|default:" 这是一个空值 " }}
6.
7.    <h3> 在过滤器中输出列表长度：</h3>
8.    {{ value2|length }}
9.
10. <h3> 在过滤器中使用判断 </h3>
11. {% if value3|length > 1 %}
12.   <div>
13.     <h5> 在过滤器中将列表拼接成字符串：</h5>
14.     {{ value3|join:", " }}
15.   </div>
16. {% endif %}
17.
18. <script src="{% static 'js/jquery.min.js' %}"></script>
19. </body>
```

修改 index 视图函数，render 页面上的变量，如示例 19-69 所示。

示例 19-69 render 变量

```
1.  def index(request):
2.      value3 = [i for i in range(5)]
3.      return render(request, "index.html",
4.              {"value1": False,
5.               "value2": "Hello world",
6.               "value3": value3})
```

执行结果如图 19-70 所示，可以看到各个过滤器都修改了原始数据的显示方式。

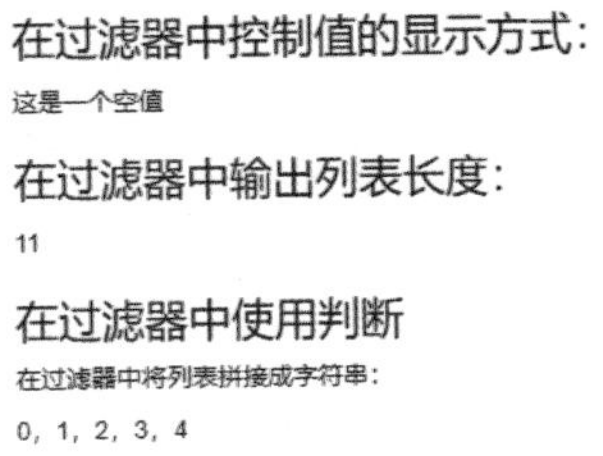

在过滤器中控制值的显示方式：

这是一个空值

在过滤器中输出列表长度：

11

在过滤器中使用判断

在过滤器中将列表拼接成字符串：

0, 1, 2, 3, 4

图 19-70　过滤器

19.5　部署

截至目前，这些事例都是在开发环境中运行的，实际上是运行在 Django 自带的一个开发服务器上的。开发服务器在代码有修改时就会重启，运行一段时间后就会退出。为了让更多的用户能够访问 Django 站点，因此需要将其部署到运行稳定的 Web 服务器上。

在实战中发现，部署 Django 会因为各组件的版本不一致而经常引起出错。因此本节将详细介绍如何在 Windows 上使用 Apache 服务器部署 Django 项目。Apache 是排名前列的 Web 服务器软件，是目前最流行的 Web 服务器端软件之一。使用 Apache 部署 Django 项目，需要下载 Apache httpd 服务器和 mod_wsgi 扩展。

（1）httpd-2.4.39-win64-VC15.zip：Apache http 服务器软件。其中，2.4.39 表示 httpd 的版本，win64 表示 Windows 64 位系统，VC15 是指 vc++ 库。

（2）mod_wsgi-4.6.5+ap24vc15-cp37-cp37m-win_amd64.whl：wsgi 全称是 Web Server Gateway Interface，mod_wsgi 是一个实现了 Python wsgi 标准的 Apache http 服务器扩展模块。通过 mod_wsgi 可以在 Apache http 服务器上运行 Python 应用程序。4.6.5 是指 mod_wsgi 的版本，ap24vc15 是指 Apache 2.4 版本，vc15 库，cp37-cp37m 是指 Python 3.7 版本，win_amd64 是指 Windows 64 位。

下载完毕后即可安装。

1. 安装 Apache http 服务器软件

Step 01 解压 httpd-2.4.39-win64-VC15.zip 到一个空目录，路径中不要有空格及其他特殊字符，如图 19-71 所示。

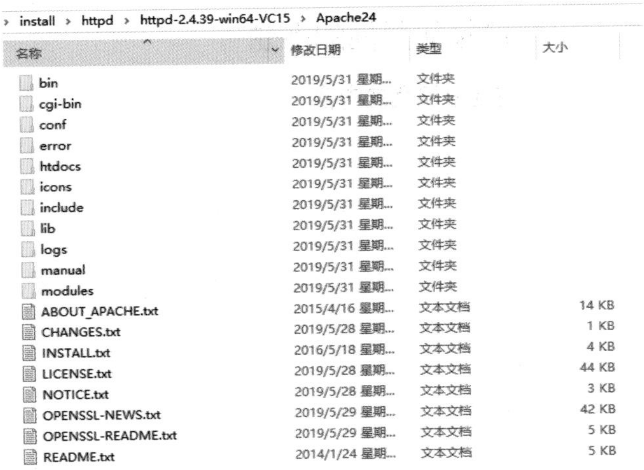

图 19-71　Apache24 结构

然后进行配置。

Step 02 进入 conf 目录，找到 httpd.conf 文件，如图 19-72 所示。

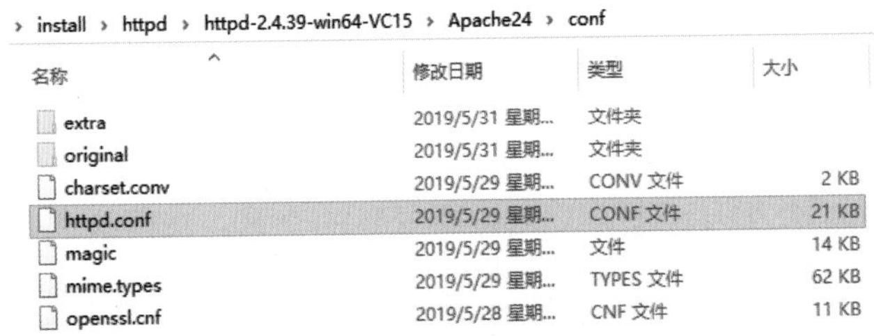

图 19-72　httpd.conf

Step03 使用 notepad++ 打开 httpd.conf，在第 37 行找到服务器软件的配置路径，如图 19-73 所示。

```
37  Define SRVROOT "c:/Apache24"
38
39  ServerRoot "${SRVROOT}"
```

图 19-73 默认的 Apache 软件路径

默认是" c:/Apache24"，现修改为如下代码。

```
Define SRVROOT "D:/install/httpd/httpd-2.4.27-win64-VC14/Apache24"
```

Step04 修改 Apache 服务器监听端口，如图 19-74 所示。默认监听本机 80 端口，这里改为 8080。

```
59  #Listen 12.34.56.78:80
60  Listen 80
```

图 19-74 监听端口

Step05 在当前目录打开命令工具，直接运行 http.exe，若是程序没有报错，那么服务器运行成功，如图 19-75 所示。

```
PS D:\install\httpd\httpd-2.4.39-win64-VC15\Apache24\bin> D:\install\httpd\httpd-2.4.39-win64-VC15\Apache24\bin\httpd.exe
AH00558: httpd.exe: Could not reliably determine the server's fully qualified domain name, using fe80::d497:10ff:193:4561. Set the 'ServerName' directive globally to suppress this message
```

图 19-75 运行 Apache 服务器

在浏览器打开 localhost：8080，Apache 的默认页面如图 19-76 所示。

← → C ⌂ ① localhost:8080

It works!

图 19-76 运行 Apache 服务器

温馨提示

在命令行中提示"AH00558: httpd.exe: Could not…"，解决此问题办法是在 httpd.conf 文件 228 行附近，添加 "ServerName localhost:8080"。重新运行 http.exe，即可消除提示。

2. 用 mod_wsgi 打通 apache 和 django

Step01 拷贝 mod_wsgi-4.6.5+ap24vc15-cp37-cp37m-win_amd64.whl 文件到虚拟环境。

在 Scripts 目录下打开命令行窗口，使用 pip 进行安装。

```
python install mod_wsgi-4.6.5+ap24vc15-cp37-cp37m-win_amd64.whl
```

Step02 安装成功后继续输入命令 mod_wsgi-express module-config，并拷贝输出的内容，如图 19-77 所示。

```
185  #LoadModule xml2enc_module modules/mod_xml2enc.so
186
187  LoadFile "d:/javarelease/anaconda3/envs/mydjangoenv/python37.dll"
188  LoadModule wsgi_module "d:/javarelease/anaconda3/envs/mydjangoenv/lib/site-packa
189  WSGIPythonHome "d:/javarelease/anaconda3/envs/mydjangoenv"
190
191  WSGIScriptAlias / E:/Workspace/tf/mysite/mysite/wsgi.py
192  WSGIPythonPath E:/Workspace/tf/mysite
193  <Directory E:/Workspace/tf/mysite/mysite>
194    <Files wsgi.py>
195      Require all granted
196      setHandler wsgi-script
197    </Files>
198  </Directory>
```

图 19-77 生成配置信息

Step03 重启 Apache，在浏览器中输入如下内容。

```
http://localhost:8080/polls/index
```

运行结果如图 19-78 所示，可以看到 Apache 服务器返回的页面。

← → C ⌂ ① localhost:8080/polls/index

在过滤器中控制值的显示方式：
这是一个空值

在过滤器中输出列表长度：
11

在过滤器中使用判断
在过滤器中将列表拼接成字符串：
0, 1, 2, 3, 4

图 19-78 Apache 服务器返回的界面

3. 将 Apache 安装为 Windows 服务

将 Apache 安装为 Windows 服务后，就不必在命令行窗口中执行 httpd.exe 命令了。使用如下命令安装与启动、停止 Apache Windows 服务。默认情况下，Apache 服务会随机启动。

```
.\httpd.exe -k install
.\httpd.exe -k start
.\httpd.exe -k stop
```

安装完毕后可以在 Windows 服务中看到服务描述与状态，如图 19-79 所示。

AllJoyn Router Service	路由本地 AllJoyn 客户...	手动(触发...
Apache2.4	Apache/2.4.39 (Win64...	正在运行 自动
App Readiness	当用户初次登录到这台...	手动

图 19-79　Apache windows 服务

常见面试题

1. Django Model 序列化成 JSON 可能会面临哪些问题？

答：在项目中，经常在视图函数里面通过 model 取得数据，然后序列化成 JSON 传递到前台。对于查询集使用 from django.core import serializers 包，可以直接序列化成 JSON，但是对于单个对象可能报错，尤其是该对象包含时间格式。为解决该问题，最简单的办法就是将对象转换为字典，然后再序列化。

2. 如何自定义后台管理站点风格？

答：Django 后台系统的页面存放在以下目录内。

```
envs\mydjangoenv\Lib\site-packages\django\contrib\admin\templates\admin
```

找到后台系统模板页面后开始修改站点风格，具体步骤如下。

Step01 修改后台的页面显示，需在 Django 项目 manage.py 文件同一级创建目录 templates，然后在里面创建 admin 子目录。将后台管理页模板路径下的 base_site.html 与 index.html 文件拷贝到 admin 目录内，项目结构如图 19-80 所示。

图 19-80　项目结构

Step02 使用模板继承的知识，可以任意修改 base_site.html 中各占位符的内容。这里修改 {% block branding %}

为如下代码。

```
{% block branding %}
<h1 id="sitc-namc"><a href="{% url 'admin:index' %}">
用户可自定义 base.html 页，
以修改所有子页面风格 </a></h1>
{% endblock %}
```

修改 index.html 为如下代码。

```
{% block content %}
<div id="content-main">
这是子页面
</div>
{% endblock %}
```

Step03 然后打开后台管理页，其效果如图 19-81 所示。

> 用户可自定义base.html页，以修改所有子页面风格
>
> Site administration
>
> 这是子页面

图 19-81　自定义后台

3. path 函数中的 name 参数的作用有哪些？

答：path 函数中的 name 参数是指该条路由规则的别名。在页面或 JS 脚本中引用该 URL 时一般引用别名，不直接使用路由规则。否则当路由规则变化的时候，需要同时修改脚本或页面，以保持引用一致。

4. wsgi、uwsgi、uWSGI 的含义是什么？

答：wsgi 是一种通信协议，描述了 Python 应用与 Web 服务器之间的开发规范。uwsgi 是 uWSGI 服务器的一种特有的协议，定义了传输信息的类型。uWSGI 是一种 Web 服务器，支持 wsgi、uwsgi、http 协议等。Apache 同时支持这三类协议，Django 项目下 wsgi.py 用于 wsgi 配置，因此更多使用 Apache 部署 Django 项目。

5. filter 和 exclude 方法的区别有哪些？

答：filter 方法是将满足条件的数据筛选出并返回，exclude 方法则是排序满足条件的数据。

6. F 对象与 Q 对象的区别有哪些？

答：F 对象可以对同一张表的不同字段进行比较，可以对字段进行加、减、乘、除等算数运算，可以在查询集中构造新的字段；Q 对象支持 and（使用"&"符号）与 or（使用"|"符号）查询模式，主要用于查询过滤。两者应用场景侧重点不一样。

本章小结

　　本章介绍了 Django 开发环境的搭建方式，以及如何联通数据库和后台管理系统的相关功能。着重介绍了 Django 的模型机制、常用的 API、Django 框架的运行流程、视图的开发方式、模板的使用和模板语法的应用。最后还介绍了 Django 项目的部署方式。需要注意的是，Django 是发展于一个新闻信息发布与管理的系统，作为一个 Web 数据库管理系统，重点是对数据库的操作。因此本章详细介绍了如何利用 Django 模型来操作数据库。掌握本章内容，就能够满足大多数 Web 系统开发的需求。

第20章 轻量级 Web 开发框架 Flask

★本章导读★

Flask 是 Python 领域中的一个开源免费的轻量级 Web 框架，由于其学习与使用成本低，扩展的框架非常丰富，因此广泛应用于 Web 开发中。本章主要介绍 Flask 框架的基本结构、视图、模板、数据库操作、测试与部署。

★知识要点★

通过本章内容的学习，读者能掌握以下知识。

➥ 了解 Flask 框架结构

➥ 掌握如何创建 Flask 项目

➥ 掌握 Flask 的二次开发

➥ 掌握如何使用 Flask-SQLAlchemy 组件操作数据库

➥ 了解 Flask 的模块化设计

➥ 掌握如何使用 Nginx 部署 Flask 项目

20.1 Flask 框架简介

Flask 被称为微框架，这里的"微"是指 Flask 尽可能保持简单并支持扩展。Flask 框架是一个核心，围绕 Web 开发的各种场景，基于 Flask 构建起的数十种组件，极大地方便了项目的开发。

20.1.1 Flask 简介

Flask 框架依赖 Jinja 模板引擎和 Werkzeug WSGI 工具箱。在默认情况下，Flask 不包含操作数据库、表单验证等组件，用户在使用时可根据情况进行安装。

Jinja 模板引擎：在 html 模板中包含一些特殊语法，这些语法可以使用 Python 代码中的变量，Jinja 模板引擎可以解析这些变量，同时还能实现页面的继承和代码复用。

WSGI：Web 服务器网关接口，全称是 Web Server Gateway Interface，可以将 WSGI 理解为一种协议。只要实现了这种协议，就可以将 Python 应用程序部署到支持该协议的 Web 服务器上。

Werkzeug WSGI：实现了 WSGI 协议，并封装了许多 Web 程序必要对象和功能的一个框架，如请求与响应对象和路由系统等。

Flask 由路由系统、视图函数、模板引擎等几部分构成。当 Http 请求发送到 Web 服务器时，几个组件将按一定的顺序协同工作，如图 20-1 所示。

图 20-1　Flask 项目 Http 请求处理流程

20.1.2 Flask 扩展

基于 Flask 扩展的组件，主要用于减轻项目开发中的重复劳动，使开发者能从枯燥的工作中解脱出来。对于一些通用的、复杂的功能，也被封装成扩展组件，以便移植到其他项目。几个常用的扩展如下。

（1）Flask-Admin：一个使用简单、功能完善、可扩展的后台管理页框架。在项目中引入后可以为系统自动生成后台管理页面。

（2）Flask-Login：一个用于管理身份信息的框架，提供了系统用户登录、登出、身份查询、状态查询、拦截未登录用户等功能。

（3）Flask-Security：为系统安全提供了更完善的方案，如基于会话的身份验证、基于 Token 的认证、用户管理、登录跟踪等功能。

（4）Flask-Cache：可以缓存视图函数、业务数据的框架，用于提高系统的响应性能。

（5）Flask-SQLAlchemy：一个使用频率非常高的框架，用于管理、维护数据库结构及数据。Flask-SQLAlchemy 主要操作 Mysql 数据。对于 MongoDB 等数据库，对应有专门的组件。

（6）Flask-Migrate：与 Flask-SQLAlchemy、Flask-Script 组件联合使用，提供命令行工具将 Python 对象同步到数据库中，并创建表。

（7）Flask-RESTful：将函数转为 RESTful API 的一个框架。REST 风格的 API 可以根据 Http 的请求方式来自动适配合适的方法，使服务端调用更加简洁。

（8）Flask-Uploads：用于上传文件的框架，可以有效避免跨站点攻击。在上传过程中，还可以查看上传进度。Flask-Uploads 实现了一个完整的上传机制，包括白名单和黑名单扩展等。

（9）Flask-Celery：Celery 是一个 Python 的任务队列，包含线程 / 进程池。主要用于异步处理定时任务、耗时任务等。Flask-Celery 框架可以轻松访问 Celery，在 Flask 项目中处理异步任务。

（10）Flask-Mail：该框架用于在 Flask 项目中异步发送邮件。该框架一般和 Celery、Flask-Celery 配合使用。

（11）Flask-Testing：该框架用于为 Flask 项目提供单元测试功能，尤其方便对基于类的视图进行测试。

这些框架的安装非常简单，直接使用 pip install 组件名即可。在项目实践过程中，这些框架几乎都是多个相互配合使用的，因此了解各框架的特点就特别重要。

20.2 Flask 框架入门

在对 Flask 框架有了基本了解后，就可以着手创建自己的项目了。在此之前，仍然需要为 Flask 搭建相应的环境，毕竟 Flask 不是 Python 的标准框架。

20.2.1 搭建环境

首次安装 Flask，建议为其创建一个全新的虚拟环境，避免与其他 Python 包其冲突。

Step 01 启动 Anaconda Prompt 客户端程序，输入如下命令创建虚拟环境。

```
conda create -n flaskenv pip python=3.7
```

Step 02 在安装过程中，提示是否继续，此时输入"y"，继续安装。

安装完毕后，使用 activate 命令激活虚拟环境。

```
activate flaskenv
```

Step 03 进入虚拟环境后，输入如下命令安装 flask。

```
pip install flask
```

pip 会先下载 flask，然后自动完成安装，如图 20-2 所示。

```
(flaskenv) C:\Users\Administrator>pip install flask
Collecting flask
  Downloading https://files.pythonhosted.org/packages/9a/74/670ae9737d14114753b8c8fdf2e8bd212a05d3b361ab15b44937dfd40985
/Flask-1.0.3-py2.py3-none-any.whl (92kB)
    |████████████████████████████████| 92kB 8.3kB/s
Requirement already satisfied: itsdangerous>=0.24 in d:\javarelease\anaconda3\envs\flaskenv\lib\site-packages (from flas
k) (1.1.0)
Requirement already satisfied: Werkzeug>=0.14 in d:\javarelease\anaconda3\envs\flaskenv\lib\site-packages (from flask) (
0.15.2)
Requirement already satisfied: Jinja2>=2.10 in d:\javarelease\anaconda3\envs\flaskenv\lib\site-packages (from flask) (2.
10.1)
Requirement already satisfied: click>=5.1 in d:\javarelease\anaconda3\envs\flaskenv\lib\site-packages (from flask) (7.0)
Requirement already satisfied: MarkupSafe>=0.23 in d:\javarelease\anaconda3\envs\flaskenv\lib\site-packages (from Jinja2
>=2.10->flask) (1.1.1)
Installing collected packages: flask
Successfully installed flask-1.0.3
```

图 20-2　安装 Flask

20.2.2　第一个程序

使用 PyCharm 在可视化环境下创建 Flask 项目。

Step01 启动 PyCharm，选择 Flask 模板，如图 20-3 所示。

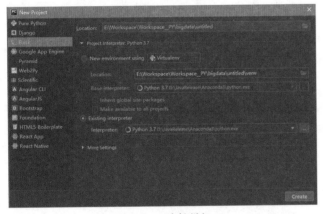

图 20-3　选择模板

Step02 在【Existing interpreter】选项下的【Interpreter】选项的下拉框中选择 flaskenv 虚拟环境中的 Python 解释器，如图 20-4 所示。选择完毕后单击【Create】按钮，创建项目。

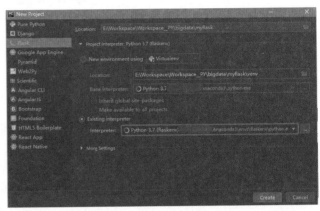

图 20-4　选择 Python 解释器

创建完毕后，项目结构如图 20-5 所示。

▼ 📁 **myflask** E:\Workspace\Workspace__PY\bigdata\myflask
　　📁 static
　　📁 templates
　　📄 app.py

图 20-5　项目结构

20.3　视图与路由

视图是指视图函数，用于处理客户端发起的 Http 请求，执行业务逻辑后将响应返回给客户端。路由实现了 URL 到视图函数的映射，使 Flask 框架知道应该调用哪一个视图函数去处理 Http。

20.3.1　运行 Flask 项目

创建完成的初始项目，app.py 文件中的代码如下所示。

```
from flask import Flask
```

```
app = Flask(__name__)

@app.route('/')
def hello_world():
    return 'Hello World!'
```

```
if __name__ == '__main__':
    app.run()
```

右击项目，弹出菜单，选择【Run 'flask(app.py)'】选项，运行 Flask 项目，如图 20-6 所示。

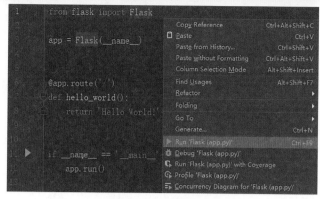

图 20-6　运行 Flask

在 PyCharm 底部，可以看到 Flask 的运行信息。如图 20-7 所示，可以看到项目的运行目录、启动解释器的命令及参数。最后一行是 Flask 框架自带的开发服务器，监控的地址与端口默认是本机与 5000 端口。

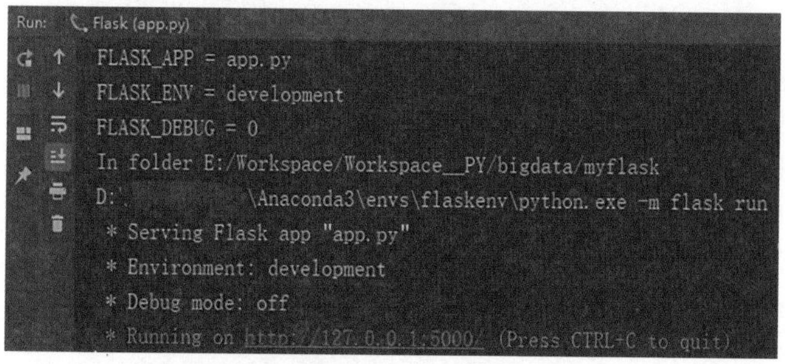

图 20-7　运行日志

打开浏览器执行结果如图 20-8 所示。

← → C ⌂ ① 127.0.0.1:5000

Hello World!

图 20-8　Flask 默认页

20.3.2 示例程序详解

尽管示例程序只包含十行左右的代码，但是它却完整演示了 Flask 项目的开发过程。首先，需要创建 Flask 对象实例，然后，注册路由规则，最后，调用 run 方法，运行开发服务器。

1. Flask 对象

一个 Flask 项目只能有一个 Flask 对象实例，通过 Flask 对象构造函数来创建 app，代码如下。

```
app = Flask (__name__)
```

Flask 构造器有多个参数，其中常用参数介绍如下。

static_url_path：默认值为 None。表示静态文件的地址前缀，如果设置为"myflask"，那么访问静态文件（js 脚本、css 样式表）时，就需要在对应的 URL 前面加上"myflask"字符串。

static_folder：默认值为 static。表示静态文件所在目录的名称，可选参数。若是修改了默认值，在引用静态文件时，则需要同步修改。

template_folder：默认值为 templates。表示 Html 模板所在目录的名字。

root_path：默认值为 None。表示项目的根路径，一般不用修改。Flask 会根据 root_path 目录去查找模板、静态文件。

2. 创建路由规则

在视图函数上，可以直接指定路由规则，代码如下。在函数上面使用"@"符号，表示装饰器；app 是 Flask 对象的实例；route 方法表示注册到路由；'/' 表示网站根路径。

```
@app.route('/')
def hello_world():
    return 'Hello World!'
```

在路由规则中，可以指定字符串和视图函数能够处理的 Http 方式，以及重定向等。如示例 20-1 所示，第 10 行在路由规则上添加"support_get"，那么客户端在发起请求时就需要在链接中指定"support_get"字符串。在路由规则上指定了 methods=["GET"]，那么该路由只支持 Http 为 'GET' 的请求。methods 后面接的是列表，如第 14 行和第 15 行，methods=['GET', 'POST']，该路由同时支持 'GET' 和 'POST'。使用 redirect_to 将导致请求重定向，如访问 redirect_to_support_get 链接，会导致 redirect_to_support_get 视图函数内容执行后自动跳转到 '/support_get' 路由。

示例 20-1　设置路由参数

```
1.    # -*- coding: UTF-8 -*-
2.    from flask import Flask
3.
```

```
4.  app = Flask(__name__)
5.
6.  @app.route('/')
7.  def hello_world():
8.     return 'Hello World!'
9.
10. @app.route("/support_get", methods=["GET"])
11. def support_get():
12.    return ' 只支持 Get 协议 '
13.
14. @app.route("/support_get_post", methods=['GET',
15. 'POST'])
16. def support_get_post():
17.    return ' 只支持 Get 与 Post 协议 '
18.
19. @app.route("/redirect_to_support_get",
20. methods=['GET'],
21.    redirect_to='/support_get')
22. def redirect_to_support_get():
23.    print(' 重定向到 support_get 视图 ')
24.
25. if __name__ == '__main__':
26.    app.run()
```

访问 support_get 和 support_get_post 路由，执行结果如图 20-9 所示。

图 20-9　协议视图

访问 redirect_to_support_get 路由后被重定向，如图 20-10 所示。

图 20-10　重定向

3. 路由参数

通过路由规则传递参数，形式上为 < 参数类型 : 参数名称 >。参数类型为 Python 支持的参数类型为 Python 支持的基本数据类型，参数名称则需要在视图函数上定义。如示例 20-2 所示，定义一个视图函数为通过 id 或 name 获取数据，函数名为 get_data_by_id_or_name。由于在路由规则上指定了 "/<int:objId>/<string:name>"，视图函数上需要定义对应的参数。参数排列顺序随意，但名字需要正确。

示例 20-2　路由参数

```
1.  @app.route("/get_data_by_id_or_name/<int:objId>/
2.  <string:name>", methods=["GET"])
3.  def get_data_by_id_or_name(objId, name):
4.     content = "objId:{},name:{}".format(objId, name)
5.     print("objId:{},name:{}".format(objId, name))
6.     return content
```

使用 Postman 工具测试以下接口，其中 "10" 表示 id，apple 表示 name。

http://127.0.0.1:5000/get_data_by_id_or_name/10/apple

运行结果如图 20-11 所示。

图 20-11　测试接口

4. 请求和响应

如示例 20-3 所示，在第 3 行，导入 request 和 make_response 对象。request 对象封装了当前 Http 请求，里面携带了当前请求的路径、客户端传递的参数等信息。其中第 7 行和第 8 行表示从 Get 请求中获取参数，第 14 行、第 15 和第 16 行表示从 Post 请求中获取参数。

在示例中，视图函数直接返回字符串，那么客户接收到的内容就是纯文本。若是需要携带更多信息到客户端，则需要创建响应对象。调用 make_response 方法可以创建一个 response 对象，再给该对象设置 headers，服务端可以通过该响应对象将信息传递到客户端。

示例 20-3　请求与响应

```
1.  # -*- coding: UTF-8 -*-
2.
3.  from flask import request, make_response
4.
5.  @app.route("/get_data_by_id_or_name", methods=["GET"])
6.  def get_data_by_id_or_name():
7.      obj_id = request.args.get("objId")
8.      name = request.args.get("name")
9.      content = "objId:{},name:{}".format(obj_id, name)
10.     return content
11.
12. @app.route("/add_data", methods=['GET', 'POST'])
13. def add_data():
14.     obj_id = request.form.get("objId")
15.     name = request.form.get("name")
16.     content = "objId:{},name:{}".format(obj_id, name)
17.     response = make_response(content)
18.     response.headers['Content-Length'] = 10000
19.     response.headers['Date'] = '2019-01-01'
20.     return response
```

其中 add_data 路由执行结果如图 20-12 所示，返回响应头中包含了服务端指定的消息。

图 20-12　示例 20-3 输出结果

20.3.3　视图与路由

通过示例程序，可以发现视图与路由是分不开的。本节将介绍更复杂的视图与路由的用法。

1. 类视图

基于类的视图实现了面向对象设计的理念，使视图函数的可重用性、可维护性更好。使用类视图需要 View 类继承，并重写 dispatch_request（分发请求）方法。当类视图接收到客户端请求，会自动调用该方法。如示例 20-4 所示，在 dispatch_request 方法中，根据请求方式的不同，调用对应的函数。

类视图创建完毕后，需要调用 add_url_rule 方法添加到路由。该方法第一个参数是路由规则，MyView 视图类调用 as_view 方法将自身转为视图函数，并赋值给 view_func 参数。as_view 方法参数需要指定视图名称，名称建议与路由规则一致，以方便管理。

示例 20-4　类视图

```
1.  # -*- coding: UTF-8 -*-
2.  from flask import Flask, request
3.  from flask.views import View
4.
5.  app = Flask(__name__)
6.
7.  class MyView(View):
8.
9.      # 处理 Get 请求
10.     def my_func1(self, req):
11.         return ' 客户端传递的参数为：' + req.args.
12. get("name")
13.
14.     # 处理 Post 请求
15.     def my_func2(self, req):
16.         return ' 客户端传递的参数为：' + req.form.get("id")
17.
18.     # 请求分发函数
19.     def dispatch_request(self):
20.         req = request
21.         if req.method == "GET":
22.             resp = self.my_func1(req)
23.         else:
24.             resp = self.my_func2(req)
25.         return resp
26.
27. app.add_url_rule('/myview/', view_func=MyView.
28. as_view('myview'))
29.
30. if __name__ == '__main__':
31.     app.run(debug=True)
```

调用类视图，执行结果如图 20-13 所示。

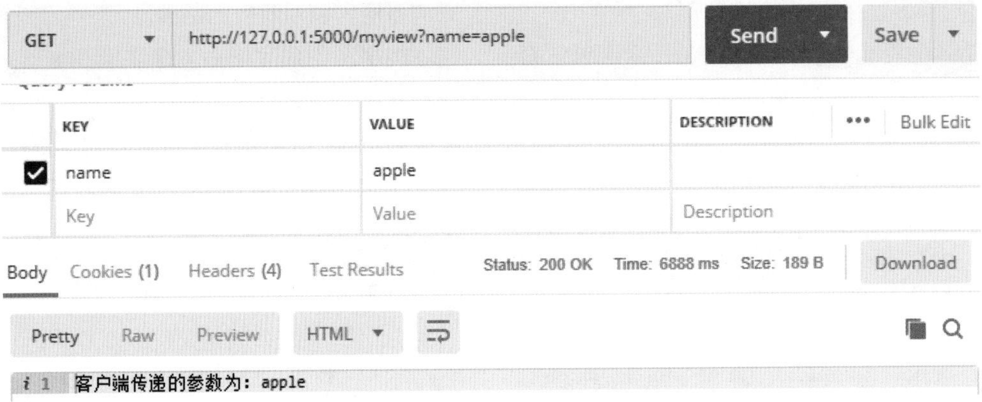

图 20-13 示例 20-4 输出结果

2. 方法视图

方法视图需要从 MethodView 类继承，并重写 get 和 post 方法。客户端在调用的时候，会自动根据请求方式选择合适的方法进行调用。与类视图相比，省去了重写 dispatch_request 方法的步骤。

方法视图需要通过 add_url_rule 方法来添加到路由，具体用法如示例 20-5 所示。

示例 20-5 方法视图

```
1.  # -*- coding: UTF-8 -*-
2.  from flask import Flask, request
3.  from flask.views import MethodView
4.
5.  app = Flask(__name__)
6.
7.  class MyMethodView(MethodView):
8.      def get(self):
9.          return ' 客户端传递的参数为：' + request.args.
10. get("name")
11.
12.     def post(self):
13.         return ' 客户端传递的参数为：' + request.form.
14. get("id")
15.
16.
17. app.add_url_rule('/my_method_view/',
18. view_func=MyMethodView.as_view('my_method_view'))
19.
20. if __name__ == '__main__':
21.     app.run()
```

调用方法视图，执行结果如图 20-14 所示。

图 20-14 示例 20-5 输出结果

3. 蓝图

目前，所有的视图函数都是存放在一个文件中，然而真实项目会存在数十个模块，以及成百上千个视图函数。为了方便视图的管理，需要按业务逻辑将视图划分成模块。为完成这项工作，就需要使用蓝图。在项目中创建 Python 包，名为 views，并创建 account_management.py 和 order_management.py 文件，如图 20-15 所示。

```
▼  myflask  E:\Workspace\Workspace_PY\bigdata\myflask
    static
    templates
▼  views
    __init__.py
    account_management.py
    order_management.py
    app.py
```

图 20-15 修改项目结构

假设这是一个电商系统，包含账户管理模块和订单管理模块。其中，account_management.py 内容如示例 20-6 所示，在第 4 行，使用 Blueprint 对象创建一个蓝图的实例，'account_management' 参数为蓝图的名称，__name__ 表示当前的模块，即为 'views.account_management'。在第 6 行，将路由规则添加到 account 的蓝图实例中。

示例 20-6 account_management.py

```
1.  # -*- coding: UTF-8 -*-
2.  from flask import Blueprint
3.
4.  account = Blueprint('account_management', __name__)
5.
6.  @account.route('/get_account_list', methods=['GET'])
7.  def get_account_list():
8.      return " 账户列表 "
```

order_management.py 内容如示例 20-7 所示，原理与 account_management 类似，不再赘述。

示例 20-7 order_management.py

```
1.  # -*- coding: UTF-8 -*-
2.  from flask import Blueprint
```

```
3.
4.  order = Blueprint('order_management', __name__)
5.
6.
7.  @order.route('/get_order_list', methods=['GET'])
8.  def get_order_list():
9.      return " 订单列表 "
```

回到 app.py 文件中，调用 register_blueprint 方法，将蓝图实例注册到 app 对象上，如示例 20-8 所示。在 register_blueprint 方法中，第一个参数表示蓝图实例，第二个参数表示路由的前缀。通过前缀与视图函数上的路由拼接成最终路由。

示例 20-8 注册蓝图

```
1.  # -*- coding: UTF-8 -*-
2.
3.  from flask import Flask
4.
5.  from views.account_management import account
6.  from views.order_management import order
7.
8.  app = Flask(__name__)
9.
10. app.register_blueprint(account, url_prefix="/account")
11. app.register_blueprint(order, url_prefix="/order")
12.
13. if __name__ == '__main__':
14.     app.run()
```

运行 Flask 程序，在浏览器中分别打开如下链接，执行结果如图 20-16 所示。

```
http://127.0.0.1:5000/account/get_account_list
http://127.0.0.1:5000/order/get_order_list
```

图 20-16 调用蓝图中的视图函数

4. 终结点

Flask 框架中有一个重要的概念，就是终结点。一个路由的终结点，在 route 方法中由 endpoint 参数指定，具体代码如下。

```
@account.route('/get_account_list', methods=['GET'],
endpoint="get_account")
def get_account_list():
    return " 账户列表 "
```

如示例 20-9 所示，在 account_management.py 文件中定义两个同名视图函数。

示例 20-9 定义同名视图函数

```
1.  @account.route('/get_account_list', methods=['GET'])
2.  def get_account_list():
3.      return " 账户列表 "
4.
5.  @account.route('/get_account_list2', methods=['GET'])
6.  def get_account_list():
7.      return " 账户列表 1"
```

在 app.py 文件中运行 Flask 项目，出现如下错误。错误显示已经存在一个终结点函数 account_management.get_account_list。

```
File "XXXXXX\Anaconda3\envs\flaskenv\lib\site-
packages\flask\app.py", line 1222, in add_url_rule 'existing
endpoint function: %s' % endpoint)
AssertionError: View function mapping is overwriting an existing
endpoint function: account_management.get_account_list
```

终结点是视图函数的身份标识。在项目启动的时候，Flask 框架会为视图函数自动生成一个 "模块名 . 函数名" 的终结点名称，并以此来建立视图函数与路由规则的映射关系，将此关系存放在列表中缓存起来。同名函数没有显示指定终节点，导致自动生成的节点名称相同，因此出错。

修改视图函数如示例 20-10 所示，在路由上指定不同的终结点一般与路由规则同名。再次运行项目，正常启动。

示例 20-10 指定终结点

```
1.  @account.route('/get_account_list', methods=['GET'],
2.      endpoint="get_account_list")
3.  def get_account_list():
4.      return " 账户列表 "
5.
6.  @account.route('/get_account_list2', methods=['GET'],
7.      endpoint="get_account_list2")
8.  def get_account_list():
9.      return " 账户列表 1"
```

> **温馨提示**
>
> 一般认为 Flask 框架接收到请求是先寻找到路由，然后直接调用视图函数。然而实际是找到路由后会再找到终结点，通过终结点找到视图函数，之后再进行调用。

20.4 模板

Flask 提供了一个模块系统来简化软件项目的开发。用户可以将 Html 写在单独的模板内，同时在模板中引用 JS 脚本、CSS 样式表、图片等，以实现前端与 Python 代码的隔离。

20.4.1 变量

一般情况下，要将后台代码中的变量传递到前端页面显示，或者调用后台的函数，需要使用 Ajax 等技术。使用模板，可以直接将 Python 变量渲染到页面中，在页面也可以直接调用到函数。如示例 20-11 所示，一个普通的函数 test，接受两个参数，返回两数之和；在

第 10 行的函数上面添加了一个装饰器 @app.template_global()；在第 15 行到第 18 行，定义 v1 ~ v4，v1 是一个纯文本，v2 是一个列表，v3 是一个字典，v4 是一个使用 Markup 类创建的 html 元素。Markup 类可以使在后台动态构造的 Html 片段，在前端显示成正常的控件，而不是纯粹的 html 元素。

示例 20-11　渲染模板

```
1.  # -*- coding: UTF-8 -*-
2.  from flask import Flask, url_for, render_template, Markup
3.
4.  app = Flask(__name__)
5.
6.  def test1(a, b):
7.      return a + b
8.
9.  @app.template_global()
10. def test2(a1, a2):
11.     return a1 + a2 + 100
12.
13. @app.route('/index')
14. def index():
15.     v1 = " 这个一个文本 "
16.     v2 = [1, 2, 3]
17.     v3 = {"k1": "test1", "k2": "test2"}
18.     v4 = Markup("<input type='text' />")
19.     return render_template("index.html", v1=v1, v2=v2,
    v3=v3, v4=v4,
20.                              test1=test1)
21.
22. if __name__ == '__main__':
23.     app.run()
```

在 templates 目录下创建 'index.html' 文件，body 元素的内容如示例 20-12 所示。其中，第 3 行使用 '{{ 变量名 }}' 的形式，可以直接将 Python 变量值输出到页面；第 5 行到第 7 行使用 for 循环将列表输出到页面。

若需要访问列表中某个元素的值，可以直接使用"变量名 . 下标"的形式。对于遍历字典，也使用 for 循环。

在代码中，调用的 'test1' 函数，需要在 render_template 方法中进行传递。'test2' 方法加了 'template_global' 装饰器，对所有模板都可见，因此不必在 render_template 方法中显示传递。

示例 20-12　前端模板

```
1.  <body>
2.
3.  <div> 显示字符串：{{ v1 }}</div>
```

```
4.  <div> 循环列表：
5.      {% for foo in v2 %}
6.          <li>{{ foo }}</li>
7.      {% endfor %}
8.  </div>
9.  <div>
10.     通过索引获取列表值：{{ v2.2 }}
11. </div>
12. <div>
13.     遍历字典：
14.     {% for k,v in v3.items() %}
15.         <li>{{ k }} {{ v }}</li>
16.     {% endfor %}
17.     通过 key 获取值：{{ v3.k1 }}
18.     通过调用 get 方法获取 key 值：{{ v3.get("k1") }}
19. </div>
20. <div>
21.     输出 html 标签：
22.     {{ v4 }}
23. </div>
24. <div>
25.     调用后台函数：<br/>
26.     调用 test1 返回值：<span>{{ test1(1,2) }}
27. </span><br/>
28.     调用 test2 返回值：<span>{{ test2(1,2) }}</span>
29. </div>
30. </body>
```

运行结果如图 20-17 所示，输出个控件、变量及函数运算值。

显示字符串：这个一个文本
循环列表：
- 1
- 2
- 3

通过索引获取列表值：3
遍历字典：
- k1 test1
- k2 test2

通过key获取值：test1 通过调用get方法获取key值：test1
输出html标签： [   ]
调用后台函数：
调用test1返回值：3
调用test2返回值：103

图 20-17　示例 20-12 输出结果

20.4.2 过滤器

过滤器用于控制数据在页面的显示状态。通过过滤器，可以避免使用 JS 脚本操作页面元素。Flask 的模板系统自带了数十个过滤器，同时也支持自定义过滤器。

在项目中创建 filter_funcs.py 文件，添加内容如示例 20-13 所示。show_odd_filter 方法是一个普通的 Python 函数，功能是返回列表中的偶数。通过调用 @filter_blueprint.app_template_filter()，将其作为一个过滤器添加到项目。

示例 20-13 自定义过滤器

```
1.  # -*- coding: UTF-8 -*-
2.  from flask import Blueprint, render_template
3.
4.  filter_blueprint = Blueprint('filter_blueprint', __name__)
5.
6.
7.  @filter_blueprint.app_template_filter()
8.  def show_odd_filter(*args):
9.      tmp_list = args[0]
10.     tmp_list = [i for i in tmp_list if i % 2 == 0]
11.     return tmp_list
12.
13.
14. @filter_blueprint.route('/get_filter', methods=['GET'],
15. endpoint="get_filter")
16. def get_filter():
17.     v1 = "HELLO world"
18.     v2 = [1, 2, 3, 4, 5]
19.     v3 = [i for i in range(10)]
20.     return render_template("filter.html", v1=v1, v2=v2,
21. v3=v3)
```

在 templates 目录添加 filter.html 文件，内容如示例 20-14 所示。

示例 20-14 使用过滤器

```
1.  <h2> 对字符串的操作 </h2>
2.  <div> 转为小写：<span>{{ v1 | lower }}</span>
3.  </div>
```

```
4.  <div> 反向输出：<span>{{ v1 | reverse }}</span>
5.  </div>
6.  <div> 截断输出：<span>{{ v1 | truncate(4) }}
7.  </span></div>
8.
9.  <h2> 列表操作 </h2>
10. <div> 转为小写：<span>{{ v2 | sum }}</span></div>
11. <div> 反向输出：<span>{{ v2 | length }}</span>
12. </div>
13. <div> 截断输出：<span>{{ v2 | max }}</span></div>
14.
15. <h2> 自定义过滤器 </h2>
16. <div> 输出列表中的偶数：<span>{{ v3 | show_odd_
17. filter }}</span></div>
```

最终运行结果如图 20-18 所示。

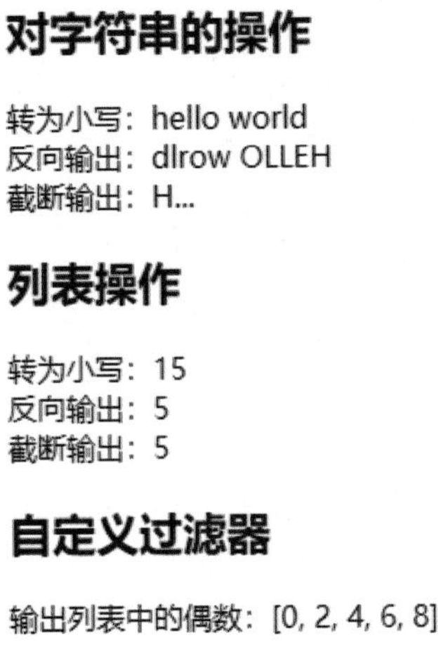

对字符串的操作

转为小写：hello world
反向输出：dlrow OLLEH
截断输出：H...

列表操作

转为小写：15
反向输出：5
截断输出：5

自定义过滤器

输出列表中的偶数：[0, 2, 4, 6, 8]

图 20-18 示例 20-14 输出结果

20.4.3 控制语句

在项目中创建 filter_funcs.py 文件，添加内容如示例 20-15 所示。该视图函数的目的是将一个列表传递到模板中。

示例 20-15 渲染模板

```
1.  @control_blueprint.route('/show_data',
methods=['GET'], endpoint="show_data")
2.  def show_data():
3.      v1 = [i for i in range(5)]
4.      return render_template("control.html", v1=v1)
```

在 templates 目录添加 control.html 文件，内容如示例 20-16 所示。在第 3 行，使用 '{% if %}' 语句配合过滤器，判断当前列表长度是否大于 0。如果大于 0，则执行第 4 行到第 13 行代码，否则输出"列表为空"。使用 for 遍历列表，其中 loop 是一个特殊的循环变量，用以访问循环的过程中的状态。

示例 20-16 控制语句

```
1.  <body>
2.
3.  {% if v1 | length > 0 %}
4.      {% for v in v1 %}
5.          {% if loop.last %}
6.              <span> 最后一个元素值为：{{ v }}</span>
7.          {% else %}
8.              <div>
9.                  <span> 当前元素下标索引: {{ loop.index }}
10. </span>
11.                 <span> 当前元素值为：{{ v }}</span>
12.             </div>
13.         {% endif %}
14.     {% endfor %}
15. {% else %}
16.     列表为空
17. {% endif %}
18. </body>
```

运行结果如图 20-19 所示，在 if 与 for 控制下的输出。

当前元素下标索引：5 当前元素值为：0
当前元素下标索引：5 当前元素值为：1
当前元素下标索引：5 当前元素值为：2
当前元素下标索引：5 当前元素值为：3
最后一个元素值为：4

图 20-19 示例 20-16 输出结果

loop 变量具有多个属性，如表 20-1 所示，列出了 loop 各属性作用。

表 20-1 特殊循环变量

变量	描述
loop.index0	循环次数，取值为 1、2、3，表示循环了第几次
loop.index	循环次数，取值为 0、1、2、3，表示循环了第几次
loop.revindex0	表示剩余循环次数，从 0 开始取值
loop.revindex	表示剩余循环次数，从 1 开始取值
loop.first	是否为第一次循环，取值 True 或 False
loop.last	是否为最后一次循环，取值 True 或 False
loop.length	列表长度
loop.cycle	循环取值的辅助函数

20.4.4 继承、包含

Flask 的模板引擎支持页面继承与包含，使开发者可以将页面模块化，尽最大可能实现页面的重用。如图 20-20 所示，这是一个后台管理系统常规的页面布局设计，标题、导航菜单、页脚是所有的页面共用的，操作区域会根据菜单的不同而不同。

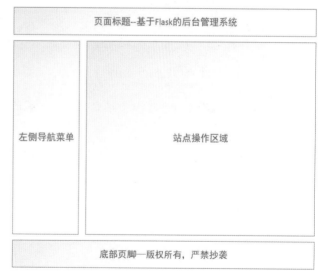

图 20-20 页面布局

要实现这样的页面，需要创建 3 个 html 文件，其作用如下。

（1）base.html：用于引用所有页面共用的 CSS、JS 文件。

（2）main.html：用于布局标题、导航菜单和页脚。

（3）content.html：实现操作区域的内容。

base.html 页面中，最重要的是定义一个块。使用 block 关键字定义，块名称为 main，此名称可以自定义。这个块是一个占位符，子页面填充的区域就是这个块定义的区域。

```
<body>
{% block  main %}
{% endblock %}
</body>
```

在 main.html 页面使用 extends 语句，从 base.html 页面继承。使用 block main 来填充父页面的 main。

```
{% extends 'base.html' %}
{% block main %} 导航等内容 {% endblock %}
```

使用 {% include "content.html" %} 包含子页面。哪一个区域使用 include，子页面的内容将填充该区域。

如图 20-21 所示，是使用了 Bootstrap 框架构造的布局页面，完整项目示例在随书源码目录内。

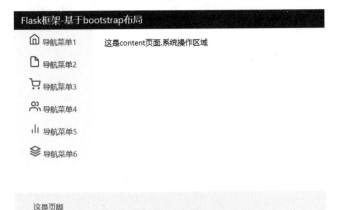

图 20-21　使用继承与包含来实现页面布局

20.5　数据库

SQLAlchemy 是一个基于 Python 语言的 ORM（Object Relational Mapper，对象关系映射）框架，它为应用程序开发人员提供了 SQL 的全部功能和灵活性。Flask-SQLAlchemy 致力于简化在 Flask 中 SQLAlchemy 的使用，提供了有用的默认值和额外的辅助来更简单地完成常见任务。

20.5.1　安装 Flask-SQLAlchemy

Flask-SQLAlchemy 框架是一个独立的组件，因此需要单独安装。

```
pip install Flask-SQLAlchemy
```

在 Python 编辑器中导入 SQLAlchemy，若是不报错误，即为安装正常。

```
from flask_sqlalchemy import SQLAlchemy
```

针对 Python 3 版本，还需要安装 pymysql（Mysql 的驱动程序），命令如下。

```
pip install pymysql
```

20.5.2　数据库的基本操作

Flask-SQLAlchemy 是一个 ORM 框架，提供了高层的 API 操作数据库，也支持低级别的。直接执行 SQL 来操作数据库。

1. 自定义数据库模型

在项目中创建 models Python 包，并在其中创建 model.py 文件。添加以下内容，如示例 20-17 所示，定义一个普通的 Python 类。该类从 db.Model 类继承下来，表示该类是一个数据库表的模型类。db 是指 SQLAlchemy 对象的实例，后续会介绍到。

示例 20-17 数据表模型

```
1.   from config import db
2.
3.   class Product(db.Model):
4.       tablename__ = "product"
5.       id = db.Column(db.Integer, primary_key=True)
6.       name = db.Column(db.String(50))
7.       price = db.Column(db.DECIMAL)
8.       count = db.Column(db.INT)
```

"__tablename__ = "product""用于指定"Product"类是数据库表的一个映射。db.Column 定义的字段是数据库表中的列，设置"primary_key=True"参数表示该字段是表的主键列，"db.String(50)""db.DECIMAL""db.INT"是指表中列的类型和长度。

2. 配置数据库

项目根目录创建 config.py，用以存放数据库配置，并利用当前 Flask 实例初始化数据库连接。具体内容如示例 20-18 所示。app.config 属性可以添加在整个 Flask 项目全局可见的配置信息，如所有的视图函数需要共同访问一个变量，就可以配置到 app.config 中。这里将数据库连接添加到 app.config 属性中。

示例 20-18 创建数据库连接

```
1.   from flask import Flask
2.
3.   from flask_sqlalchemy import SQLAlchemy
4.
5.   app = Flask(__name__)
6.   app.config["SQLALCHEMY_DATABASE_URI"]=
7.   "mysql+pymysql://root:root@localhost:3306/flaskdb"
8.   app.config["SQLALCHEMY_TRACK_
9.   MODIFICATIONS"] = True
10.
11.  db = SQLAlchemy(app)
```

由于整个系统只能有一个 Flask 实例，因此将 app.py 文件重命名为 run.py，修改后的内容如示例 20-19 所示。

示例 20-19 导入 app 实例

```
1.   from config import app
2.
3.   if __name__ == '__main__':
4.       app.run()
```

3. 迁移数据库

迁移数据库需要使用到生态中的组件 Flask-Migrate，使用如下命令安装。

```
pip install Flask-Migrate
```

在 config.py 同一层级目录下创建 manage.py 文件，内容如示例 20-20 所示。在第 1 行和第 2 行，导入 flask_script 内的 Manager 对象和 flask_migrate 组件内的 Migrate 与 MigrateCommand 对象；在第 7 行到第 9 行，将 app 与 db 绑定在一起，并将"MigrateCommand"对象添加到 manager 中。

示例 20-20 创建迁移配置文件

```
1.   from flask_script import Manager
2.   from flask_migrate import Migrate, MigrateCommand
3.
4.   from config import db, app
5.   from models.model import Product
6.
7.   manager = Manager(app)
8.   migrate = Migrate(app, db)
9.   manager.add_command('db', MigrateCommand)
10.
11.  if __name__ == '__main__':
12.  manager.run()
```

最后在命令行中执行迁移命令。

Step01 进入虚拟环境，在 Anaconda 提示工具中执行如下命令。

```
activate flaskenv
```

Step02 切换到 manage.py 文件所在目录，使用如下命令初始化数据库。注意，首次迁移才需要执行该命令，这时数据库并不会发生改变。

```
python manage.py db init
```

执行结果如图 20-22 所示，在项目根目录会自动

创建 migrations 目录并生成迁移版本信息、环境信息等内容。

```
(flaskenv) E:\Workspace\Workspace__PY\bigdata\myflask>python manage.py db init
Creating directory E:\Workspace\Workspace__PY\bigdata\myflask\migrations ... done
Creating directory E:\Workspace\Workspace__PY\bigdata\myflask\migrations\versions ... done
Generating E:\Workspace\Workspace__PY\bigdata\myflask\migrations\alembic.ini ... done
Generating E:\Workspace\Workspace__PY\bigdata\myflask\migrations\env.py ... done
Generating E:\Workspace\Workspace__PY\bigdata\myflask\migrations\README ... done
Generating E:\Workspace\Workspace__PY\bigdata\myflask\migrations\script.py.mako ... done
Please edit configuration/connection/logging settings in 'E:\\Workspace\\Workspace__PY\\big
embic.ini' before proceeding.
```

图 20-22　初始化数据库

Step 03　创建迁移文件。

```
python manage.py db migrate
```

如图 20-23 所示，在 \migrations\versions 路径下创建 9416312bb73c_.py 文件，里面是创建表的命令。

```
(flaskenv) E:\Workspace\Workspace__PY\bigdata\myflask>python manage.py db migrate
D:\              Anaconda3\envs\flaskenv\lib\site-packages\pymysql\cursors.py:170: Warning:
: '\\xD6\\xD0\\xB9\\xFA\\xB1\\xEA...' for column 'VARIABLE_VALUE' at row 533")
  result = self._query(query)
INFO  [alembic.runtime.migration] Context imp1 MySQLImp1.
INFO  [alembic.runtime.migration] Will assume non-transactional DDL.
INFO  [alembic.autogenerate.compare] Detected added table 'product'
Generating E:\Workspace\Workspace__PY\bigdata\myflask\migrations\versions\9416312bb73c_.py
```

图 20-23　生成迁移文件

Step 04　执行迁移。

```
python manage.py db upgrade
```

如图 20-24 所示，注意图中框线标注的区域，此时会真正修改数据库。

```
(flaskenv) E:\Workspace\Workspace__PY\bigdata\myflask>python manage.py db upgrade
D:\JavaRelease\Anaconda3\envs\flaskenv\lib\site-packages\pymysql\cursors.py:170: Wa
: '\\xD6\\xD0\\xB9\\xFA\\xB1\\xEA...' for column 'VARIABLE_VALUE' at row 533")
  result = self._query(query)
INFO  [alembic.runtime.migration] Context imp1 MySQLImp1.
INFO  [alembic.runtime.migration] Will assume non-transactional DDL.
INFO  [alembic.runtime.migration] Running upgrade  -> 9416312bb73c, empty message
```

图 20-24　同步到数据库

Step 05 登录数据库，检查同步结果，如图 20-24 和图 20-25 所示，可以看到命令生成的表。

```
mysql> use flaskdb;
Database changed
mysql> show tables;
+-------------------+
| Tables_in_flaskdb |
+-------------------+
| alembic_version   |
| product           |
+-------------------+
2 rows in set (0.00 sec)

mysql> describe product;
+-------+--------------+------+-----+---------+----------------+
| Field | Type         | Null | Key | Default | Extra          |
+-------+--------------+------+-----+---------+----------------+
| id    | int(11)      | NO   | PRI | NULL    | auto_increment |
| name  | varchar(50)  | YES  |     | NULL    |                |
| price | decimal(10,0)| YES  |     | NULL    |                |
| count | int(11)      | YES  |     | NULL    |                |
+-------+--------------+------+-----+---------+----------------+
4 rows in set (0.00 sec)
```

图 20-25 数据库表

4. 使用 API 实现增、查、改、删

在项目中创建 model_tests.py 文件，添加测试 ORM API 的代码。

（1）添加数据，代码如下。创建 Product 实例，调用 db.session.add_all 方法添加到会话中，再调用 commit 方法提交到数据库。

```
def insert():
    product1 = Product(name=" 笔记本 ", price=5999,
count=10)
    product2 = Product(name=" 台式机 ", price=4999,
count=15)
    db.session.add_all([product1, product2])
    db.session.commit()
```

执行结果如图 20-26 所示，可以看到刚插入的内容。

```
mysql> select * from product;
+----+--------+-------+-------+
| id | name   | price | count |
+----+--------+-------+-------+
|  1 | 笔记本 |  5999 |    10 |
|  2 | 台式机 |  4999 |    15 |
+----+--------+-------+-------+
2 rows in set (0.00 sec)
```

图 20-26 插入数据

（2）查询数据，代码如下。在模型对象上调用 query 对象的 API 进行查询。all 方法表示查询所有，此外还有 filter、first 等方法。限于篇幅，这里不再一一列出。

```
def query():
    products = Product.query.all()
    for i in products:
        print("id:{},name:{},price:{},count:{}".format(i.id,
i.name,i.price, i.count))
```

（3）修改数据，首先需要将其从数据库中取出，然后再进行修改。例如，将"笔记本"的价格修改为

"7000" 的代码如下。

```
def update():
    product = Product.query.filter(Product.name == ' 笔记
本 ').first()
    product.price = 7000
    db.session.commit()
```

（4）删除数据，具体代码如下。

```
def delete():
    product = Product.query.filter(Product.name == ' 笔记
本 ').first()
    db.session.delete(product)
    db.session.commit()
```

（5）Flask-SQLAlchemy 支持执行 sql 语句，示例如下。在 db.session 上调用 execute 方法返回结果集，通过遍历结果集获取具体的数据。

```
def exec_sql():
    sql = "select * from product"
    data = db.session.execute(sql)
    for i in data:
        print(i)
```

温馨提示

本小节示例代码众多，为方便阅读并未全部展示到正文中。示例中所有源码在本章节随书附赠源码中。

20.6 部署项目

Nginx 是一个高性能的 Http 和反向代理服务器，在高并发情况下，性能优于 Apache 服务器，由俄罗斯工程师研发并开源。目前，Nginx 已广泛应用于各大互联网公司。

在上一章介绍了使用 Apache 在 Windows 上部署 Django，因此本章将介绍 Flask 项目如何部署到 CentOS 系统上。

在此之前，需要申请一台阿里云、腾讯云或者华为云远程服务器，也可以自己购买一台物理服务器，并使用 CentOS 操作系统。安装 Windows 客户端 Xshell 和 Winscp，以及 Nginx 服务器、uWGSI 服务器。

20.6.1 安装 Xshell 与 Winscp

Xshell6 用于操作 CentOS 系统，Winscp 用于与 CentOS 系统相互共享文件。从互联网分别下载 Xshell 与绿色版的 Winscp。

Step01 下载 Xshell6 后，以管理员身份运行，打开 Xshell6 欢迎界面，如图 20-27 所示。单击【下一步】按钮。

图 20-27 Xshell6 欢迎界面

图 20-28 许可协议

Step03 在客户信息界面，输入用户名和公司名称，如图 20-29 所示。用户名和公司名称如果没有特别要求，则任意填写。填写完毕后点击【下一步】按钮。

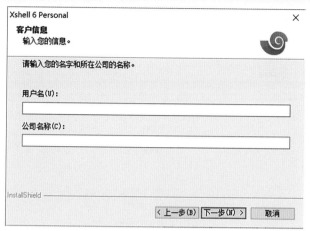

图 20-29 填写客户信息

Step04 在选择安装位置界面，如图 20-30 所示，单击【浏览】按钮，选择一个合适的路径，然后单击【下一步】按钮。

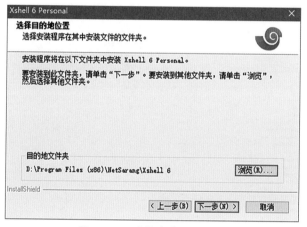

图 20-30 选择安装位置界面

Step05 在选择程序文件夹界面，如图 20-31 所示，保持默认，单击【安装】按钮。

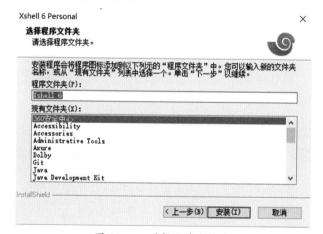

图 20-31 选择程序文件夹

Step06 在安装向导完成界面，如图 20-32 所示，单击【完成】按钮。

图 20-32 安装向导完成

至此，Xshell6 安装完毕。桌面出现如图 20-33 所示图标。

图 20-33 Xshell6 快捷方式

Step07 双击该快捷方式图标，弹出会话列表界面，如图 20-34 所示。在界面中单击【新建】按钮，弹出新建会话属性窗口。

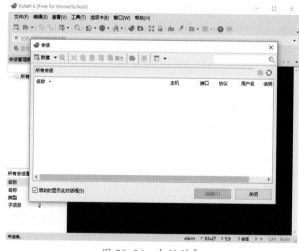

图 20-34 会话列表

Step08 在新建会话属性窗口中输入远程服务器 IP，其余内容保持默认，如图 20-35 所示。完成后单击【确定】按钮。

图 20-35　配置会话

Step⑨ 单击类别下的【用户身份验证】，在【方法】下拉框中选择【Password】选项，然后输入用户名和密码。单击【确定】按钮，关闭会话属性配置窗口，如图 3-36 所示。

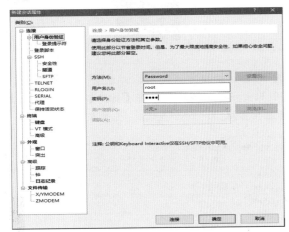

图 20-36　配置用户名和密码

Step⑩ 在会话列表界面，双击【会话】名称，自动进入操作系统，如图 20-37 所示。

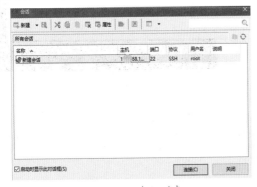

图 20-37　会话列表

Step⑪ 配置 WinSCP。由于下载的是绿色版，不用安装。启动 WinSCP 弹出如下窗口，如图 20-38 所示。

图 20-38　WinSCP 登录界面

Step⑫ 在登录窗口中输入远程服务器 IP、账户密码后单击【登录】按钮，如图 20-39 所示。

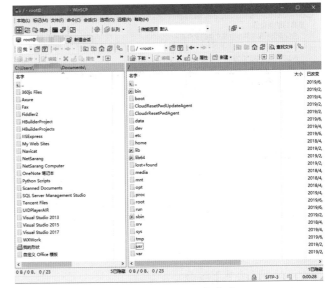

图 20-39　WinSCP 主界面

20.6.2　安装 Nginx 与 uWGSI

在 CentOS 中安装 Nginx 与 uWGSI 就非常容易了。

Step① 在 xshell 中输入如下命令安装 Nginx。

```
yum install nginx
```

Step② 配置 nginx。使用 yum 将 nginx 安装在 /etc/nginx 目录下。在 WinSCP 中找到 nginx.conf 文件，编辑打开，定位到第 38 行左右。listen 后面的 80 表示监听的端口和地址，这里修改为 8087。

```
server {
    listen        80 default_server;
    listen        [::]:80 default_server;
    server_name   _;
    root          /usr/share/nginx/html;
    ……………( 此处省略 )
}
```

Step03 启动 nginx。

```
systemctl start nginx
```

在浏览器中输入"IP:8087",打开 nginx 主页,显示内容如图 20-40 所示。

图 20-40　nginx 主页

Step04 使用如下命令安装 uWGSI 服务器。

```
yum install uWGSI
```

20.6.3　配置 Flask 项目

为简单起见,这里新建一个 Flask 项目进行部署。

Step01 新建项目名为 deploy_flask,修改 app.py 中视图函数 hello_world 如下。

```
@app.route('/')
def hello_world():
    return ' 这是来自 Flask 的问候: Hello World!'
```

Step02 在根目录添加 uwsgi.ini 文件,内容如下。

```
[uwsgi]
socket=127.0.0.1:8899
wsgi-file=/wwwroot/deploy_flask/app.py
callable=app
touch-reload=/wwwroot/deploy_flask/
```

Step03 将 deploy_flask 项目通过 Winscp 上传到 CnetOS 的 /wwwroot 目录下。使用如下命令启动 uWGSI 服务器。

```
uwsgi --ini /wwwroot/deploy_flask/uwsgi.ini
```

执行结果如图 20-41 所示,uWGSI 服务器启动后会监听 8899 端口。同时,在底部显示启动了两个进程,即 maser 和 worker。

```
thunder lock: disabled (you can enable it with --thunder-lock)
uwsgi socket 0 bound to TCP address 127.0.0.1:8899 fd 3
uWSGI running as root, you can use --uid/--gid/--chroot options
*** WARNING: you are running uWSGI as root !!! (use the --uid flag) ***
Python version: 3.7.3 (default, Apr 15 2019, 10:48:00) [GCC 4.8.5 20150623 (Red Hat 4.8.5-36)]
*** Python threads support is disabled. You can enable it with --enable-threads ***
Python main interpreter initialized at 0x1135480
uWSGI running as root, you can use --uid/--gid/--chroot options
*** WARNING: you are running uWSGI as root !!! (use the --uid flag) ***
your server socket listen backlog is limited to 100 connections
your mercy for graceful operations on workers is 60 seconds
mapped 145840 bytes (142 KB) for 1 cores
*** Operational MODE: single process ***
WSGI app 0 (mountpoint='') ready in 1 seconds on interpreter 0x1135480 pid: 26461 (default app)
uWSGI running as root, you can use --uid/--gid/--chroot options
*** WARNING: you are running uWSGI as root !!! (use the --uid flag) ***
*** uWSGI is running in multiple interpreter mode ***
spawned uWSGI master process (pid: 26461)
spawned uWSGI worker 1 (pid: 26462, cores: 1)
```

图 20-41　启动 uWGSI 服务器

Step 04 再次修改 nginx.conf 文件，删除原有内容，添加如下信息。这里修改的含义是 nginx 监听 8088 端口，将接收到的请求转发到 8899 端口上。

依照这种原理推断，nginx 可以配置众多的服务器。nginx 只负责转发请求，然后将请求交给不同的服务器处理，从而实现负载平衡。

```
events {
    worker_connections  1024;
}
http {
    include      mime.types;
    default_type  application/octet-stream;
    sendfile      on;
    server {
        listen 8088;
        server_name  0.0.0.0;
        charset utf-8;
location / {
        include uwsgi_params;
        uwsgi_pass 127.0.0.1:8899;  # 端口要和 uwsgi 里配
置的一样
    }
  }
}
```

重启 nginx 服务器，在浏览器中打开 8088 端口，显示内容如图 20-42 所示。

这是来自Flask的问候：Hello World!

图 20-42　部署 Flask 项目

常见面试题

1. Flask 与 Django 的区别有哪些?

答：Flask Web 框架依赖 jinja2 和 Werkzeug WSGI，适合做快速开发上线的小型应用。Flask 之所以流行，除了本身简单，容易上手外，更在于其丰富的扩展组件。Django 是一个重量级的 Web 框架，是满足多种开发需求的集大成者，自带模板引擎、ORM 框架、安全验证框架等，适合做大型、复杂应用。

2. Flask 项目结构是怎样的?

答：Flask 项目创建完毕后默认有 static 和 templates 目录，static 主要用于存放 JS、CSS、图片等静态文件。app.py 主要编写视图、注册路由规则等功能性 Python 代码。

3. Flask 框架中蓝图的作用是什么?

答：默认创建的项目，视图是写在 app.py 文件中的。在项目功能较多的情况下，就需要将项目结构按业务模块进行划分。项目划分后，可以将各模块的路由注册到蓝图上，然后再将蓝图注册到 Flask 实例上，从而实现对各模块的统一管理。

本章小结

本章主要介绍了 Flask 框架的运行原理与数据库的集成方式，最后还介绍了如何在生产中进行部署。掌握本章的内容，可以使用 Flask 快速开发轻量级 Web 项目。